U0318076

中国喜马拉雅山冰碛湖溃决灾害评价方法与应用研究

王　欣　刘时银　丁永建　著

国家自然科学基金(41271091)
科技部科技基础性工作专项项目(2013FY111400)
国家自然科学基金重大项目(41190084)

科学出版社

北　京

内 容 简 介

本书系统地阐述了潜在危险性冰碛湖识别的指标体系、溃决风险评价、溃决洪水模拟等方面的理论与方法,提出了冰碛湖溃决概率计算的事件树模型。然后,建立基于 GIS 技术的冰湖编目规范,完成中国喜马拉雅山冰湖编目,全面调查和分析了中国喜马拉雅山区冰湖分布与变化及其气候意义。并针对西藏定结县典型高危险的冰碛湖——龙巴萨巴湖,开展溃决风险评价、溃决洪水模拟和减灾减缓的应用研究。研究成果对从事寒区水文过程与灾害、寒区水资源变化及其生态环境效应等方面研究与应用工作具有重要的参考意义。

本书适合从事地理、资源、环境、自然灾害等的教学和科研人员参考。

图书在版编目(CIP)数据

中国喜马拉雅山冰碛湖溃决灾害评价方法与应用研究/王欣,刘时银,丁永建著. —北京:科学出版社,2016
　ISBN 978-7-03-042004-6

　Ⅰ.①中… Ⅱ.①王…②刘…③丁… Ⅲ.①喜马拉雅山脉-冰川湖-山地灾害-评价 Ⅳ.①P694

中国版本图书馆 CIP 数据核字(2014)第 223811 号

责任编辑:周　炜 / 责任校对:桂伟利
责任印制:张　倩 / 封面设计:陈　敬

科学出版社 出版
北京东黄城根北街 16 号
邮政编码:100717
http://www.sciencep.com

中国科学院印刷厂印刷
科学出版社发行　各地新华书店经销

*

2016 年 1 月第　一　版　开本:720×1000 1/16
2016 年 1 月第一次印刷　印张:21
字数:408 000

定价:**120.00 元**
(如有印装质量问题,我社负责调换)

序

在全球气候变暖、冰川普遍退缩的背景下,冰川灾害事件增多,冰湖溃决灾害尤其突出。究其原因:一方面,冰川作用区环境的变化使冰湖变得不稳定,溃决风险增大;另一方面,人类活动不断向山区扩展使冰湖溃决灾害区扩大,潜在损失增加。此外,冰湖溃决灾害多发生在边远山区,这些区域一般经济欠发达,防灾减灾能力有限,因此冰湖溃决灾害正日益严重地威胁着人们的生命和财产安全,为社会各界广泛关注,冰湖溃决灾害也成为冰川学研究的热点内容之一。

喜马拉雅山位于印度河与雅鲁藏布江以南的中国西藏南部、巴基斯坦北部、印度西北部和东北部,以及尼泊尔和不丹境内。山系的范围有广义和狭义划分方案,其中狭义的喜马拉雅山是按照地质构造带划分的,西端至印度河干流旁的南迦帕尔巴特峰,东端止于南迦巴瓦峰之间的喜马拉雅山弧,长 2300km;北面以噶尔藏布(印度河上游)—玛旁雍错—雅鲁藏布江大拐弯为界,南界为喜马拉雅山南沿的低山丘陵,南北宽约 200km。喜马拉雅山北坡位于中国境内,为藏民聚居区。该区气候环流条件和地形条件复杂,既表现出从东到西的经度地带性差异,又表现出由于山脉屏障作用而产生的南北差异,更表现出由于高大山体形成的垂直地带性差异。该区分布数以千计的冰湖,既是一种宝贵的水资源,又是许多冰川灾害的孕育者和发源地。近几十年来,中国喜马拉雅山区总体呈现气候变暖、冰川退缩趋势,冰湖呈扩张态势,是中国冰湖溃决灾害最为频发的地区。据统计,20 世纪中期以来,西藏 19 个有记录的溃决冰碛湖先后发生了 25 次溃决,其中有 13 个溃决湖位于该区。因此,加强对我国喜马拉雅山冰湖遥感调查与溃决灾害评价具有重要的现实意义。

我国老一辈冰川学家早在 20 世纪 50 年代就开始对冰湖溃决事件进行考察研究,取得了丰硕的成果。1954 年桑旺湖溃决后,施雅风先生在杨宗辉先生等的陪同下对桑旺湖进行了考察,拉开了我国冰湖研究的序幕。1985~1987 年对喀喇昆仑山叶尔羌河突发洪水全面考察的成果——《喀喇昆仑山叶尔羌河冰川湖突发洪水研究》等专著的出版,是我国进行冰湖突发洪水研究的一个重要总结。自 20 世纪中期以来,由于喜马拉雅山及邻近山区发生多起冰碛阻塞湖溃决并引起洪水/泥石流灾害事件,针对冰湖溃决灾害的研究也日益受到重视。1987 年我国学者开展喜马拉雅山朋曲—波曲流域冰湖调查与编目,并完成了区域冰湖的综合考察报告。之后,研究者主要从灾害的角度,对典型区域和典型溃决事件进行调查和研究,特别是近年来随着遥感与地理信息系统广泛应用到冰湖研究中,冰湖变化及冰湖溃决灾害的研究工作取得了卓有成效的进展,但未出版阶段性冰湖研究专著。

　　该书以我国喜马拉雅山为研究试验区,系统地总结了我国喜马拉雅山地区冰湖变化、溃决风险及应对措施。从操作层面上进一步完善冰湖编目的基本规范,对喜马拉雅山区冰湖位置、规模、类型等进行编目,获得两期冰湖编目数据,初步探明我国喜马拉雅山地区冰湖的数量及其变化规律。该书构建了冰碛湖溃决概率计算和溃决灾害风险评价模型,估算出我国喜马拉雅山地区冰湖溃决概率及其潜在危险性等级,并对典型溃决高危险性冰湖进行详细的溃决风险评价与减缓分析,为我国喜马拉雅山冰碛湖溃决灾害评价和减缓提供理论支持和决策依据。特别是在冰湖编目规范制定、危险性冰湖溃决概率计算、冰湖溃决风险评价等的理论与方法上,当前国内外的研究很少,更不系统,本书开展的相关研究和系统总结填补了该方面的空白。该书由理论方法与应用实践构成,从分析与度量已溃决冰碛湖入手,构建冰碛湖溃决灾害评价体系,并进行区域应用和个案评估实证。该书的出版,使得我国冰湖溃决灾害研究工作迈上了新的台阶,对于今后冰湖变化监测和冰湖溃决灾害防范等具有重要的指导意义。

中国科学院院士

IPCC 第四、第五评估报告第一工作组联合主席

2015 年 3 月

前　　言

我国为冰湖溃决灾害事件频发的国家,自 20 世纪 90 年代以来,我国冰湖与冰湖溃决灾害问题一直是本书作者及其所在的研究团队重点关注的内容,研究区域从天山冰川阻塞湖(如麦兹巴赫湖)到喜马拉雅山的冰碛物阻塞湖,对冰湖有较深厚的研究积累。近年来,随着喜马拉雅山冰碛湖溃决高发期的到来,本研究团队加强了冰碛湖溃决灾害的研究力量,在系列有关冰川-冰湖灾害课题的支持下,开展了我国喜马拉雅山冰湖的遥感监测、冰湖编目和灾害评价工作,并自 2006 年起开展了喜马拉雅山冰湖灾害野外考察,在朋曲流域、叶如藏布的支流给曲的源头龙巴萨巴湖和皮达湖建立半定位观测站,开展对潜在危险性冰碛湖的持续观测,为本书撰写奠定良好的基础。

本书旨在详细调查我国喜马拉雅山地区冰湖的数量、类型、分布及其变化的基础上,通过发展适合于本区域的潜在危险冰碛湖识别的指标体系、冰湖溃决概率计算与危险性评估模型,识别出潜在的危险冰湖并计算出每一个潜在危险冰湖溃决概率等级,为深入进行喜马拉雅山地区冰湖溃决灾害的"非常详细评价"与溃决灾害预警与预报提供依据。本书完成了我国喜马拉雅山地区两期冰湖编目工作,在理论上建立起冰湖溃决的事件树模型和溃决后果评价方法,针对典型的冰碛湖开展详细研究,对于监测和防范冰湖溃决洪水具有重要的指导意义,特别是在危险冰湖溃决概率计算模型和溃决风险评价方法的定量研究上,填补了国内在此方面的研究空白。与国内外同类著作相比,本书的特点和独到之处在于:

(1)本书由理论探讨到应用实例,根据不同的评价层次,建立基于喜马拉雅山地区溃决冰湖样本的冰湖溃决的事件树模型和溃决后果评价方法,选取的指标合理,模型恰当适用,丰富了冰碛湖溃决灾害的评价理论与方法,为今后开展区域地理专项研究提供范例。

(2)从冰湖界定与编码到母冰川确立,本书建立起一整套的基于 GIS 技术的冰湖编目规范,为后续冰湖提供参考。本书完成了我国喜马拉雅山地区 1970～1980 年和 2004～2008 年冰湖编目工作,第一次全面查清我国喜马拉雅山地区冰湖的数量、类型、分布,探明本书研究区冰湖变化特征,为地方经济建设提供基础数据。

(3)本书明确地、有充分根据地划分出潜在的危险冰湖等级,针对典型的冰碛湖开展详细研究,提出降低风险的措施,为我国喜马拉雅山区冰湖灾害减缓提供决策依据。

本书由王欣、刘时银、丁永建讨论确定总体思路、章节结构及内容,是王欣在博士和博士后及后续研究工作中,与博士导师刘时银研究员和博士后合作导师丁永建研究员合作完成的。在本书撰写过程中,下述人员对完善书稿不同部分分别提出了建设性意见:中国科学院寒区旱区环境与工程研究所的王宁练研究员、任贾文研究员、李新研究员、鲁安新研究员、赵林研究员、叶柏生研究员、李忠勤研究员、段克勤研究员、丁良福副研究员,兰州大学潘保田教授、王乃昂教授,西北师范大学的石培基教授等对本书提出宝贵意见;中国科学院寒区旱区环境与工程研究所郭万钦博士、上官冬辉博士、赵井东博士、张勇博士、李晶博士、刘巧博士、蒋宗立博士、武震博士、张盈松博士、姚晓军博士、魏俊锋博士、鲍伟佳博士、张秀娟博士、余蓬春硕士、许君利硕士、巩娟宵硕士等在地形图与遥感数据处理、文稿的修改、野外考察等方面提供了帮助;湖南科技大学吴坤鹏硕士、蒋亮虹硕士、刘琼欢硕士、柴开国硕士、吴珍硕士对部分插图绘制、文字校稿等也付出了辛勤的劳动。西藏自治区水利厅、西藏自治区定结县水利局等单位在数据共享、野外考察等方面提供了帮助。

本书涉及的野外考察工作开始于 2006 年,在此后持续至今的野外考察和研究中得到了科技部基础性工作专项(2006YF110200)、科技部全球变化国家重大研究计划项目(2013CBA01800-A)、国家自然科学基金(41071044、41271095)、中国科学院知识创新工程重要方向项目(KCCX2-YW-Q03-04)等资助,在此表示衷心感谢。

限于作者水平,书中难免存在疏漏和不妥之处,敬请读者批评指正。

目　　录

第1章 绪 论

1.1 冰湖与冰湖溃决

1.1.1 冰湖

冰湖(glacial lake)属于在洼地积水形成的自然湖泊的一种,一般把在冰川作用区内与冰川有着直接或间接联系的湖泊称为冰湖,是冰冻圈最为活跃的成员之一。冰湖的补给来源主要是冰雪融水,一般补给区面积大于 $2km^2$ 才能形成一定规模的冰川和冰湖,在冰川作用区,冰湖分布的数量及规模与冰川分布的数量及规模呈正相关关系。与一般自然湖泊相比,冰湖多具有如下特征:①规模小,多变化于 $1\times10^{-3}\sim1\times10^2 km^2$;②受补给水源的影响,年内和年际的面积/水量变化大;③存在周期短,一般从不足一年到数十年;④与冰川有着直接或间接联系,对气候变化敏感;⑤位于高寒山区,既是一种珍贵的水资源,又是灾害的孕育者。当前,研究者根据研究目的和用途的不同,根据形成年代、湖坝属性、湖盆形态、补给水源、面积变化、与母冰川的空间关系、危险程度等分类标准的不同,将冰湖分为 27 种类型(表 1-1)。

表 1-1 冰湖分类及其分类的标准

分类标准	类别及定义
形成年代	① 古冰湖:在小冰期以前形成的冰湖,多由古代冰川作用形成 ② 现代冰湖:在小冰期以后形成的冰湖,多与现代冰川有直接或间接水力联系
与母冰川的距离	① 冰川接触湖:与母冰川相连的冰湖,冰川融水直接汇入湖中 ② 非冰川接触湖:与母冰川有一定距离的冰湖,冰川融水流经一定距离汇入湖中
湖坝属性	① 冰川湖:湖坝为冰川的冰湖 ② 冰碛湖:湖坝为冰碛物的冰湖 ③ 滑坡阻塞湖:由滑坡体阻塞冰川融水的湖泊 ④ 基岩阻塞湖:在未被冰碛物覆盖的基岩低洼处汇聚冰川融水而成,湖坝为基岩,但坝体几何形态不太明显
湖盆形态	① 河谷湖:冰川融水在河谷洼地汇集形成的湖泊 ② 冰蚀湖:由于冰川侵蚀作用形成洼地,冰川退缩后,积水形成的湖泊 ③ 冰斗湖:为冰蚀湖的一种,为有三侧被陡坡包围,近似圆形的冰蚀湖 ④ 槽谷湖:由于冰川作用,在冰川槽谷区形成的湖泊

续表

分类标准	类别及定义
面积变化	① 面积增大冰湖:冰湖面积呈年际或年代际增大趋势的冰湖 ② 面积稳定冰湖:冰湖面积年际或年代际变化不大的冰湖 ③ 面积减少冰湖:冰湖面积呈年际或年代际减少趋势的冰湖 ④ 新增冰湖:两次冰湖调查,某位置上第一次没有出现,第二次出现的冰湖 ⑤ 消失冰湖:两次冰湖调查,某位置上第一次出现,第二次未发现的冰湖
补给水源	① 冰川融水补给型:在冰川作用区内,以冰川融水补给为主的湖泊 ② 降水补给型:在冰川作用区内,以降水补给为主的湖泊
与母冰川的空间关系	① 冰面湖:在冰川表面形成的湖泊 ② 侧碛湖:在冰川两侧,由侧碛阻塞形成的湖泊 ③ 冰前湖:在冰川末端前方存在的冰湖 ④ 冰下湖:冰川融水汇集在冰川下面冰床的凹地中积水所形成的湖泊 ⑤ 冰内湖:在冰川内部不断扩大的裂隙、洞穴中积融水形成的湖泊
危险程度	① 潜在危险性冰湖:在现有外部环境作用强度下,各种外部诱因的作用导致冰湖溃决的可能性大于某一设定阈值 ② 已溃决冰湖:在历史上已经发生过溃决洪水或泥石流的冰湖 ③ 稳定冰湖:在现有外部环境作用强度下,各种可能外部诱因导致冰湖溃决的可能性均小于某一设定阈值的冰湖

需要指出的是,因分类标准不同,同一冰湖可分属不同的类型,并且对于冰湖的归类,不同学者因各自的侧重点和着眼点存在不同的看法。在冰岛人术语中,Jökulhlaup指的是冰阻塞湖(sensu stricto)。后来研究者将这个术语引申到与冰川有关的所有阻塞湖(glacial lake),其中冰阻塞湖(ice-damned lake)和冰碛阻塞湖(moraine-damned lake)是与冰川有关的阻塞湖的两个主要类型。在冰湖分类中,尼泊尔研究者从区域性灾害防治出发,把冰川湖分为冰阻塞湖、冰碛湖和冰核心冰碛湖。张祥松和周聿超(1990)认为尼泊尔研究者的分类有欠妥之处,把冰川湖分为冰阻塞湖、冰碛阻塞湖、冰内湖、冰下湖。我国冰川作用区广泛分布规模不等的冰湖,主要分布在喜马拉雅山、喀喇昆仑山、天山、念青唐古拉山、横断山等的冰川分布边缘(图1-1),尤其以喜马拉雅山分布最为密集。在我国各大山脉中,以冰碛阻塞湖居多,且越接近冰川末端,冰湖分布越密集,主要分布以下几种类型。

(1)冰碛阻塞湖。与世界上大多数山区冰川一样,我国山地冰川在1850~1905年冰川较普遍前进,接近小冰期最大位置并形成规模不等的终碛。随着20世纪上半叶全球气候变暖,我国大部分山地冰川强烈退缩、冰舌变薄,于是在后退冰川的末端与小冰期终碛垄之间形成湖盆(图1-2)。由于冰碛坝(或埋藏死冰)阻塞,冰川融水被拦蓄成湖,冰川继续退缩,冰碛阻塞湖不断扩大。这类冰湖在喜马拉雅山中段、北坡和藏东南分布最为广泛。

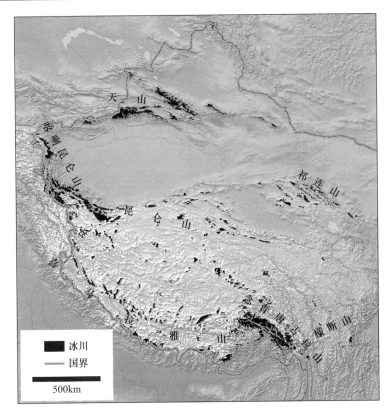

图 1-1 我国主要山脉的冰川分布图(冰湖多分布在冰川覆盖区的边缘)

图 1-2 喜马拉雅山中段北坡年楚河流域冰碛阻塞湖(什娥错)(周才平摄于 2011 年)

(2)冰川阻塞湖。有些山地冰川在经历较长时间宁静或轻度退缩之后,突然起动以异常速度前进或产生巨大的水平位移,这种冰川称为跃动冰川。跃动冰川迅速前进阻塞河谷形成冰川阻塞湖,例如,喀喇昆仑山赫拉希南峰南坡斯坦克河上游的库蒂亚冰川于1953年3月21日～6月11日,平均以113m/d(或4.7m/h)的速度前进,造成斯坦克河谷阻塞成湖(Desio,1954)。喀喇昆仑山是我国冰川阻塞湖主要分布地区,冰川阻塞湖溃决洪水频发区,据张祥松和周聿超(1990)研究,非跃动冰川也能形成冰川阻塞湖,例如,在我国境内克勒青河上游的克亚吉尔冰川和特拉木坎力冰川等均为非跃动冰川,其前进阻塞主河道形成冰川阻塞湖(图1-3)。

图1-3　喀喇昆仑山克勒青河上游冰川阻塞河谷形成冰川湖(丁良福摄于1987年)

(3) 冰面湖。由于冰川表面差异消融,在冰川表面形成的湖泊称为冰面湖(图1-4)。我国冰面湖多发育在被表碛覆盖的山谷冰川的消融区,这类湖变化较快,常常从形成到溃决在数月至数年。夏季由于冰川强烈消融等原因,也可能导致冰面湖突然排水形成洪水。此外,许多已经溃决或有着潜在溃决危险的冰碛湖是近数十年来冰面湖扩张、融合的结果。

图1-4　喜马拉雅山中段北坡绒布冰川冰面湖(王伟财摄于2010年)

(4) 河谷/槽谷湖。在河谷泊洼/槽谷区汇集冰川融水形成的湖泊,其分布范围广,一般在冰川作用区与母冰川有一定的距离,其大小受特定的洼地地形影响明显,多沿河谷/槽谷呈串珠状分布。一般由于堤坝不太明显,相对稳定,但是在特定的情形下可能形成上游冰湖溃决引发下游冰湖溃决,导致冰湖溃决的链珠式反应。

（5）冰斗湖和冰蚀湖。在我国,许多高山冰川作用地区,由于第四纪冰川侵蚀作用,当冰川消失后在某些古冰斗及冰蚀槽谷低洼处蓄水形成许多规模小的湖泊,它们为古冰川在基岩上挖掘而成,或在出口处仅有薄层冰碛物,堤坝不明显,故相对稳定,对下游威胁较小。

1.1.2 冰湖溃决

国际水文科学协会（International Association of Hydrological Sciences, IAHS）把突发性洪水（flash flood）定义为发生非常突然,通常难以预测,洪峰过程短促,以及径流模数较大的一种洪水。突发性洪水,成因除了暴雨以外,还包括任何天然和人工坝溃决所引起的洪水。在强烈冰川作用的山区,这种突发性洪水可分为:①冰川阻塞湖溃决或在冰川系统内或冰川底部堵塞融水溃决;②冰川前终碛阻塞湖溃决或溢出;③滑坡、岩(山)崩、雪崩阻塞天然河道形成的不稳定天然坝的溃决或排水等。冰湖溃决洪水（glacier lake outburst flood, GLOF）是指在冰川作用区,由于冰湖突然溃决而引发的溃决洪水/泥石流,危害了人民生命和财产安全并对自然和社会生态环境产生破坏性后果的自然灾害。早在20世纪30年代,冰岛冰川学家 Thórarinsson(1939)曾对伐特纳冰帽下 Grimsvötn 突发洪水进行了较深入的研究,并把冰下湖突然排水现象称为 Jökulhlaup。在冰岛人术语中,Jökulhlaup 指的是冰阻塞湖溃决,而且引申到冰碛阻塞而形成的围绕湖（embrace lake）溃决。广义的冰湖溃决包括冰川阻塞湖、冰碛阻塞湖、冰面湖、冰内湖等冰川湖突发性洪水。从区域范围来看,它是属于特定的地域灾害,是冰冻圈中最为常见的山地灾害之一,属性上为一种较为常见的地质灾害。一般能造成重大灾害的为冰碛湖溃决洪水/泥石流和冰川湖溃决洪水和泥石流,各地又以冰碛湖溃决洪水/泥石流最为频发。冰碛湖从形成、演化到溃决,从根本上说是地形条件和气候变化综合作用的产物。气候波动引起冰川进退,而冰川的进退变化既是冰碛湖形成和演化的主要驱动机制,又是冰碛湖溃决的主要诱发机制;此外,冰碛湖溃决灾害的形成、强度和影响范围还受流域的地形、地质条件和社会经济状况等制约。所以,冰碛湖溃决灾害涉及气候、冰川、地形地质条件以及区域社会经济环境等诸多因素,从冰川、冰湖、湖盆以及下游社会经济状况等全方面研究冰碛湖溃决灾害具有现实必要性。

在全球气候变暖（IPCC,2007）、高海拔地区尤其是热带高海拔地区这种变暖趋势更为明显的背景下（Beniston et al., 1997）,冰川普遍退缩（刘时银等,2002a;2002b;上官冬辉等,2004; Ye et al., 2006a;2006b; Liu et al., 2006; Fujita and Nuimura,2011; Gardelle et al.,2013）,冰川灾害事件增多,冰湖溃决灾害在世界各地发生,喜马拉雅山（Buchroithner, et al., 1982; Gansser, 1983; Vuichard and Zimmerman, 1987; 徐道明

和冯清华,1989;Ding and Liu,1992;Reynolds,1995;1998;Watanabe and Rothacher,1996;Cenderelli and Wohln,1997;Hanisch et al.,1998;Kattelmann,2003)、安第斯山(Rabassa et al.,1979;Reynolds,1992)、中亚(Niyazov and Degovets,1975;Yesenov and Degovets,1979;Popov,1990)、阿尔卑斯山(Eisbacher and Clague,1984)和北美(Hopson,1960;Nolf,1966;Evans,1987;O'Connor and Costa,1993;O'Connor et al.,1993;O'Connor et al.,1994,Evans and Clague,1994;Kershaw et al.,2005)等地的冰川作用区是冰湖溃决灾害的多发区。例如,在兴都库什-喜马拉雅山自20世纪30年代以来,有记录的冰湖溃决灾害呈增加趋势,到2010年,累计发生的溃决灾害超过32次,平均每年约发生0.46次,尤其是自20世纪60年代中期以来平均几乎每年发生1次冰湖溃决事件(图1-5)。在欧洲,从冰川灾害的类型和冰川灾害导致的死亡人数上看,到21世纪初,共发生721次冰川灾害,总计造成671人伤亡。与其他类型的冰川灾害(如冰崩、冰川变化、冰川消融洪水/泥石流及多种冰灾类型组合形成的复合冰灾)相比,冰湖溃决发生的频次最高,造成的死亡人数最多,分别占58%和50%(Richard and Gay,2003)(图1-6);在秘鲁的Cordillera Blanca地区(安第斯山),有记录的资料显示,到21世纪初,共发生30次冰川灾害,冰湖溃决灾害达21次,占70%(Carey,2005a);其中,1941年秘鲁的Cohup湖溃决导致6000多人死亡,为有历史记录以来造成死亡人数最多的一次冰湖溃决事件(Clague and Evans,2000)。另外,在冰湖溃决灾害中(冰川阻塞湖、冰碛物阻塞湖、冰面湖),一般又以冰碛湖溃决的洪水规模最大、影响范围最广,在相似规模的冰湖中,冰碛湖的溃决洪峰可能较冰川湖的洪峰要大2~10倍(WECS,1987;Yamada,1993;1998;Clague and Evans,2000;Huggel et al.,2004a),因此冰碛湖溃决灾害研究备受关注。

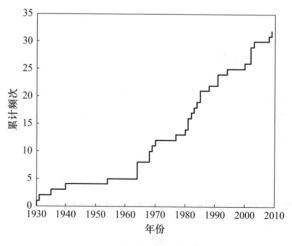

图1-5　1930~2010年兴都库什-喜马拉雅山冰湖溃决事件发生的累计频次

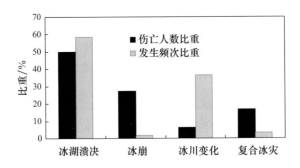

图 1-6 欧洲不同类型冰川灾害发生频次及其导致的死亡人数的比重

我国冰川作用区冰川普遍退缩,冰川灾害事件增多,冰湖溃决灾害尤其突出,目前冰湖溃决事件发生较为频繁的地区主要有两类:第一类是天山、喀喇昆仑山的冰川阻塞湖溃决;第二类是喜马拉雅山、藏东南山区的冰碛湖溃决。例如,发源于喀喇昆仑山区的叶尔羌河冰川突发洪水在沉寂 10 年后,近 10 年来又频繁发生,1998 年 11 月 5 日发生的突然洪水是卡群站 60 年来在冬季的最大洪水,流量从 87m³/s 在 2h 内突然增大到洪峰流量 1850m³/s;1999 年 8 月 10 日发生的突发洪水是卡群站 60 年来实测到的第二大洪水。当时河流处于汛期,流量从 1100m³/s 在 18h 内急剧增大到洪峰流量 6070m³/s。洪水分割后得到此次洪水水量达 168.0×10⁶m³,此水量已经远远超过 1987 年调查克亚吉尔湖和特拉姆坎力湖的最大蓄水能力,说明此次洪水也是由两个湖泊共同排水组成,而且湖泊扩大 20%。新疆阿克苏河源区麦兹巴赫冰川湖溃决突发洪水的洪峰流量及总洪水量逐年增加,20 世纪 90 年代末期以来,洪水发生频率较七八十年代增加了 30%。该河下游有在建水电工程两处、拟建水电工程两处,这些工程建设面临来自上游冰川湖突发洪水的威胁无疑越来越大。在西藏高寒区,冰碛湖溃决灾害事件更为广泛和频发,有记录的冰碛湖溃决灾害事件超过 20 次,造成死亡人数最多的为 1954 年位于年楚河流域的桑旺湖溃决事件,造成超过 400 人死亡;2002 年,位于洛扎雄曲的德嘎普错溃决也致使 9 人死亡(程尊兰等,2011)。

近年来,首先由于冰川作用区自然过程变化及其对环境的压迫加大,冰湖变得不稳定,高溃决危险性冰湖增多,致灾源增多、强度加大;其次,当前社会经济的发展和人类活动不断向山区扩展,藏民不断向河谷洪泛区定居和放牧,区域承险体的物理暴露量增大;第三,冰湖溃决灾害多发生在边远山区,多为少数民族聚居区,一般经济欠发达,其灾害响应能力和灾后恢复能力较低(王静爱等,2006),民众存在一种抵制"转移安置"和对政府和技术的依赖心理,公共服务相对滞后(Carey,2005a;Carey et al.,2012)。此外,西藏高溃决危险性冰湖区为藏民聚居区,民族文化独具特色,结果致使冰湖溃决灾害正日益严重地威胁着湖区生态环境及人民生命财产安全(图 1-7~图 1-9)。

（a）溃决前（绿色和平Novis摄于2005年6月）

（b）溃决后（绿色和平杜江摄于2005年6月）

图 1-7 黄河源冰湖溃决对比图片

图 1-8 青海玛沁县下大武乡冰湖溃决带来的黑色沉积物覆盖大片草场

（绿色和平杜江摄于 2005 年 9 月）

图 1-9 西藏定结县龙巴萨巴湖出山口形成的洪水乱石堆冲积扇（王欣摄于 2011 年 8 月）

1.2 研究的进展与趋势

1.2.1 研究进展

最早冰湖的研究主要关注冰川阻塞湖溃决洪水。早在20世纪30年代,冰岛冰川学家Thörarinsson(1939)曾对伐特纳冰帽下格里姆斯佛廷湖突发洪水进行了较深入的研究,并把冰下湖突然排水现象称为Jökulhlaup。关于冰湖的水流物理现象、排水机制以及数值模拟计算等在60年代末、70年代初以后才得到长足的发展,并成为冰川学与水文学交叉的边缘学科。1969年在英国剑桥举行的"冰川水文学"国际学术讨论会标志着冰川湖突发洪水研究日益深入,该会议的主要成果是对冰川下及冰川内水流物理现象、冰湖排水机制以及数值模拟计算进行了研究。1974年,IAHS出版了《突发洪水论文集》(*Flash Flood*),而冰川湖突发洪水作为"突发洪水"的一个重要成因,被广大学者和民众所接受。由于冰川突发洪水造成的灾害日益为人们所了解和重视,因此对冰川湖突发洪水的预测、预防及利用,已成为国际冰川、水文学研究的重要内容。许多世界著名的冰川学家,如Clague、Nye、Ives、Glen、Röthlisberger、Meier、Clarke等,都对冰川阻塞湖的排水及其洪水问题做过深入细致的研究工作。最近,有学者考虑气候变化因子,从物理机制上对冰坝湖的洪峰流量进行分析和模拟,并以湖从蓄满至排泄时的湖水深为突发洪水的临界条件,构建一个冰川湖突发洪水时序的预报模型,对理解如何预测冰川阻塞湖突发洪水事件的发生具有重要意义(Clarke,2003;Felix et al.,2007;2009)。我国对冰湖突发洪水全面深入的研究始于1985～1987年对喀喇昆仑山叶尔羌河突发洪水的全面考察,《喀喇昆仑山叶尔羌河冰川湖突发洪水研究》的出版是我国进行冰川湖突发洪水研究的一个里程碑。之后,研究者主要通过对叶尔羌河冰川湖和吉尔吉斯斯坦境内的麦茨巴赫湖突发洪水的特征进行研究,探讨冰川阻塞湖与气候变化及冰川进退之间的关系(陈亚宁,1994;刘时银等,1998;王迪等,2009)。

冰碛湖溃决灾害的研究似乎比冰川阻塞湖溃决灾害研究受到更为广泛的关注。早在20世纪50年代,秘鲁学者就根据堤坝类型和坡度建立了评价冰碛坝稳定性的指数(Carey,2005a);其后,研究者基于冰碛坝形态和堤坝内部结构的定性分析,结合母冰川、湖盆、气象等外部诱因,对安第斯山、不列颠哥伦比亚、阿尔卑斯山、喜马拉雅山和中亚等地区冰碛湖的溃决风险和溃决洪峰进行估算(Lliboutry et al.,1977;Yesenov et al.,1979;WECS,1987;Reynolds,1992;Clague et al.,1994;Huggel et al.,2004a;McKillop and Clague,2007a;Emmer and Vilímek,2013)。自20世纪90年代开始,研究者尝试用探地雷达和电阻率成像反演冰碛坝的内部结构,并提出反演冰碛坝内部结构的方法(Haeberli et al. ,1990;2001;Richardson and Reynolds,2000b),开始从冰碛湖坝稳定性的角度探讨冰碛湖的溃决机理研究。之后,加拿大学者应用逻辑回归方法,基于冰碛湖面积、湖水位距坝顶高度与湖坝高度之比、冰碛坝内冰核状态和冰碛坝主要岩石组成四项参数,建立了冰碛湖坝溃决风险的概率方程,并指出冰碛坝本身的性状在评估冰碛湖溃决风险中所起的作用最大(McKillop and Clague,2007b)。近年来,随着遥感技术的发展及其在冰川学领域的广泛应用,研究者建立了基于遥感数据源的潜在危险性冰碛湖识别和溃决概率等级评价方法,在天山(Bolch et al. ,2011b)、喜马拉雅山(Bolch et al. ,2008b;Wang et al. ,2012c)等地开展了卓有成效的实践。随着研究的深入,近年来采用野外观测与室内试验相结合,对冰碛坝内部渗流、边坡稳定性和坝体垮塌过程进行模拟研究,取得很大进展。例如,通过测量渗流湖水样中示踪剂的标准化浓度值,获取冰碛坝渗流速度和路径(Haeberli et al. ,2001);利用电阻率探测方法调查冰碛坝内渗流深度和缝隙冰,分析堤坝的稳定性(Moore et al. ,2011);堤坝溃决模拟试验发现溃决首先从下切侵蚀开始,单一波浪很难导致冰碛坝溃决,而大规模的湖水反复震荡冲刷堤坝最终会导致堤坝溃决(Balmforth et al. ,2008;2009;Hubbard et al. ,2005);通过对堤坝冰碛物的抗剪强度测量,利用边坡稳定性软件包计算冰碛湖坝的安全系数,指出气候变暖是导致冰碛湖坝边坡稳定性降低的主要原因。

我国学者主要从冰碛湖面积变化入手,就典型冰碛湖的母冰川、湖盆、冰碛坝等某一项或几项参数,对典型冰碛湖溃决机理做定性判断和描述。由于在尼泊尔喜马拉雅山及邻近山区发生多起冰碛阻塞湖溃决并引起洪水灾害,其危害日益受到尼泊尔政府的重视。尼泊尔水能委员会秘书处在加拿大财政支持下,并得到国际山地综合发展中心(International Centre for Integrated Mountain Development,ICIMOD)协助与中国科学家协作,于 1987 年开展了尼泊尔喜马拉雅山冰碛阻塞湖溃决洪水研究,对 13 个冰碛湖堤坝的稳定性作了定性描述,完成了总结报告(Liu and Sharma,1988),对喜马拉雅山北坡冰碛湖溃决灾害进行了总结(徐道明和冯清华,1989)。1987 年以后,中国冰川湖的研究在水利工程需要和灾害防治等方面作了零星的调查和研究。陈储军等(1996)利用遥感、航片和实地考察资料对位于喜马拉雅山北坡的满拉水利枢纽所在的年楚河的冰川终碛湖进行了调查和模型分析,其中的白湖为危险冰湖,具有溃决的可能。为进行溃决洪水的估算,解决计算模型的有关参数,对白湖、桑旺湖、黄湖的水文气象特性和地理地貌特征等进行实地考察(王铁峰等,2003)。崔鹏等(2003)分析了主要由冰滑坡和冰崩入湖导致的冰湖溃决的机理和条件,结合气候、水文等方面分析了冰湖溃决泥石流的形成条件和特点,归纳出冰湖溃决泥石流演化的六种模式,并提出了减灾对策。后来,研究者主要通过分析已溃决冰碛湖的特点,建立相应的危险性冰碛湖评价指标体系,从冰碛湖参数、冰碛坝参数、母冰川参数、湖盆参数以及它们之间相互关系参数出发,对冰碛湖溃决风险进行定性或定量分析和评价(Ding and Liu,1992;吕儒仁等,1999;王欣等,2009;Wang et al.,2011)。此外,我国学者对典型冰湖溃决型泥石流形成机制(程尊兰等,2003;崔鹏等,2003)、溃决洪水临界水文条件(蒋忠信等,2004)和溃决洪水的数值模拟(陈储军等,1996;Cao et al.,2004;岳志远等,2007;Wang et al.,2008)等也进行了卓有成效的探讨。

由于潜在冰湖溃决的风险区独特的地理位置和人文环境,其脆弱性表征和内在规律与其他灾害风险区的脆弱性相比既有共性又有个性,冰湖溃决灾害的影响、适应与对策综合评估成为未来冰冻圈科学研究重点之一(秦大河等,2006),近年来在区域上、尺度上已有零星的冰湖溃决灾害脆弱性与适应研究。Carey(2005a)通过对秘鲁的冰湖灾害历史研究认为,如果地方民众、科研人员和政策制定者不能很好地沟通并取得相互信任,寒区脆弱性将会增大,并通过对秘鲁 Cordillera Blanca 地区 Lake513 的近 40 年的灾害管理资料的分析,解释了冰湖溃决灾害减缓措施成败的原因(Carey et al.,2012)。Hegglin 和 Huggel(2008)针对秘鲁 Cordillera Blanca 地区的冰湖灾害,从物理脆弱性和社会脆弱性两方面提出了冰湖灾害脆弱性的综合评估模型。研究者对尼泊尔典型高危型冰湖区也做过类似的脆弱性评估工作(ICIMOD,2011;Bajracharya et al.,2007)。Fang 等(2011)从政策适应能力、牧民适应能力和草场生态系统的恢复能力三个方面探讨了长江、黄河源区冻土变化与畜牧业适应性的关系。由此,国内外对冰碛湖溃决灾害的研究经历了从冰碛湖溃决灾害的定性评价,到根据已溃决冰碛湖的特点,基于数理统计和遥感监测手段,对冰碛湖溃决风险进行定性、半定量、定量分析和评价的过程。当前引入现代土力学理论和研究方法,采用野外观测与室内试验相结合进行定量分析和模拟冰碛湖溃决灾害也日益受到重视,并开始进行冰碛湖溃决灾害的人文环境、脆弱性评价及其适应对策研究。

1.2.2 研究趋势

当前,气候变化扰动冰川及其环境的平衡,致使冰湖灾害发生的频次、成因、机理及其影响等也会表现出与以往不同的特性。此外,由于人类活动不断向无人区延伸,又扩大了冰湖灾害的影响范围和程度,给冰湖灾害增添了新的变数。总之,在气候变化和人类活动加剧的情况下,冰川阻塞湖溃决灾害日益引起人们的关注,对识别、监测和预报此类灾害提出了新的要求,研究工作也出现了新的发展趋势。

(1)冰川阻塞湖通常分布在高寒地区,地形、政治(如跨越政治边界区域、水系等分布的冰湖)和安全等因素使遥感数据结合 GIS 手段在对冰湖溃决灾害的监测、评价和模拟等方面成为重要的发展方向。

(2)基于统计关系对冰湖溃决的模拟缺乏物理过程的描述,有其自身的适用范围和局限性；由于样本湖的数量、地域、时相、规模和诱发机制等方面的差异，使用不同经验公式的同一项代用参数，估计结果差异也很大（如对冰碛湖溃决的洪峰流量估算，目前有超过 7 类经验公式可用，计算出的结果最大可相差 5 倍以上）。因此，基于冰川阻塞湖溃决的物理过程的数值模拟和模型的开发与应用研究越来越受到重视。

（3）冰川阻塞湖溃决洪水/泥石流从诱发因素、溃决机制到向下游演进和灾害结束是一个系统过程，各个环节共同构成冰湖溃决洪水/泥石流灾害链，使得综合多种手段、系统的评估和模拟冰湖溃决灾害成为必然要求和发展趋势。

（4）减缓冰湖灾害不只是一个自然科学问题，它还涉及政府部门、科研技术人员和公众等方面。当前加强政府部门、科研技术人员和公众的沟通与协调，注重减缓冰湖灾害的人文环境研究，开展冰湖溃决灾害区的自然环境、社会环境和社会经济脆弱性的综合研究日益受到重视。

（5）冰湖溃决灾害脆弱性与适应研究开始起步，对冰湖溃决脆弱性的概念、测度方法、评估方法、综合评估模型与减灾模式等问题均受到研究者重视。

随着遥感技术的成熟，遥感技术应用经历由低分辨率（空间、光谱）向高分辨率、静态到动态、定性到定量的发展过程。遥感技术应用在冰川湖溃决的灾害评估和管理中成为主流，原因如下：

（1）冰川湖通常分布在高寒地区，由于地形、政治（边界区域、外流水系等的冰川湖）和安全等因素，这些地方通常人不易到达。由于冰川湖溃决分布于偏远地区及其潜在的影响和链式反应，导致一系列灾害发生，因此要求所获取的资料要覆盖较大范围正是遥感所具备的能力之一。

（2）气候变化改变了冰川的稳定性，使得以前处于稳定状态的冰川转变为不稳定状态，此外，由于人类活动也扩大了灾害的范围和程度。因此，历史记载的数据不足以评估目前的冰川灾害，必须结合遥感的观测手段和方法来重新评估冰川灾害。

（3）由于山区环境的加速变化（尤其是在全球变暖的环境下，冰川加速萎缩），必须结合新的手段和方法，在有连续观测的基础上，进行定期或不定期的冰川灾害评估，而遥感手段适合这种常规和快速的观测。

1.3　本书的结构及主要内容

本书在全面归纳前人对冰湖溃决灾害研究的基础上，以我国喜马拉雅山为研究试验区，主要基于对历史上已溃决冰碛湖的分析和度量，构建冰碛湖溃决概率计算和溃决灾害风险评价模型，估算我国喜马拉雅山区冰湖溃决概率及其潜在危险性等级，并对典型溃决高危险性冰湖进行详细的溃决风险评价与减缓分析。本书由理论方法与应用实践构成，旨在从分析已溃决冰碛湖入手，探讨冰碛湖溃决灾害的评价方法,并进行区域应用和个案评估实证。在章节组织上,本书按照背景分析、理论与方法探讨、应用实践和冰碛湖溃决灾害的研究展望的思路进行,结构框架如图 1-10 所示。

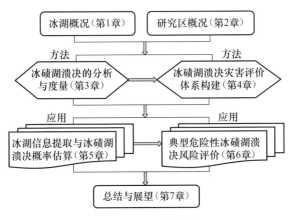

图 1-10　本书结构框架

本书分为 7 章,第 1 章和第 2 章为研究背景介绍,主要简述冰湖的定义、分类、研究进展,以及我国喜马拉雅山的山文水系、气候特征、冰川冰湖分布概况等;第 3 章和第 4 章为理论方法探讨,分析我国西藏已溃决冰碛湖的机制、气候背景和溃决模式,系统阐述冰湖识别的指标体系、溃决概率计算模型和溃决风险评估方法等;第 5 章在详细调查我国喜马拉雅山区冰湖的数量、类型、分布的基础上,完成最新的喜马拉雅山区冰湖编目,识别潜在的危险冰湖并计算出其溃决概率等级;第 6 章为案例研究,选取溃决概率等级为“非常高”的龙巴萨巴湖和皮达湖为典型案例,进行溃决风险评估,并提出溃决风险减缓的措施和方案;第 7 章对全书主要结果与结论进行总结,并展望我国喜马拉雅山区冰碛湖溃决灾害研究的重点工作。

第 2 章　我国喜马拉雅山概况

2.1　山 文 水 系

　　喜马拉雅山位于印度河与雅鲁藏布江以南的中国西藏南部、巴基斯坦北部、印度西北部和东北部,以及尼泊尔、不丹等国境内,包括内喜马拉雅山、大喜马拉雅山、小喜马拉雅山及南沿的西瓦里克丘陵。喜马拉雅山是南亚印度板块向北漂移俯冲至亚欧板块下而翘起形成的具有双层地壳厚度的高大褶皱断块山(岳乐平等,2004;Yin,2006),山脉隆升机制可能是由早期的挤压隆升—中新世的伸展隆升—上新世以来构造隆升为主,局部气候作用和构造作用耦合的结果(刘超等,2007),是世界上最高、最大的山系。喜马拉雅山系的范围有广义和狭义多种划分方案(施雅风等,2006),其中狭义的喜马拉雅山按照地质构造带,以大的山文水系和传统习惯名称为准,西端至印度河干流旁的南迦帕尔巴特峰,东端止于南迦巴瓦峰之间的喜马拉雅山弧,长 2300km;北面以噶尔藏布(印度河上游)—玛旁雍错—雅鲁藏布江大拐弯为界,不包括瓦斯特喜马尔、拉塔克山和加拉白垒峰等(杨逸畴,1984;刘东生,1984;李吉均等,1986),南界为喜马拉雅南沿的低山丘陵,南北宽约 200km(秦大河,1999)(图 2-1)。

　　据研究,狮泉河、雅鲁藏布江冲断带以南的喜马拉雅山弧,它除北缘上壳层部分岩石向北逆冲到冈底斯南缘山地之上外,主要由一系列向南推复、叠瓦并自北向南迁移的构造地貌所组成;其中又有三个主要冲断带单元,即北部的内喜马拉雅山丘陵湖盆带,中部高喜马拉雅峰脊带和南部外喜马拉雅中低山丘陵带(即喜马拉雅山南坡)(刘超等,2007)。内带为巨厚复理石建造,具有复背(向)斜之断层构造,中带则为古老结晶岩与变质岩构成,其上复奥陶纪至始新世各时代的连续浅海相沉积,在一系列向南逆冲与叠瓦构造作用下,中带形成最高山地,外带为浅变质岩的古生代沉积岩与外缘山麓磨拉石建造组成(施雅风等,2006)。

　　本书研究区(以下简称本区)范围主要为我国境内喜马拉雅山地区,即北面以噶尔藏布(印度河上游)—玛旁雍错—雅鲁藏布江大拐弯为界,南面以中国—印度—不丹—尼泊尔国界为界。关于喜马拉雅山的分段问题,有学者将喜马拉雅山自西向东分为旁遮普喜马拉雅、库蒙喜马拉雅、尼泊尔喜马拉雅、锡金喜马拉雅及阿萨姆喜马拉雅(Dolgushi and Osipova,1989),但习惯上将其分为西、中、东三段(谢自楚和冯

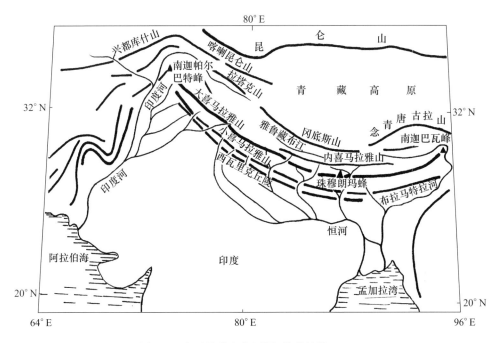

图 2-1　喜马拉雅山位置图(施雅风等，2006)

清华，2002)，谢自楚和刘潮海(2010)以山峰为分界点，把喜马拉雅山南迦帕尔巴特峰到纳木那尼峰定为西段；纳木那尼峰到绰莫拉日峰为中段；绰莫拉日峰到南迦巴瓦峰一带为东段。上述均是整个喜马拉雅山系分段，对于我国喜马拉雅山区习惯上也以山峰或河谷为界，分为东、中、西山段，然而目前没有具体而统一的分界线。本书以切割喜马拉雅山的河流主干道为界线，结合山脉走势形态和冰湖分布的特点，把位于泡罕里峰和绰莫拉日峰之间的康布麻曲—下布曲—雅鲁藏布江大拐弯处定为东段；康布麻曲—下布曲—吉隆藏布为中段(吉隆藏布为本研究区有记录溃决冰碛湖的最西界)；吉隆藏布至恒河及印度河与国界的交接处为西段。各区段位置范围及内部水系分布如图 2-2 所示。

（a）我国喜马拉雅山范围

（b）东段范围

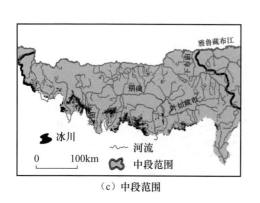

（c）中段范围

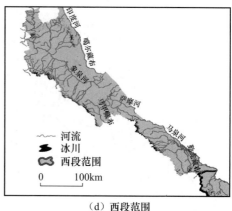

（d）西段范围

图 2-2　我国喜马拉雅山区分段及其水系（5 级流域）和冰川分布

　　我国喜马拉雅山境内包括喜马拉雅山（又称大喜马拉雅山）主脊以北，西面的阿伊拉山及中、东部的内喜马拉雅山。区内高山林立，其中海拔超过 8000m 的 5座，均位于中段的定日县和聂拉木县境内，超过 7000m 的有 21 座，其中中段最多，达 13 座，西段仅有普兰县的纳木那尼峰超过 7000m（图 2-3；表 2-1）。区内广布高大山体，为冰湖的发育提供了有利的地形条件，扩大了冰湖垂直分布范围。

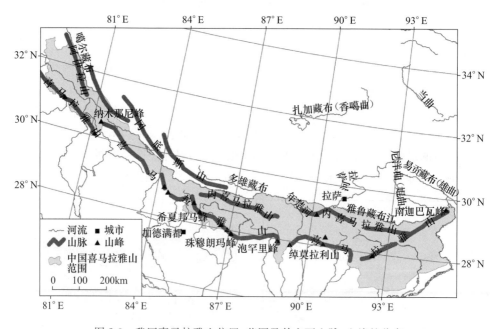

图 2-3　我国喜马拉雅山位置、范围及其主要山脉、山峰的分布

表 2-1　我国喜马拉雅山海拔超过 7000m 的山峰

区段	山峰	经度	纬度	流域(县)
东段	南迦巴瓦峰	95°03′	29°38′	央朗藏布(墨脱、米林县)
	康格多峰	92°24′	27°48′	良江曲—达旺曲(错那县)
	库拉岗日峰	90°37′	28°13′	洛扎雄曲—章曲(洛扎县)
	宁金抗沙峰	90°11′	28°54′	羊卓雍错(浪卡子、江孜县)
	宁金岗桑	90°06′	28°54′	年楚河(浪卡子、江孜县)
	通商夹布	89°42′	28°12′	年楚河(康马县)
	绰莫拉日峰	89°12′	27°48′	康布麻曲(亚东县)
中段	泡罕里峰	88°54′	27°48′	康布麻曲(亚东县)
	马卡鲁山	87°12′	27°54′	甘玛藏布等(定日县)
	珠穆朗玛峰	86°54′	27°54′	甘玛藏布等(定日县)
	洛子峰	86°54′	27°54′	甘玛藏布等(定日县)
	章子峰	86°55′	28°01′	甘玛藏布等(定日县)
	卓奥友峰	86°39′	28°05′	甘玛藏布等(定日县)
	格仲康峰	86°44′	28°06′	甘玛藏布等(定日县)
	拉布吉康峰	86°30′	28°30′	扎果曲等(定日县)
	门隆则峰	86°24′	28°00′	绒辖藏布(定日县)
	希夏邦马峰	85°47′	28°21′	麻章藏布(聂拉木县)
	岗彭庆峰	85°30′	28°48′	佩枯错(聂拉木县)
	央然康日	85°06′	28°24′	吉隆藏布(吉隆县)
	热德纳峰	84°22′	28°51′	嘎利雄—瓮布曲(萨嘎、吉隆县)
西段	纳木那尼峰	81°18′	30°24′	马甲藏布(普兰县)

　　根据中国冰川编目对流域水系划分的原则,本区水系分属于 3 个一级流域:恒河水系(5o)、印度河水外流水系(5q)和青藏高原内陆水系(5z)。这 3 个一级流域又可进一步划分为 5 个二级流域、14 个三级流域和 41 个四级流域,各二级、三级和四级流域编码及其所属河流/湖泊见表 2-2,各 4 级流域边界范围如图 2-4 所示。本区主要为外流域水系,但内部包括若干个小的内陆盆地,如佩枯错(5o195)、羊卓雍错(5o241)、哲古错(5o242)、玛法木错(5z342)等。相对来说,东中段水系较密,西段水系较为稀疏。根据我国冰川编目对流域的划分,二级河流主要有象泉河、嘎尔藏布(印度河上游)和雅鲁藏布江;自恒河最西部的两个源头为巴吉拉提和南达河最上源的甲扎岗噶河和道利河,由此向东依次为马甲藏布、吉隆藏布、波曲、绒辖曲、朋曲、康布麻曲、西巴霞曲等,这些河流切割大喜马拉雅山主脉,其中以朋曲面积最大,5o190 和 5o242 未发现冰湖分布(表 2-2)。

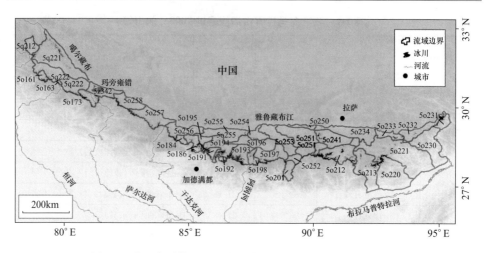

图 2-4　我国喜马拉雅山区水系编码（4 级流域）及其冰川分布

表 2-2　我国喜马拉雅山区水系等级及其所属区段

二级流域（编码）	三级流域（编码）	四级流域（编码）	区段位置
雅鲁藏布江流域（5o2）	康布麻曲（5o20）	康布麻曲（5o201）	中喜马拉雅山
	洛扎雄曲—章曲流域（5o21）	洛扎雄曲—章曲（5o212）	东喜马拉雅山
		良江曲—达旺曲（5o213）	东喜马拉雅山
	卡门河—西巴霞曲等流域（5o22）	卡门河（5o220）	东喜马拉雅山
		西巴霞曲（5o221）	东喜马拉雅山
	央朗藏布等流域（5o23）	昔勒帕斑（5o230）	东喜马拉雅山
		央朗藏布（5o231）	东喜马拉雅山
		则隆弄巴等（5o232）	东喜马拉雅山
		金东曲（5o233）	东喜马拉雅山（也拉香波倾日）
		四曲纳玛（5o234）	东喜马拉雅山（也拉香波倾日）
	羊卓雍错等流域（5o24）	普莫雍错（5o240）	东喜马拉雅山北坡
		羊卓雍错（5o241）	东喜马拉雅山
		哲古错（5o242，无冰湖）	东喜马拉雅山北坡
	年楚河—杰马央宗曲流域（5o25）	门曲（5o250）	东喜马拉雅山（宁金抗沙峰）

续表

二级流域(编码)	三级流域(编码)	四级流域(编码)	区段位置
		年楚河(5o251)	东喜马拉雅山(拉轨岗日)
		多庆错(5o252)	中喜马拉雅山(拉轨岗日)
		赛曲(5o253)	中喜马拉雅山(拉轨岗日)
		萨迦藏布(5o254)	中喜马拉雅山(拉轨岗日)
		彭吉藏布(5o255)	中喜马拉雅山(拉轨岗日)
		嘎利雄—瓮布曲(5o256)	中喜马拉雅山(拉轨岗日)
		雄曲—绒来藏布(5o257)	西喜马拉雅山北坡
		库比曲—杰马央宗曲右岸(5o258)	西喜马拉雅山北坡
恒河流域(5o1)	甲札岗噶河等(5o16)	甲札岗噶河(5o161)	西喜马拉雅山(恒河源头)
		道利河(5o163)	西喜马拉雅山(恒河源头)
	马甲藏布等(5o17)	马甲藏布(5o173)	西喜马拉雅山
	吉隆藏布等流域(5o18)	多嘎尔河(藏布钦)(5o184)	西喜马拉雅山
		吉隆藏布(5o186)	中喜马拉雅山
	朋曲流域(5o19)	麻章藏布(5o190,无冰湖)	中喜马拉雅山
		麻章藏布(5o191)	西喜马拉雅山北坡
		绒辖藏布(5o192)	中喜马拉雅山
		甘玛藏布等(5o193)	中喜马拉雅山北坡
		扎果曲等(5o194)	中喜马拉雅山北坡
		佩枯错(5o195)	中喜马拉雅山北坡
		棒曲等(5o196)	中喜马拉雅山(拉轨岗日)
		叶如藏布(5o197)	中喜马拉雅山北坡
		拿当曲等(5o198)	中喜马拉雅山
森格藏布(狮泉河)等流域(5q1)	森格藏布(狮泉河)等流域(5q15)	噶尔藏布左岸(5q155)	西喜马拉雅山北坡
朗钦藏布(象泉河)等流域(5q2)	朗钦藏布(象泉河)等流域(5q22)	象泉河右岸(5q221)	西喜马拉雅山北坡
		象泉河左岸(5q222)	西喜马拉雅山北坡
	桑波河流域(5q21)	桑波河(5q212)	西喜马拉雅山北坡
扎日南木错流域(5z3)	昂拉仁错(5z34)	玛法木错(5z342)	西喜马拉雅山

注:流域编码参照中国冰川编目对流域划分的方法进行,与第一次中国冰川编目流域编码一致。

2.2　气候特征

喜马拉雅山的气候主要受西南印度洋季风、西风带和 ENSO 的影响,第三纪、第四纪喜马拉雅山区不同的上升幅度对冰川的形成与分布起到了控制作用,晚新生代以来的喜马拉雅山上升给亚洲和全球气候变化以深远的影响(Hahn and Manabe,1975;Kutzbach et al.,1989;Manabe and Broccoli,1990)。喜马拉雅山现代的气候状况是新生代晚期以来气候变迁过程中的最新阶段:从东到西和从南到北气候差异很大。从大的环流形式来看,喜马拉雅山地区夏半年为西南季风控制,暖湿气流影响显著;冬半年主要受西风的控制。鲍玉章(1985)根据 1972~1980 年的气象卫星云图分析,认为青藏高原水汽输送主要有三条路径:

(1) 源自孟加拉湾,沿横断山脉河谷(本区主要是沿雅鲁藏布江大峡谷)自南向北进入西藏南部,并向高原中西部和东北部扩散,输送范围主要在 92°E~100°E 地区。

(2) 源自热带辐合带,翻越喜马拉雅山进入高原腹地,输送范围主要在 75°E~92°E 地区。

(3) 源自阿拉伯海,水汽沿青藏高原西侧进入高原西部,输送范围主要在 75°E 以西地区。

郑新江等(1997)利用日本地球静止气象卫星的水汽图,对夏季青藏高原水汽输送特征进行了研究,表明 80°E~90°E 水汽可以翻越喜马拉雅山进入高原内部。

我国境内喜马拉雅山区,主要位于喜马拉雅山北坡,由于地处青藏高原南缘,受上述大气环流的影响,气候表现出明显的季节性变化特征,冬半年随着西风带的南移,逐渐被西风带所控制,夏半年受湿润的海洋性气流的影响。例如,珠穆朗玛峰附近(定日站资料),年降水量的 96.7% 集中在 6~9 月,仅 7 月、8 月就占 79%,而 11~5 月总降水量仅占年降水量的 2.4%;位于南坡 Kumbu 冰川附近的 Pyramid 气象站(5050m)的资料也显示,85% 的降水集中在 6~9 月(Bertolani et al.,2000)(图 2-5),降水的年变化有两次非常明显的跳跃,一次发生在 7 月,是由少雨向多雨的跳跃,月降水量由 10mm 左右猛增到 50mm 以上,另一次出现在 10 月,是由多雨向少雨的跳跃,月降水量突然减少到 5mm 以下。海拔约 5000m 的绒布寺附近降水量的年变化与定日比较一致,雨季(7~9 月)降水量占年降水量的 80% 以上。受地形和高度的影响,绒布河谷的降水有其特殊性,干季绒布河谷的降水量比定日多,而雨季降水量比定日少;绒布河谷雨季结束后仍可出现几次较大的降水过程,定日则在雨季结束后基本上再无大的降水出现。按照降水量分布的不均匀性和突变规律并配合湿度、风及其他气象要素的变化,喜马拉雅山北坡地区大体上可划分为以下四个季节:11~3月为干季,也是冷季,高空西风占优势,空气干燥,晴而少雨,风力较强;6~9月为雨季,也是暖季,主要由南亚季风控制,以暖湿气流为主,多阴雨;4~5月和10月是介于旱季和雨季之间的过渡季节,以晴朗温和的天气为多。

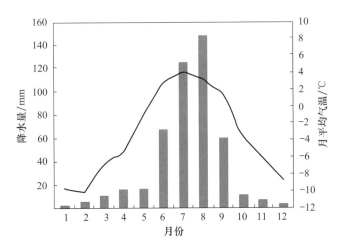

图 2-5　Kumbu 冰川附近的 Pyramid 气象站(5050m)记录的 1994~1998 年月平均气温和降水量

(Bertolani et al. ,2000)

喜马拉雅山气候差异还表现为垂直带的差异和南北坡干湿状况的明显对比。南坡面临夏季向北推进的印度洋季风,最大降水带一般出现在 2000m 左右的高度,从西姆拉到大吉岭沿喜马拉雅山山腰为多雨地带,生长着茂郁的森林。但是,由于水气输送方向近似垂直于高大的喜马拉雅山,造成山体不同朝向、不同部位降水的极大差异,因北坡处于雨影区,向更高处和北坡则降水显著减少,如珠穆朗玛峰北坡海拔为 4000~5000m,年均温度为 3~4℃,年降水量为 200~300mm,为高山寒冷带;海拔 5000~6000m,年均温度为 -4~-10℃,年降水量为 300~600mm,多为雨夹雪,风速大,为高山寒冻带;海拔 6000m 以上,大部分地区被冰雪覆盖(郑度,1975)。这充分反映出大喜马拉雅山对暖湿气流的屏障作用,使山脉南、北的气候有较大的差别。这种南坡与北坡降水的巨大差异,不仅表现在雨量而且还表现在雨季开始的日期上。5月在北坡还是干燥少雨的时期,但在本区南坡的绒辖河谷已是阴雨连绵。这是因为南坡较早地受南来湿润气团的影响,而北坡要等进入雅鲁藏布江大峡谷的季风气团聚足能量才会在偏东气流引导下向西沿河谷溯源而上,因此日喀则、定日一带雨季开始推迟。由此,海拔高度平均在 6000m以上的喜马拉雅山已经成为西南季风难以逾越的障碍,这对冰川发育和性质、冰湖的形成和分布等产生重大影响,在大喜马拉雅山的主山脊一带及北坡冰川属于大陆性冰川,冰湖分布高度远高于南坡。此外,最近有研究表明,山脉的朝向对喜马拉雅山南坡冰川平衡线高度的影响甚至大于气候变化的贡献,东南—南向冰川的变化幅度远大于北向或西向冰川(Rijan and Sandy,2008)。

在珠穆朗玛峰地区降水量随高度变化的规律非常明显。由于喜马拉雅山脉的屏障作用,珠穆朗玛峰南坡的降水量有随高度递减的趋势(Benn et al.,2012)。从柯西河支流的柯西谷,距珠穆朗玛峰直线距离 37km,羌利长站年降水量为 2283.6mm,南遮巴沙站(与珠穆朗玛峰直线距离 28.5km)年降水量仅为 939.3mm,到珠穆朗玛峰南坡的孔布冰川附近降水量为 465mm/a,在海拔 5300m,减少到 450mm/a。在中柯西河上游波曲河谷,据 1968 年珠穆朗玛峰地区科考观测资料得到同样的规律(表 2-3)。估计珠穆朗玛峰北坡雪线附近年降水量线为 500~800mm,因而继 2500m 左右第一个大降水带(南坡)之上,可能存在第二个大降水带(北坡)。推算珠穆朗玛峰南坡雪线附近年降水量可能为 1000mm(沈志宝,1975)。

表 2-3　珠穆朗玛峰地区不同海拔高度降水量

测站	年降水量/mm	文献
柯西河谷	2000.0	Benn et al.,2012
樟木	2817.7	郑度,1975
曲乡	1453.8	郑度,1975
聂拉木	421.8	郑度,1975
定日	296.0	Yang et al.,2006
孔布冰川	465.0	Benn et al.,2012

喜马拉雅山诸峰现代冰川和冰湖的发育还与高山上部存在着第二大降水带这一事实有关。这种现象在 20 世纪 60 年代珠穆朗玛峰科学考察时已被发现,日本冰川学者在南坡所作的观测进一步证实了这点(Yutaka,1976)。根据我国气象学者的研究,夏季青藏高原上每个山峰都是一个"热岛",周围的谷风向之汇合,也就成为水气凝聚的中心,从而成为"湿岛",这种"热-湿岛"的效应是青藏高原高山上发育冰川和形成冰湖的一个重要因素。例如,珠穆朗玛峰北坡地区降水量随高度的变化,在山麓地带内(从定日至绒布寺)降水量基本上相同,由绒布寺向上,降水量随高度递增,在雪线附近出现大降水带,其降水量比绒布寺附近大一倍(沈志宝,1975)(图 2-6)。

从气候的经向差异来看,东端临近雅鲁藏布江大峡谷,为南亚季风进入高原内部的最大水气通道,降水相对较多,发育由海洋性向大陆性过渡类型冰川,冰川末端能降低到 4500m 以下,冰湖的平均高度在 5000m 以下;往西降水量骤减,发育由亚大陆性向极大陆性过渡类型冰川,冰川末端和冰湖的平均高度超过 5000m,且越

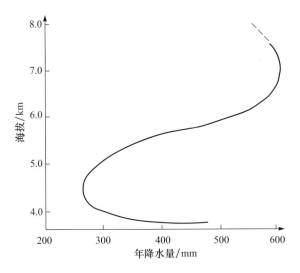

图 2-6　珠穆朗玛峰地区降水量随海拔高度的变化(沈志宝,1975)

往西冰川的大陆性越强,冰川末端和冰湖的平均海拔高度越高。

研究表明,南亚夏季风间歇期,喜马拉雅山区以晴空天气为主,太阳辐射强烈,绒布河谷地区地面盛行沿河谷方向的偏南下行气流,其局地环流、湿度、热交换过程等都受南亚季风的明显影响(Cai et al.,2007;Zhou et al.,2008;Zou et al.,2009;Ma et al.,2009)。南亚夏季风强盛期,喜马拉雅山区多为云雨天气,太阳辐射减弱,地面风场强度明显减弱,北部地区日气温、风速、净辐射通量具有明显的单峰单谷型特征,气压的平均日变化呈双峰双谷型分布特征。感热通量、潜热通量的平均日变化和气温日变化具有一致性,春季感热通量大于潜热通量(刘新等,2010)。喜马拉雅山区山谷内部的地面环流系统几乎不受其高层大气环流的影响,而与太阳辐射通量及南亚夏季风指数关系密切,受地形与地表状态调整的大气辐射加热和冷却所驱动,山谷风、冰川风等局地环流发育,一天中清晨吹谷风、上午至下午吹冰川风并伴随弱谷风、晚上吹山风(邹捍等,2007;Zou et al.,2008),冰川风常出现于一天中气温最高的时刻,强度较大(孙方林和马耀明,2007)。因此,南亚夏季风对喜马拉雅山区地面环流的影响,主要是通过改变该地区的大气热力和辐射状况完成的,但其影响程度随季风的强弱有所不同(周立波等,2007a;2007b)。

近几十年来,本区气候总体呈现变暖的趋势(刘晓东和侯萍,1998;姚檀栋等,2000;杜军,2001;韦志刚等,2003;吴通华,2005;杨续超等,2006;谭春萍等,2010)。就喜马拉雅山中段而言,冰川变化、冰芯记录和气象资料均揭示 20 世纪后半期气候以暖干趋势为主要特征,而且在未来气候变暖的情况下,喜马拉雅山中部季风降水将会减少,暖干趋势将持续(段克勤等,2002b;任贾文等,2003)。基于月平均最高温的变化趋势分析显示,1971~1994 年,尼泊尔喜马拉雅山的升温率达 0.6℃/(10a)(Shrestha et al.,1999),而且这种趋势还在继续(Shrestha and Aryal,2011)。近 20 年来,本区东段的卡鲁雄区流域平均气温以 0.34℃/(10a)的趋势上升,高于西藏年均气温 0.26℃/(10a)的增长率,更是明显高于全国和全球气温的增长率,且极端最高温都出现在 20 世纪 90 年代。自 20 世纪 80 年代初到 21 世纪初后十年气温(1994~2003 年)比前十年(1983~1993 年)升高 0.5℃,气候变暖对本区冰川径流变化起主导作用(张菲等,2006)。近 40 年青藏高原南部地区气候显著变暖,年平均气温升高了 1℃,变暖主要发生于 1990 年以后,2001~2007 年是近 40 年的最暖期。气候变暖表现为全年温度升高,其中冬季增暖尤为显著,达到 1.5℃。青藏高原南部地区气候变暖具有显著的空间差异性,随地势增加和海拔升高,变暖速度从东向西呈显著增大趋势。1971~2007 年,东部地区察隅站的升温率为 0.16℃/(10a),中部地区日喀则站的升温率上升为 0.29℃/(10a),而西部地区狮泉河站的升温率达到 0.6℃/(10a)。1991~2007 年,从西向东变暖速度加快,察隅、日喀则和狮泉河三站升温率分别达到 0.61℃/(10a)、0.70℃/(10a)和 0.91℃/(10a)(谭春萍等,2010)。对我国喜马拉雅山区 10 个气象站(东段:帕里、江孜、错那、隆子;中段:日喀则、拉孜、定日、聂拉木;西段:普兰、狮泉河)近 40 年的资料分析表明,气温均呈上升趋势,其中定日平均升温率最大,达 0.059℃/a,普兰、拉孜为 0.04~0.05℃/a,狮泉河为 0.037℃/a,聂拉木、隆子、错那为 0.02~0.03℃/a,日喀则、江孜和帕里为 0.01~0.02℃/a(图 2-7,表 2-4)。

对喜马拉雅山降水变化的认识存在不确定性。研究显示,不管是中国喜马拉雅山还是尼泊尔喜马拉雅山,降水的变化趋势不明显,但是降水的年际和年代际变化与大尺度的气候波动如 ENSO 等有关(Shrestha et al.,2000;2011;Shrestha and Aryal,2011;Yang et al.,2006)。最近的研究显示,主要由于印度季风指数的减弱,喜马拉雅山降水有减少的趋势(Yao et al.,2012)。对西藏南部 24 个站的气象资料分析显示,近 40 年青藏高原南部地区年降水量呈增加趋势,但不明显。降水量变化也

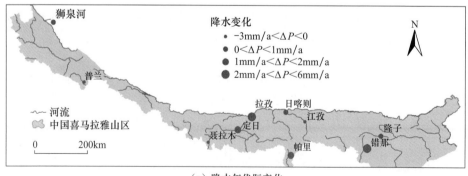

(a) 降水年代际变化

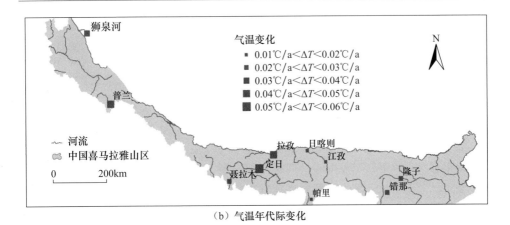

（b）气温年代际变化

图 2-7　我国喜马拉雅山区气象站近 40 年来年代际气候变化

具有阶段性特征,1971～1990 年线性增加率为 12.3mm/(10a),1991～2007 年为
26.4mm/(10a),增速加快,但显著性水平<0.1。四季中,夏季对年降水量增加的
贡献最大。从青藏高原南部地区降水的空间差异性来看,近 40 年来东部地区拉萨
和巴塘站的年降水量分别显著增加,增率分别为 30.9mm/(10a) 和 45.7mm/
(10a),而西部地区狮泉河和普兰站的年降水量分别显著减少,减少率分别为
11.2mm/(10a) 和 21.8mm/(10a)(谭春萍等,2010)。达索普冰芯研究也显示,18
世纪和 20 世纪 30 年代以来积累量较低,1830～1930 年,积累量较高,自 1930 年
以来该地区冰芯的积累量为波动减少趋势,此后一直保持低值(段克勤等,2002a;
2002b)。对本区 10 个气象站近 40 年的资料分析表明,聂拉木和普兰年降水呈下
降趋势,拉孜降水年平均增幅最大,达 5.9mm/a;东部的江孜和隆子增率变化不明
显,为 0～1mm/a;其他 5 个站降水量的年增率为 1～2mm/a(图 2-7,表 2-4)。

表 2-4　20 世纪 60 年代至 2006 年我国喜马拉雅山区气温和降水的变化

气象站	位置			年均降水量/mm	降水变率/(mm/a)	置信水平	年均温/℃	气温变率/(℃/a)	置信水平
	/(°E)	/(°N)	/m						
狮泉河	80.08	32.50	4279	70.7	1.4	0.72	0.584	0.037	<0.001
普兰	81.25	30.28	3900	160.8	−2.7	0.02	3.448	0.042	<0.001
聂拉木	85.97	28.18	3810	649.1	−0.4	0.86	3.687	0.023	<0.001
定日	87.08	28.63	4300	280.7	1.7	0.08	2.555	0.059	<0.001
拉孜	87.60	29.08	4000	327.4	5.9	0.02	6.891	0.047	<0.001
日喀则	88.88	29.25	3836	432.5	1.0	0.46	6.508	0.015	<0.001
帕里	89.08	27.73	4302	420.6	1.5	0.04	0.166	0.016	0.002
江孜	89.60	28.92	4040	290.1	0.3	0.74	4.954	0.019	<0.001
错那	91.95	27.98	4280	400.5	1.9	0.11	−0.175	0.029	<0.001
隆子	92.47	28.42	3860	280.2	0.8	0.24	5.329	0.024	<0.001

在全球大部分地区蒸发量减少的大背景下,近年来珠穆朗玛峰地区年蒸发量

也表现为同样的减少趋势,平均以－15.6mm/(10a)的速度递减。就年蒸发量的空间差异而言,拉孜、聂拉木呈不显著的增加趋势,增幅为 6.5～14.2mm/(10a),其他各站表现为不同程度的减少趋势,平均为－15.6～－41.9mm/(10a),以江孜减幅最明显。聂拉木年蒸发量增加与气温显著升高、风速增大有密切关系,而其他各站年蒸发量减少主要是因为在珠穆朗玛峰地区平均相对湿度的明显增加,日照时数和平均风速的显著下降(杜军等,2009)。

综上所述,20世纪60年代至2006年,年均气温升高是我国喜马拉雅山区气候变化最显著的特征,气候总体呈现暖湿组合特征,但地区差异显著。西部地区有变暖变干的趋势,中东部地区气温显著升高且大部分地区降水量增加,气候变暖变湿的趋势占主导地位。

2.3　冰 川 概 况

冰川和冰湖是气候的产物。在上述季风与西风环流作用下,喜马拉雅山脉粒雪线高度各山区空间差异较大,如珠穆朗玛峰南坡为 4600～5600m,北坡为6000～6200m;在西端南迦帕尔巴特峰地区为 4600～4700m;东端南迦巴瓦峰西北坡为 4800m 左右,而南坡降水丰富,粒雪线高度为 4300～4400m。在过去的几十年中,喜马拉雅山冰川平衡线呈升高趋势,且南向和东南向冰川的平衡线上升的速率要大于北向和西向的冰川(Kayastha and Harrison,2008)。整个喜马拉雅山地区共发育有冰川 18 065 条,面积 34 659.6km^2,估计冰储量为3734.48km^3,冰川面积约占山地面积的 17%(秦大河,1999)。我国喜马拉雅山山地面积约为 202 500km^2,冰川覆盖度(冰川面积与山地面积之比称为冰川覆盖度)为 4.15%;根据中国第一次冰川编目数据统计,我国喜马拉雅山区共发育冰川 6230 条,冰川面积为 8486.77km^2,平均冰川面积为 1.36km^2,冰储量为708.5448km^3,冰川融水径流量约为 76.6×10^{8}m^3,占全国冰川融水径流量的12.7%(刘宗香等,2000;Shi,2008)。按照本书关于我国喜马拉雅山区段的划分界限,不同区段的冰川数量分布及其规模见表 2-5。

表 2-5　我国喜马拉雅山区不同区段冰川数量分布及其规模

地段	冰川条数		冰川面积		平均面积/km^2
	/条	/%	/km^2	/%	
西段	2129	34	2579.80	30	1.21
中段	1877	30	2860.38	34	1.52
东段	2224	36	3046.59	36	1.37
总计	6230	100	8486.77	100	1.36

自 20 世纪 50 年代末以来,我国科学家对喜马拉雅山中段的珠穆朗玛峰地区

和希夏邦马峰地区的冰川进行了较为详细的研究。珠穆朗玛峰北坡雪线高度处的年降水量(500~800mm)少于南坡(>1500mm),但北坡地形较为和缓,积累区宽展(冰川积累区面积比率一般高达 0.7~0.8),有利于较大冰川的发育,从而使其冰川面积超过南坡面积的 12.8%。受降水南(坡)多北(坡)少的影响,南坡雪线高度比北坡低 200~700m,如远东绒布冰川粒雪盆闭塞,雪线海拔达 6270m,这是北半球雪线的最高位置(郑本兴和施雅风,1975)。

　　对比 20 世纪 20 年代初英国探险队考察记录和 1966~1968 年所测地形图发现,40 多年来绒布冰川末端位置一直停留在绒布寺南 7.3km 处,没有明显变化,其原因与冰舌下段处在厚达 6m 的表碛覆盖下,基本上已不受太阳辐射和空气对流热交换的影响有关,但与冰川末端相连的小冰期形成的侧碛已高出冰面 50~70m,这意味着1850~1966 年,冰川厚度减薄了 50~70m(郑本兴和施雅风,1975)。数十年来,随着全球气候变暖,珠穆朗玛峰区冰川退缩趋势日渐明显,1997 年与 1966 年的测量对比,中绒布冰川、东绒布冰川和远东绒布冰川分别后退了 270m、170m 和 230m,年平均退缩速率分别为 8.7m/a、5.5m/a 和 7.4m/a(任贾文等,1998)。希夏邦马峰四周及其主山脊两侧,发育有冰川 438 条,面积和冰储量分别达 1173km^2 和 122km^3,其中长度超过 5km 的山谷冰川有 26 条,10km 以上的冰川有 10 条。南坡的兰坦冰川长为 20km,面积为 58.57km^2,是希夏邦马峰区最大的复式山谷冰川,达曲冰川(又称康甲若冰川)长为 14.3km,面积为 44.0km^2,是希夏邦马峰北坡最大的复式山谷冰川。从冰川发育数量和规模比较,希夏邦马峰区是喜马拉雅山系仅次于珠穆朗玛峰区的又一大冰川作用中心。希夏邦马峰南坡为西南季风气流的迎风坡,降水量明显多于北坡,因而发育了数量较其北坡多、规模较其北坡大的冰川,冰川面积和冰储量分别是北坡的 4.1 倍和 3.8 倍。与此同时,冰川雪线和末端高度较其北坡低 200~300m。南坡冰川的冰舌多有表碛覆盖,没有冰塔林发育,在冰川末端时有冰碛阻塞湖的出现(谢自楚和钱增进,1982)。

　　1964 年,中国科学院对希夏邦马峰北坡的达索普冰川(又称野博康加勒冰川,长为 11.0km,面积为 26.2km^2)进行了科学考察。20 世纪 90 年代,中国、美国和俄罗斯等五国组成的达索普冰川考察队,在海拔 7100m 的大平台上钻取了长为159.62m、149.23m 和 167.14m 的三个深孔冰芯,并在这里发现有冰川重结晶带的发育,从而使该冰川具有最完整的成冰作用带谱(姚檀栋等,1998)。冰温测量还发现,在深 160m 以下的冰川底部的冰温为 -13℃,在附近一平顶冰川海拔 5650m处,1964 年曾测得 10m 深处的冰温为 -8℃(黄茂桓,1982),表明该区冰川具有大陆型冰川的温度特征。1987 年 4~6 月,中国科学院兰州冰川冻土研究所对朋曲和波曲流域进行了冰川和冰湖综合考察,测量冰川温度、冰川物质平衡、湖盆地形、雪坑观测、水样分析等,朋曲流域支流拿当曲的阿玛正麦错冰川和波曲的帕曲错冰川的温度0~9.5m 变幅分别为 1~-5℃ 和 -0.1~-0.45℃,平均温度分别为 -3.71℃ 和

−3.01℃,冰川活动层温度大约在表层以下 4.5～5.5m 出现最低值−5.0℃ 和
−4.5℃,之后随着深度的增加冰温明显转折升高(图 2-8)。对阿玛正麦错短物质平
衡观测显示,在 5150～5450m,1987 年 4 月 26 日～5 月 24 日 29 天的时段内,平均消
融率为 1.66cm/d。帕曲错冰川为 5350～5600m,1987 年 5 月 31 日～6 月 10 日 11 天
时间平均消融率为 6.0cm/d(图 2-9)。

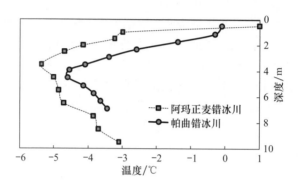

图 2-8　1987 年 4～6 月阿玛正麦错冰川与帕曲错冰川温度观测

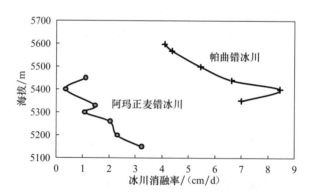

图 2-9　阿玛正麦错冰川(1987 年 4 月 26 日～5 月 24 日)与帕曲错冰川
(1987 年 5 月 31 日～6 月 10 日)物质平衡观测

　　自 20 世纪中期以来,我国喜马拉雅山区在气候总体呈现变暖的趋势下,冰
川总体呈退缩趋势(张东启等,2009)。喜马拉雅山西段杰玛央宗附近地区属于
高原亚寒带干旱季风气候区,近几十年来该地区的冰川处于加速性的退缩状态。
近 30 年来,玛旁雍错流域冰川总面积在减少,湖泊总面积也在减少(郭柳平等,
2007)。对喜马拉雅山西段北坡的纳木那尼和玛旁雍错地区冰川遥感图像的比
较分析显示,近 30 年来该地区冰川既有前进,也有退缩,但总体上看以退缩占优
势,20 世纪 70 年代至 1990 年(0.20km²/a)、1990～1999 年(0.32km²/a)和

1999~2003 年(0.36km²/a)三个时段冰川平均年退缩速率结果表明该地区的冰川退缩速率在加速(Ye et al.,2008)。2004 年和 2006 年的野外考察结果也显示,纳木那尼冰川正在表现出近期加速后退态势,冰川末端在 1976~2006 年平均退缩速度为 5m/a 左右,2004~2006 年后退速度达到 718m/a,并且冰川表面强烈减薄,冰川物质损耗严重,花杆资料估算 2004~2006 年年均冰川物质平衡为−685mm 水当量(姚檀栋等,2007)。此外,根据该地区相邻近的纳木那尼峰地区的典型冰川变化遥感分析,在 1974~2000 年该地区的冰川面积退缩了 10.7%左右(鲁安新,2006)。

喜马拉雅山中东段冰川在过去的几十年中一直处于退缩状态,表现为冰川末端加速退缩、冰塔林下限上升(表 2-6)。野外考察显示,中部的达索普冰川退缩幅度较小,1968~1997 年后退了 120m,年平均后退 4m,1997~1998 年实测后退量也只有 3~4m。1991~1992 年和 1992~1993 年,希夏邦马峰北坡的抗物热,冰川的物质平衡分别为−250mm 和−640mm,冰川末端平均后退−6.3m/a(苏珍和蒲健辰,1998),自 20 世纪 70 年代以来该冰川处于大幅度的物质亏损状态,冰川面积减少了 34.2%,体积减小了 48.2%,平均厚度减薄了 7.5m(马凌龙等,2010),这一结果表明喜马拉雅山地区冰川体积的减小远比人们预想的要严重得多。遥感调查显示,珠穆朗玛峰地区冰川退缩的速度大于西段的纳木那尼地区(Ye et al.,2009),冰塔林自 1960 年以后平均退缩的速度为 5.5~8.7m/a,希夏邦马峰冰川末端自 1980 年以后平均退缩的速度为 6.4m/a,对整个珠穆朗玛峰国家自然保护区的冰川变化的遥感监测显示(聂勇等,2010),1976~2006 年,冰川总面积从 3212.08km²±0.019km² 减少到 2710.17km²±0.011km²,减少了 15.63%,年均减少约 16.73km²,冰川退缩主要发生在海拔 6100m 以下,在海拔 6100~7000m,冰川面积在增加,海拔 7100m 以上区域冰川无明显变化(图 2-10)。朋曲流域自 20 世纪 70 年代至 21 世纪初,冰川面积减少了 8.9%,冰川条数减少了 10%(魏红等,2004;Jin et al.,2005)。1983~2006 年,卡鲁雄曲流域的冰川消融逐步加剧,多年平均值为−136.3mm/a(汪奎奎等,2009)。纳木错流域内冰川的面积从 167.62km² 减少到 141.88km²,退缩速率为 0.86km²/a,其中冰川面积在 1991~2000 年的退缩速率为 0.97km²/a,明显大于其在 1970~1991 年的 0.80km²/a(吴艳红等,2007)。

表 2-6　近 30 年来我国喜马拉雅山冰川末端退缩情况

冰川	位置	观测时段	末端位置变化率/(m/a)	资料来源
绒布冰川★	28.03°E,85.85°N	1966~1997 年	−8.7	任贾文等,1998
		1997~1999 年	−8.9	Ren et al.,2006
		1999~2002 年	−9.1	Ren et al.,2006
		2002~2004 年	−9.5	Ren et al.,2006

续表

冰川	位置	观测时段	末端位置变化率/(m/a)	资料来源
东绒布冰川★	28.02°E,86.96°N	1966～1997 年	−5.5	任贾文等,1998
		1997～1999 年	−7.6	Ren et al.,2006
		1999～2002 年	+8.0	Ren et al.,2006
		2002～2004 年	+8.3	Ren et al.,2006
远东绒布冰川★	28.02°E,86.96°N	1966～1997 年	−7.4	任贾文等,1998
枪勇冰川	28.51°E,90.13°N	1975～2001 年	−2.4	Yao et al.,2012
达索普冰川	28.35°E,85.77°N	1968～2007 年	−4.1	Yao et al.,2012
抗物热冰川	28.27°E,85.45°N	1976～1991 年	−4	苏珍和奥尔洛夫,1992
		1991～1993 年	−6	苏珍和蒲健辰,1998
		1994～2001 年	−7～−10	蒲健辰等,2004
		1974～2007 年	−8.9	马凌龙等,2010
5o194E10	28.41°E,85.77°N	1997～2001 年	−4～−5	蒲健辰等,2004
		2005～2008 年	−7.1	马凌龙等,2010
纳木那尼冰川	30.27°E,81.44°N	1976～2006 年	−5.0	姚檀栋等,2007

★为冰塔林区下限变化。

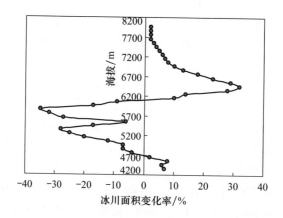

图 2-10　1976～2006 年珠穆朗玛峰波湖区冰川在各个海拔梯度的变化

据研究,小冰期以来,雅鲁藏布江等流域海洋型冰川区冰川面积减少了 3921.2km²,约为小冰期冰川总面积的 23%(苏珍和施雅风,2000)。近几十年来,随着全球气候变暖,恒河—雅鲁藏布江流域的冰川普遍退缩,其中易贡藏布江上游几条冰川,20 世纪 70 年代与 30 年代比较,退缩非常明显,若果冰川末端 1959～1975 年后退了 1200m,阿扎冰川 1973 年比 1933 年后退 700m,1976 年及 1980 年又分别后退了 159m 和 100m(Shi,2008)。对青藏高原东南部岗日嘎布山区 20 世纪初以来的冰川变化进行的遥感分析结果表明,20 世纪初期至 1980 年,研究区的冰川基本处于退缩状态,期间冰川面积减少了 13.8%,储量减少了 9.8%,储量减少量相当于 249.2×

$10^8 m^3$ 水当量,冰川萎缩导致其对河川径流的调节作用减弱了一半左右。但 1980 年以来,本地区 88 条冰川中近 60% 冰川处于退缩状态,另有 40% 冰川处于前进状态,但冰川总面积和总储量还是处于减少的状态(刘时银等,2005)。姚檀栋等(2010)通过对雅鲁藏布江流域内冰川分布和大陆型冰川与海洋型冰川物质平衡变化的研究发现,雅鲁藏布江流域冰川正在强烈退缩并对湖泊过程产生了重大影响,并指出近期流域内雅鲁藏布江流域冰川物质平衡呈强烈亏损状态。

在冰面高程变化上,喜马拉雅山区冰川总体处于减薄状态,冰川物质平衡处于负平衡状态(Fujita and Nuimara,2011;Gardelle et al.,2013;Gardner et al.,2013)。Kääb 等(2012)通过比较 ICESat(ice,cloud,and land elevation satellite)数据与 SRTM(shuttle radar topography mission)的高程差,发现兴都库什—喀喇昆仑—喜马拉雅山区(HKKH)冰川总体以减薄为主,在西尼泊尔、东尼泊尔和不丹区域内的喜马拉雅山区,减薄速度均超过平均值(表 2-7),冰川减薄造成物质亏损的水当量值在喜马拉雅山区大约为 (-0.32 ± 0.06)m/a 和 (-0.30 ± 0.09)m/a。

表 2-7　兴都库什—喀喇昆仑—喜马拉雅山区冰川表面减薄速度与物质平衡
(Kääb et al.,2012)　　　　　　　　　　(单位:m/a±1 标准差)

物质平衡	兴都库什	喀喇昆仑	喀什米尔等	西尼泊尔等	东尼泊尔和不丹	HKKH 地区面积加权
裸冰冰面	-0.21 ± 0.32	-0.54 ± 0.25	-1.28 ± 0.54	-1.20 ± 0.33	-2.30 ± 0.53	-0.48 ± 0.16
表碛冰面	-1.54 ± 0.31	-0.04 ± 0.26	-1.05 ± 0.44	-1.02 ± 0.29	-1.53 ± 0.43	-0.76 ± 0.16
物质平衡 1	-0.19 ± 0.06	-0.06 ± 0.04	-0.59 ± 0.08	-0.34 ± 0.08	-0.34 ± 0.08	-0.23 ± 0.05
物质平衡 2	-0.20 ± 0.05	0.0 ± 0.03	-0.51 ± 0.06	-0.3 ± 0.04	-0.26 ± 0.07	-0.19 ± 0.04
物质平衡 3	-0.20 ± 0.06	-0.03 ± 0.04	-0.55 ± 0.06	-0.32 ± 0.06	-0.30 ± 0.09	-0.21 ± 0.05

注:冰川物质平衡为水当量值,分三类冰密度假设情景计算冰川物质平衡水当量值:物质平衡 1 假设冰的密度为 $900kg/m^3$;物质平衡 2 假设冰的密度为 $900kg/m^3$ 和粒雪密度为 $600kg/m^3$;物质平衡 3 假设冰的密度为 $900kg/m^3$ 和粒雪密度为 $600kg/m^3$ 的平均值。

表碛覆盖型冰川,由于消融区表碛的分布及其变化,改变了冰面消融速度和消融形式,因此与冰碛湖的形成与演化及冰湖溃决灾害密切相关。在珠穆朗玛峰地区,大约 23% 的冰川为表碛覆盖型冰川,以平均大致为 0.32m/a 的速度退缩(Benn et al.,2012)。一般认为喜马拉雅山区超过一定厚度的表碛对冰川消融起到抑制作用(Sakai et al.,2000b;Scherler et al.,2011;Bolch et al.,2011a),但最近研究发现,一定厚度的表碛对冰川消融的抑制作用只是在局部区域表现明显。2003~2008 年,在兴都库什-喜马拉雅山区裸冰和表碛覆盖冰川减薄的速度差异不大,说明表碛的存在并没有对冰川的消融起到抑制作用(表 2-7),由于表碛覆盖区冰川热喀斯特过程促使并加快冰面湖和冰碛湖的形成,在大区域尺度表碛对冰川消融的作用需要再评估(Kääb et al.,2012)。Quincey 等(2009)发现本区表碛覆盖型冰川运动类型可分为三类:①整个冰川表面明显的位移；②冰川上部有明显的位移，但下部消融区几乎处于停滞状态或运动速度非常低；③整个冰川表面没有明显的位移。第一运动类型的冰川，如向东朝向 Kangshung 冰川，运动速度几乎呈线性向冰川上游增加，大约在距离末端 8km 处，运动速度达到最大值约为 35m/a。相对来说，第二运动类型的冰川在喜马拉雅山区较为普遍，Ngozumpa 冰川则包括相对快速运动带和停止带，在下部的 6.5km 基本处于停滞状态，而自停滞带以上，运动速度增大，在西支过渡带以上的 5km 处记录到最大运动速度约 45m/a；绒布冰川和孔布冰川也属于此类型，如孔布冰川下部的 3～4km 的运动速度基本处于停滞状态，而冰川上部的运动速度超过 60m/a（Bolch et al.，2008a）。整个冰川运动速度均很慢的冰川主要由冰崩补给型、积累区很小的冰川组成。

2.4　冰湖概况

喜马拉雅山区现代高山冰湖数以千计，其分布高度为 4600～5600m（徐道明和冯清华，1988）。近年喜马拉雅山的气候变化及其链式响应引起了广泛的关注（ICIMOD，2009），遥感调查显示，冰川的加速消融和冰川末端快速退缩导致潜在危险性冰碛湖的形成和增多（Richardson and Reynolds，2000a；Randhawa et al.，2005；Bajracharya et al.，2007；Bajracharya and Mool，2009；Sakai and Fujita，2010），如喜马拉雅山南坡尼泊尔、不丹、印度境内，在过去的几十年中均发育大量的冰湖，许多冰湖处于潜在溃决危险之中（Mool et al.，2001a；2001b；Bajracharya et al.，2007；Worni et al.，2012a；Sakai，2012）。考察表明，喜马拉雅山北坡是我国冰湖溃决最为频发的地区，西藏有记录的 19 个已溃决冰碛湖中，有 13 个位于本区，而对本区冰湖研究的重视也是从冰碛湖溃决灾害发生开始的。1954 年桑旺湖溃决后，施雅风先生在杨宗辉等的陪同下对桑旺湖进行了考察，拉开了对本区冰湖研究的序幕；此后，1981 年杨宗辉等、1984 年徐道明等对章藏布湖进行了考察和研究，并引起国际同行对本区冰碛湖溃决灾害的广泛关注；1987 年，尼泊尔水能委员会秘书处在加拿大政府支持下，并得到 ICIMOD 协助，与中国科学家协作，开展了尼泊尔喜马拉雅山冰碛阻塞湖溃决洪水研究，对喜马拉雅山中段的朋曲和波曲的冰湖进行编目，并完成了总结报告（Liu and Sharma，1988）。1987 年以后，也不乏对喜马拉雅山典型区域或典型冰湖变化分析与灾害的评价（徐道明和冯清华，1989；车涛等，2004；鲁安新，2006；Chen et al.，2007；Wang et al.，2008）。上述研究的积累，为了解喜马拉雅山冰湖数量、分布、变化以及冰湖水的化学成分等概况奠定了基础。

冰湖变化区域差异显著，最近的遥感调查发现，沿喜马拉雅-兴都库什地区，在印度、尼泊尔、不丹冰湖面积增率为 20%～65%，到西部的喀喇昆仑、兴都库什冰湖面积减少了 50% 和 30%（Gardelle et al.，2011）。最近基于 ICESat 测高数据的研究显示,2003～2009 年,我国喜马拉雅山的羊卓雍错、佩古错、旁玛雍错湖水位呈下降趋势,下降速度分别为 0.40m/a、0.04m/a 和 0.03m/a(Zhang et al.,2011),但近几十年来我国喜马拉雅山中段地区冰湖变化的总趋势是面积呈增加趋势。对喜马拉雅山中段冰湖的现代变化的研究主要集中在朋曲和波曲流域等。在朋曲流域,车涛等(2004)采用 2000 年/2001 年 TM/ETM 和高级星载热辐射反射辐射计(advanced spaceborne thermal emission and reflection radiometer,ASTER)数据作为基本资料,得到朋曲流域冰湖的分布信息。通过目视解译,获得 2000 年/2001 年的冰湖空间数据并从 1∶50 000 的地形图资料获取历史时期的冰湖空间数据及数字高程模型数据,在 Liu 和 Sharma(1988)的报告中获取了相应冰湖的属性数据,从而建立了两期的冰湖编目。对比两期冰湖编目数据发现,朋曲流域冰湖的数量减少了 4 个,但是总面积却增加了 $5.477km^2$。这也就意味着整个流域内冰湖的平均面积增大了,从而由于湖水面积增大而发生冰湖溃决洪水事件的可能性增大。珠穆朗玛峰国家自然保护区冰湖面积扩大迅速,1976～2006 年冰湖面积从 $56.97km^2$ 增加到 $93.84km^2$,占区域面积的比重由 0.16% 上升到 0.26%(聂勇等,2010)。

在波曲流域,根据遥感调查冰湖获取的冰湖面积变化特征来看,不同类型冰湖的变化特征表现出差异性。一般终碛湖的面积呈增加的趋势;冰斗湖、槽谷湖和侵蚀湖的面积呈减小的趋势。一些终碛湖由于上游的冰川面积较小,其湖面面积也呈减小的趋势,如姆拉错;或者在近期内发生过溃决或局部溃决,目前面积较溃决前减小了,如嘉龙错。冰湖面积急剧增大,相应增大了溃决的可能性,对下游社会经济将产生更大的威胁。相对而言,面积大于 $0.5km^2$ 的冰湖一旦溃决,将会给下游造成更严重的灾难。在波曲所有冰湖中,面积大于 $0.5km^2$ 的有 8 个,面积呈急剧增加趋势的有 6 个,余下 2 个为冰川侵蚀湖,其面积减小幅度很小,没有超过1%。特别是扛西错、嘎龙错和章藏布错的面积增加量大,扛西错面积增大 118%,嘎龙错面积增大 104%;相应增加的蓄水量很大,扛西错蓄水量增加约 $2.7×10^7 m^3$(水深增加约 10m),嘎龙错蓄水量增加约 $2.1×10^7 m^3$(水深增加约 8m),章藏布错蓄水量增加约 $1.5×10^7 m^3$(水深增加约 32m,参考 1981 年溃决时面积对应的水深)。陈晓清等(2005)进一步分析发现,波曲流域的冰湖中,处于高度危险状态的有 9 个,分别是嘎龙错、峡湖、姆拉错、龙莫尖错、查乌曲登、北湖、南湖、酸奶湖和章藏布错;处于较高危险的有 3 个,即嘉龙错、扛西错和扛普错;处于稳定状态的有 2 个,为达惹错和共错;其余 35 个处于相对稳定或趋于衰退状态。从高度危险和较高危险冰湖的次级流域分布来看,处于高度危险和较高危险的 12 个冰湖中,冲堆普 2 个、科亚普 3 个、塔吉岭普 3 个、如甲普 3 个和章藏布 1 个。从蓄水量来看,冲堆普的嘎龙错和科亚普的扛西错远大于其他冰湖;从近 18 年面积和蓄水量的增加来看,冲堆普的嘎龙错和科亚普的扛西错也远大于其他冰湖,故这两个冰湖下游的危险性等级应该很高,塔吉岭普、如甲普和章藏布下游处于较高危险程度,其他支沟下游相对安全(陈晓清等,2007;沈永平等,2008)。

1977～2003年6期遥感影像显示,希夏邦马峰东坡的冰川在迅速退缩,而其相应的冰川湖泊在迅速增大。例如,过去的27年中,该区南部的吉葱普冰川面积减小了7.3%,每年的退缩速度57 099m^2/a,冰舌退缩48m/a,相应的卢姆池米冰湖面积增加速度大约为79 048m^2/a,增加118%;北面的热强冰川面积减小了22.9%,退缩速度为63 224m^2/a,冰舌退缩71m/a,相应的扎西错面积增率约为73 425m^2/a,26年来总计增加了87%(车涛等,2005)。

位于我国喜马拉雅山中段的枪勇冰川、多庆错源头附近地区,遥感调查显示共有34个冰川末端湖,1970～2000年,有12个冰川末端湖面积萎缩,占38.7%,不过萎缩幅度不大,萎缩最大的是将军打错萎缩了51%;有19个冰川末端湖的面积呈扩大状态,占61.3%,扩大最大的是比里加错上游的冰川末端湖,其面积扩大了10.98倍。从冰川末端湖的总面积方面分析,这31个湖在1970年左右的总面积为19.24km^2,1990年左右的总面积为21.62km^2,2000年左右的总面积为23.29km^2。即1990年左右的总面积比1970年左右的总面积增加了2.38km^2,增率为12.4%;2000年左右的总面积比1990年左右的总面积增加了1.67km^2,增率为7.7%;2000年左右的总面积比1970年左右的总面积增加了4.05km^2,增率为21.1%(鲁安新,2006)。

我国喜马拉雅山西段杰玛央宗附近地区有10个冰川末端湖泊,1974年,各个湖泊的面积为0.2～1.38km^2。遥感分析结果表明,1974～2000年,有3个湖泊萎缩,占30%,其余7个都呈增大趋势,占70%;增大最多的是阿色果甲冰川末端湖,增大了125.4%,面积由1974年的0.5km^2增大到2000年的1.17km^2。从冰川末端湖的总面积来看,这10个湖泊在1970年左右的总面积为5.31km^2,在1990年左右的总面积为5.45km^2,2000年左右的总面积增至6.90km^2,2000年左右的总面积比1970年左右的总面积增加1.59km^2,总面积增加比率为29.94%,这一变化趋势同该地区的冰川和气候变化特征相一致(鲁安新,2006)。但玛旁雍错流域冰湖面积变化呈现出阶段性差异:1973～1990年冰湖面积平均每年以-1.43km^2的速度减少,1990～1999年面积减少速度有所增大,为-1.55km^2/a,1999～2003年冰湖面积以0.66km^2/a的速度扩张(Ye et al.,2008)。

研究显示,气候变暖引起的冰川融水增加是引起近年冰湖扩张的主要原因,冰湖扩张与冰川退缩具有很好的耦合关系。定量分析近34年来纳木错湖面面积和水量的变化情况表明,1971～2004年,湖面面积从1920km^2增加到2015.38km^2,增加速率为2.89km^2/a;湖泊水量从783.23×$10^8$$m^3$增加到863.77×$10^8$$m^3$(朱立平等,2010),其中湖面面积在1991～2000年的增加速率为1.76km^2/a,明显大于其在1970～1991年的1.03km^2/a(吴艳红等,2007)。

从湖泊水量增加的原因来分析,这是纳木错流域气温升高引起的冰川融水增加、流域降水量增长、湖面蒸发量减小共同作用的结果,冰川融水增加在近期湖泊水量增加的比例占到 50.6% 左右,气候变暖引起的冰川融水增加是引起近年纳木错湖面迅速扩张的主要原因,而区域降水量略微增加和蒸发量显著减少也与湖面面积增大有密切联系,但尚需进一步分析(吴艳红等,2007;朱立平等,2010)。喜马拉雅山北坡东段以冰川融水补给为主的卡鲁雄曲流域,径流量增加了26%;不同月份径流增加强度不同,从 10 月到次年 2 月增加 44%,7~9 月增加27%,3~6 月增加 24%。径流量对气候变化的响应最灵敏,尤其是秋冬季的径流量。冰川消融和季风影响导致不同时期径流量变化的因素有所不同,但存在共性,即气温对径流量起着主导作用,而降水对径流量的影响具有不确定性,即正负双面效应(张菲等,2006)。

冰湖的离子总量和矿化度在一定程度上指示着冰湖水交换周期的长短及湖泊的封闭性,一般冰湖形成时间较长、相对封闭的冰湖,离子易在湖中积聚。本区域冰湖主要是淡水湖,调查 9 个冰湖的湖水 pH 为 7.03,呈中性,平均矿化度为 86.3mg/L,略高于河水的矿化度(77.5mg/L),为冰川和积雪融水矿化度(23.1mg/L)的 3.7 倍,反映出以低矿化度的冰川补给冰湖水形成时间较短,尚处于湖泊演递的初级阶段,矿化度低(表 2-8)。冰湖水离子主要有 HCO_3^-、Mg^{2+}、Ca^{2+}、Cl^-、SO_4^{2-}、Na^+、K^+ 和 CO_3^{2-},分别占离子总数的 28.1%、24.3%、18.6%、10.1%、9.3%、5.5%、4.0% 和 0.1%(表 2-9),其中纲古错的离子总量(19 464.8mg/L)和矿化度(604.78mg/L),为取样的 8 个冰湖中最高的,超出平均数的 7 倍以上,pH 达 9.17,呈碱性,说明该湖为相对较封闭的冰湖,排水主要通过蒸发输出。

表 2-8　我国喜马拉雅山中段不同水体水化学成分

| 采样点 | 样品类型 | 阴离子总量 | | 阳离子总量 | | 离子总量 | 矿化度 | pH |
		/(mg/L)	/%	/(mg/L)	/%	/(mg/L)	/(mg/L)	
宗格错	湖水	222.8	49.7	225.1	50.3	447.9	16.72	6.95
阿玛正麦错	湖水	360.5	50.0	360.7	50.0	721.2	26.24	6.8
帕曲错	湖水	191.2	49.8	192.7	50.2	383.9	14.24	6.81
强宗克错	湖水	483.9	49.9	484.9	50.1	968.8	34.9	6.75
纲古错	湖水	9731.5	50.0	9733.3	50.0	19464.8	604.78	9.17
三角湖	湖水	338.5	49.8	340.6	50.2	679.1	25.46	7.21
共错	湖水	201.3	49.9	202.5	50.1	403.8	15.29	6.87
侧-终间湖	湖水	249.2	49.5	254.2	50.5	503.4	17.92	6.43
达若错	湖水	227.1	49.9	226.1	49.7	455.2	16.27	6.56
帕曲冰川	新雪	190.8	51.0	183.4	49.0	374.2	12.36	6.45

续表

采样点	样品类型	阴离子总量		阳离子总量		离子总量	矿化度	pH
		/(mg/L)	/%	/(mg/L)	/%	/(mg/L)	/(mg/L)	
帕曲冰川	新雪	535.8	50.8	519.3	49.2	1055.1	39.88	6.88
阿湖	雪样	216.4	50.0	216.6	50.0	433.0	14.76	6.66
阿湖大冰川	冰川	193.4	49.9	194.2	50.1	387.6	12.74	6.69
帕曲冰川	冰川	676.4	50.0	677.2	50.0	1353.6	46.52	6.87
帕曲冰川	冰川	680.8	188.5	180.3	49.9	361.1	12.59	6.34
帕曲河水	河水	939.8	49.9	943.4	50.1	1883.2	65.65	7.23
拿当曲	河水	809.0	50.0	863.4	53.4	1617.4	36.09	7.15
朋曲河	河水	1343.0	50.0	1344.0	50.0	2687.0	102.52	7.27
陈塘	河水	1390.7	50.0	1388.7	50.0	2779.0	105.70	7.22

资料来源:中国科学院兰州冰川冻土研究所档案室,1987 年。

表 2-9　我国喜马拉雅山中段冰湖湖水离子成分分析

冰湖	阴离子/(mg/L)				阳离子/(mg/L)				离子总数 /(mg/L)	pH
	CO_3^{2-}	HCO_3^-	Cl^-	SO_4^{2-}	Ca^{2+}	Mg^{2+}	K^+	Na^+		
阿玛正麦错	0	115.0	75.8	320	80.5	40.3	60.8	43.5	16.72	6.95
宗格错	0	191.7	75.8	93	80.5	161	67.0	52.2	26.24	6.80
强宗克错	0	153.4	75.8	82	80.5	120.8	29.9	78.3	21.93	6.76
纲古错	0	270	75.8	178.1	281.8	120.8	38.8	43.5	34.90	6.75
三角湖	766.8	3 910.7	4 548.0	506	845.4	66 424	503.8	1 739.1	604.78	9.17
共错	0	268.4	37.9	322	120.8	161	28.4	30.4	25.46	7.21
侧-终间湖	0	153.4	37.9	10	120.8	40.3	15.3	26.1	15.29	6.87
达若错	0	153.4	75.8	20	120.8	80.5	18.1	34.8	17.92	6.43

资料来源:中国科学院兰州冰川冻土研究所档案室,1987 年。

2.5　本 章 小 结

本章以位于我国境内的喜马拉雅山区为研究试验区,对本区的山文水系、气候条件及变化、现代冰川与冰湖的基本情况作了介绍,小结如下。

(1) 本区共有 41 个四级流域,习惯把喜马拉雅山分为东、中、西三段。根据切割喜马拉雅山的河流主干道并结合山脉走势形态和冰湖分布的特点,本书把位于泡罕里峰和绰莫拉日峰之间的康布麻曲—下布曲—雅鲁藏布江大拐弯处定为东段;康布麻曲—下布曲—吉隆藏布定为中段(吉隆藏布为本区有记录溃决冰碛湖的最西界);吉隆藏布—恒河及印度河与国界的交接处为西段。

(2) 我国喜马拉雅山区的气候环流条件和地形条件复杂,既表现出从东到西的经度地带性差异,又表现出由于山脉屏障作用而产生的南北差异,更表现出由于高大山体形成的垂直地带性差异。近几十年来,本区气候总体呈现变暖的趋势。20 世纪 60 年代至 2006 年,年均气温升高是我国喜马拉雅山区气候变化最显著的特征,降水变化趋势不明显。气候变化呈现暖湿综合占主导地位的特征,但地区差异显著。西部地区有变暖变干的趋势,中东部地区气温显著升高,并且大部分地区降水量增加。

（3）我国喜马拉雅山区共发育冰川 6230 条,冰川面积为 8486.77km^2,冰储量为 708.5448km^3,冰川融水径流量约为 76.6×10^8m^3,占全国冰川融水径流量 12.7%。表碛覆盖型冰川广泛分布是本区冰川分布的突出特点之一,对冰碛湖的形成与演化有着深刻的影响。自 19 世纪中叶以来,冰川一直处于退缩状态,冰川变化时空差异较大,末端平均退缩率为 4～6m/a。从高度上看,不同海拔高度冰川面积变化率具有明显差异,冰川退缩主要发生在海拔 6000m 以下。

（4）本区冰湖分布高度为 4600～5600m,为淡水湖,是我国冰湖溃决最频发的地区,西藏有记录的 13 个造成生命财产损失的已溃决冰碛湖中,有 10 个位于本区。近几十年来,冰湖变化呈现"数量减少、面积扩大"的特征,冰湖溃决风险增大,气候变暖引起的冰川融水增加是引起近年冰湖扩张的主要原因。

第3章 冰碛湖溃决分析与度量

3.1 西藏冰碛湖溃决主要特征

3.1.1 溃决冰湖的空间分布

冰碛湖溃决事件一般发生在海洋性冰川向大陆性冰川过渡地带(现有记录显示,只有光谢错溃决发生在贡日嘎布山脉北坡的海洋性冰川区)(李吉均,1975,1977)。西藏的海洋性冰川和大陆性冰川的分布界线是北起丁青与索县之间唐古拉山东段的主峰布加岗日,向西南经嘉黎、工布江达、直抵措美。此线以东为西藏海洋性冰川分布地区,东可延至川西、滇北,包括贡嘎山、雀儿山及梅里雪山、玉龙山等,均属我国海洋性冰川分布的主要地区,在此线以西为大陆性冰川分布的地区。根据现有资料,到目前为止,西藏19个有记录的冰碛湖溃决先后发生25次溃决(吕儒仁等,1999;刘伟,2006;程尊兰等,2009),其中13个均有不同程度的考察研究,这为对冰碛湖的溃决灾害研究提供了宝贵的资料。已溃决冰碛湖主要分布在喜马拉雅山中东段北坡和藏东南冰川区,从布加岗日、嘉黎、工布江达和洛扎,沿喜马拉雅山北坡至吉隆、仲巴之间,最远可能达到班公湖地区。我国已溃决冰碛湖的分布及其邻近气象站位置如图3-1所示。从图3-1中可见溃决冰湖多位于海洋

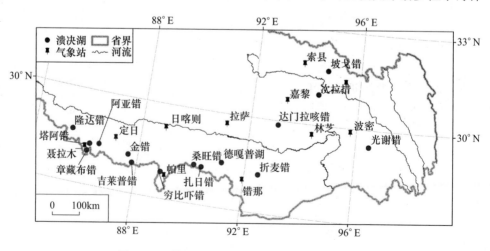

图 3-1 西藏已溃决冰碛湖及其邻近气象站的分布

性冰川向大陆性冰川的过渡带上。在此带上的终碛湖活动强烈,多不稳定。以往的很多研究中,曾认为只有地处此带上的冰湖才会发生溃决。而 1988 年 7 月,在贡日嘎布山脉北坡(即波密南山)的海洋性冰川区发生了光谢错冰湖溃决,这一事件突破了西藏冰湖溃决仅发生在海洋性冰川向大陆性冰川的过渡带上这一权威性结论。这表明冰湖溃决的决定因素不仅有地区性,还是多因素综合作用的结果,冰湖溃决的空间分布呈现复杂多变特性。

3.1.2　冰湖溃决的时间分布

冰湖溃决的时间分布特征主要从溃决事件发生年份与气候异常年份的耦合关系、溃决发生的年代际分布特征和溃决发生的季节分布等方面进行探讨。

1. 溃决发生年份与气候异常年份的耦合关系

冰湖溃决的时间分布,主要表现在它与气候的变化和它发生的气象条件。湿冷气候最有利于冰川的积累和前进,湿热和干热(暖)气候使冰川强烈消融、变薄、冰塔林出现一致退缩。20 世纪 60 年代初期,西藏各地普遍出现湿冷气候,特别是 1960～1963 年最明显(王绍武和董光荣,2002),西藏高原不少冰川积累增加,出现前进现象。20 世纪 80 年代后气温逐渐升高。从湿冷气候转向湿热或干热(暖)气候的过渡年份,冰雪融水增加,冰川活动性增强,最有利于冰湖溃决的发生和冰湖溃决泥石流的形成,冰湖溃决及其泥石流的形成与气候波动转折或突变异常点关系密切。资料表明,冰碛湖溃决事件是气温突变的产物,分析西藏 14 次冰碛湖溃决事件,其中有 12 次发生在气候转变点上(刘晶晶等,2011)(表 3-1),西藏气温突变出现在 20 世纪 60 年代初和 80 年代初(杜军等,2000)。另外,冰湖溃决泥石流多发生于气温异常变化的年份,如 1964 年发生的 3 次冰湖溃决泥石流,1968 年、1969 年、1970 年发生的冰湖溃决泥石流。而 20 世纪 80 年代发生的 7 次冰湖溃决泥石流都在气温异常年份及其前后。程尊兰等(2009)发现 1952～1995 年的发生气温异常年份和溃决事件年份具有较好的对应关系,溃决事件最可能发生在气温异常变化之后。将最近几十年的气温异常事件与冰湖溃决事件发生的年份作为两个序列,绘制两者关系图(图 3-2),可以看到两个序列有很好的线性关系(程尊兰等,2009)。

气温异常:

$$T = 2.2168N + 1958.4, \quad R^2 = 0.9902 \quad\quad (3-1)$$

冰湖溃决:

$$T = 2.4727N + 1958.2, \quad R^2 = 0.9239 \quad\quad (3-2)$$

式中，N 和 T 分别为两个事件的序数和相应年份。溃决趋势线的斜率略大于异常趋势线，可以理解为溃决对气温异常有一定的时间延迟，通过趋势的分析可以得到结论：溃决事件最可能发生在气温异常变化之后（程尊兰等，2009）。

表 3-1　西藏冰碛湖溃决事件年份邻近气象站气温异常年份（刘晶晶等，2011）

气象站	气温异常年	异常情况[①]	溃决湖/溃决年	溃决年距平值[②]	溃决前一年距平值	标准差
定日	1963	偏低（－）	吉莱普错/1964	−0.728	−1.528	1.3020
	1968	无异常	阿亚错/1968	0.872	−1.228	—
	1969	偏高（＋）	阿亚错/1969	1.772	0.872	—
	1970	偏高（＋）	阿亚错/1970	1.572	1.772	—
	1982	无异常	金错/1982	0.472	0.372	—
隆子	1963	异常（－）	达门拉咳错/1964	0.152	−0.548	0.1220
	1964	偏高（＋）		—	—	—
聂拉木	1980	偏高（＋）	章藏布错/1981	0.104	0.104	0.1004
	1981	偏高（＋）		—	—	—
	2002	接近异常（＋）	嘉龙湖/2002	0.400	0.100	0.2632
索县	1972	接近异常（＋）	坡戈错/1972	0.576	−0.124	0.3826
错那	1980	接近异常（＋）	扎日错/1981	−0.576	0.324	0.1714
	1981	异常（－）		—	—	—
	2008	接近异常（－）	折麦错/2009	0.889	−0.611	0.3790
	2009	异常（＋）		—	—	—
波密	1987	接近异常（－）	光谢错/1988	−0.072	−0.072	0.1492
浪卡子	2002	偏高（＋）	德嘎普错/2002	−0.261	0.339	0.2812
丁青	2009	异常（＋）	次拉措/2009	1.220	−0.08	0.3290

　　[①]采用距平大于标准差的 2 倍作为异常，大于标准差的 1.5～2 倍为接近异常，距平大于标准差的为偏高或偏低；（＋）表示高温异常，（－）表示低温异常。[②]各个气象站分别以 25 年的年均温为参考，计算气温距平值。

2. 溃决发生的年代际分布

　　1960 年以前、1970～1980 年、1990～2000 年，冰湖溃决泥石流平均每 10 年发生 0～2 次，为冰湖溃决泥石流的低发期。1960～1970 年和 1980～1990 年为冰湖溃决泥石流的高发期，10 年内分别发生冰湖溃决泥石流 6 次和 7 次。2000～2010年可能又是一个高发期，仅 2000～2009 年就发生冰湖溃决泥石流 6 次（程尊兰等，2009）（图 3-3）。根据西藏自治区气象台资料，20 世纪 60 年代是最冷的 10 年，特别是 1960～1963 年最为明显，以秋季降温最为突出。80 年代中后期至 90 年代气温偏高。各季气温较显著的周期是 22 年、11 年、3～4 年。气候突变出现在 60年代初和 80 年代初。60 年代、70 年代多异常偏冷年，80 年代多异常偏暖年，2000年以后，变暖趋势更为明显、变暖幅度加大。

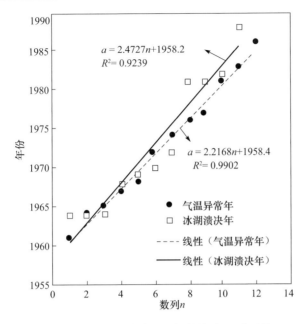

图 3-2　气温异常年份与溃决发生年份关系(程尊兰等,2009)

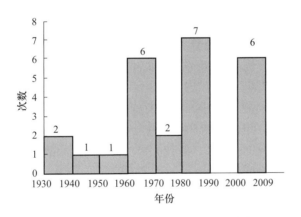

图 3-3　西藏冰碛湖溃决事件年代际分布

3. 溃决事件的季节分布

分析西藏已溃决冰湖发现,溃决的时间都在气温最高的 5~9 月。11 月以后,冰湖结冰,冰川开始大量接受降雪,冰体扩大,湖水位下降。到 5 月,气温迅速回升,冰川加速融化,冰湖解冻,水位迅速上涨,这时很容易发生冰湖溃决,尤其是溢流型的溃决。西藏有确切溃决时间记录的 17 次冰湖溃决事件中,所有的冰湖溃决都发生于 5~9 月,而其中尤以 7 月、8 月为冰湖溃决的高发期。17 次事件中,仅 6

次发生于 5 月、6 月、9 月，其余 11 次都发生在 7 月、8 月。西藏冰川终碛湖溃决均与补给其水源的现代冰川活动有关。6 月、9 月所发生的 3 次冰湖溃决事件都是由冰滑坡单独作用或冰崩和冰滑坡共同作用所引起的，即是冰川本身运动所致。6 月、9 月或低温年代的 7 月、8 月，冰川前部温度不高，消融水流微弱，在低温丰水年代冰川正平衡期间，冰川内部积累的应力逐渐传播到冰川前部。消融水流下渗减少了冰川前进运动的阻力，导致应力释放，冰舌快速前进涌入冰川冰碛湖内，瞬间使其水体溃流，造成洪水和泥石流。而 7 月、8 月冰川强烈消融，融水汇集于冰川前部的裂隙、孔隙及空洞内，冰内崩塌阻塞通道导致冰下水网水位上升，冰下伏流和水压推力促成冰川高速前进入湖（刘晶晶等，2008）。从水热积累状态来看，6 月发生冰湖溃决的冰碛湖，其水热指数（即距湖最近气象站 0℃以上的日平均气温累积值与该全年 0℃以上日平均气温的累积值的比率）<0.14，7 月发生的为 0.41～0.55，8 月发生的为 0.68～0.78，9 月发的最大为 0.79～0.89（吕儒仁等，1999）。

3.2　冰碛湖的形成与溃决

3.2.1　冰碛湖的形成

对于表碛覆盖型冰川，冰碛湖大多是冰舌表面湖扩展的结果，一般冰碛湖的生命周期不长，许多已经溃决或有着潜在溃决危险的冰碛湖是近十年来冰面湖扩张、融合的结果（图 3-4）。例如，尼泊尔境内的 Imja Tsho 湖在 20 世纪 60 年代初期还是小小的冰面湖，到 2006 年面积增至 0.94km²，平均深度超过 42m（Bajracharya et al.，2007）；Luggye Tsho 湖，在 50 年代末没有发现任何与 Luggye 冰川相关的湖泊，1967 年形成了第一个冰面湖（Gansser，1970），到 1994 年 10 月发生溃决，只有 27 年左右的间隔（Bajracharya et al.，2007）；Dig Tsho 冰碛湖从形成到 1985 年溃决只有 25 年左右的时间（Vuichard and Zimmerman，1987）；Tsho Rolpa 湖在 20世纪 50 年代还是小水池，模拟显示，自 1952 年开始，大致以 1.2m/a 的速度向湖底消融、湖水体积大约平均每年扩大 3%（Sakai et al.，2000a）；最突出的是天山在吉尔吉斯斯坦境内的西 Zyndan 冰湖，从 2008 年 5 月 12 日第一次被监测到时面积只有 0.0023km²，是一个小水池（在 2008 年 4 月 26 日该地未发现冰湖），到 2008年 7 月 24 日溃决之前，面积迅速扩大到 0.0422km²，也就是说该湖从形成到溃决只有大约两个半月的时间，期间面积扩大了近 20 倍（Narama et al.，2010）。冰碛湖的形成与演化可大致概化为四个阶段：表碛覆盖冰川消融区冰面湖的形成与扩张阶段、冰面湖群的转化与汇并形成单一较大冰碛湖、冰碛湖稳定向上游扩张阶段、冰碛湖溃决和消亡阶段（Komori，2008）。位于尼泊尔境内 Dudh Khosi 支流的 Imja Tsho 湖（27°53.97′N，86°55.21′E，5010m），地面摄影显示，在 20 世纪

50 年代 Imja Tsho 只是零星的几个季节性的小消融水池,尚未形成较为稳定的冰面湖;1956~1975 年,在冰面形成冰面湖,面积扩张速度为 $0.01\text{km}^2/\text{a}$,处于冰碛湖形成的第一阶段;1975~1978 年,冰面湖以面积为 $0.08\text{km}^2/\text{a}$ 的速度迅速扩张、融并,形成一个面积较大的冰面湖,发展到冰碛湖演变的第二阶段;1978~1997 年,冰面湖不断扩大,冰川末端以 7m/a 的速度退缩,逐步由冰面湖演变成冰碛湖(面积扩张速度为 $0.01\text{km}^2/\text{a}$);此后,由于湖岸冰崖崩解入湖,湖面不断向上游扩张,面积增大(面积扩张速度为 $0.03\text{km}^2/\text{a}$、冰川末端以 48m/a 的速度后退),进入冰碛湖演变的第三阶段(Komori,2008;Watanabe et al.,2009)(图 3-5)。

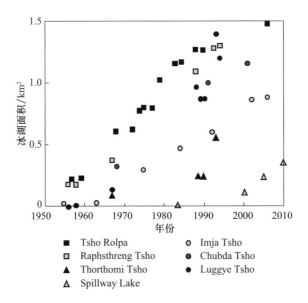

图 3-4　1950~2010 年喜马拉雅山典型冰湖扩张过程
(Komori et al.,2004;Sakai et al.,2009;Thompson et al.,2012;Benn et al.,2012)

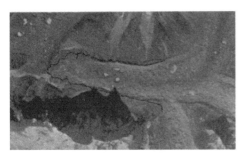

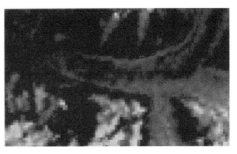

（a）1962-12-15,Corona Image　　　　　　（b）1975-10-15, Landsat MSS

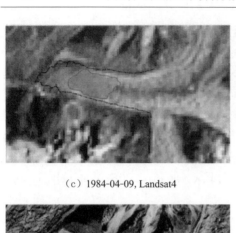

（c）1984-04-09, Landsat4　　　　　　　　（d）1989-12-11,Landsat5 TM

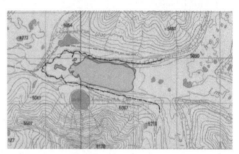

（e）1992-10-20, 航摄图　　　　　　　　（f）1997-07, 野外测绘, GEN/DHM

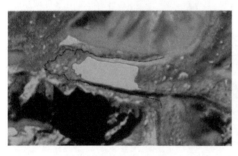
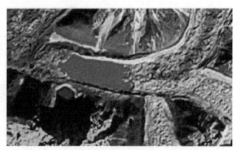

（g）1999-01-15, LISS-3　　　　　　　　（h）2001-10, Landsat ETM+

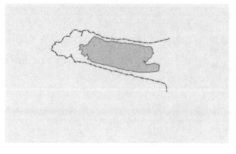
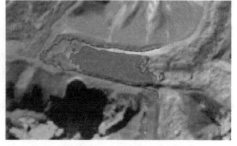

（i）2002-04, 野外测绘, GEN　　　　　　　（j）2005-11-05, Landsat ETM+

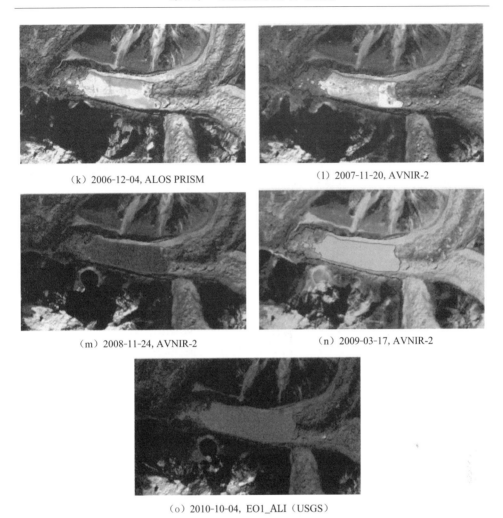

　　（k）2006-12-04, ALOS PRISM　　　　　　　　　（l）2007-11-20, AVNIR-2

　　　（m）2008-11-24, AVNIR-2　　　　　　　　　　（n）2009-03-17, AVNIR-2

（o）2010-10-04, EO1_ALI（USGS）

图 3-5　喜马拉雅山 Dudh Khosi 支流 Imja Tsho 湖（27°53.97′N,86°55.21′E,5010m）
1962～2010 年的演化过程（ICIMOD,2011）

　　在表碛覆盖的冰川消融区,冰面湖的形成与扩张主要与冰面气象条件、冰面坡度、冰川表面运动速度、表碛厚度、冰面减薄速度、湖岸冰崖崩解等因素有关（Kirkbride,1993;Reynolds,2000;Sakai et al.,2001;Quincey et al.,2007;Suzuki et al.,2007;Sakai,2012）。冰碛湖的形成与扩张最常见的机制是冰面湖（又称热喀斯特湖）伴随着热喀斯特过程扩展,如湖水环流对冰崖融（剪）蚀、暴露冰体的消融、冰碛物沿陡峭湖岸滑落、冻结层坍塌、岩石崩落等（Haeberli et al.,2001;Chikita et al.,1997,1999;Sakai et al.,2000b）。在一个自然年内,冬季冰面湖表面结冰,湖面达到或低于 0℃;夏季由于太阳辐射增强,气温上升,湖面解冻,表层湖水温度升高,湖水密度增加(一般 4℃时水密度最大),诱发冰湖热对流,即暖且密度大的湖表面水下沉并流向湖底冰沿,在融蚀湖底冰沿时被冷却,密度减小而上升到湖面又被加热,如此反复,形成热喀斯特湖扩展的正反馈机制[图 3-6(a)、(b)]。冰面湖的扩展还与特定的地形和气候条件有关,例如,Chikita 等(1997)通过对气象(风向、辐射)、湖水温度的二维分布、湖水悬浮沉积物的浓度、湖水密度分布及湖盆的地形特征等进行分析,对位于喜马拉雅山尼泊尔境内的 Tsho Rolpa 湖的扩展机制进行研究发现,一股强劲的东南向的山谷风(尤其从 10:00～17:00 点)驱动湖面水流携带太阳辐射的能量流向冰舌末端冰崖,并在冰崖附近至湖水密度流层界面(25～35m)上下沉。湖面水流在下沉的过程中与冰川接触而冷却放热,从而加快冰舌末端下部的消融和冰湖扩张,最终由冰面湖演变成冰碛湖[图 3-6(c)、(d)]。由于冰面湖的不断扩张及小冰面湖的融并,最后可能在冰川末端甚至整个冰舌区形成较大规模的冰碛湖(Watanabe et al.,1994;Reynolds,2000;Bolch et al.,2008a;Komori,2008)。此外,最近研究发现,冰面湖的扩展还与湖岸冰崖性状有关。在尼泊尔的表碛覆盖型冰川冰面湖的观测和模拟表明,冰面湖冰崖高度大于30m,表层湖水温度在2～4℃时,出现水面以下湖岸冰崖消融速度超过水面以上消融速度,在山谷风的吹拂下,形成冰面湖热融过程,促使湖岸冰崖崩解,冰面湖扩张(Sakai et al.,2009)。

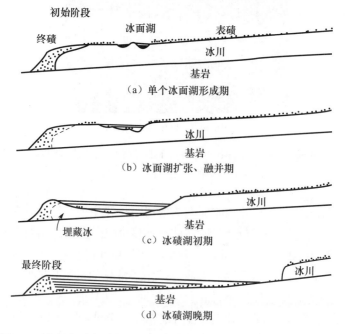

图 3-6　被表碛覆盖的冰舌区冰碛湖形成过程示意图(Yamada,1993)

冰川表面的点和冰川末端的点分别表示冰川表碛和冰川的前碛

冰碛湖形成的初始阶段与冰川表面坡度和运动速度密切相关(Reynolds，2000；Bolch et al.，2008a；Quincey et al.，2009；Sakai and Fujita，2010)。Reynolds(2000)分析不丹境内被表碛覆盖的冰舌时发现，冰舌坡度<2°是冰碛湖和较大规模的冰面湖形成的门槛值；冰舌区的坡度在2°~6°时，冰面湖广泛分布；冰舌末区坡度>10°时，很难形成冰面湖(表 3-2)。Quincey 等(2007)利用遥感数据进一步分析认为，冰舌末端坡度只是提供冰碛湖形成的有利条件，冰川表面不同流动单元具体地貌和运动速度决定着冰碛湖形成的确切位置，冰川表面运动速度<10m/a时利于冰面湖形成(表 3-3)。此外，冰面湖的增长与冰川消融区的表面形态有关，冰面湖边缘为圆丘形表碛覆盖区，岩屑坡区的冰面湖扩展速度慢，边缘是裸露冰崖的冰面湖扩展快(Benn et al.，2001)。对于非表碛覆盖型冰川，冰湖多由于冰川退缩，其融水在冰川前沿(冰川退缩后出露的冰床)的凹陷处积水形成冰湖，所以冰湖形成的坡度阈值往往比表碛覆盖型冰川的要大。在阿尔卑斯山，表面裸露冰舌坡度<5°左右时在冰床凹陷区可能形成冰湖(Frey et al.，2010)。自小冰期以来，冰面减薄的幅度与冰湖的扩张，特别是与冰面湖演变成冰碛湖的可能性有关。此外，有研究认为从地形的角度，表碛覆盖型冰川的冰面与侧碛的高差，其大小反映自小冰期以来冰面减薄的幅度，在一定程度上指示冰碛湖形成的条件，其高度差越大，越有利于较大冰湖的形成(Sakai and Fujita，2010)。研究发现，在喜马拉雅山南坡，一般较大冰面湖形成在冰面与侧碛高度差超过60m的冰川上(图 3-7)，且多演变成了冰碛湖(Sakai and Fujita，2010)。

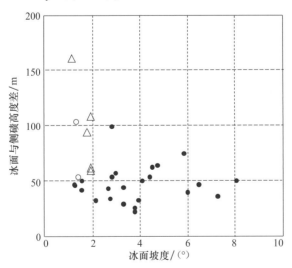

图 3-7 表碛覆盖型冰川冰湖形成的冰面坡度和冰面与侧碛高度差的关系(Sakai and Fujita，2010)

△冰面湖合并成较大、连续的冰湖；○在冰川末端扩张、冰湖长度>1km 的冰湖；

●冰面湖的长度<1km

表 3-2　喜马拉雅山(不丹境内)冰川表面坡度与冰面湖发育程度(Reynolds,2000)

冰川表面坡度	说明
<2°	在停滞或者运动速度很慢的冰体形成较大的表面湖,或者形成许多较小相互分离的表面湖
2°~6°	能形成冰面小湖,但小湖可能是短暂的,大湖是否出现受小湖的影响
6°~10°	可能形成相互分离的小湖,但由于外泄水道的开与关,小湖存在是短暂的
>10°	所有融水都流走,没有发现小湖

表 3-3　喜马拉雅山南部(我国西藏与尼泊尔境内)冰川表面坡度、运动速度
与冰面湖发育程度的修正关系(Quincey et al.,2007)

冰川表面坡度/流速特征	说明
<2°/末端几乎停滞	冰面湖很难形成泄水道,有利于大尺度冰湖形成
<2°/可测量流速	湖水很可能从潜在的泄水道流走
>2°/末端几乎停滞	湖水很难从泄水道流走,但较大的水力梯度有利于冰湖排水,形成冰面湖的可能性不大
>2°/可测量流速	冰湖容易形成泄水道,再加上较大的水力梯度有利于冰湖排水,冰湖更难形成

　　最近几十年来在气候变暖的背景下,不断有新的冰湖形成,未来潜在冰湖在什么地方和什么时间形成,成为新的科学问题。什么时间形成冰湖与局部区域条件和冰川退缩速度有关,目前尚没有可普适性的方法。对于未来潜在冰湖形成的位置,Frey等(2010)根据不同的目标需求,按照四个层次提出预估未来潜在冰湖的形成地点(图 3-8)。首先以裸露冰面小于 5°进行筛选,然后结合冰面坡度的变化、冰川宽度的变化和冰川表面裂隙发育及变化,把冰面坡度突变、冰川宽度由宽变窄、冰面裂隙发育突变等标准,在冰床凹陷区域对未来冰湖形成的位置和可能的水位进行初步确定,结合模型预测冰床地形,估算潜在冰湖可能的水位和水量,最后在可能的条件下,基于探地雷达测量对未来潜在冰湖进行详细的分析。

　　在一些表碛覆盖性冰川,其末端往往是冰川沉积与冰川河流搬运耦合作用带,如果这种耦合作用减弱,冰川末端冰碛物长期积聚,在外围围绕末端形成冰碛物环,有利于冰碛湖的形成(Benn et al.,2012)。一旦在冰川末端形成冰碛物环,冰面向下消融到低于出水口,冰碛湖形成。表碛覆盖型冰川演化的最终可能结果之一便是在末端形成冰碛湖,Benn等(2012)按照冰川演化的不同阶段,将喜马拉雅山表碛覆盖性冰川分为三类:①冰流活跃、冰内储水少;②冰面不断减薄、冰内储水;③冰崩后退、冰内大量储水。冰川类型①冰川裂隙不发育,当年融水能通过冰面或冰内通道流向末端,很少融水在冰内部储存过冬,所以冰面湖不发育。冰川类型②消融区中部消融强烈,纵剖面中部下凹,表现出冰面减薄、运动趋于停滞、冰内

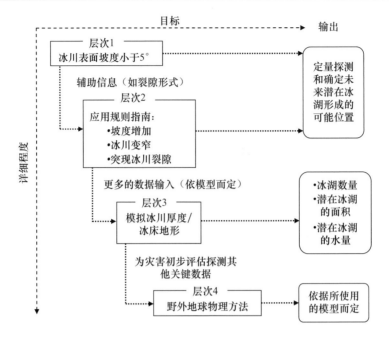

图 3-8　探测未来潜在冰湖形成位置的不同层次方法示意图(Frey et al.,2010)

储水增多,在 $0°\sim10°$ 时冰面湖广泛发育,形成正反馈机制,加速冰面消融,并可能在坡度小于 $2°$ 处形成较大冰碛湖。冰川类型③,冰面不断下降,出现冰面低于末端冰碛物环,末端以上冰面湖下融到冰床,最终在合适的气候和地形条件下形成冰碛湖。

此外,冰川后退过程中由于前碛/侧碛堰塞沟谷积水成湖也是冰碛湖形成的常见机制之一。例如,喜马拉雅山的 Thulagi 湖便是前碛堰塞沟谷积水成湖(Richardson and Reynolds,2000a),加拿大 British Columbia 地区这类湖也广泛存在(Clague and Evans,2000)。进一步分析发现,前碛/侧碛堰塞湖的类型主要有(图 3-9):

(1) 支谷冰碛湖,由支谷冰川后退、冰碛堰塞支谷形成冰碛湖。

(2) 主谷侧碛湖,由主谷冰川侧碛堰塞支谷形成冰碛湖。

(3) 主谷冰碛湖,由支谷冰川后退冰碛阻塞主谷而形成冰碛湖。

由于母冰川产生冰碛湖的过程和机理不同,形成冰碛坝的类型也各不相同,大致可分为前推式冰碛坝、嵌入式冰碛坝、倾倒式冰碛坝和冰核式冰碛坝(Costa and Schuster,1988;Kershaw,2002)。不同成因类型的冰碛坝表现出不同的特征,一般前推式冰碛湖规模小、堤坝稳定;嵌入式冰碛湖坝规模明显、湖水量大;倾倒式冰碛坝结构松散,稳定性差;冰核式冰碛坝内含有死冰、对气候变化敏感,在当今气候变暖的背景下发生溃决的可能性最大(表 3-4)。

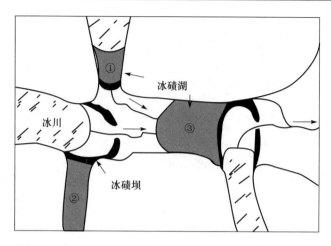

图 3-9　冰碛湖的形成位置示意图（Clague and Evans，2000）

①支谷冰碛湖；②主谷侧碛湖；③主谷冰碛湖

表 3-4　冰碛坝的类型及其特征（Costa and Schuster，1988；Kershaw，2002）

冰碛坝类型	特征
前推式冰碛坝	①冰川向前运动推动冰碛物形成明显的垄脊；②坝高一般小于10m；③迎水坡坡度缓，背水坡坡度陡峭；④一般很难形成大规模的冰碛坝，或者形成很小的湖泊；⑤堤坝相对较为稳定
嵌入式冰碛坝	①沿着母冰川的剪切面壅挤冰碛物；②能形成超过100m的终碛垄；③冰碛坝物质部分被挤压，堤坝中细小的颗粒物往往比其他三类冰碛坝多；④堤坝的背水坡和迎水坡坡度均可能超过40°
倾倒式冰碛坝	①堤坝由冰川表面的冰碛物向冰川边沿"倾倒"形成；②堤坝颗粒的大小和形成主要受冰川的运动速度、表面消融、沉积物数量和融水效应等的控制；③一般迎水坡坡度比背水坡坡度要大；④堤坝物质松散，未受挤压，细小的颗粒物少，堤坝稳定性差
冰核式冰碛坝	①由于向前运动或嵌入冰碛物的冰川因差异消融演变成死冰形成；②冰碛坝最大可能含90%的冰体；③冰核的消融往往导致堤坝坍塌；④含有冰核的冰碛坝一般在湖水位以上较为潮湿、有渗流，冰碛坝表面起伏大；⑤冰核消融常致使冰碛坝稳定性降低

　　冰碛湖形成后，一般会演变成危险性冰湖，并最终在溃决诱因的引发下发生溃决。在冰碛湖演化的后期阶段，由于湖盆水能不断积聚，其地貌形态、母冰川物理状态、冰碛坝性状等随之发生变化，在水能积聚最大化时，往往呈现出一些反映冰碛湖达到溃决临界状态的信号或前兆。舒有锋等（2010）认为危险性冰碛湖往往具有冰川地貌陡峭、湖盆规模较大、冰碛堤稳定性差等特征，概括起来冰碛湖演化最后阶段主要有以下几个特征。

1) 冰川地貌陡峭

冰川地貌的陡峭程度主要用冰湖影响区(即湖盆的周边区域,包括后缘冰川汇水区、湖盆区、前缘冰碛堤及下游主沟)沟床纵比降来描述,是冰湖溃决地质灾害的先天性影响因素。冰湖影响区纵比降是指冰湖影响区纵向上的平均比降。冰湖发育的晚期,冰湖影响区纵比降较大,通过对我国喜马拉雅山典型冰湖的调查数据进行分析发现,纵比降的大小与岩性、气候变化有密切关系。软弱岩冰碛湖区容易接受冰川气候的风化改造作用,造成湖区地势平缓,纵比降较小,同时产生大量的冰碛物受冰川前进推挤形成宽厚的终碛堤,不利于晚期冰湖的溃决;反之,坚硬岩冰湖区地势陡倾,纵比降较大,终碛堤窄薄,有利于晚期冰湖的溃决,而且陡倾的地势造成冰川的势能储备大,易产生推冰入湖的冰滑冰崩现象,对冰湖安全构成威胁(图 3-10)。

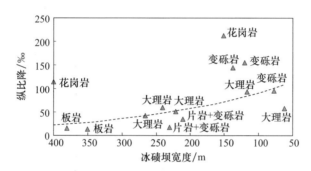

图 3-10　冰碛堤宽度与冰湖影响区的平均纵比降关系(舒有锋等,2010)

西藏地区一般岩性软硬程度从大到小:花岗岩＞变砾岩＞大理岩＞板岩

2) 湖盆规模发展到最大

这里湖盆规模主要指冰湖面积和深度。目前,我国西藏冰湖面积呈扩大趋势。冰湖的面积增大,溃决的可能性也增大,一旦溃决,造成的危害也将必然加剧;但同时抵抗冰崩、冰坠或冰滑坡的扰动性也增加,即产生同样的溃决效果需要更大的冰崩体。冰湖深度不同,冰崩对冰碛堤产生的冲击作用也不同。深度越大,对整个坝体的冲击影响范围越大,不仅对上部坝体,对下部坝体也产生冲击。发生瞬时整体溃决的可能性也大,对下游危害更加严重。

3) 母冰川活动频繁

频繁的冰川活动产生累积推进力,并不断向前传递至冰舌前缘,母冰川受到冰床以摩擦力为主的阻力作用得不到及时释放,不断蓄积增长。虽然冰床的蠕变过程可以释放推进力,但需要时间,频繁的冰川活动不能提供足够的时间。冰川进退幅度越大,单次推进力的蓄积值也越大,越容易造成冰滑坡,致使湖盆规模发展到最大的冰碛湖发生溃决而减小或消亡。

4）冰碛坝明显且稳定性差

冰碛湖发育后期,湖盆消融积水沉降,在湖盆下游形成规模不一、外形多呈梯形的阻水坝体。由于坝体为松散的冰碛物构成,这些堆积体抗冲击和抗渗透能力弱,特别坝内往往存在死冰体导致坝体抗冲击和抗渗透能力更差。但是,小冰期冰川前进,冰川上部携带后缘基岩崩塌松散堆积物,以细颗粒居多;冰床受到上部冰体的巨大掘蚀力,伴随冰川前进刨掘冰川底部岩层产生大量巨粒碎屑冰碛物,并在冰川退缩后与上部松散堆积物混合,受到这些厚实的冰碛物包裹保护作用,升温溶蚀受到限制,部分冰体残留于混杂碎屑冰碛物中,加强了局部甚至整个坝体的整体性,有利于坝体的稳定。此外,形态低平的冰碛堤坝相较于高陡的冰碛堤坝更稳定。

3.2.2 冰碛湖溃决诱因

小冰期以来,冰川总体处于退缩状态,但退缩的速度和幅度具有阶段性。大多数喜马拉雅山及其他高山地区的冰碛阻塞湖形成于小冰期以来的不同冰川退缩阶段,较早阶段形成的冰碛阻塞湖或已溃决消失、或已淤积填平而消失、或趋于稳定而将长期存在,一般已经不具有危险性。当前具有潜在危险性的冰碛阻塞湖是最近 100 年来,小冰期最后一次冰川退缩阶段的产物,其湖盆与冰碛坝基本保持原来的形态,即具有较深的湖盆和良好的封闭地形,冰碛坝宽一般为数十到超过百米,且陡峻,坝堤顶宽较小,背水坡坡度一般较大,某些堤坝之下有埋藏死冰。由于冰碛物颗粒粗、分选差,渗漏大,冰碛坝很不稳定,如果湖水的静水压力大于冰碛坝岩石阻水应力,冰碛坝即会溃决。

冰碛湖溃决的诱因与溃决机制是两个不同的概念,前者是指导致冰碛湖溃决的因素,后者是指冰碛湖溃决洪水的形成过程(Kershaw,2002)。溃决诱因主要有冰/雪、降水及母冰川的冰面/冰内/冰下湖水释放、地震等引起的冰碛湖水位上升、冰碛坝内死冰消融、堤坝管涌扩大、堤坝陡坡融解滑动等(图 3-11)(Youd et al.,1981;Haeberli,1996;Clague and Evans,2000)。Yamada(1993)在研究喜马拉雅山(尼泊尔境内)冰湖时,把冰碛湖溃决诱因分为外部诱因(如冰/雪崩、降水、地震等)和内部诱因(如冰坝内死冰消融、管涌等)。但是外部诱因常常引起冰碛湖自身状态失衡,许多冰湖往往是某一种诱因激发其他因素改变,或者多种诱因共同作用导致冰碛湖溃决。例如,1998 年 9 月 3 日,尼泊尔的 Tam Pokhari 湖溃决诱因如下:

(1)附近气象站记录显示 1998 年 8 月是 1974～2002 年中降水最多的月份,且自溃决的前三天(8 月 29 日～9 月 2 日)的降水是 1998 年降水量最大的一次;持续降水增大了湖盆和堤坝冰碛物的含水量,渗透水压增大,渗流扩大加大堤坝不稳定性。

(2)溃决前期地震频发,统计显示震中距 Tam Pokhari 湖在 15km 以内的地震有:1998 年 8 月 25 日发生 5.9 级地震和 11 次余震;8 月 30 日发生 2 次震级超过 4

级的地震;溃决当天发生 4 次地震。
频发的地震破坏了堤坝的土力学平
衡,致使冰碛坝处于不稳定状态。

（3）在强降水和地震的诱发下,堤
坝迎水坡发生滑坡（估计滑坡体达
30000m³）引发浪涌,与湖盆雪/冰入
湖引起浪涌反复冲刷侵蚀堤坝,最终
因湖静水压力与堤坝阻水应力失衡而
导致 Tam Pokhari 湖溃决（Dwivedi
et al.,2000;Osti et al.,2011）,也就
是说,Tam Pokhari 湖是在湖盆强降
水、地震、雪/冰崩等外力综合作用下,
堤坝的内部结构和物理性状遭到破
坏,堤坝阻水应力下降而最终发生溃
决的。

冰崩是冰碛湖溃决最为常见的诱
发因子。冰崩是指冰川上冰体崩落的
现象,造成冰崩的原因很多,如冰川的
前进、冰床坡度剧烈增大、遇有陡坎、

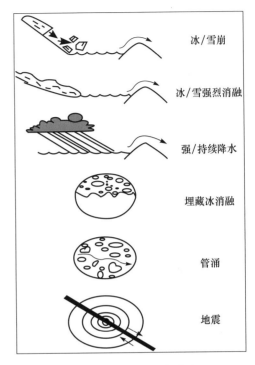

冰/雪崩

冰/雪强烈消融

强/持续降水

埋藏冰消融

管涌

地震

图 3-11　冰碛湖溃决诱因
(Clague and Evans,2000)

冰内融水、冰湖溃决及地震等,由此可引起悬冰川、山顶冰川或山谷冰川末端发生
断裂入湖,引起冰湖溃决,尤其是悬冰川最容易发生冰崩（Alean,1985;Pralong
and Funk,2006）。冰崩的形成和发展可分为三个区段,即形成区（开始带）、通过
区和堆积区。理想的形成区类型可以分为冰崖冰崩、斜坡冰崩两类;有的学者则认
为可分成三类,即冰崖崩塌、冰板崩塌、冰床崩塌。这两者的分类原理相似,斜坡冰
崩因其冰川与岩床的关系,可以分为冰板崩塌和冰床崩塌两类（Margreth and
Funk,1999）。斜坡冰崩发生于一定的坡度上。分布在岩床上或岩床附近的冰川
上,由于黏性的降低,在滑动或剪切力的作用下,易发生崩塌。冰川的滑动或崩塌,
是由于冰川高度的增加、气候的变化。基于冰川与岩床的关系,斜坡冰崩可分为两
类:一类是岩床具有一定的温度（温冰川）,这类冰崩只有岩床上大块的冰块崩塌,
故可称为冰板崩塌;另一类是冰川冻结在岩床上（冷冰川）,发生崩塌时冰川与岩床
一起滑落,可以称为冰床崩塌（图 3-12）。斜坡冰崩形成区能够释放巨大体积的冰
块,最大可能超过 $10^7 m^3$ 量级。坡度和底部冰川温度是影响冰崩发生的主要因
素,温冰川发生冰崩的最小坡度是 45°,而冷冰川发生冰崩的最小坡度是 25°。可
能是由于冷冰川比温冰川更加稳定,但是研究认为温冰川成为潜在的冰崩形成区
的可能性更大,因为其坡度大。冰崖冰崩多发生于冰川区斜坡的某一点处,在这一

点冰川形成了近乎垂直的前端。这种类型的冰崩和冰裂隙崩塌原理相似。由于冰崖承受巨大的拉力和剪切力,多崩裂成薄片或冰塔林。冰崖冰崩的发生频率与冰床或岩床的倾斜角度没有多大的关系,属于冰川的自然融化过程。一般小的冰崖冰崩,崩塌的冰块体积小于 $10^7 m^3$ 量级,而前端的冰川坡度要大于 $25°$。

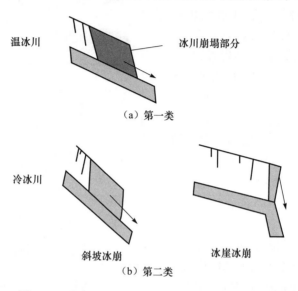

图 3-12　冰崩形成区示意图(Salzmann et al.,2004)

冬春季湖盆区往往有大量的积雪,在有积雪的山坡上,当积雪内部的内聚力抗拒不了它所受的重力拉引时,便向下滑动,引起大量雪体崩塌,形成雪崩。雪崩是一种所有雪山都会有的地表冰雪迁移过程,分为粉雪崩、雪板雪崩和松雪雪崩(Sharma et al.,2004),而有些研究将粉雪崩归类为松雪雪崩(Richardson and Reynolds,2000a)。与冰崩类似,雪崩的形成和发展可分为三个阶段,即形成区、通过区、堆积区。雪崩按其发生的时间,分常年雪崩和季节性雪崩,两者之间的界线与雪线基本一致,雪线以上是常年雪崩发生区,以下为季节性雪崩发育区。在青藏高原的喜马拉雅山南坡、念青唐古拉山东段及横断山脉的东部和南部的高山和极高山地区,降雪丰富,雪崩规模大、发生频繁,成为亚洲最大的常年雪崩发育中心之一。如果在冰/雪崩形成区或通过区有潜在危险性冰碛湖存在,则可能诱发冰碛湖溃决灾害的形成。

值得指出的是冰碛坝内冰核消融的机理是热喀斯特过程(thermokarst processes)(Clayton,1964;Healy,1975)。这种热喀斯特过程的发育一般与气候条件相关,气温高热喀斯特过程发育,但个别情形受冰碛坝内具体条件,特别是残余冰川纹理/层理结构的影响更为明显。例如,Tsho Rolpa 湖冰碛坝内冰核的崩解发生在 1996 年 10 月~1997 年 5 月,日平均温度在 -9~$-12℃$(Yamada,1998),

它的崩解是受冰碛坝内部结构所控制而与气温关系不明显。消耗冰核将致使湖水量增加、冰碛坝下沉,从而导致冰碛坝稳定性下降、溃决风险增加(Yesenov and Degovets,1979)。由于坝内冰核消融,尼泊尔的 Imja 湖冰碛坝下沉速度达 2.7m/a,Tsho Rolpa 湖冰碛坝西北部下沉速度也达 2.0m/a(Richardson and Reynolds,2000b)。但是冰核消融对冰碛坝稳定性的影响不但在同一冰碛湖上随时间和空间变化(Reynolds,1999),不同地区的冰碛坝内冰核的作用也不一样,基于遥感数据而建立逻辑回归模型模拟发现,British Columbia 地区的冰碛坝内冰核的存在似乎使得冰碛坝溃决的可能性有所降低(McKillop and Clague,2007a)。但是总的来看,死冰体消融并激发潜蚀,易诱发管涌溃决。潜蚀一方面使土石结构变松,强度下降,土石发生渗透变形;另一方面强烈的渗透变形会在渗流出口处侵蚀成空洞,空洞又会促使渗透路径变短、水力梯度增大,在空洞末端集中的渗透水流就具有更大的侵蚀力,空洞不断沿最大水力梯度线溯源发展,最终形成水流集中的管道,由管道中涌出的水携带出大量的土颗粒,从而形成管涌。分析西藏过去 50 年的历次溃决事件发现,其中有 3 次溃决事件,管涌是诱发溃决的主要原因之一(刘晶晶等,2009)。

　　在冰碛湖溃决诱因中,母冰川的应力释放机制也是引起冰碛湖溃决的常见诱因之一(吕儒仁等,1999)。母冰川的应力释放引发的溃决可分为两种情形:一种是在相对湿冷年份,母冰川物质积累增加,出现正平衡,缓慢向前运动,冰舌逐渐接近冰湖或伸入湖中,但由于运动速度十分小,即使冰舌伸入湖中也不会引起冰湖溃决,它仅是一个量变过程,并未到质的飞跃。但如果紧接着的气候转暖或年均温度相应于前一年急剧回升(如喜马拉雅山北坡湖盆区出现气温突然回跳幅度达 0.6～0.12℃),在该年的夏季或秋季会引起冰川的强烈消融,冰川积雪上的融水集中到冰川前部,沿裂隙下渗,润滑底床,填充孔隙和空间,则造成冰舌运动的临界平衡状态。一旦平衡状态被破坏,冰舌就会出现运动的跃变,以冰崩或冰滑坡的形式瞬时将数以万计以至十万、百万立方米的冰滑坡体涌入湖中,激起巨浪,形成冲击波,击溃冰碛堤,导致冰湖溃决,形成溃决洪水/泥石流。1964 年 9 月 21 日,位于定结县日屋区公所对岸沟谷内的吉莱普错冰湖发生溃决。据调查当时冰川处于积累、前进的正平衡时刻,冰舌段内部应力处于极限平衡状态,由于冰川融雪水的入渗,破坏了其应力状态致使冰舌滑塌入冰湖之中,形成巨浪,冲击冰碛堤,导致冰湖溃决;1987 年对该湖溃决前的湖水位及漫顶高程进行的测量显示,两者高差约为 6m,因此推断当时在冰湖中形成的巨浪至少在 6m 以上。再如位于碑加雪山的坡戈冰碛阻塞湖于 1972 年 7 月 23 日发生溃决,据西藏丁青县气象站资料分析,当年 7 月是20 世纪 50 年代有气象记录以来最热的月份,该月平均气温高出同期多年平均值2.2℃,使冰川融水量增大,冰体崩塌坠入湖中引起冰碛阻塞湖溃决。另一种状况是在正常气候波动条件下冰川也可能处于物质正平衡状态,由于冰川积累增大,冰川内部积累的应力在相当短的时间内逐渐传播至冰舌末端,使冰舌段处于如在弦之箭一触即发之势,此时,即使在相对低温年份及至气温较低的时期,微弱的消融水流下渗,只要能减小冰川前部冰体内的黏结力和冰川与底床、边壁的摩擦力,就足以促成冰滑坡,涌入湖中,促成冰湖溃决。一般地,在母冰川应力积累过程中,大量融水会集中到冰川前部,当冰内水位升高到冰体总厚度的0.9倍时,就达到冰舌运动的临界平衡状态,冰舌将出现运动的跃变,以快速运动的冰崩或冰滑坡形式瞬间将数量庞大的冰块拥入或抛入湖内,击起涌浪和冲击波,冲蚀终碛堤并在其薄弱部位产生强烈冲刷,导致冰湖溃决。

当然冰碛湖溃决的原因是复杂的,研究者从危险冰体、坡度湖面积(水量)及其变化等方面对已溃决冰碛湖进行分析(Liu and Sharma,1988;徐道明和冯清华,1989;吕儒仁等,1999)。例如,在西藏历史上暴发的冰湖溃决事件中,工布江达县的达门拉咳错,其危险冰体指数I_{dl}[即危险冰体的体积与冰湖水体体积的比值(R)的倒数$I_{dl}=1/R$]值最大(0.730),于1964年9月一次性溃决;而波密县米堆沟的光谢错,其I_{dl}最小(0.033),于1987年8月溃决,较达门拉咳错晚24年(吕儒仁等,1999)。由此,在了解冰碛湖的形成与溃决机理的基础上,通过对已溃决冰碛湖的分析获取冰碛湖风险评价参数和标准,是研究现有冰碛湖溃决风险的基础。

3.2.3　冰碛湖溃决的水文条件

正常情况下,冰碛湖通过终碛堤的渗流或蒸发等方式支出水量与冰雪融水入湖等方式收入水量,以维持湖水量平衡,因此通常冰湖水位是稳定的。当暖期冰雪融水增多时,则通过冰碛坝最低凹处漫溢排出,以保持湖水位的稳定性。另外,如果因冰滑坡入湖而使冰湖水面急剧上升,会形成高于溢出口的漫溢水头。如果漫溢水头足够高,形成的溢流流速大于溢出口泥沙的起动流速,漫溢水流就会开始对溢出口进行冲刷和下切。漫溢水流一旦下切,且冰湖因泄流所致水位下降速度小于下切速度,则水头会随下切而增大,流速相应进一步增大,导致更快的冲刷下切,直至堤底,形成冰碛湖在局部堤段的瞬时溃决,并一溃到底。在少数情况下,或因冰湖规模过小,或因终碛堤过厚,冰湖水位下降速度大于下切速度时,冲刷下切到一定深度即会因流速减小至止动流速而停止,溃决不到底,从而可多次溃决。这两种情况都会产生溃决灾害,可统称为局部瞬时溃决(蒋忠信等,2004)。局部瞬时溃决的临界水文条件是冰湖溃决的关键。蒋忠信等(2004)分析局部瞬时溃决的临界水文条件,提出计算冰碛湖溃决的临界满溢水头模式和入湖冰体所致水位上涨模式。这种模式水文提出,对冰碛湖溃决的预报与防治具有应用意义。

1. 临界满溢水头模式

临界满溢水头模式分三步求得临界漫溢水头的高度H_0(即能导致开始冲刷

下切的高于溢出口的水头高度)。

1) 求起动流速 V_c

在均匀沙的统一起动流速公式中,张瑞谨公式与实际资料较符合。该起动流速公式为

$$V_c = (H/d)^{0.14}\{17.6(\gamma_s - \gamma)d + 6.05 \times 10^{-7}[(10 + H)]/d^{0.72}\}^{0.5} \quad (3-3)$$

式中,H 为水深(m);d 为粒径(m);γ_s、γ 分别为泥沙、水的重率,一般为 2.65、1.0。大括号中第一项反映重力作用,第二项反映黏结力作用。当粒径 $d > 2mm$ 时,第二项可忽略不计,起动流速与粒径呈正增长关系:

$$V_c = 5.39H^{0.14}d^{0.36} \quad (3-4)$$

当粒径 $d < 0.02mm$ 时,第一项可忽略不计,起动流速与粒径呈负增长关系:

$$V_c = 0.000778H^{0.14}(10 + H)^{0.5}/d^{0.5} \quad (3-5)$$

冰川冰碛物粗细混杂,按式(3-2)、式(3-3)估算,粗颗粒所需起动流速远大于细颗粒,因此以式(3-4)为基础探讨冰碛物的起动流速。冰碛物粒度曲线一般为双峰或多峰型,类似于非均匀沙。非均匀沙起动问题远比均匀沙复杂,而且不同粒径的颗粒各自有不同的起动条件,因此至今尚无成熟的非均匀沙起动流速公式。非均匀沙起动流速主要与粒径 d、水深 H 有关,还与平均粒径、荫暴系数等有关。因此,考虑粒径 d、水深 H 这两个主要因素,以式(3-4)为基础,据非均匀沙起动实验数据,改造成如下非均匀沙起动流速的经验公式:

$$V_c = 2.80H^{0.14}d^{0.21} \quad (3-6)$$

冰碛物与河床非均匀沙还有差异。冰碛物磨圆度比河流沙差,即使水流对其拖曳力加大又使其自稳力加大,两种影响相互抵消,用河流泥沙起动模式近似描述冰碛物起动是可行的。冰碛物粒度曲线一般为双峰型或多峰型,可近似选取 d_{95} 代表最大粒径作为起动粒径,用式(3-4)计算起动流速。

2) 求溃口处流速 V_{cl}

当将漫溢水头作为坝前水深时,溃口处的流速 V_{cl}(m/s)可借用 Schoklitsch 的瞬间局部堤段一溃到底的公式(徐道明和冯清华,1989)计算,即

$$V_{cl} = 0.9 \times 10^{(0.3b/B)}(B/b)^{0.25}/H_0^{05} \quad (3-7)$$

式中,B 为坝长,对溃决冰湖为堵湖终碛堤长度(m);b 为矩形溃口宽度,对溃决冰湖为漫溢宽度,冰碛湖溃口断面一般为上宽下窄的倒梯形,建议以平均宽度作为漫溢宽度(m);H_0 为坝前水深,对于漫溢溃决之始,则为漫堤水头(m)。

3) 求冰湖溃决的临界漫溢水头高度 H_0

对粗颗粒,联立式(3-6)、式(3-7),因 $H = H_0$ 故漫堤溃决的临界水头 H_0 为

$$H_0 = 23.4ld_{95}^{0.592}/10^{(0.933b/B)}(B/b)^{0.694} \qquad (3\text{-}8)$$

2. 入湖冰体所致水位上涨模式

导致冰碛湖溃决的总漫溢水头，来自入湖冰体的体积和动能。浸没于湖水中的冰滑坡使冰湖静水上涨，在溢流口形成相对稳定的漫溢水头。同时，冰体滑坡撞击冰湖激起涌浪并向溢流口衰减，形成瞬时漫溢水头，叠加于冰湖水位之上。

1) 计算入湖冰体的体积所致静水位上涨值 H_1

设入湖物质的体积为 $C(\mathrm{m}^3)$，冰湖水面面积为 $A(\mathrm{m}^2)$，周边湖岸平均坡度为 $\beta(°)$，入湖物质的重率为 γ_1，入湖物质所致湖水位上升值为 $H_1(\mathrm{m})$，水位上升后的湖水面积扩大为 $A_1(\mathrm{m})$，湖面近似按正方形计（实际可根据湖面形态修订公式），则

$$\gamma_i C = H_i[A + A_1 + (AA_1)^{0.5}]/3 \qquad (3\text{-}9)$$

又

$$A_1 = (A^{0.5} + 2H_1\cot\beta)^2 \qquad (3\text{-}10)$$

故

$$\gamma_1 C = H_1 A + 2A^{0.5}H_1^2\cot\beta + 4H_1^3\cot^2\beta/3 \qquad (3\text{-}11)$$

式(3-11)中末项($4H_1^3\cot^2\beta/3$)相对于前两项很小，可忽略不计，且取 $\gamma_i = 0.9$，故可近似为

$$H_1 = [(A^2 + 7.2A^{0.5}C\cot\beta)^{0.5} - A]/(4A^{0.5}\cot\beta) \qquad (3\text{-}12)$$

2) 计算冰体滑坡所激涌浪高度 H_c

冰滑坡坠入冰湖所激起的涌浪高度与滑体入水速度、滑体完整程度、冰湖面积和水域深度以及水中障碍物等因素相关，可借用康费恩-布雷恩的经验公式（郑黎明和杨立中，1994）计算：

$$H_c = DF0.7(0.31 + 0.2\lg Q) \qquad (3\text{-}13)$$

式中

$$F = V/(gD)^{0.5}$$
$$Q = Lh_1/D^2$$

H_c 为高于静水位的最大稳定波浪高度(m)；D 为冰湖水深，可取平均值(m)；V 为滑体与水撞击时的速度($\mathrm{m/s}$)；g 为重力加速度($9.8\mathrm{m/s}^2$)；L 为滑动长度，即冰滑坡重心至撞击水面间的斜长(m)；h_1 为滑体厚度(m)。

对冰滑坡体入湖，设 h_2 为滑体质心与湖水面的高差(m)，f 为冰川舌与坡面间的摩擦系数，α 为滑动面（即冰舌底的坡面）坡度($°$)，h 为滑坡后缘与湖面间的高差(m)，则根据能量守恒原理可得

$$V = [2gh_2(1 - f\cot\alpha)]^{0.5} \tag{3-14}$$

$$h_2 = h/2 + h_1/(2\cos\alpha) \tag{3-15}$$

当冰川前缘已抵达冰湖水面甚至伸入冰湖中时,由于所谓"水枕作用",冰舌已被融水浮托,此时冰川舌与坡面间之摩擦系数 f 近似于 0,势能完全转化为动能,式(3-14)可简化为

$$V = (2gh_2)^{0.5} \tag{3-16}$$

3) 计算涌浪衰减至溃口处的高度 H_2

据新滩滑坡的经验公式(钟立勋,1994),在不考虑水深变化和复杂的边岸条件的情况下,涌浪高度的沿河衰减与距离呈幂函数关系,即涌浪在距滑体中轴线击水点的距离为 $x(\mathrm{km})$ 处的高度 $H_2(\mathrm{m})$ 为

$$H_2 = 7.18x^{-0.91}, \quad 向上游 \tag{3-17}$$

$$H_2 = 13.2x^{-0.78}, \quad 向下游 \tag{3-18}$$

冰湖面水平,涌浪衰减规律应介于向上游和向下游之间,参考湖南柘溪水库塘岩光滑坡涌浪的观测资料,得冰湖涌浪衰减至溢流口处高度 H_2 的计算公式:

$$H_2 = 0.17H_\mathrm{c}x^{-0.84} \tag{3-19}$$

式中,H_c 以 m 计;x 为至溢流口的距离(km)。

基于上述模式分析综合得漫溢溃决的临界水文条件为:H_1 大于 H_0 是冰碛湖溢流型溃决的充分条件,即 $H_1 > H_0$ 必定发生溢流型溃决。当 $H_1 < H_0$ 但 $H_1 + H_2$(涌浪衰减至溃口处的高度)$> H_0$ 且 H_2 持续作用时,冰湖可能发生溃决;否则,冰湖可能发生也可能不发生溢流型溃决。这是因为传至溢流口的涌浪高度 H_2 若瞬间即逝,H_2 与 H_1 的叠加虽大于 H_0,但瞬间的冲击不一定使溢流口产生持续下切。当 $H_1 + H_2 < H_0$ 时,冰湖不会发生溢流型溃决。所以,冰碛湖溢流型溃决的临界水文条件为:

(1) $H_1 > H_0$,一定溃决。

(2) $H_1 < H_0$ 且 $H_1 + H_2 > H_0$,可能溃决。

(3) $H_1 + H_2 < H_0$,不会发生漫溢型溃决。

3.2.4　冰碛坝稳定性与溃决机制

冰碛坝稳定性能直接反映冰碛湖溃决内部诱因的状态,并间接映射冰碛湖溃决外部诱因状态和溃决的可能机制,对冰碛坝稳定性的研究一直受到重视。早在20 世纪 50 年代,秘鲁学者根据堤坝的类型和坡度建立了评价冰碛坝的稳定性指数,分析碛坝的稳定性与堤坝可能的溃决机制之间的关系(Carey,2005a);其后,有研究者基于冰碛坝形态和堤坝内部结构的定性分析,结合冰碛湖溃决的外部诱因,

对安第斯山、加拿大哥伦比亚地区、阿尔卑斯山、喜马拉雅山以及中亚等冰川作用区冰碛湖的危险性进行分析,探讨冰碛湖溃决机制及其类型(Lliboutry et al.,1977;Yesenov and Degovets,1979;WECS,1987;Reynolds,1992;Clague and Evans,1994)。自20世纪90年代,研究者开始尝试用探地雷达和电阻率成像反演冰碛坝的内部结构,提出反演冰碛坝的内部结构方法(Haeberli et al.,1990),开始了冰碛坝稳定性及其对溃决机制影响的定量研究。一般结构疏松、孔隙率大的表层冰碛物电阻率大,雷达波速小;孔隙率小、结构紧密的深层冰碛物电阻率小,雷达波速居中;坝内死冰电阻率大,雷达波速也大(Richardson and Reynolds,2000b;Haeberli et al.,2001)。随着研究的深入,近年来采用了野外观测与室内试验相结合的手段,进行冰碛坝内部渗流和边坡稳定性研究,讨论管涌扩张溃坝机制的形成与演化过程。冰碛坝内部渗流状态(渗流速度和路径),一般进行示踪实验,通过测量渗流湖水样中示踪剂的标准化浓度值,分析冰碛坝的渗流速度和路径(Haeberli et al.,2001;Mortara et al.,2003)。对于冰碛坝边坡的稳定性,Hubbard等(2005)通过对堤坝冰碛物的抗剪强度的测量(有效凝聚力 C'、有效内摩擦角 φ'),利用边坡稳定性软件包 SLOPE/W 计算秘鲁境内 Laguna Safuna Alta 冰碛坝的安全系数,并指出气候变暖是导致 Laguna Safuna Alta 冰碛坝边坡稳定性降低的主要原因。最近,McKillop 和 Clague(2007a)研究发现,冰碛坝本身的性状在决定冰碛湖溃决风险中所起的作用最大。由此可见,当前对冰碛坝溃决机理的研究已由对冰碛坝形态和堤坝内部结构的定性描述,发展到借用现代土石坝的稳定性研究方法,采用野外观测与室内试验相结合进行冰碛湖溃决机制的定量分析。

冰碛坝的阻水应力与其内部结构密切相关。在当今气候变暖的情景下,如堤坝内含有死冰,由于死冰的消融导致冰碛坝下沉和管涌扩大,阻水应力降低,坝体的不稳定性增加(Yesenov and Degovets,1979;Reynolds et al.,1998;Richardson and Reynolds,2000a);如果冰碛坝冻土退化成不稳定的松散冰碛物,易形成漫顶冲刷溃坝,降低坝体的阻水应力(Kershaw et al.,2005;Balmforth et al.,2008;2009)。因此,冰碛坝内部的物质组成及变化决定冰碛坝的阻水应力大小及变化,从而影响坝体的稳定性。由此可见,不管是溃决诱因还是溃决机制,都与冰碛坝的稳定性息息相关。从冰碛湖溃决诱因来看,气候变暖常常导致外部诱因状态发生变化,这些变化通过传递直接或间接作用到冰碛坝,激活冰碛湖溃决的内部诱因,引起冰碛坝内部状态失衡,当状态失衡超过一定的门限值时,最终导致溃决;也就是说,冰碛湖溃决外部诱因的变化状态,常常在冰碛坝本身特性上得到体现,对冰碛坝参数的评价、进而分析冰碛坝的稳定性是进行冰碛湖溃决风险评价的落脚点。另外,气候变暖诱发冰碛坝的稳定性变化能指示冰碛湖溃决机制的可能类型。在气候变暖的情景下,如堤坝内含有死冰,由于死冰的消融导致冰碛坝下沉和管涌扩大,坝体的不稳定性增加,易发生管涌溃决(Yesenov and Degovets,1979;Reynolds et al.，1998)；如果冰碛坝为安全系数低、边坡不稳定的松散冰碛物，易形成漫顶流溃坝洪水(Richardson and Reynolds，2000a)等。所以分析冰碛坝稳定性能直接反映冰碛湖溃决内部诱因的状态，并间接映射冰碛湖溃决外部诱因状态和溃决的可能机制，冰碛坝稳定性研究是气候变化与冰碛湖溃决风险关系的载体和落脚点。

当然，影响冰碛坝溃决机制的因素是多方面的，虽然冰碛坝本身的性状在决定冰碛湖溃决风险时可能起到关键作用(McKillop and Clague，2007a)，但是，即使冰碛坝是相对稳定的，只要任何其他溃决诱因超过一定的门限值诱发的溃决机制，均可能导致冰碛湖溃决(Walder et al.，2003；Hubbard et al.，2005)，所以不能把冰碛坝的稳定性及可能的溃决机制与溃决风险的高低严格一一对应起来，冰碛坝的稳定性与溃决风险的高低只是一种概率关系，一般来说冰碛坝安全系数低、边坡不稳定的溃决概率大。冰碛坝的稳定性及其溃决机制与一般土石堤坝稳定性相比既有共性又有个性。我国冰碛湖主要分布在喜马拉雅山中段，海拔位置在 4000m 以上，一方面冰碛坝表层多为季节性冻土，土力学属性和渗流状态对气候变化敏感；另一方面冰碛坝颗粒粒级差异大，内部组成复杂(尤其是死冰的有无和内部冻结状态)，气候变暖又给冰碛坝的稳定性增添诸多变数，往往导致冰碛坝稳定性下降和溃决机制的复杂多样，溃决风险增加。

冰碛湖与冰川阻塞湖之间的主要差异在于，冰川阻塞湖有频繁的重复历史，周期性的排水；冰碛湖通常排水一次，因为冰碛坝在洪水过程中常被完全破坏。冰碛坝的溃决机制可分成两种，即由于坝材料被侵蚀形成溃决，或部分材料突然被清除而形成溃决。冰碛阻塞湖的溃决，也可以由几种不同的方式发生。冰碛湖溃决机制主要有以下几种：

(1) 漫顶洪水(如入湖水量增加漫顶外溢；冰崩突入湖中壅挤湖水外溢形成洪水，但湖坝并未垮塌或垮坝部分很小，其造成洪水比例很小)。

(2) 漫顶流溃坝洪水(主要是漫顶流下切侵蚀，当侵蚀超过一定门限值时导致突然溃坝形成洪水)。

(3) 管涌溃坝洪水(如死冰消融、渗透水流掏蚀等致使管涌流扩大，最终溃坝形成洪水)。

(4) 瞬间溃坝洪水(地震等因素导致冰碛坝突然垮塌形成，此时湖水位不一定漫顶)。

(5) 多种溃决机制组合(Singh and Scarlators，1988；Tingsanchali and Chin-narasri，2001；Zammett，2006；王欣和刘时银，2007)。

例如，加拿大 British Columbia 的 Queen Bess 湖溃决分两阶段，先是冰崩落入湖中产生漫顶洪水，然后漫顶洪水侵蚀作用导致溃决洪水，两股洪水在下游大约 7km 处叠加到一起(Kershaw et al.，2005)。

我国科学家考察了喜马拉雅山中段南、北坡 20 余次较大的冰川终碛阻塞湖溃决洪水事件的成因,认为冰川的冰舌末端发生崩塌是主要原因。目前喜马拉雅山等地区冰川处于退缩阶段,但在个别年份也可能出现冰川短暂波动前进。当冰舌前进接近湖区或伸入湖中形成陡高冰舌时,在强烈的消融作用下,冰舌末端发生崩塌。大量冰体落入湖中,形成巨大的涌浪直接冲击终碛堤坝,同时又诱发湖区周围不稳定的冰碛或坡积物大量崩塌或滑塌坠入湖中,连同大量崩塌的冰体使湖水水位突然猛涨,造成湖水漫坝溢流或由于水位升高,静水压力增加,管涌迅速扩大等,导致冰碛坝发生垮坝。例如,前面提到年楚河上游桑旺错,1954 年 7 月 16 日下午 7 时许溃决,就是冰川末端于当日发生冰崩,巨大冰体滑入湖中引起的。类似的在朋曲、波曲等河流的上游冰碛湖溃决多由此故。分析喜马拉雅山历史上冰碛湖溃决机制表明,由于冰川末端不稳定、冰体崩解坠入湖中产生浪涌,进而导致冰碛坝溃决是喜马拉雅山最为多发的冰碛湖溃决机制(徐道明和冯清华,1989)。

虽然冰碛坝具有良好的渗透性,但徐道明和冯清华(1989)测算一个终碛湖渗透水量为 $0.11\sim0.27\text{m}^3/\text{s}$,相当于年排水量 $3.5\times10^6\sim5.5\times10^6\text{m}^3$,而高山气温低,湖面蒸发量小,仅为年排水量的 1/10 左右。因此,每当盛夏,一方面高山冰川、积雪强烈消融,另一方面又时值山区大量降水,如果冰碛阻塞湖上游来水量大于排水或渗漏水量,则湖水水位上升造成漫坝溢流,同时在静水压力作用下,终碛堤下管涌规模增大或者堤下死冰消融崩塌,是造成冰碛阻塞湖溃决的重要原因,尤以暖湿年份为甚。最近,通过分析过去 50 年西藏境内的终碛湖溃决事件发现,所有事件都以漫顶溢流溃坝或管涌溃坝的形式发生,而溢流型溃决是最为常见的导致冰湖溃决的原因。刘晶晶等(2009)综合前人的研究,对漫顶流溃坝和管涌溃坝的力学机制进行详细的介绍。

1. 漫顶溢流溃坝

溢流型溃决是最常见的导致冰湖溃决的原因,过去 50 年,西藏境内溃决的 14 个冰湖最终全部都转化为溢流型溃决。当溢流造成溃坝时,过坝水流在坝面产生的过大剪应力会引起冲刷过程。当局部剪应力超过临界值时,冲刷发生,土颗粒被带走。产生的任何小的初始溃口都是薄弱部位,此处剪应力比周围更高,因此可能会迅速发展,形成巨大的决口。溃口断面形状取决于漫顶持续时间及终碛堤本身特性和形状(Lancaster and Grant,2006),多为梯形或圆弧形(徐道明和冯清华,1989;刘晶晶等,2009)。漫顶溢流溃坝的力学机制可从溃坝形成、冰舌稳定性分析、溃口方式三方面进行分析(刘晶晶等,2009):

1)漫顶溢流溃坝形成

一般情况下,冰碛湖通过终碛堤的渗流与输入湖内的冰雪融水保持着水量平衡,当暖期冰雪融水增多时,则通过终碛堤最低处漫溢排出。但是,一旦有冰崩体(湖岸雪崩、岩崩物质等)入湖,产生瞬间浪涌,致使湖水面急剧上升,形成高于溢出

口的溢流水头(图 3-13)。在溢流水头足够高的情况下,形成的溢流流速大于溢出
口泥沙的起动流速,溢流就会冲刷和下切终碛堤。如果堤坝下切速率大于溢流导
致的湖水水位下降速率,则溢流口水头会随下切而增加,流速进一步增大,导致更
快和更强的冲刷下切,形成终碛湖在局部堤段的瞬时溃决。在少数情况下,因冰湖
规模过小,或因终碛堤宽厚坚实,冰湖水位下降速率大于溢流口下切速率时,溢流
水位逐步降低,流速减小,冲刷下切能力减弱,冲刷到一定深度时自动中止。在下
次遇到强烈溢流时,继续下切,可形成多次溃决。

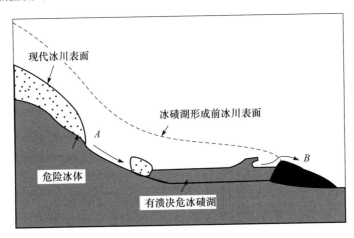

图 3-13   溢流型溃决示意图(Clague and Evans,2000)

A 入湖冰崩体,B 入湖冰体产生浪涌

2)冰舌稳定性分析

冰崩、冰滑坡是造成溢流型溃决事件的主要原因。山坡上的冰舌失稳滑动入
湖,致使湖水水位上升,并造成涌浪对终碛堤的冲击,导致溃决发生。在此对山坡
上冰舌的稳定性进行研究是必要的。

坡面上的冰舌在重力作用下都有下滑的趋势,但由于冰川内部具有摩擦力及
在积雪层内雪粒间还具有一定的内聚力,使其处于平衡。当下滑力大于阻力时,山
坡上的冰舌就会滑动形成冰崩、冰滑坡。为了便
于分析,将冰舌简化为矩形断面,所受重力可分
解为一个平行山坡的分力 T 和垂直于山坡的分
力 N(图 3-14):

$$T = \rho h \sin\alpha$$
$$N = \rho h \cos\alpha \qquad (3\text{-}20)$$

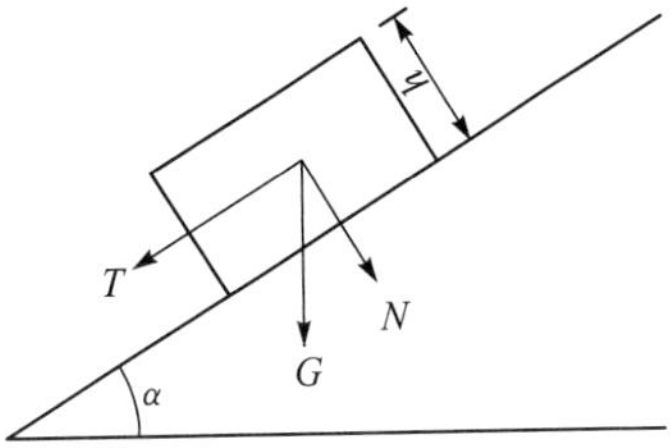

图 3-14 冰舌受力图

式中,ρ 为冰舌密度(g/cm³);h 为冰舌厚度
(cm);α 为山坡坡脚(°);支持冰舌免于滑动取决于冰舌抗剪强度 τ:

$$\tau = c + P\tan\theta \tag{3-21}$$

式中，τ 为抗剪强度（Pa）；c 为冰舌与山坡间的内聚力（Pa）；P 为坡面所受冰舌的正压力（Pa）；θ 为冰舌与坡面间的内摩擦角（°）；

$$P = N/l = \rho h \cos\alpha \tag{3-22}$$

l 为山坡长度（cm），山坡上冰舌稳定平衡条件为

$$T \leqslant \tau l \tag{3-23}$$

由式（3-23）可得山坡冰舌层极限（或临界）厚度 h_k 为

$$h_k = c/[\rho(\sin\alpha - \cos\alpha \cdot \tan\theta)] \tag{3-24}$$

当山坡冰舌厚度达到极限厚度 h_k 时，冰舌层的下滑力与其阻力处于平衡状态。此时冰舌厚度的增大或内部力学强度降低，均会引起冰舌的滑塌。极限厚度随着山坡坡度的减小而增大。当山坡坡度小于某一极限值时，冰舌的极限厚度可以无限增大，这个坡度角称为安全角，可用式（3-25）计算：

$$\cos\alpha_0 = [\sqrt{1+f^2}/(1+f^2)] - f_n/[98\rho l(1+f^2)] \tag{3-25}$$

式中，α_0 为安全角（°）；f 为摩擦系数（$f = \tan\theta$）；f_n 为冰舌的抗断强度（Pa）。

冰舌稳定性与山坡坡度之间有密切关系。在不同的山坡上，厚度相等的冰舌，有的发生运动，酿成冰崩；有的只是在蠕动，使冰舌处于潜在的冰崩、冰滑坡危险状态。

3）溃口方式

当溢流造成溃坝时，过坝水流在坝面产生的过大剪应力会引起冲刷过程。当局部剪应力超过临界值时，冲刷发生，土颗粒被带走。产生的任何小的初始溃口都是薄弱部位，此处剪应力比周围更高，因此可能会迅速发展，形成巨大的溃口。溃口的外形取决于漫顶持续时间及终碛堤本身的特性和形状（Lancaster et al.，2006）。过去认为溃口形状呈矩形、三角形或梯形（图3-15）（朱勇辉等，2003），而大量的天然坝溃决事件及模型试验证明溃口断面的形状易为圆弧形，为便于计算，可将其简化为等腰梯形。假定底宽 b 为常数，溃口仅沿垂向扩展，则梯形的断面面积为（匡尚富，1993；朱勇辉等，2003）

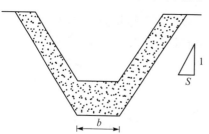

图 3-15　梯形溃口的侵蚀方式
（刘晶晶等，2009）

$$A_p = b(H - Z) + S(H - Z)^2 \tag{3-26}$$

式中，S 为梯形边坡；H 为高（m）；Z 为水深（m）。

　　如果漫顶持续时间较短,冲刷可能很轻微,溃口就不会迅速发展。溃口的位置出现在材料压实相对最薄弱的位置,从现场试验堵塞坝溃决图(图 3-16)和溃坝模拟图(图 3-17)中可以看到,最大沉降常常出现在大坝顶部,因为该部位漫顶时往往承受最大水深,溃口通常在坝体顶部形成。在溃坝模拟图中,若假定坝的材料均匀,可以看到应力集中区较易出现在坝顶中部。当然这在实际中是较为少见的,所以在实际发生的溃决事件中,溃口并非在中部出现,而是在材料最薄弱的地方出现,溃口多呈梯形或圆弧状,顶宽为坝高的 3～5 倍。

图 3-16　堵塞坝溃决实验(刘晶晶等,2009)

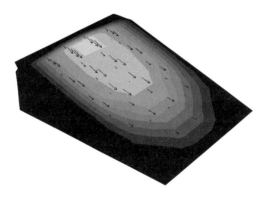

图 3-17　溃坝模拟图(刘晶晶等,2009)

2. 管涌溃坝

　　管涌是指土层中细颗粒在渗流作用下,从粗颗粒孔隙中被带走或冲出的现象。管涌对天然堆石坝的危害,一是带走的细颗粒,将使渗漏情况恶化;二是细颗粒被带走,使坝体或坝基产生较大沉陷,破坏天然堆石坝的稳定。管涌型溃决多发生于冰碛坝内有埋藏冰存在的情形,根据土力学理论,渗透变形可分为流土型、管涌型和二者之间的过渡型。流土指渗流作用下饱和的黏性土和均匀砂类土,在渗流出逸坡大于土的允许坡降时,土体表层交换时被渗流顶托而浮动的现象。流土通常发生在天然堆石坝下游地基的渗流出逸处,而不发生在坝基土壤内部。冰碛湖管涌型溃决破坏即是此种渗透破坏方式。由于冰湖的管涌通常发生在土体内部,故又可称为渗流引起的潜蚀现象。

冰碛坝内埋藏冰体消融,会发生潜蚀。潜蚀使土石结构变松,强度下降,土石发生渗透变形。强烈的渗透变形会在渗流出口处侵蚀成空洞,空洞又会促使渗透路径变短、水力梯度有所增大,在空洞末端集中的渗透水流就具有更大的侵蚀力,所以空洞就不断沿最大水力梯度线溯源发展,最终形成水流集中的管道,由管道中涌出的水携带出大量的土颗粒,从而形成管涌(图3-18)。调查显示,1988年发生溃决的光谢错终碛堤平均高度为45m,堤身最薄处的堤顶宽度30多米,该堤右侧二道堤终碛宽度近80m,长度320m,背水坡坡度为577‰,堤坝由黏土到粗粒物质混杂而成,细颗粒所占比重较大(约占80%),相当于一座天然土石坝。坝体渗透性能一致,渗透能力极强,最大可达每天数立方米。根据西藏过去50年的历次溃决事件,管涌导致溃决的事件不多,发现其中有3次溃决事件,管涌是溃决原因之一。而单纯以死冰体的消融而导致终碛堤管涌破裂,在溃决事件中未发生过。这可能是由于终碛堤坝同天然堆石坝的相似性所造成的,组成终碛堤的大块石较多,渗透能力很强,块石不易被渗流带出。

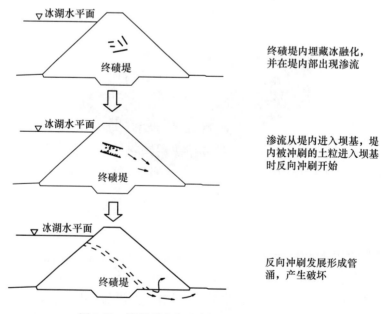

图 3-18　管涌型溃决示意图(刘晶晶等,2009)

确定了渗透破坏的形式后,主要关注的是初始管涌形成以后的发展过程。由于管涌发生在坝体内部,不易观测,所以其真实过程不易了解。实践中可以通过理论计算来推断可能的内部水流发展过程。首先假定终碛堤内存在一初始穿坝通道,用孔流方程计算通过通道的水流

$$Q_b = A \sqrt{2g(H - H_P)/H_L} \tag{3-27}$$

式中,Q_b 为流经通道的流量;g 为重力加速度;A 为通道横断面面积;H 为终碛堤水位(头);H_P 为管涌通道中心线高程;H_L 为由于摩擦和收缩产生的水头损失

$$H_L = 0.05 + \frac{fL}{D} \tag{3-28}$$

式中,f 为 D_{50} 作用时确定的摩擦系数;L 为通道长度;D 为通道直径;0.05 为收缩损失系数。Fread(1991)利用简化方法模拟通道的不断扩大,即根据某一特定时间步长内的冲蚀沙量(V_s),认为通道沿其长度均匀增大,V_s 可通过式(3-29)进行计算:

$$V_s = Q_s t \tag{3-29}$$

管涌通道上方坝体下游面物质崩落随着管涌通道的逐渐扩大,下游面的土体慢慢落入通道内并随水流冲走。计算坝体楔块重量和土压力的比值,如果比值小于 1,则认为管涌通道顶部土楔体是不稳定的(李广信和周晓杰,2005)。由于下游坝体土体不断崩落掉进管涌通道,管涌通道以上坝体宽度逐渐减少。如果水压力大到超过管涌通道以上坝体材料的抗剪强度,那么通道以上坝体楔块将滑落,但也有可能是因其自身重量而垮塌。

3.3　冰碛湖溃决的气候背景

3.3.1　气候特征分析

冰湖溃决与气候的波动变化有着密切联系,在全球平均地表温度持续上升的背景下,研究气候特征对于西藏冰湖溃决的影响是十分重要的。当前的气候变暖增大扰动了冰川作用区的稳定性(Vit et al.,2005;Huggel et al.,2010),冰碛阻塞湖溃决时间多数在盛夏高温季节,而且与气候波动有关,即冰碛阻塞湖溃决高发期往往出现在气候由冷湿或干冷向干暖或暖湿的转变年份。这是因为在冷湿或干冷时期,冰川主要处于积累状态,冰川消融较弱,融水下渗量少且缓慢,冰舌前端的冰体一般不会产生大规模滑塌。但由冷湿、干冷时期年份转入干暖或暖湿时期,气温升高降水增加,尤其在夏季可能出现持续高温,冰川、积雪融水量大增,一方面汇入湖中的水量增加,湖的净水压力随之增大;另一方面相当多的融水沿冰裂隙下渗,造成冰的可塑性增加,冰川运动速度加快,使冰体产生大

规模滑塌。吕儒仁等(1999)对西藏已溃决冰碛湖进行深入分析发现,西藏冰碛湖溃决事件多发生在气候波动转折点或突变点年份,并且从相对湿冷气候转向湿热或干热(暖)气候的过渡年份最有利于冰湖溃决。此外,冰湖溃决也是发生在补给冰湖的现代冰川从前进向强烈消融退缩过程转折的年份,也是因为在冷湿或干冷气候条件下,母冰川常处于前进期,当气候环境转入干暖或暖湿时期,则处于强烈消融退缩。

气温变化对冰碛湖溃决事件发生的影响尤其显著。最近研究发现,冰湖溃决是年均温剧烈波动后区域响应的结果,波动越大,冰湖溃决发生的概率越大,西藏历史冰碛湖溃决事件频发的 1964 年、1968 年、1969 年及 1970 年均位于年均温曲线的高温拐点,而且溃决事件发生当年的正积温值和积温增长速度普遍大于溃决的前一年(刘晶晶等,2011)。西藏地区气温异常年份频现,尤其是 20 世纪八九十年代中期极端温度事件频发,和冰湖溃决事件具有很好的对应关系(杜军等,2000;程尊兰等,2009)。所以,危险冰碛湖溃决归根到底还是气候因素造成的,且往往是由于异常气候条件特别是当气候转为湿热或干热时最易引起冰湖溃决(程尊兰等,2009;吕儒仁等,1999)。

冰湖溃决前降水变化及其与气温耦合变化特征与冰碛湖溃决事件密切相关。根据溃决冰碛湖邻近气象站(图 3-1)的资料,分析西藏历次冰碛湖溃决前的气候特征(表 3-5),主要表现在以下三个方面(吕儒仁等,1999;王铁峰,2001):

(1)溃决前几年降水较为丰富(一般高于多年平均降水量),并且气温偏低(一般低于多年平均气温),这种气候有利于冰碛湖的母冰川的物质积累,为冰碛湖溃决积累了物质和能量。例如,1960~1963 年,冷、湿的气候条件造成了隆达错、达门拉咳错和吉莱普错的溃决;同样,1968~1970 年的湿冷气候是 1970 年阿亚错、1972 年坡戈错溃决的重要原因;后期强烈升温(溃决年份多数地区年均温比前一年回升 0.6℃以上),在母冰川经过较长时间的物质积累后的升温期,不管有无降水的背景下,都能出现冰碛湖溃决。

(2)溃决前夕降水集中,如桑旺错溃决前的半个月(7 月 1~15 日)降水量达86mm,达门拉咳错溃决前(8 月 28 日~9 月 17 日)降水量达 141mm,阿亚错溃决前(7 月 1 日~8 月 12 日)降水量达 312mm,占全年降水的 60%,其他如坡戈错、章藏布错等在溃决前都有集中降水的现象。

(3)当年溃决前气温偏高或极端高温事件频次增加,促使前期积累的物质和能量集中释放。从冰湖溃决发生的季节(7 月、8 月占 70%以上)和时间(绝大多数在晚上)都说明气温因素起着很重要的作用,而且关键是夏季气温。从溃决湖邻近气象站的资料分析表明,一般溃决前总有 2 次、3 次升温过程,每次升温过程中高温持续 4~5 天,这样的温度条件将使冰川积雪大量融化,并通过纵横交错的冰裂隙深入冰床,促使冰川断裂、滑动、崩塌,造成冰湖溃决。

溃决前的气温累积状态对冰湖溃决有显著的影响。冰融化产生冰崩或冰滑坡,不仅要求一定的温度水平,而且还需要一定的热量总和,此热量总和通常用该时期逐日气温的累积(即积温)来标志。积温(该时期气温在 0 以上的逐日气温的累积)的大小和增长速率对冰湖溃决有显著的影响。冰湖溃决的有效积温累积时间段,以日温稳定在 0 以上的那一日作为积温统计的起始日,而以溃决日为止,可以代表当地的热量资源状况。刘晶晶等(2011)选择长序列的正积温值与积温曲线指数,分析溃决当年和溃决前一年的正积温值和积温增长速度作为考量指标,探讨气温对西藏冰湖溃决事件的影响,发现溃决事件发生当年的正积温值和积温增长速度普遍大于溃决的前一年。

表 3-5 西藏历次冰碛湖溃决的气候背景

冰湖	溃决时间	溃决当年降水	溃决当年气温	溃决前气候特征
桑旺错	1954-07-16	拉萨站 1954 年降水量高出正常值30%	比多年平均值高 1℃	上半年气温比正常值高 0.6～2.6℃;溃决前有连续阴雨过程
隆达错	1964-08-25	1962 年、1963 年为丰水年,1964 年接近正常值	1960 年后逐年下降,1963 年最低,1964 年上升至正常值	7 月中旬至 8 月中旬降水特别集中,41 天雨量占当年雨量的 50%以上;冰湖溃决前气温升高,为气温高峰
吉莱普错	1964-09-21	1962 年、1963 年为丰水年,1964 年接近正常值	1960 年后逐年下降,1963 年最低,1964 年上升至正常值	7 月中旬至 8 月中旬降水特别集中,41 天雨量占当年雨量的 50%以上;冰湖溃决前气温升高,为气温高峰
达门拉咳错	1964-09-26	1962 年、1963 年为丰水年,1964 年接近正常值	1960 年后逐年下降,1963 年最低,1964 年上升至正常值	7 月中旬至 8 月中旬降水特别集中,41 天雨量占当年雨量的 50%以上;冰湖溃决前气温升高,为气温高峰
坡戈错	1972-07-23	1970 年降水量偏大	当年气温高于正常值 0.4～0.5℃	溃决前有一个 8 天左右的降水过程;溃决前气温高,7 月份平均气温高于正常值 1.3～1.8℃
阿亚错	1968-08-15 1969-08-17 1970-08-18	溃决当年和溃决前的 1966 年、1968 年、1969 年降水偏多	1966～1968 年气温低;1969～1970 年气温接近正常	溃决前均有集中降水过程;溃决前气温升高
扎日错	1981-06-24	1980 年降水偏大,1981 年则偏少	气温接近正常	溃决前晴朗少雨,持续高温

续表

冰湖	溃决时间	溃决当年降水	溃决当年气温	溃决前气候特征
章藏布错	1981-07-11	1980 年降水偏大,1981 年则偏少	气温接近正常	溃决前有连续 10 天降水过程;气温高于正常值 0.9~1.6℃
金错	1982-08-27	1980 年降水偏大	当年气温接近正常	7~8 月持续高温,7 月高出正常值 0.9~1.7℃,8 月高出 0.9~1.3℃
光谢错	1988-07-15	1988 年是 20 世纪 50~90 年代降水最多的一年,距平百分率为+27%	当年气温偏高,距平值为+0.3℃	1~6 月月平均气温几乎是直线上升,7 月升至年内最高点(7.7℃);1~6 月比多年同期平均降水多 24%,5 月和 7 月降水最多分别占 20%和 13%
德嘎普湖	2002-09-18	2001 年偏湿,距平百分率为＋16%;2002 年偏干,距平百分率为－7%	2000 年和 2001 年气温连续偏暖,年距平值为＋0.2℃ 和＋0.3℃;2002 年气温接近正常	1~6 月月平均气温几乎是直线上升,7 月 1~15 日连续降水,气温升高幅度变缓

3.3.2　溃决气候背景度量

由 3.3.1 节分析可知,冰碛湖溃决都有其特定的气候背景,为分析在不同气候背景下冰碛湖溃决的概率,本研究基于已溃决冰碛湖最近气象站的日均温和日降水量的资料,从干、湿及其组合特征等方面,对冰湖溃决的气候背景进行进一步量化和分类,量化规则如下:

(1) 干湿年份度量级:①"湿"年份:年降水量≥(多年平均降水量＋多年平均降水量的 10%);②"干"年份:年降水量≤(多年平均降水量－多年平均降水量的 10%);③降水正常年份"中":(多年平均降水量－多年平均降水量的 10%)＜年降水量＜(多年平均降水＋多年平均降水量的 10%)。

(2) 冷暖年份的划分:①"暖"年份:夏季 6~9 月 122 天中,夏季日平均气温＞多年夏季平均气温＋0.1℃的天数超过 61 天;②"冷"年份:夏季 6~9 月 122 天中,夏季日平均气温＜多年夏季平均气温－0.1℃的天数超过 61 天;③气温正常"中"年份:夏季日平均气温＞多年夏季平均气温＋0.1℃的天数,并且夏季日平均气温＜多年夏季平均气温－0.1℃的天数为 50~61 天。

(3) 考虑到年内极端高温事件出现的频次对冰川消融影响强烈,加大冰湖溃决发生概率(吕儒仁等,1999;Huggel et al.,2010;刘晶晶等,2011),在划分时,把气温正常(即符合冷暖年份的划分条件③)且年极端高温事件出现的频次超过 12 天的年份,归类为"暖"年份(极端高温事件定义为:大于所有年份夏季的观测气温中最高的 10%的日平均气温,因为 6~9 月共 122 天,按照 10%的比例平均每年为12 天)。

基于上述规则,对西藏历史上有器测气候记录的 15 次已溃决冰碛湖溃决当年的气候背景度量见表3-6。由表3-6可见,上述对溃决冰碛湖溃决前的气候背景的度量规则,能较好地反映冰碛湖溃决的可能气候背景类型,西藏15次(包括器测前2次)冰碛湖溃决当年的气候背景可分为暖湿、暖干、冷湿和接近常态[即夏季日均温度接近多年平均温度(中)或年降水量接近多年平均降水量(中)],统计没有发现冰碛湖在气候背景完全处于常态(即夏季日均温度接近多年平均温度和年降水量接近多年平均降水量,气温和降水均为"中")的情景下溃决;其中,暖湿发生6次,占40%;暖干发生5次,占34%;冷湿发生2次,占13%;接近常态发生2次,占13%。从气温来看,冰碛湖在暖的背景下发生溃决的占70%以上(图3-19)。

表 3-6　西藏历史上冰碛湖溃决当年的气候背景度量

溃决湖	溃决时间	气象站	冷暖状态	干湿状态	气候背景
塔阿错*	1935-08-28	—	暖	湿	暖湿
穷比吓错*	1940-07-10	—	暖	干	暖干
桑旺错	1954-07-16	日喀则	暖	湿	暖湿
隆达错	1964-08-25	聂拉木	暖	湿	暖湿
吉莱普错	1964-09-21	定日县	冷	中	冷中
达门拉咳错	1964-09-26	林芝	暖	干	暖干
阿亚错	1968-08-15	定日县	冷	湿	冷湿
	1969-08-17		暖	湿	暖湿
	1970-08-18		冷	湿	冷湿
坡戈错	1972-07-23	索县	中	干	暖干
扎日错	1981-06-24	日喀则	暖	干	暖干
章藏布错	1981-07-11	聂拉木	暖	湿	暖湿
金错	1982-08-27	定日县	暖	干	暖干
光谢错	1988-07-15	波密县	暖	湿	暖湿
德嘎普湖	2002-09-18	错那县	暖	中	暖中

* 20世纪三四十年代西藏没有系统的气象观测资料,塔阿错和穷比吓错溃决当年的气候背景是根据张家诚等(1974)和林学椿(1992)的研究成果推算的。

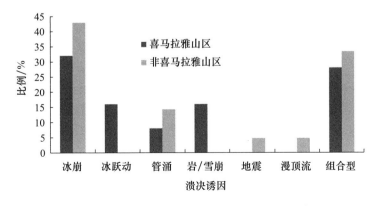

图 3-19　西藏冰碛湖溃决的气候荷载发生的比例

3.4　溃决冰碛湖的溃决模式

3.4.1　溃决模式分类

气候背景为冰碛湖溃决提供必要的能、水条件,但是冰碛湖在什么时候、如何溃决是由多种因素决定的。在相同的气候背景下,冰碛湖的溃决往往与母冰川的物理属性和几何形态、冰碛坝性状、湖盆几何形态和物质组成等密切相关,是偶然与必然的组合。我们选取国内外有溃决原因分析的冰碛湖溃决文献资料,试图通过大量看似偶然的溃决事件进行分析归类,提炼出其必然的成分,进而概括出已经溃决冰碛湖的溃决模式,统计不同溃决模式发生的比重,为评估冰碛湖的溃决提供依据和参考。

收集到的冰碛湖溃决灾害事件包括我国 20 世纪 30 年代至 2009 年以来有记录的 19 个冰湖发生了 25 次造成不同程度破坏性溃决灾害事件。其中,阿亚错在 1968 年、1969 年、1970 年发生的溃决事件考察不够详尽,推测由现代冰川前进伸入湖中形成(吕儒仁等,1999),其余 23 次有确切的或很可能的溃决诱因的报道,主要发生在我国喜马拉雅山北坡、西藏东南部等区域(表 3-7)。国外 20 世纪 20 年代末至 2010 年在尼泊尔、巴基斯坦、秘鲁、加拿大、中亚等地的 32 个湖发生的 34 次灾害性溃决事件中,24 次有溃决诱因的描述(表 3-8)。对国内外有溃决诱因记录的 50 次冰碛湖溃决事件进行分析,得出导致冰碛湖溃决的原因主要有以下几点:

(1) 母冰川发生冰崩,冰崩产生浪涌冲垮堤坝。

(2) 冰碛坝内埋藏冰消融导致冰碛坝发生管涌溃决。

(3) 母冰川强烈消融,湖水位急剧上升形成洪水。

(4) 强降水事件引起湖水位上升形成洪水,一般进一步引发湖盆岩/雪崩等发生,形成复合型溃决诱因。

(5) 湖盆周围岩/雪崩,产生浪涌冲垮堤坝。

(6) 母冰川快速滑动/跃动伸入湖中,壅高湖水位产生浪涌导致冰碛坝溃决。

(7) 湖水位漫顶溢流冲刷导致冰碛坝瞬间溃决,多由于湖盆降水增多或冰川融水增多等产生。

(8) 地震诱发堤坝溃决。

(9) 多种诱发因素共同作用引发冰碛湖溃决,一般由两种主要溃决诱因组合,包括冰崩-冰跃动、冰崩-管涌、强消融-冰崩、强降水-岩/雪崩、强消融-漫顶流、地震-管涌等组合类型。

表 3-7　已溃决冰碛湖（国内）溃决原因

名称	流域	溃决时间	溃决原因	溃决灾害损失	文献
鲁姆湖	帕隆藏布	1931-06-08	冰崩,冰川跃动	—	程尊兰等,2009
塔阿错	波曲	1935-08-28	坝内埋藏冰消融导致管涌	泥石流掩埋 66 700m² 耕地	徐道明和冯清华,1989; Yamada,1998
努比吓错	康布麻曲	1940-07-10	冰崩滑入湖,激起浪涌	亚东县遭严重破坏,受害范围超过 10km²	李吉均,1977;徐道明,1987
桑旺错	年楚河	1954-07-16	南岸两条冰川滑入湖中,湖水位上升,冲刷北岸终碛堤	受灾 2 万人,死亡 400 人;淹没农田 5733ha,毁坏 887ha;江孜和日喀则遭灾	中国科学院青藏高原综合科学考察队
隆达错	吉隆藏布	1964-08-25	冰崩涌入湖中	冲毁吉隆县－吉隆区公路 5～7km,影响尼泊尔	吕儒仁,1999
吉莱普错	朋曲	1964-09-21	冰川滑入,湖水壅高 6m	日屋－陈塘公路被毁 20km 以上,造成财产损失,影响尼泊尔	徐道明和冯清华,1989
达门咳错	尼洋河	1964-09-26	冰崩,5×10⁶m³ 的冰体下冲入湖,湖水位壅高 10m	对高山牧场,森林,房屋,田地,川藏公路造成破坏	吕儒仁和李德基,1986
阿亚错	朋曲	1968-08-15 1969-08-17 1970-08-18	现代冰川前进滑入深入湖中	冲毁桥梁,阻断中尼公路	徐道明和冯清华,1989
坡戈错	西巴霞曲	1968-08 1972-07-23	(可能)冰体崩滑入湖	冲毁简易桥梁,影响昌公路	李吉均,1975;李吉均,1977
扎日错	洛扎雄曲	1981-06-24	冰崩,冰滑坡	荣达,策拉间桥梁被毁;沿线电站,水渠,农田,草场简易房屋遭受破坏	杨宗辉,1983
章藏布错	波曲	1981-07-11	冰舌崩滑体 7×10⁷m³ 入湖,终碛堤发生管涌	死亡 200 人,冲毁电站,公路,桥梁,使尼泊尔亦遭受巨大损失	杨宗辉,1983;徐道明,1987
金错	朋曲	1982-08-27	强烈消融,冰崩	冲毁 8 个村庄,掩埋 18.7ha 耕地,冲走牲口 1600 多头	徐道明和冯清华,1989

续表

名称	流域	溃决时间	溃决原因	溃决灾害损失	文献
塔龙沟上游	帕隆藏布	1983-07-29 1984-08-23 1985-06-20	冰崩	—	程尊兰等,2009
光谢错	帕隆藏布	1988-07-15	死冰融化,潜蚀,管涌	死亡5人,100多人受灾;淹冲农田11.4ha,冲毁桥梁18座,冲毁川藏公路23km及通信设施,波及波密县城,环境破坏严重,泥石流和洪积石滩寸草未生	李德基和游勇,1992
班戈错	怒江	1991-06-12	冰川跃动,冰崩	毁坏18座桥梁,31座水电站,冲走144头(匹、只)牲畜	程尊兰等,2009;Mool et al.,2001a;2001b
德嘎普错湖	洛扎雄曲	2002-09-18	雪崩致使湖水暴涨	死亡9人,冲毁农田191亩①,林地100余亩,水渠7.5km;水电站1座及部分防洪堤;毁坏县级公路17km,乡村公路8km,桥梁13座,冲走牲畜293头(匹、只,只);边防公路中断	沈永平等,2008
嘉龙错湖	波曲	2002-05-23 2002-06-29	冰崩,冰川跃动	冲毁水泥桥1座;直接经济损失超过300万元	刘伟,2006
尖母普曲	帕隆藏布	2008-04-09	冰崩	—	程尊兰等,2009
折麦错	娘江曲	2009-07-03	冰舌崩塌	冰湖溃决冲毁公路3km,涵洞3座,简易桥梁4座;损毁水渠,取水口及引水管道等;部分农田及林草地被冲毁或淹没	http://www.chinatibetnews.com/,2009-08-03
次拉错	怒江	2009-07-29	冰舌崩塌	失踪2人,冲毁公路约27km,骡马驿道20km,2座钢架桥,4座混凝土桥,14座简易木桥,冲走2辆汽车和17辆摩托车	http://www.chinatibetnews.com/,2009-08-03

① 1亩=6.667×10^{-4}km²。

表 3-8　已经溃决冰碛湖（国外）溃决原因

名称	位置	溃决时间	溃决原因	溃决灾害损失	文献
Chung Khumdan	巴基斯坦	1929-08	—	溃决水量约 13.5×10⁶m³,洪峰流量为 22 650m³/s,在下游 1 300km 远处洪峰超过 15 000m³/s	Mool et al.,2001a;2001b
Palcacocha Lake	秘鲁	1941-12-13	（很可能）强降水;（可能）入湖物质引起浪涌	6000 多人死亡;淹没面积 0.97km²	Lliboutry et al.,1977;Vit et al.,2005
Tempanos	阿根廷	1942~1953	强消融引起冰湖溢流溃坝	—	Rabassa et al.,1979
Quebrada	秘鲁	1945-06-17	冰崩激起浪涌	—	Lliboutry et al.,1977
Jancarurish	秘鲁	1950-10-20	冰崩激起浪涌	200 人死亡,一水电站被毁	Lliboutry et al.,1977;Carey,2005a
Artesoncoda	秘鲁	1951-06-16	冰崩激起浪涌	—	Lliboutry et al.,1977
Tullparaju Lake	秘鲁	1959-12-08	—	毁坏一项正在建设的排险工程	Carey,2005a
Tullparaju Lake	秘鲁	1959-12-08	—	毁坏一项正在建设的排险工程	Carey,2005a
Tumarina Lake	秘鲁	1965-12-19	—	10 人死亡	Carey,2005a
Lake 513	秘鲁	2010-04-11	冰崩/岩崩引起浪涌	毁坏房屋 22 间,公路 100km,灌溉水渠 11km,农田 35ha,冲走牲畜 690 头	Carey et al.,2012
Moraine Lake	美国	1966-10-07	冰崩/岩崩引起浪涌	—	O'Connor and Costa,1993
Yanacochachica	秘鲁	1970-05-31	地震	—	Lliboutry et al.,1977
Safuna Alta	秘鲁	1970	地震引发管涌	—	Lliboutry et al.,1977
Laguna 513	秘鲁	2010-04-11	冰崩	—	Mergili and Schneider,2011
Moraine No.13	苏联	1977-08-03	（很可能）冰核消融导致冰碛坝崩塌	—	Yesenov and Degovets,1979
Nare	尼泊尔	1977-09-03	冰核消融导致冰碛坝崩塌	冲毁 1 座小型水电站	Mool et al.,2001a;Yamada,1998
Tamor	尼泊尔	1980-06-23	冰碛物崩塌	毁坏森林、河床,冲毁距离公路 71km 处的村庄	ICMOD
Nostetuko Lake	加拿大	1983-07-19	冰崩引起浪涌	—	Blown and Church,1985
Noth Macoun	加拿大	1983-07	（很可能）管涌	—	Evans,1987

续表

名称	位置	溃决时间	溃决原因	溃决灾害损失	文献
Dig Tsho Dudh	尼泊尔	1985-08-04	冰崩,$1×10^5$～$2×10^5$ m^3 的冰崩体,抬升水位 0.4m;引起浪高 5m 左右	冲毁 Namche 水电站,14 座桥梁,掩埋耕地,冲走牲畜	Vuichard and Zimmermann, 1986,1987
Unnamed Lake	加拿大	1990-06-28	漫顶流冲刷冰碛坝	—	Clague and Evans,1992
Chubung	尼泊尔	1991-07-12	Ripimo Shar 冰川崩解入湖致使冰碛坝溃决	冲毁房屋,农田	Yamada,1998;Reynolds,1999
Lugge Tsho	不丹	1994-10-06 1994-10-07	冰川融水增加,湖水位上升	21 人死亡	Watanabe and Rothacher,1996
Queen Bess Lake	加拿大	1997-08-12	$2.3×10^6$ m^3 冰崩体引起浪涌	破坏森林,伐木工	Kershaw et al.,2005
Tam Pokhari	尼泊尔	1998-09-03	雪/冰崩引起浪涌,堤坝滑坡	2 人死亡,6 座桥梁损坏,耕地被埋	Dwivedi et al.,2000;Osti et al.,2011
Kande Lake	巴基斯坦	2000-07-27	—	毁坏 Kande 村,包括 124 间房屋和一所小学	ICMOD
Kabache Lake	尼泊尔	2003-08-15 2004-08-08	冰碛物崩塌	—	ICMOD
Tuyuksu Glacier Lake	哈萨克斯坦	1973-07-15		10 人死亡	Narama et al.,2009
Bashy Glacier Lake	乌兹别克斯坦	1998-07-07		超过 100 人死亡	UNEP,2007
Shahdara Glacier Lake	塔吉克斯坦	2002-08-07		超过 23 人死亡	UNEP,2007
Zyndan Glacier Lake	吉尔吉斯斯坦	2008-06-24	死水消融,管涌扩大	3 人死亡,公路等基础设施、农牧场等损坏,冲走牲畜	Narama et al.,2010
Ventiquero Negro Lake	阿根廷	2009-05-21	强降水	溃决水量约 $10×10^6$ m^3,洪峰流量为 $4100m^3/s$,形成泥石流,严重破坏了 RioManso 山谷生态环境	Worini et al.,2012b

　　冰碛湖溃决事件诱因类型及其对应诱因的频次与比重见表 3-9。由表 3-9 可见,冰崩是导致冰碛湖溃决的主要原因,59％的冰碛湖溃决事件由冰崩或冰崩与其他诱因组合引起的(单由冰崩引起的溃决事件为 37％,冰崩与其他诱因组合引发溃决的事件占 12％)。其次为组合型溃决诱因引发,占 30.4％(其中 70％以上的组合型为冰崩组合类型)。其他依次为管涌、冰跃动、岩/雪崩等,分别为 10.9％、8.7％、2.2％。

表 3-9　冰碛湖溃决事件诱因类型及其诱因频次与比重

溃决诱因	冰崩	冰跃动	管涌	岩/雪崩	地震	漫顶流	组合型
频次	17	4	5	4	1	1	14
比重/％	37.0	8.7	10.9	8.7	2.2	2.2	30.4

　　由于冰川区地形地貌、气候气象条件、冰湖及其冰湖特性等不同,不同区域冰碛湖的溃决诱因存在差异,对比喜马拉雅山地区与非喜马拉雅山地区冰碛湖溃决原因发现,导致冰碛湖溃决的诱因存在较为明显的差异(图 3-20)。在喜马拉雅山区,主要的溃决诱因有冰崩、冰跃动、管涌、岩/雪崩及冰崩与其他诱因的组合类型,其中冰崩及其组合类型占 60％,冰跃动和岩/雪崩均为 16％,管涌为 8％。而在非喜马拉雅山区,65％的冰碛湖溃决事件由于冰崩或冰崩组合类型引发的,47％的溃决事件由冰跃动或冰跃动的组合类型引发,管涌、岩/雪崩也有发生(其中包括冰崩-冰跃动组合类型)。总的来看,在这 7 类溃决诱因类型中,冰崩一般由于冰川消融,冰面水流下渗,致使裂隙扩大形成;气温上升,管涌形成与扩大,为坝内埋藏冰的直接结果,而冰川的快速滑动也与冰川融水的润滑和冰床解融密切相关;总之它们都与"暖"的气候背景相联系。进一步分析冰碛湖溃决原因,在不同气候背景组合形式下,冰碛湖溃决途径和模式可以分为以下 5 大类、22 种可能的溃决模式。

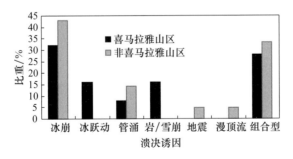

图 3-20　不同冰碛湖溃决诱因类型及其比重
喜马拉雅山区冰碛湖溃决的组合型诱因包括:冰崩-冰跃动、冰崩-管涌、强消融-冰崩、强消融-满顶流;
非喜马拉雅山冰碛湖溃决的组合型诱因包括:冰崩-冰跃动、强降水-岩/雪崩、强消融-满顶流、
冰崩-岩崩、地震-管涌、冰崩-满顶流

1. 第 Ⅰ 类"暖湿"背景下可能的溃决模式

(1) 母冰川物质交换加快→冰崩→浪涌洪水漫顶溢流冲刷堤坝→冰碛坝溃决。

(2) 母冰川冰床解冻润滑→冰滑坡/冰川前进入湖→浪涌洪水漫顶溢流冲刷堤坝→冰碛坝溃决。

(3) 湖盆物质和能量增加→雪/岩崩入湖→浪涌洪水漫顶溢流冲刷堤坝→冰碛坝溃决。

(4) 冰/雪强烈消融→湖水量增加→冰碛湖漫顶溢流冲刷堤坝→冰碛坝溃决。

(5) 湖水量增加→湖热储量增加→湖面水切融入湖冰川→入湖冰川崩解→壅高湖水漫顶溢流冲刷堤坝→冰碛坝溃决。

(6) 湖水量增加→湖热储量增加→冰碛坝埋藏冰消融→管涌形成与扩大→冰碛坝溃决。

2. 第 Ⅱ 类"暖干"背景下可能的溃决模式

(1) 冰川消融退缩→冰崩→浪涌洪水漫顶溢流冲刷堤坝→冰碛坝溃决。

(2) 母冰川冰床解冻润滑→冰滑坡/前进入湖→浪涌洪水漫顶溢流冲刷堤坝→冰碛坝溃决。

(3) 湖盆物质解冻黏聚力减小→岩崩入湖→浪涌洪水漫顶溢流冲刷堤坝→冰碛坝溃决。

(4) 母冰川强烈消融→湖水量增加→冰碛湖漫顶溢流冲刷堤坝→冰碛坝溃决。

(5) 湖热储量增加→湖面水切融入湖冰川→入湖冰川崩解→壅高湖水漫顶溢流冲刷堤坝→冰碛坝溃决。

(6) 冰碛坝温度升高→冰碛坝埋藏冰消融→管涌形成与扩大→冰碛坝溃决。

3. 第 Ⅲ 类"冷湿"背景下可能的溃决模式

(1) 母冰川物质正平衡→冰崩→浪涌洪水漫顶溢流冲刷堤坝→冰碛坝溃决。

(2) 母冰川物质正平衡→冰滑坡/前进→冰碛湖漫顶溢流冲刷堤坝→冰碛坝溃决。

(3) 湖盆物质和能量增加→雪/岩崩入湖→浪涌洪水漫顶溢流冲刷堤坝→冰碛坝溃决。

4. 第 Ⅳ 类"接近常态"背景下可能的溃决模式

(1) 温度略升高→冰崩→浪涌洪水漫顶溢流冲刷堤坝→冰碛坝溃决。

(2) 降水量略增加→冰滑坡/前进→浪涌洪水漫顶溢流冲刷堤坝→冰碛坝

溃决。

(3) 温度略升高→雪/岩崩入湖→浪涌洪水漫顶溢流冲刷堤坝→冰碛坝溃决。

(4) 温度略升高→冰碛坝埋藏冰消融→管涌形成与扩大→冰碛坝溃决。

5. 第 V 类气候不关联背景下可能的溃决模式

(1) 地震→冰碛坝纵向开裂→湖水流扩大→冰碛坝溃决。

(2) 地震→冰碛坝内部管涌扩大→冰碛坝溃决。

(3) 人工排险施工→冰碛坝原有结构破坏→冰碛坝溃决。

3.4.2 我国溃决冰碛湖的溃决模式

分析已溃决湖的溃决模式、探讨典型危险性冰碛湖的可能溃决模式是应用决策树法计算危险性冰碛湖溃决概率的必要条件。由于缺乏国外冰碛湖溃决的气候背景资料,本书仅分析我国西藏已溃决冰碛湖的溃决模式(表 3-10)。

表 3-10 我国已溃决冰碛湖溃决的气候背景、溃决原因及溃决模式

名称	气候背景①	溃决原因②	溃决模式③
塔阿错	暖湿	死冰消融导致管涌	I (6)
桑旺错	暖湿	冰舌滑入湖中,湖水壅高	I (2)
穷比吓错	暖干	冰崩滑入湖,激起浪涌	II (1)
吉莱普错	冷中	冰舌滑入湖中,湖水壅高	IV (2)
达门拉咳错	暖干	冰崩下冲入湖,激起浪涌	II (1)
阿亚错	冷湿	冰川前进伸入湖中*	III (2)
	暖湿		I (2)
	冷湿		III (2)
扎日错	暖干	无考察记录	II (1)
坡戈错	暖干	伸入湖中冰体崩解	II (5)
隆达错	暖湿	冰崩拥入湖中,湖水壅高	I (1)
章藏布错	暖湿	冰舌崩解入湖,坝堤发生管涌	I (1)
金错	暖干	冰崩入湖,湖水壅高	II (1)
光谢错	暖湿	死冰消融导致管涌*	I (6)
德嘎普错	暖中	雪崩致使湖水暴涨	IV (3)

①根据 3.3.2 节的方法确定;②基于野外考察的研究结论(见表 3-7,带 * 号的具有不确定性);③溃决模式代号及其描述参见 3.4.1 节。

在确定已溃决冰碛湖的溃决模式时,主要根据冰碛湖最近的气象站的资料分析溃决当年的气候背景,参考野外考察结论并结合溃决湖的母冰川、湖坝等要素的形态描述进行。需要指出的是,溃决模式具有不确定性,不确定性主要来源于以下几个方面:①气象站与相应冰碛湖在空间的差异,因此,以邻近气象站资料来分析

冰湖溃决当年的气候背景肯定存在偏差;②对溃决湖的环境描述与冰碛湖溃决当年的状态存在时间差异,有些是对溃决湖发生后的状态的描述(如塔阿错、桑旺错、穷比吓错、吉莱普错),此外,从1:50 000的地形图上描述堤坝、母冰川等参数具有粗略性;③冰碛湖溃决的模式比较复杂,有些湖可能是多种溃决模式共同作用的结果,在后续计算典型冰碛湖溃决概率实践中,只能主观选择最主要(或最可能)的溃决模式,而放弃一些有可能或可能性较小的模式。在这些不确定性中,气象站与相应冰碛湖存在水平和垂直的空间差异,但是,这里需要描述的是溃决当年冰碛湖附近在过去40多年中气候的相对状态,就某年的总体背景状态和相对趋势,冰碛湖附近与气象站应该是一致的或相差不大;对于那些只有溃决发生后状态资料的湖,堤坝参数变化最为明显,在堤坝环境描述时,尽可能选取溃决口以外的部分;溃决模式的描述虽然具有一定的主观性,但是主要依据野外调查的结论确定溃决最可能的模式,并没有遗落主要模式,因此并不影响4.4节采用决策树法确定冰碛湖溃决的概率。

3.5　溃决冰碛湖溃决后果度量

随着人类活动不断向山区发展,冰碛湖溃决灾害的后果日益严重。由于冰碛湖发生地域一般在边远的山区,这些地区多具有经济相对落后,防灾减灾能力较弱;生态环境脆弱,承灾能力差;为少数民族分布区,社会风险大等特性。因此,对冰碛湖溃决灾害后果的评价与对一般自然灾害进行评价相比,既有相似性又有不同的要求和方法。本书选取国内外有溃决后果记录和分析的已溃决冰碛湖作为样本,整理各样本冰碛湖溃决所造成的损失(表3-7、表3-8),根据一般自然灾害后果的评价方法和冰碛湖溃决后果的自身特点,从生命损失、经济损失和社会环境损失三个方面,对已溃决冰碛湖的后果进行归类和分级,为冰碛湖溃决风险评价与管理提供依据和参考。

选取的52个样本冰碛湖中,其中37个有溃决后果描述或评价,均位于经济相对落后、生态较为脆弱的边远山区,与研究区具有相似性。从生命损失来看,根据1989年3月国务院第34号令《特别重大事故调查程序暂行规定》和1990年3月劳动部劳安字(1990)9号文《特别重大事故调查程序暂行规定》对有关条文做了解释的规定,死亡3人、10人是国家判断事件严重程度的关键指标;另外,死亡30人以上属于特别重大事故,应该在24h内报告国务院。基于上述规定并结合已溃决冰碛湖灾害的人员伤亡情况,已溃决冰碛湖的生命损失分为1～2人、3～9人、10～29人和≥30人四级。在37个有溃决灾害损失描述的样本溃决湖中,死亡人数为0～6000人;其中造成人员伤亡的14次,≥10人的特别重大事故9次。从经济损失来看,37个样本湖中很少有经济损失的量化估计,从造成的经济损失类别上分为农田牧场损失、公路桥

梁等基础设施损失、居民建筑损失、工业工程损失;按照损失类别多少分为 4 个量级
(如造成一个类别损失为 1 级……4 个类别都造成损失为 4 级);在 37 个已溃决灾害
中,经济损失为 4 级的有 7 次。社会环境损失,参照土石坝溃决风险评价标准(彭雪
辉,2003),结合 37 个样本湖溃决的实际情况,分为一般、中等、严重和极其严重四级,
各级的描述见表 3-11。在已溃决的冰碛湖中,社会环境损失为"严重"的有 4 次,而章
藏布错和桑旺错社会环境损失为"极其严重"。

表 3-11　社会环境损失程度评价指标及其标准

影响程度	受灾人口/人	重要居民点/城市	重要设施	地表破坏
一般	1～100	散户/村庄	一般设施,乡村公路	沟河/地表遭到一定的破坏
中等	100～1 000	乡镇政府所在地	一般重要设施,县级公路	沟河/地表较大破坏,对生态环境造成影响
严重	1 000～10 000	县级城市或城区	重要设施,省道	沟河/地表严重破坏,生态环境在短时间很难恢复
极其严重	>10 000	地级市府及其以上地市或/和波及国外城镇	国家/国外重要设施,国际公路,边防要道	沟河/地表严重破坏,生态环境很难恢复

　　基于上述分级原则,收集到我国 13 次有生命财产和社会环境损失记录的冰碛湖溃
决灾害事件的后果分析见表 3-12。溃坝后果综合分数变化为 0～1,后果最严重的为 1,
其估算方法参见 4.4 节。由表 3-12 可见,造成生命损失的有 4 次,其中章藏布错和桑旺
错溃决是我国有资料记录的损失最为严重的两次溃决,溃坝后果综合分数都>0.89。

表 3-12　我国已溃决冰碛湖溃决后果分析

名称	生命损失	经济损失	社会环境损失	溃决后果综合分数
塔阿错	无	★	★	0.045
桑旺错	★★★★	★★★	★★★	0.895
穷比吓错	无	★★★	★★★	0.195
吉莱普错	无	★★	★★★	0.165
达门拉咳错	无	★★★	★★★	0.195
阿亚错	无	★	★	0.045
坡戈错	无	★	★	0.045
隆达错	无	★	★★	0.085
扎日错	无	★★★	★	0.095
章藏布错	★★★★	★★★	★★★★	0.920
金错	无	★★	★	0.065
光谢错	★★	★★★	★★★	0.433
德嘎普湖	★★	★★★★	★★★	0.570

注:★1 级损失,★★2 级损失,★★★3 级损失,★★★★4 级损失。

3.6　本章小结

为建立冰碛湖溃决概率和溃决风险评价提供参考和标准,本章分析了西藏冰碛湖溃决的时空分布特征,概括冰碛湖的形成与演化过程,分析溃决内外诱因、溃决临界水文条件和溃决的可能机制。在此基础上,对我国已溃决冰碛湖进行分析和归纳,小结如下:

(1)冰碛湖溃决一般发生在一年中的5～9月,与气候变化异常密切相关。西藏历次冰碛湖溃决当年的气候背景可分为暖湿、暖干、冷湿和接近常态四类;从气温来看,冰碛湖在暖的背景下发生溃决的占70%以上。

(2)冰碛湖溃决诱因分为外部诱因和内部诱因,外部诱因常常引起冰碛湖自身状态失衡,许多冰湖往往是某一种诱因激发其他因素改变,或者多种诱因共同作用导致冰碛湖溃决。在喜马拉雅山区,冰崩及其组合类型是导致冰碛湖溃决的主要原因,其比重达60%;其次是冰碛坝内冰核消融和母冰川快速滑动导致冰碛湖溃决,分别占16%和8%,这三类溃决原因都与暖的气候背景相联系。进一步分析冰碛湖溃决原因,在不同气候背景组合形式下,冰碛湖溃决途径和模式可分为5大类,22种。

(3)可以从生命损失、经济损失和社会环境损失三个方面,对已溃决冰碛湖的后果进行归类和分级。我国13次有生命财产和社会环境等损失记录的冰碛湖溃决灾害事件的综合分数变化为0～1。其中桑旺错和章藏布错冰碛湖溃决是我国有资料记录的损失最为严重的两次溃决,溃坝后果综合分数都大于0.89。

第4章 冰碛湖溃决灾害评价体系

4.1 冰碛湖溃决灾害评价

4.1.1 冰碛湖溃决灾害评价体系结构

由不同方面、不同层次、不同类型的灾害评价组成的整体称为灾害评价体系。构建一个自然灾害评价体系,可从评价空间尺度、评价内容、评价深度需求、评价时间等方面进行。在空间尺度上,可分为点评价和区域(面)评价,区域评价依据对区域划分的标准的不同,如以行政界线范围,对国家及不同级别行政区进行灾害风险评价,以及自然地理分界,如流域、山系、气候区内等,进行灾害风险评价;点评价为只对某一个或几个典型自然灾害事件进行特定点的风险评价。在评价时间上,可分为灾前预测评价、灾中跟踪评价、灾后总结评价。在评价内容上,一次自然灾害事件或一个地区的自然灾害事件评价由危险性评价、易损性评价和破坏损失评价组成。在评价深度上,根据对自然灾害评价的层次需求的不同,由浅到深可分为筛选判断、初步分析、详细评价和非常详细评价。

对于特定类型的自然灾害评价——冰碛湖溃决灾害评价,当前研究者根据研究区(如天山、喜马拉雅山、阿尔卑斯山等)自然条件和选取样本溃决冰碛湖的特点,多采用直接判读的方法来识别具有潜在溃决危险的冰碛湖,评价其危险性程度。但是冰碛湖溃决灾害的评价与其他自然灾害一样是一个系统过程,随着研究的深入,有必要针对不同研究对象(区域尺度)和不同的溃决灾害决策需求,构建一个具有区域特色的冰碛湖溃决灾害评价体系。本书参照研究者对自然灾害的评价思路,基于灾害评价过程和评价的层次需求,构建的对我国喜马拉雅山冰碛湖溃决灾害评价体系框架如图 4-1 所示。

需要指出的是,不同评价层次适合不同空间尺度的冰碛湖溃决灾害评价,需要的参数和手段也不尽相同。在图 4-1 中,"筛选判断"主要是用遥感数据和地形图,识别本研究区内具有潜在危险性的冰碛湖;"初步分析"是对本研究区筛选出的具有潜在危险性的冰碛湖,利用遥感数据、地形图、数字高程模型(digital elevation model,DEM)等数据,应用溃决概率模型计算潜在危险性冰碛湖的溃决概率,获取高危险冰碛湖的分布;"详细评价(detailed assessment)"和"非常详细评价(very detailed assessment)"是针对典型高危险冰碛湖进行野外考察和观测,在溃决灾害

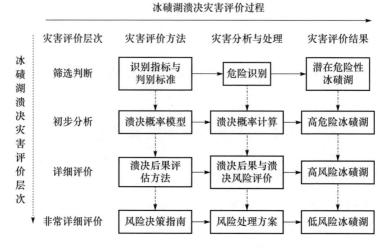

图 4-1　冰碛湖溃决灾害评价体系框架

模拟和溃决风险计算的基础上,形成风险减缓决策指南和风险处理方案,供决策者参考。

　　但是,对冰碛湖及其灾害的变化监测是一个系统工程,需要多种手段相结合(Huggel et al.,2004a;Quincey et al.,2005;McKillop and Clague 2007b;Fujita et al.,2013)。Huggel 等(2002)提出从基于航天遥感的大面积识别、应用 GIS 技术对多源卫星影像进行冰湖灾害的变化监测和通过野外调查或采用高分辨率的影像进行验证与评估三个层次及其组合对冰湖进行系统监测(表 4-1),为冰碛湖灾害监测确立指导性的思路和框架。第三层次的野外调查或采用高分辨率的影像进行验证与评估需要较大的资金支持,一般只是详细评价和非常详细评价才会用到。而对冰湖溃决灾害评价的筛选判断(screening identification)、初步分析(preliminary analysis)阶段,Bolch 等(2008a)针对致灾因子的不同,总结研究者基于多时相多光谱卫星影像、DEM 数据和对应的技术分析(表 4-2),说明了遥感技术在冰碛湖灾害研究中的重要性和突出地位。

表 4-1　冰碛湖灾害变化系统监测的层次及其可用的技术和数据(Huggel et al.,2002)

监测对象	监测层次	可用的技术和数据
湖		
冰湖面积	1	遥感提取
湖的变化速率	1~2	通过遥感时间系列监测变化
与冰川的联系	1	多光谱的遥感分类和监测
地形条件	2	地形分析
母冰川 * 水的前进和后退	2~3	可视分析,冰川参数

续表

监测对象	监测层次	可用的技术和数据
冰坝 堤坝的性质(岩类、岩床、终碛、冰)	2~3	高分辨率的光谱遥感分类、航空相片、野外考察
堤坝的稳定性	3	野外考察、室内模拟分析
堤坝的宽高比率	2~3	遥感和航空相片的立体像对技术或野外测量
出水高度	3	遥感和航空相片的立体像对技术或野外测量
溃决的痕迹和(或)裂口	2~3	高分辨率的遥感影像或野外测量
融化的冰下通道	3	变化监测、表面监测(航空相片)或野外观测
诱发机制 陡峭的冰川和(或)冰瀑布	2~3	高分辨率多光谱遥感数据、冰面变形(航空相片)、DEM 分析或野外观测
岩崩	2~3	实地考察沉积漂石(野外照相)
雪崩	2	多光谱遥感影像、DEM 区分陡峭的雪场或野外观测
冰裂隙活动性	2~3	多光谱、高分辨率遥感(识别冰块、陡峭的冰舌)或野外观测
滑坡	3	航空影像地形表面形变测量或野外观测
相连的湖泊或湖链	1~2~3	高分辨率影像、遥感分类、野外考察
集水区域(降水、融水输入)	2	水文的 DEM 分析或模型计算
下游洪水/泥石流路径 松散物质的数量	2~3	野外考察、遥感分类
地形	2~3	DEM 分析、可视技术

　　注:三个层次分别是:1 为大面积的冰湖识别,主要使用航天遥感提取冰湖的位置信息;2 为对冰湖灾害的变化进行监测,主要应用 GIS 技术对多源卫星影像和 DEM 进行分析;3 为通过野外调查或高分辨率的影像进行验证与评估。＊母冰川是指形成冰碛湖的冰川(Yamada,1993)。

表 4-2　冰湖溃决因子监测遥感数据源及分析技术(Bolch et al.,2008a)

溃决灾害因子	数据源及技术	与喜马拉雅山有关文献
湖水体积、冰湖面积扩张速率	多时相、多光谱卫星数据的变化监测	Wessels et al.,2002;Bajracharya et al.,2007
母冰川对气候变化的响应	基于多时相、多波段卫星数据、DEM 数据监测冰川面积和体积变化	Bolch et al.,2008b
母冰川运动	基于多时相光学或微波遥感获取冰川运动速度	Nakawo et al.,1999;Luckman et al.,2007;Scherler et al.,2008
母冰川地形特征	DEM 地形分析,坡度分类	Bolch et al.,2007
可能的入湖物质	利用多光谱数据进行冰川和地质制图,流域的 DEM 地形分析	Buchroithner et al.,1982;Fujita et al.,2008
冰碛坝宽高比、稳定性分析	DEM 地形分析	Buchroithner et al.,1982;Fujita et al.,2008;Wang et al.,2008

溃决灾害因子	数据源及技术	与喜马拉雅山有关文献
冰碛坝顶与湖水位高差	DEM 地形分析	Bolch et al.，2008a；王欣等，2009
冰碛坝内死冰的有无	基于多时相 DEM 的冰碛坝表面形变分析	Bolch et al.，2008a；王欣等，2009
下游河谷状态	DEM 地形分析，基于多光谱卫星数据的基础设施分析	Bajracharya et al.，2007

4.1.2　危险性冰湖评价指标

一般而言，冰湖溃决所需条件主要有两个方面：一是外力条件，即是否具有促使冰湖发生溃决的动力条件，如气候的波动、地质构造活动等；二是冰湖本身的边界条件是否有利于发生溃决，如终碛垄的宽度及终碛垄物质组成的松散程度等（姚治君等，2010；王伟财，2013）。对冰碛湖危险性评价，研究者根据所研究地区已溃决冰碛湖的特点，综合冰碛湖溃决的外部条件和湖本身的条件，提出相应冰碛湖危险性评价指标体系（吕儒仁等，1999，Wang et al.，2011；Iwata et al.，2002；Huggel et al.，2004b；黄静莉等，2005；McKillop and Clague，2007a；Emmer and Vilímek，2013），结合指标阈值或描述标准进行危险性判别。这些危险性评价指标，根据利于溃决的指标描述和使用的数据类型，大致可分为定性、半定量和定量三类（王欣和刘时银，2007）。研究者主要针对母冰川、冰湖、冰坝、湖盆的地质、水文气候条件等物理状态及其变化进行度量，根据评价对象的不同，潜在危险性冰湖评价指标可分为冰碛湖参数、冰碛坝参数、母冰川[产生冰碛湖的冰川（Yamada，1993）]、冰湖盆参数及它们之间的相互关系。综合近年的研究成果，其对应的评价指标体系、度量标准和可用的数据源及其类型见表 4-3，各评价指标间相互关系如图 4-2 所示。

表 4-3　冰碛湖溃决风险评价指标

评价对象	评价指标	利于溃决的指标描述[a]	数据类型[b]	最可用的数据源[c]	参考文献
冰碛湖	湖的面积/km²	适中（10⁵m² 量级）	C	①	崔鹏等，2003
	面积变化	明显不断扩张	C	①	车涛等，2004；Bolch et al.，2008b；王欣等，2009
	湖的储水量/m³	$>10^6$	C	④	吕儒仁等，1999
冰碛坝	堤坝宽度/m	<60	C	③	吕儒仁等，1999
	堤坝宽高比	<0.2	C	③	Huggel et al.，2004a
	堤坝出湖水面高度/m	>25	C	①	Mergili et al.，2011
	堤坝背水坡坡度/(°)	$>20°$	C	③	吕儒仁等，1999

续表

评价对象	评价指标	利于溃决的指标描述[a]	数据类型[b]	最可用的数据源[c]	参考文献
冰碛坝	坝是否发生管涌	发生管涌	N	②	WECS,1987
	堤坝岩石是否固结/变质	未固结/变质	N	②	McKillop and Clague,2007a
	堤坝中是否存在冰核	无冰核/?	N	②	McKillop and Clague,2007a
	堤坝表面植被状况	无植被	N	①	Costa and Schuster,1988
	堤坝岩石组成	沉积或火山岩	N	②	McKillop and Clague,2007a
母冰川	母冰川规模/km²	>2	C	①	吕儒仁等,1999
	母冰川类型	—	N	—	刘淑珍等,2003
	母冰川面积变化	面积减少		①	车涛等,2004
	母冰川冰舌段坡度/(°)	>8	C	③	吕儒仁等,1999
	母冰川冰舌裂隙发育情况	裂隙发育	N	①	王欣等,2009
	母冰川裂隙带前端宽度	?	C	①	Lliboutry et al.,1977; Richardson and Reynolds,2000a
	母冰川运动速度	跃动/?	C	①	Bolch et al.,2008a;
	母冰川是否发生冰/雪崩	发生冰/雪崩	N	②	吕儒仁等,1999
湖盆	湖盆面积	?	C	①	Clague et al.,1994
	冰湖堤坝的排水系统	湖盆封闭,无明显排水系统	N	①	Liu and Sharma,1988
	上游不稳定冰湖	有	N	①	Huggel et al.,2003
	湖盆平均坡度/(°)	>7	C	③	吕儒仁等,1999
	冰碛坝下游集中落差/m	>10	C	③	张帆和刘明,1994
	湖盆区雪崩进入冰碛湖	进入	N	②	张帆和刘明,1994
	湖盆区滑坡体进入冰碛湖	进入	N	②	Evans,1987;Ryder,1998
	下游河谷状态	?	C	①	Bajracharya et al.,2007
湖-坝关系	湖水位距坝顶高度与湖坝高度之比	0	C	①	Huggel et al.,2004a; 王欣等,2009

续表

评价对象	评价指标	利于溃决的指标描述[a]	数据类型[b]	最可用的数据源[c]	参考文献
湖-母冰川关系	湖与母冰川的垂直距离/m	?	C	③	Singerland et al,1982
	湖与母冰川的实际距离/m	<500	C	①	吕儒仁等,1999
	湖与母冰川之间的坡度/(°)	>10°	C	③	Ding and Liu,1992;Wang et al,2011
湖-气候	气温与降水	高温多雨/高温干旱组合	C	⑤	吕儒仁等,1999;程尊兰等,2009

a."?"表示利于溃决的指标目前还没有明确的描述;b."C"为连续数据,"N"为名义数据;c.①遥感影像,②实地考察/测量,③DEM,④经验公式估算,⑤气象数据推算;由于冰碛湖不易到达,尽可能不选用②。

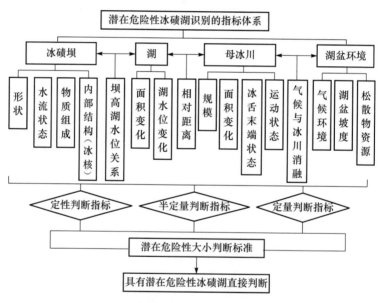

图 4-2　潜在危险性冰碛湖判断的指标体系及相互关系

表 4-3 所列均为单一对象评价指标,相对来说通过多指标的简单运算获得冰碛湖危险性评价指标隐含的信息量更大,其指示意义较单一指标的应该要强,目前应用较多的主要有可能入湖物质与冰湖水量的比值、冰湖潜能等指标。吕儒仁等(1999)将母冰川危险冰体的体积与湖水体积比值(R)的倒数定义为冰湖溃决危险性指数(I_{di}),即 $I_{di}=1/R$,R 值越大的冰碛湖其危险程度越低。根据这一方法,计算西藏若干个冰湖的溃决危险性指数变化为 0.054～0.73。同这种思路类似,有学者用入湖物质量与湖水体积的比率(H)来判别冰碛湖溃决风险的高低,认为:$H=1/1～1/10$ 时冰碛湖将完全溃决,$H=1/10～1/100$ 时冰碛湖溃决风险很高(Huggel et al.,2003)。冰湖潜能为冰湖体积、坝高和湖水容重的乘积(Costa and

Schuster,1988;Clague and Evans,2000),一般冰湖潜能越大,其危险性程度越大、溃决洪峰的流量越大,破坏性越强。

由于冰碛湖的位置及其环境不同,不同指标对评价冰碛湖的危险性的权重不一样。一般来说,客观准确的权重应该包括两部分:一是单个指标在整个指标之中的重要程度;二是评价系统中单个指标自身的重要程度(鲍新中和刘澄,2009)。但是,要准确描述评价指标间重要性的差异,需要深入地进行过程观测和机制描述,当前的认知水平和条件还很难做到。针对某一特定区域或某一特定评价对象,研究者确定权重的方法不一致。权重确定方法最常见的是采用专家经验打分评判法确定,其结果与专家的知识经验密切相关,在一定程度上受主观因素影响较大。最近,应用数理统计的方法确定评价指标的权重受到研究者的重视(舒有锋等,2010;Bolch et al.,2011b;Wang et al.,2011;Fujita et al.,2013)。舒有锋等(2010)针对我国西藏地区喜马拉雅山北坡冰碛湖的海拔高度、冰湖面积、距冰舌前段距离、终碛堤宽度、背水坡度、终碛堤颗粒平均粒度和水热组合 7 项指标,基于粗糙集的权重确定方法,确定总权重为 1,各指标的权重系数由高到低依次为:终碛堤宽度(0.2090)→水热组合(0.1791)→距冰舌前段距离(0.1393)→冰湖面积(0.1343)→海拔高度(0.1244)→背水坡度(0.1144)→终碛堤颗粒平均粒度(0.0995);从类型上看,影响危险性冰湖溃决的最重要特征是终碛堤稳定性(终碛堤宽度、背水坡坡度、终碛堤平均颗粒粒度,比重合计为 0.42),次重要为气候变化特征(水热组合,比重为 0.18),另外三项特征比重(距冰舌前段距离、冰湖面积、海拔高度)接近均等,约为 0.13。Bolch 等(2011b)根据天山地区相关的研究提出评价指标的权重,将总权重定为 1,不同评价指标的重要性按照线性关系分布,从大到小依次为冰湖面积变化(0.1661)→冰崩风险(0.1510)→岩崩风险(0.1359)→堤坝稳定性(0.1208)→能否形成泥石流(0.1057)→能否形成洪水(0.0906)→母冰川是否与冰湖相连(0.0755)→冰湖规模(0.0604)→母冰川退缩状况(0.0453)→冰川末端坡度(0.0302)→冰川末端运动状态(0.0151)。这个指标权重系数主要是基于特定的研究样区的已溃决冰湖的分析归纳,按照一定数学方法计算出来的,能否普适到其他地区尚需深入分析。但这些研究成果至少说明危险性冰湖评价指标在识别危险性冰湖时的作用是不一样的,在进行冰湖危险性评估时,应根据不同区域的特点及其已有溃决事例的具体分析,确定不同指标在冰碛湖危险性评价中的权重系数大小。

由于西藏自然环境的独特性,冰碛湖的自然环境、湖盆和湖坝特性等与其他地区的冰湖具有明显差异,其危险性评价指标体系及评判标准应有其自身的特殊性。本书从不同的视角和侧重点,考虑研究的要求和数据获取的难易程度,主要是针对喜马拉雅山典型区域的冰湖,提出判别危险冰湖的指标(表4-4)。表4-4列出了自 20 世纪 80 年代以来涉及的喜马拉雅山区冰碛湖的危险性评价指标,共 14 篇文献、23 项指标。从各个指标在这 14 篇文献中的使用频次来看,文献对"冰湖规模"

和"冰湖与母冰川的距离"指标使用最多,分别为85.7%和75.6%,其次是"母冰川规模"和"堤坝背水坡坡度"(57.1%)、"冰碛坝顶宽度"(50.0%),"气候变化"、"冰湖类型"、"堤坝的组成结构(死冰存在)"也被频繁使用(42.9%)(图4-3)。可见,对于喜马拉雅山区冰碛湖危险评价,不同学者选取的评价指标既有共性又有差异,这种差异可能与使用的数据源的差异、不同的研究侧重点和当时对指标的认知水平等因素有关。尽管不能将指标在文献中使用的频率大小与该项指标的重要性大小严格对应起来,但指标的使用频次高低,在一定程度上可以反映出其在冰碛湖危险性评价中的重要性大小,"冰湖规模"、"冰湖与母冰川的距离"、"母冰川规模"和"堤坝背水坡坡度"指标被广泛使用,说明它们是喜马拉雅山地区的冰碛湖危险性评价中最重要的指标之一。

表4-4　文献中对喜马拉雅山区冰碛湖判别是否为危险冰湖的指标

判别区域	判别是否为危险冰湖的指标	参考文献
喜马拉雅山中段	①冰湖类型;②冰湖与母冰川的距离;③冰湖与冰舌之间的坡度;④母冰川的变化速度;⑤极端天气情况;⑥冰湖堤坝的排水系统;⑦堤坝的组成结构(死冰存在)	Liu and Sharma,1988
喜马拉雅山东段	①积雪/补给冰川面积;②冰川积雪区平均坡度;③冰舌临近冰湖段坡度;④冰舌与冰湖距离;⑤冰湖储水量;⑥堤坝坝堤顶宽度;⑦堤坝背水坡坡度;⑧堤坝下游集中落差	张帆和刘明,1994
西藏地区	①补给冰川面积;②母冰川平均坡度;③冰湖与母冰川之间的坡度;④母冰川冰舌与冰湖的距离;⑤堤坝背水坡坡度;⑥气候突变情况;⑦冰湖规模	吕儒仁等,1999
藏东南地区	①冰湖类型;②冰湖与母冰川的距离;③母冰川规模;④母冰川运动速度;⑤冰碛湖的规模;⑥气候状态	程尊兰等,2003
喜马拉雅山东段	①冰湖类型;②冰湖规模;③母冰川的类型;④母冰川规模;⑤母冰川的变化;⑥沟谷的长度、纵比降及沟内物质、环境条件;⑦冰湖离居民地、公路等基础设施的距离	刘淑珍等,2003
朋曲流域	①冰湖类型;②冰湖面积;③母冰川规模;④母冰川变化;⑤冰湖与母冰川的距离;⑥冰湖与母冰川之间的坡度	车涛等,2004
喜马拉雅山东段	①海拔高度;②冰湖面积;③距现代冰川冰舌前端距离;④终碛堤坝宽度;⑤堤坝背水坡坡度;⑥主沟床纵比降及松散固体物质丰富程度;⑦主沟沿程及下游有无居民点与公共设施	黄静莉等,2005
朋曲支流绒曲	①堤坝顶宽度;②堤坝背水坡坡度;③堤坝的组成结构(死冰存在);④堤坝高宽比;⑤母冰川规模;⑥母冰川冰舌坡度;⑦气温与降水变化;⑧堤坝出水高度;⑨冰湖与母冰川的距离	Wang et al.,2008

续表

判别区域	判别是否为危险冰湖的指标	参考文献
尼泊尔珠峰地区	①冰湖规模；②冰湖变化；③母冰川对气候变化的响应；④母冰川表面运动速度；⑤母冰川表面坡度；⑥入湖物质的可能性；⑦冰碛坝的宽度和高度；⑧堤坝出水高度；⑨堤坝有无死冰；⑩冰湖下游状态	Bolch et al.，2008b
喜马拉雅山北坡	①冰湖类型；②冰碛湖面积；③冰碛湖面积变化；④冰碛坝固结/变质；⑤湖与母冰川的实际距离	王欣等，2009
喜马拉雅山北坡	①母冰川规模；②冰川积雪区平均纵坡；③冰舌坡度；④冰舌前端距冰湖距离；⑤冰川裂隙发育情况；⑥湖两岸崩塌情况；⑦冰湖面积；⑧坝顶宽度/高度比；⑨堤坝背水坡坡度；⑩受旁沟冲刷程度；⑪水热组合情况	庄树裕，2010
喜马拉雅山北坡	①海拔高度；②冰湖面积；③冰湖与母冰川距离；④终碛堤宽度；⑤堤坝背水坡坡度；⑥堤坝冰碛物平均粒度；⑦水热组合情况	舒有锋等，2010
藏东南地区	①冰湖面积；②母冰川面积；③冰湖与母冰川之间的距离；④冰湖与母冰川之间的坡度；⑤冰碛垄的坡度；⑥冰舌坡度	Wang et al.，2011
印度喜马拉雅山	①湖的位置/海拔；②湖面积/深度；③堤坝出水高度；④堤坝的组成结构（死冰存在）；⑤冰湖类型；⑥堤坝背水坡坡度；⑦坝顶宽度/高度比；⑧湖上游区平均坡度；⑨堤坝体力学性质（粒径、孔隙率、内摩擦角、曼宁系数等）	Worni et al.，2012a

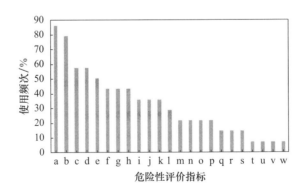

图 4-3　危险性评价指标在研究喜马拉雅山地区冰碛湖危险性的 14 篇文献中使用的频次

a. 冰湖规模；b. 冰湖与母冰川的距离；c. 母冰川规模；d. 堤坝背水坡坡度；e. 坝顶宽度/高度比；f. 气候变化；g. 冰湖类型；h. 堤坝的组成结构（死冰存在）；i. 湖下游自然条件；j. 母冰川冰舌坡度；k. 冰川的变化速度；l. 湖上游区平均坡度；m. 湖下游社会经济条件；n. 母冰川与冰川之间的坡度；o. 湖面积变化；p. 堤坝出水高度；q. 母冰川运动速度；r. 冰湖海拔高度；s. 入湖物质概率与强度；t. 冰湖堤坝的排水系统；u. 母冰川类型；v. 冰川裂隙发育；w. 堤坝体力学参数（粒径、孔隙率、内摩擦角、曼宁系数等）

4.2　冰碛湖溃决模拟

4.2.1　冰碛湖溃决洪水模拟

冰碛湖溃决洪水的模拟可以从形成开始。Worni 等(2012a)将冰崩体入湖引发的冰碛湖溃决洪水形成链分为五个阶段:湖面浪涌产生、浪涌的湖面传播、浪涌漫顶冲刷侵蚀堤坝、堤坝溃决和溃决洪水向下游传播(图 4-4),并应用 BASE-MENT 模型,对印度喜马拉雅山的 Spong Togpo、Gopang Gath 和 Shako Cho 三个冰碛湖分浪涌产生与传播、溃口洪峰、演进过程三方面进行模拟。但是,一方面这种全面模拟冰碛湖溃决洪水过程需要基于野外观测的堤坝组成结构、孔隙率、内摩擦角等土力学参数,以及洪水试验标定数据,这对高寒区的冰碛湖不易进行;另一方面,对湖面浪涌产生和浪涌的湖面传播的模拟主要是针对冰崩/岩崩/雪崩入湖引发浪涌进行的。考虑到基于遥感数据获取冰碛湖溃决洪水模拟参数的普适性,当前从溃决的强度和演进过程两方面进行模拟的研究成果更受关注,包括湖水量计算、溃决洪峰估算、泥石流流量估算、溃决洪水/泥石流最远距离估算、淹没面积估算等。王欣和刘时银(2007)综合前人研究成果(Froehlich,1995;Coleman et al.,2002;Huggel,2004;Huggel et al.,2004a;Cao et al.,2004;Wang 和 Bowles,2006;McKillop and Clague,2007b;Worni et al.,2012a),对冰碛湖溃决洪水/泥石流进行模拟,模拟流程如图 4-5 所示。

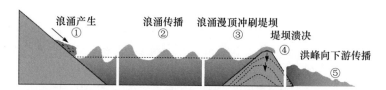

图 4-4　冰碛湖溃决洪水形成的过程示意图(Worni et al.,2012a)

1. 湖水量的估算

湖水量是用来估算溃决洪峰流量的必要参数,尽管利用卫星遥感测量湖水深方面做了不少工作(Benny and Dawson,1983;Baban,1993),但是目前直接通过遥感数据获取冰碛湖水量参数有待进一步研究,一般是通过遥感手段获取冰碛湖面积参数(A),再由经验公式估算出湖水量(V),应用较多的经验公式有

$$V = 0.104A^{1.42} \tag{4-1}$$

$$V = 32.114A + 0.0001685A^2 \tag{4-2}$$

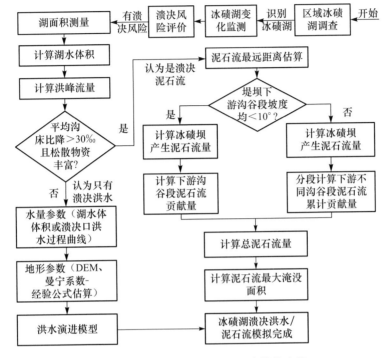

图 4-5 冰碛湖溃决洪水/泥石流模拟流程

式(4-1)是由冰湖面积与冰湖平均深度的关系转换而来的(Huggel et al.，2002)。式(4-2)(O'Connor et al.，2001)可能会夸大面积较大冰碛湖的水量(McKillop and Clague，2007b)。但是，冰碛湖的水量往往是通过冰碛湖面积参数计算出来的，两者具有统计上的内在一致性，导致两者的相关性出现不合理的高，或者说两者的高相关性不具有相应的物理意义(Wang et al.，2012c)。收集到的 26 个冰碛湖的实测面积(A)、平均深度(D)、体积(V)(即面积与平均深度的乘积)显示，面积与体积及平均深度均呈幂函数关系，表达式也较为一致，但是冰碛湖的面积与体积相关系数 R^2 达0.934，显著性水平<0.0001[图 4-6(a)]，而冰碛湖面积与平均深度的相关系数 R^2 为0.527，显著性水平为 0.005[图 4-6(b)]。这说明仅从冰碛湖面积与体积的关系得出的统计关系没有实际物理含义，冰碛湖水量与湖盆的三维形态相关，面积只是湖盆水平维度形态的反映，在利用经验公式计算水量时，应注重湖盆的深度参数在计算中的作用(Huggel et al.，2002；Wang et al.，2012c；Sakai，2012)。

2. 洪峰流量的估算

对冰碛湖溃决洪峰流量的估算方法主要有基于经验(表 4-5)和基于物理过程模型两类。在应用中，相对来说基于冰湖潜能(P_E)作为参数的经验公式更适合推广(McKillop and Clague，2007b；王欣和刘时银，2007)；尽管有不少的研究基于室内

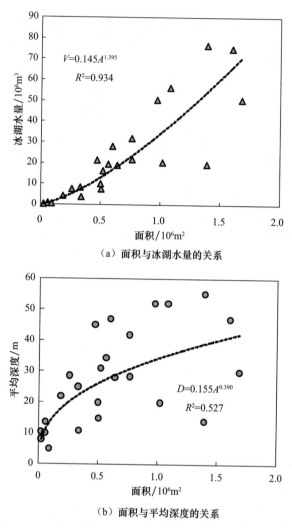

（a）面积与冰湖水量的关系

（b）面积与平均深度的关系

图 4-6　冰碛湖面积与冰湖水量及平均深度的关系

模拟来探讨冰碛湖溃决的机理（程尊兰等，2003；Walder et al.，2003；岳志远等，2007；Balmforth et al.，2008；2009），但当前从溃决的物理机理上来计算冰碛湖溃决概率的理论并不成熟，对冰碛湖溃决机制至少从定量的角度并没有完全弄清楚，尚未发现专门针对冰碛湖溃决的物理过程模型，实践中多应用土石坝溃决模型对冰碛湖溃决洪水进行模拟（陈储军等，1996；Bajracharya et al.，2007；Wang et al.，2008；Jain et al.，2012；Worni et al.，2012a）。此外，根据已溃决冰碛湖的洪痕、最大沉积颗粒粒径、溃决特征参数等信息，研究者提出不少恢复冰碛湖溃决洪水洪峰的方法（表 4-6）。

表 4-5　冰碛湖溃决洪水的最大流量(Q_{max})的估算公式

公式	参考文献
$Q_{max}=0.0048V^{0.896}$	Popov，1991
$Q_{max}=0.72V^{0.53}$	Evans，1986
$Q_{max}=0.045V^{0.66}$	Walder and O'Connor，1997
$Q_{max}=0.00077V^{1.017}$	Huggel et al.，2002
$Q_{max}=2V/t$	Huggel et al.，2002；Haeberli，1983
$Q_{max}=0.00013P_E^{0.60}$	Costa and Schuster，1988
$Q_{max}=0.063P_E$	Clague and Evans，2000

注：Q_{max} 为最大洪峰流量（m^3/s）；V 为湖水体积（m^3）；P_E 为冰湖潜能：冰湖体积、坝高和湖水容重的乘积（J）。

表 4-6　已溃决冰碛湖洪峰流量(Q)的不同估算方法

方法		方程	假设与描述	应用
坡度-面积法：	曼宁公式	$Q=4R_h^{2/3}S^{1/2}/n$	假设沿某一河段几何断面流速和河道形状不变	
	Riggs(1976)	$Q=3.3A^{13}S^{0.32}$	自然河道的粗糙度与坡面水位存在相关关系说明：未知 n 及 n 与 S 的关系也能计算 Q_{max}；用 S 取代 n，认为 R 与 A 密切相关	用于估算高水位但未漫河堤洪水
	Williams(1978)	$Q=4A^{1.21}S^{0.28}$		估算漫河堤洪水；$0.5<Q_{max}<28\,320$；$0.7<A<8\,510$；$0.000\,041<S<0.081$
临界深度法	Jarrett(1987)	$Q=A\sqrt{gA/T}$ $Q=A\sqrt{gd}$	临界深度是指河床基岩以上至最高洪痕的高度	
洪积物粒径法	Williams(1983)	$Q=A0.065d^{0.5}$	根据横断面流量 $Q=AV$ 计算	$10mm\leqslant d\leqslant1\,500mm$
	Costa(1983)	$Q=A0.18d^{0.487}$	根据横断面流量 $Q=AV$ 计算	$50mm\leqslant d\leqslant3\,200mm$
	Clark(1996)	$Q=493.69D^{1.908}$	—	适用河床物质粗于黏土
	Lacey(1934)	$Q=A11d^{0.67}S^{0.33}$	根据横断面流量 $Q=AV$ 计算	—
	O'Connor 等(1993b)	$Q=A0.29d^{0.6}$	根据横断面流量 $Q=AV$ 计算；方程基于玄武岩洪积颗粒建立，假定颗粒为洪水所挟带的最大颗粒，一般估算值较实际要低	—
超高水位法	Chow(1959)	$Q=A(\Delta hgR_c/w)^{0.5}$	从计算横断面浪涌速度来计算洪峰 Q	—

续表

方法		方程	假设与描述	应用
溃决测量法	Walder 和 O'Connor (1997)	$Q=1.94g^{0.5}d^{2.5}(D_cd^-)$ $Q=A0.045V_t^{0.66}$	—	—
	Hagen(1982)	$Q_p=1.2(H_d/V_0)^{0.45}$	—	—
	MacDonald 和 Langridge-Monopolis (1984)	$Q_p=2.7(H_i/V_o)^{0.42}$	—	—
	Xu(1988)	$Q=mb\sqrt{2gh^{3/2}}$ $Q=\frac{2}{3}(\sqrt{gh-V_0})\Delta F$	基于溃决口形态参数	—
	罗德富和毛济周(1995)	$Q=0.27\sqrt{g}(L/B)^{1/10}$ $(L/B)^{3/2}b(H-Kh)^{3/2}$	基于溃决口形态参数	—
水力学模型	Clayton 和 Knox(2008); Cenderelli 和 Wohln(2001)	HEC-RAS 模型	一维逐步回水模型；可模拟缓流、急流洪水	用于恢复水文断面的洪峰流量、流速、水位等
	Carrivick(2006)	SOBEK 模型	分为一维、二维和三维三个模块	用于恢复水文断面的洪峰流量、流速、水位和洪水淹没范围

注:Q 为洪峰流量(m^3/s);A 为横断面面积(m^2);R_h 为水力半径;S 为坡度;n 为粗糙系数;g 为重力加速度(m/s^2);T 为横断面顶宽(m);d 为 5 个最大洪积颗粒粒径的中值(m);D 为名义粒径(m);Δh 为超水位高度或者内、外侧变形部分的高度差(m);R_c 为河床曲弧半径(m);W 为水面宽度(m);D_c 为冰碛坝高度(m);V_i 为溃决湖水总量(m^3);Q_p 为溃口洪峰流量(m^3/s);H 为坝前水深(m);L 为湖长(m);B 为坝长(m);b 为溃决口宽度(m);H_d 为背水坡底据湖水面的高度(m);H_i 为溃决水位下降高度(m);V_0 为入湖冰崩体积(m^3)。

3. 溃决洪水演进估算

溃决洪水演进估算多为经验公式估算或基于水力学模型计算。研究发现,冰碛湖溃决洪水向下游演进,如果坡度>11°或下游平均比降>30‰且沿途松散堆积物丰富则会演变成溃决泥石流,否则只是溃决洪水(崔鹏等,2003);并且,采用 1∶20 放缩比的室内模拟表明,溃决洪水水文过程曲线的形态对洪水演进中侵蚀、运输、沉积及沿途河床形态的改造等产生明显的影响(Rushmer and Jacobs,2007)。Laigle 等(2003)根据水流断面间的质量和动量守恒原理来模拟溃决洪水向下游演进的水位变化,但是其精度受到地形参数、曼宁系数和槽谷的调蓄等因素限制；Huggel 等（2004a）根据瑞士阿尔卑斯山冰湖溃决休止坡度，把冰碛湖溃决洪水到达的最远距离定为 2°～3°坡度处。在喜马拉雅山和喀喇昆仑山也有数百立方米的洪水演进超过 200 多千米的记录（Hewitt，1982；Cenderelli and Wohln，2003）。最近，MIKE11 水动力模块（Jain et al.，2012）、HEC-RAS 非恒定水力模型（Wang et al.，2012a）、DAM-BREACH 模型（Bajracharya et al.，2007；Wang et al.，2008）、SOBEK 溃坝模型（Carrivick，2006）、BASEMENT 模型（Worni et al.，2012a；2012b）等水力学模型，结合 GIS 空间分析功能来模拟冰湖溃决洪水的演进日益受到重视。目前，应用最多的是一维水动力和二维水动力模型，在冰湖溃决洪水淹没范围的水力模型模拟中，有研究认为一维水动力模型模拟的结果较二维水动力模型的模拟结果范围偏大（Alho and Aaltonen，2008）。由于水力学模型所需参数（溃决洪水总量、节点断面的边界条件、曼宁系数和 DEM 等）一般可以从遥感影像和 DEM 中提取，这对边远山区的冰碛湖溃决洪水的模拟来说，具有广阔的应用前景。

　　在边远山区，高精度的 DEM 一般不易获得，成为制约应用水力学模型模拟冰碛湖溃决洪水演进的主要因素之一。越来越多的研究者探讨基于 ASTER GDEM（advanced spaceborne thermal emission and reflection radiometer global digital elevation model）或 SRTM（shuttle radar topography mission）冰碛湖溃决灾害评价和溃决洪水演进计算的可行性。ASTER 的立体后视波段（0.76～0.86μm）空间分辨率是 15m，因此用 ASTER 的立体后视波段生成的 DEM 理论上的空间分辨率也为 15m，但是这个精度因地形条件、影像质量等的差异而不同。研究者将 ASTER GDEM 和 SRTM 与地面控制点（global position system，GCP）、航空摄影地形数据、ICESat data 获得高程数据等进行对比，分析它们之间的均方根误差（root mean square error，RMSE），发现在起伏较大且植被稀疏的喜马拉雅山、阿尔卑斯山、安第斯山等山区，ASTER GDEM 的 RMSE 为 ±（18～20m），SRTM 的 RMSE 为 ±10～20m（表 4-7）。这个精度对于获取冰碛垄、山坡等坡度较大的地貌单元的海拔高度不太合适，但是对于获取湖面、冰川、河谷等较为平坦的地貌单元的高程信息还是可行的，并已被用于对喜马拉雅山不丹境内 Lunana 地区冰碛湖的高程分析中（Fujita et al.，2008）。最近，Wang 等（2012a）应用 HEC-RAS 模型模拟藏东南一潜在危险冰碛湖溃决洪水的演进试验显示，与使用 1∶50 000 的 DEM 的模拟洪水演进结果相比，ASTER GDEM 模拟的溃决洪水淹没范围要小 2.2%，洪水深度大 2.3m；而基于 SRTM 数据模拟的洪水淹没范围大 6.8%，洪水深度小 2.4m。因此，在没有更高精度的 DEM 数据的情况下，ASTER GDEM 和 SRTM 两种数据均可用来模拟冰碛湖溃决洪水演进过程。

表 4-7　山区 SRTM DEM 和 ASTER DEM 的均方根误差

数据	位置	RMSE/m	参照数据	参考文献
ASTER GDEM	加拿大山区	±(18~20)	差分 GPS 点	Toutin,2002
	安第斯山	±15.8	差分 GPS 点	Hirano et al.,2003
	日本丘陵区	±10	差分 GPS 点	Fujisada et al.,2005
	喜马拉雅山不丹 Lunana 地区	11.0	差分 GPS 点	Fujita et al.,2008
SRTM DEM	喜马拉雅山不丹 Lunana 地区	11.3	差分 GPS 点	Fujita et al.,2008
	瑞士阿尔卑斯山	20	航测 DEM	Kääb,2005
	南部巴塔哥尼亚 Icefield	15	航测 DEM	Kääb,2005
	法国阿尔卑斯山	22	航测 DEM	Berthier et al.,2006
	中亚	>30	ICESat 数据	Carabajal and Harding,2005
	西藏东南部	13.8	差分 GPS 点	Wang et al.,2012a
	西藏东南部	13.5	航测 DEM	Wang et al.,2012a

4.2.2　冰碛湖溃决泥石流模拟

对溃决泥石流的模拟研究,主要从溃决泥石流体积、最远距离、洪峰流量和最大淹没范围等方面展开。

1. 最大体积

通常冰碛坝在溃决时会贡献相当比例的物质源,所以对溃决泥石流体积的估算往往首先是从估算冰碛坝产生的泥石流量开始的。最简单的是 Huggel 等(2004a)提出的用观察到的溃决口处最大断面积 750m^2 乘以冰碛坝宽度估算;另一种方法是基于人工坝和自然坝数据建立起来的 Hagen 经验关系(Hagen,1982)。McKillop 和 Clague(2007b)根据对冰碛坝的几何形状分析(图 4-7)提出以下计算冰碛坝产生泥石流量(V_b)的方法:

$$V_b = W(H_d^2/\tan\theta) \tag{4-3}$$

式中,W 为冰碛坝底部宽度;H_d 为冰碛坝底距湖水位高度;θ 为溃决坡面的坡度角,在没有实测资料的情况下可取自然堤坝的休止角 35°(Clague et al.,1985;Blown and Church,1985;Waythomas et al.,1996)。

坡面剥蚀和沟床揭底泥石流主要与沟床形状(梯度、宽度、深度等)、岩石性状、植被状况及上游泥石流来量等因素有关(Hungr et al.,2005)。Hungr 等(1984)在研究 British Columbia 西南部泥石流时半定量地给出不同沟床类型泥石流产流速率,后来 McKillop 和 Clague(2007b)对其进行了修正,得出五种沟床类型的泥石流产流速率(表 4-8)。

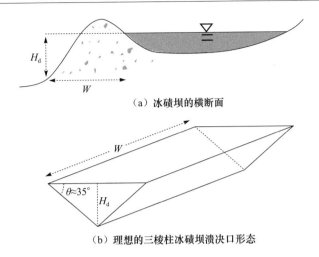

（a）冰碛坝的横断面

（b）理想的三棱柱冰碛坝溃决口形态

图 4-7 冰碛坝产生的泥石流量计算参数示意图
（McKillop and Clague，2007b）

表 4-8 沟谷泥石流产流速率（McKillop and Clague，2007b）

沟谷类型	平均梯度/(°)	沟谷底物质	沟谷侧坡物质	泥石流产流速率 /[m³/(m·km)]
A	<10	N/A	N/A	0
B	>10	无可侵蚀物质	无可侵蚀物质	0～5
C	>10	薄的不连续沉积物	很少有侵蚀物质	5～10
D	>10	厚的连续沉积物	沟谷侧坡高度<5m	10～15
E	>10	厚的连续沉积物	沟谷侧坡高度>5m	15～30

注：N/A 为空值。

2. 最远距离

影响冰碛湖溃决泥石流传输最远距离的因素主要有地形因素和水力因素等
（Corominas，1996；Lancaster et al.，2003）。为能基于遥感影像和 DEM 获取最远
距离参数，Huggel 等（2003）根据瑞士阿尔卑斯山至少 6 条冰湖溃决泥石流的研究
结果，把泥石流移动的停滞角（即溃决口到泥石流停滞处的垂直距离与水平距离之
比）定为 11°，并应用于估算泥石流的传输距离（Rickenmann and Zimmermann，
1993）；后来 McKillop 和 Clague（2007b）根据 British Columbia 冰湖溃决泥石流的
情况，把这个标准降为 10°，同时也指出应用这个标准易造成对泥石流移动距离估
计过长，存在 Ikeya 条件尤其如此［即在泥石流停滞之前存在减缓坡度的因素或泥
石流漫出沟谷两岸，向两侧拓展（Ikeya，1979）］。然而，2002 年在塔吉克斯坦的
Dasht 冰碛湖溃决时泥石流最远距离坡度为 9.3°（Mergili et al.，2011），2008 年在

天山吉尔吉斯斯坦的 W-Zyndan 湖溃决形成的泥石流最远距离坡度为 8.3°(Narama et al. ,2010),在意大利阿尔卑斯山的 Ormeleura 和 Sissone 的泥石流最远距离坡度为 7°和 8.5°(Chiarle et al. ,2007)。这说明冰碛湖溃决泥石流演进的坡度为 10°的标准仍可能过大。除了上述对冰湖溃决泥石流最远距离的直接坡度阈值预估法以外,有学者根据历史上冰碛湖溃决泥石流的不同参数的关系,建立冰碛湖溃决泥石流最远距离计算的经验公式:

$$L = 1.9V^{0.16}Z^{0.83} \tag{4-4}$$

式中,L 为泥石流演进水平距离;V 为泥石流的体积;Z 为泥石流演进的垂直高度(Rickenmann,1999)。

$$\omega = 18Q_{max}^{-0.07} \tag{4-5}$$

式中,ω 为泥石流移动的停滞角;Q_{max} 为溃决洪水洪峰流量(Huggel et al. ,2004a)。

与泥石流最远距离直接坡度阈值预估法相比,经验公式需要的参数不易获取,实践中应用不多。

3. 泥石流洪峰流量

泥石流洪峰流量的计算多以计算洪水洪峰流量为基础进行估算(陈晓清等,2004)。泥石流的洪峰流量不但与单一洪水洪峰流量有关,而且还与溃决时加入土体的量及土体与水相互作用关系有关,泥石流洪峰流量 Q_{max}^{d} 可表示为

$$Q_{max}^{d} = kQ_{max} \tag{4-6}$$

式中,Q_{max} 为溃决口洪水洪峰流量;k 为考虑土体的洪峰流量系数,主要由加入的土体量决定,按照泥石流的特征,可以用泥石流的容重来计算

$$k = 1 + \frac{\gamma_d - \gamma_w}{\gamma_s - \gamma_d} \tag{4-7}$$

式中,γ_d 为泥石流的容重;γ_w 为水的容重,取 $10kN/m^3$;γ_s 为泥石流固体颗粒的容重,一般为 $2615 \sim 2715kN/m^3$。

泥石流的洪峰传播到下游某处的泥石流洪峰高度主要与单一洪水洪峰高度和沿程交换的固体物质量及沟道形态有关,可以将下游某处泥石流洪峰高度 H_{max}^{d} 表示为

$$H_{max}^{d} = k_h H_{max} \tag{4-8}$$

式中,k_h 为泥石流的洪峰流量系数,主要由土体占泥石流体的比例和沟道形态决定,即

$$k_h = k \cdot k_g \tag{4-9}$$

式中,k 由式(4-7)确定;k_g 为与沟道形态有关的参数。

上述方法被应用于计算西藏米堆沟冰川终碛湖溃决泥石流,计算结果与实际调查数据在趋势上相吻合(陈晓清等,2004)。

4. 最大淹没面积

Huggel 等(2003)基于 GIS 技术(Arc/Info 中的路径函数算法)和 DEM 数据,提出 MSF 和 MF 模型,模拟冰湖溃决"最坏"情景下泥石流淹没的大致范围,但其结果不直接指示任何数量信息。定量估算冰湖溃决泥石流淹没最大面积,一般以估算泥石流体积为基础,Griswold(2004)提出基于泥石流体积(V/m^3)计算泥石流最大可能淹没的面积(B_m/m^2)的经验公式

$$B_m = 20V^{2/3} \tag{4-10}$$

此外,Jakob(2005)根据泥石流规模量级,对泥石流淹没面积进行分类(表 4-9),这一成果亦可半定量地用于对冰碛湖溃决泥石流淹没范围的估算。

表 4-9　泥石流的体积、洪峰流量及淹没面积的数量关系(Jakob,2005)

数量级类型	体积范围/m³	洪峰流量范围/(m³/s)	淹没面积/m²
①	$<10^2$	<5	$<4\times10^2$
②	$10^2\sim10^3$	$5\sim30$	$4\times10^2\sim2\times10^3$
③	$10^3\sim10^4$	$30\sim200$	$2\times10^3\sim9\times10^3$
④	$10^4\sim10^5$	$200\sim1\,500$	$9\times10^3\sim4\times10^4$
⑤	$10^5\sim10^6$	$1\,500\sim12\,000$	$4\times10^4\sim2\times10^5$
⑥	$>10^6$	无观测值	$>2\times10^5$

总的来看,当前对冰碛湖溃决灾害的模拟,在灾害强度、影响范围及溃决持续时间等方面进行了广泛而深入研究;但研究多基于对历史上已经溃决冰碛湖的统计分析,尽管有不少基于物理过程的土石坝溃决模型被应用到冰碛湖溃决模拟中,但从机理角度探讨和模拟冰碛湖溃决灾害尚处于室内试验和数值模拟阶段。

4.3　冰碛湖溃决概率计算模型

冰碛湖溃决影响因素多,溃决成因复杂,要较为准确地估算冰碛湖溃决概率,所选取的指标应力求全面地反映冰碛湖各关联组分和环节的状态及变化。然而,冰碛湖多位于高寒遥远的山区,受当前的认知水平限制及地形、政治(边界区域)和安全等因素影响,许多估算参数很难获取或很难准确获取。研究者往往根据评价的层次/深度要求和可获得的数据源情况,选择性地构建适合研究对象实际情况的(如区域尺度的冰碛湖评价和典型冰碛湖的溃决风险评价)冰碛湖溃决概率评价体

系,基于概率论和数理统计数学方法,提出冰碛湖溃决概率计算模型,当前应用较多的主要有逻辑回归模型、模糊综合评价模型和等级矩阵图解模型等。

4.3.1　逻辑回归模型

近年来,定量地估算冰碛湖溃决危险性主要是基于对已溃决冰碛湖的分析归纳出来的概率性的经验公式。逻辑回归是线性回归的扩展,主要适用于相互关联的非连续数据/名义数据间的回归分析。McKillop 和 Clague(2007a)发展了冰碛湖溃决的逻辑回归模型,每一个冰湖溃决事件可定义为一个二值因变量(Y),溃决($Y=1$)或未溃决($Y=0$),和 n 个独立自变量 $X_1, X_2, X_3, \cdots, X_n$ 组成。根据定义,冰湖溃决概率限定为 0～1,且为相互独立事件,即

$$P(Y = 0) = P(Y = 1) \tag{4-11}$$

对于 $P(Y=1)$,由一系列因变量 $X_1, X_2, X_3, \cdots, X_n$ 确定,可表示为

$$P(Y = 1) = \alpha + \beta_1 X_1 + \beta_2 X_2 + \cdots + \beta_n X_n \tag{4-12}$$

式中,α 为截距;β 为回归系数。式(4-12)的值域可能是正数或负数,并超出概率取值范围,为避免这种情况,对 $Y=1$ 的概率进行比值运算

$$\mathrm{Odds}(Y = 1) = P(Y = 1)/[1 - P(Y = 1)] = \alpha + \beta_1 X_1 + \beta_2 X_2 + \cdots + \beta_n X_n \tag{4-13}$$

式(4-13)概率值[$\mathrm{Odds}(Y=1)$]为 $[0, +\infty)$,若对 $\mathrm{Odds}(Y=1)$ 取自然对数,$\mathrm{Logit}(Y)$ 为

$$\mathrm{Logit}(Y) = \ln\{P(Y = 1)/[1 - P(Y = 1)]\} = \alpha + \beta_1 X_1 + \beta_2 X_2 + \cdots + \beta_n X_n \tag{4-14}$$

$\mathrm{Logit}(Y)=(-\infty, 0], 0 < \mathrm{Odds}(Y=1) < 1$

$\mathrm{Logit}(Y)=[0, +\infty), \mathrm{Odds}(Y=1) > 1$

通过求 $\mathrm{Logit}(Y)$ 的反函数得到 $\mathrm{Odds}(Y=1)$,再对 $\mathrm{Odds}(Y=1)$ 进行逆运算,简化整理得逻辑回归方程

$$P(Y = 1) = \{1 + \exp[-(\alpha + \beta_1 X_1 + \beta_2 X_2 + \cdots + \beta_n X_n)]\}^{-1} \tag{4-15}$$

应用上述逻辑回归方法,McKillop 和 Clague(2007a)以加拿大 British Columbia 及其毗邻地区 20 个已溃决、166 个未溃决的冰碛湖为样本,从 18 项备选参数筛选出五项参数(表 4-10),最终建立基于遥感数据基础上的冰碛湖溃决风险概率方程

$$p(\mathrm{outburst}) = (1 + \exp\{-[\alpha + \beta_1(\mathrm{M\_hw}) + \sum \beta_j(\mathrm{Ice\_core}_j)$$
$$+ \beta_2(\mathrm{LK\_area}) + \sum \beta_k(\mathrm{Geoloy}_k)]\}^{-1}) \tag{4-16}$$

式中,α 为截距;β_1、β_2、β_j、β_k 为回归系数(表 4-10);M_hw 为湖水位距坝顶高度与

湖坝高度之比, Ice_core$_j$ 冰碛坝内冰核, LK_area 为冰碛湖面积; Geoloy$_k$ 为冰碛坝主要岩石组成。

表 4-10　冰碛湖溃决概率模型的回归系数(McKillop and Clague, 2007a)

变量	种类	系数
α	—	-7.1074α
M_hw	—	$9.4581\beta_1$
Ice_core$_j$	无冰核	$1.2321\beta_{\text{Ice\_free}}$
	有冰核	$-1.2321\beta_{\text{Ice\_core}}$
LK_area	—	$0.0159\beta_2$
Geoloy$_k$	花岗岩组成	$1.5764\beta_{\text{Gronitic}}$
	火山岩组成	$3.1464\beta_{\text{Volconic}}$
	沉淀岩组成	$3.7742\beta_{\text{Sedimentary}}$
	变质岩组成	$-8.4968\beta_{\text{Metamorphic}}$

逻辑回归模型的结果为从 0 到 1 的实数值, 这涉及如何确定阈值(threshold value), 使得模型结果大于这个值, 分成正类(positive); 小于这个值, 分成负类(negative)。对一个二分问题来说, 就会出现以下四种情况: 如果一个实例是正类并且也被预测成正类, 即为真正类(true positive, TP), 如果实例是负类被预测成正类, 称为假正类(false positive, FP); 相应地, 如果案例是负类被预测成负类, 称为真负类(true negative, TN), 正类被预测成负类则为假负类(false negative, FN)。为确定逻辑回归模型结果的二分的最佳阈值, 首先需要计算真正类率[Sensitivity=TP/(TP+FN)]和假正类率[1−specificity=FP/(FP+TN)]。然后通过组合负正类率对真正类率绘制"接受者操作特性曲线"(receiver operating characteristic, ROC)(图 4-8)。如果 ROC 为对角线, ROC 下部分面积为 0.5, 说明模型没有预测能力; ROC 下部分面积越大, 显示回归模型预测能力越强(Hanley and McNeil, 1982); 如 ROC 与真正类率轴重合, 则模型预测准确率为 100%。通过对加拿大 British Columbia 及其毗邻地区样本湖的分析发现, 如取默认的 50% 作为二分阈值, 对溃决湖预测准确率只有 40%, 取 19% 作为二分阈值, 逻辑回归模型能从 20 个已溃决水碛湖正确分类出 14 个, 对溃决湖预测准确率为 70%, 达到分类所要求的标准(McKillop and Clague, 2007a)。

由于式(4-16)主要是基于 British Columbia 及其毗邻地区冰碛湖建立起来的经验关系, 能否将其推广到其他地区(如喜马拉雅山、天山、阿尔卑斯山等)的冰碛湖, 以及参数的选择和应用效果等问题尚需进一步探讨; 但是, 通过遥感数据建立统计关系来量化冰碛湖溃决风险, 这种思路无疑具有很好的发展前景。

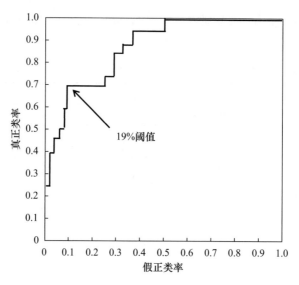

图 4-8　逻辑回归模型的"接受者操作特性曲线"

图示左上角为对应概率阈值为 19％,ROC 以下部分面积为 0.869

4.3.2　模糊综合评价模型

　　模糊综合评价法是一种基于模糊数学的综合灾害评标方法。该综合评价法根据模糊数学的隶属度理论把定性评价转化为定量评价,即用模糊数学对受到多种因素制约的事物或对象做出一个总体的评价。模糊综合评价法的最显著特点是:①相互比较,以最优的评价因素值为基准,其评价值为 1;其余欠优的评价因素依据欠优的程度得到相应的评价值。②可以依据各类评价因素的特征,确定评价值与评价因素值之间的函数关系(即隶属度函数)。其计算过程可分为三步:首先确定被评价对象的因素(指标)集合评价(等级)集;然后再分别确定各个因素的权重及它们的隶属度向量,获得模糊评判矩阵;最后把模糊评判矩阵与因素的权向量进行模糊运算并进行归一化,得到模糊综合评价结果。

　　(1)评价指标的选取。评价指标的选取直接决定模糊综合评价模型结果的可靠性,不同的学者依据样本湖的特点、评价的目标、指标属性知识的可获取性等因素选定不同的危险性评价指标。黄静莉等(2005)以西藏洛扎县 14 个冰碛湖为例,选择海拔高度、冰湖面积、距现代冰川冰舌前端距离、终碛堤坝宽度、背水坡度、主沟床纵比降等 8 项作为评价指标,提出冰碛湖溃决危险度划分的模糊综合评判法。Wang 等(2011)选取冰湖面积、母冰川面积、冰湖与母冰川之间的距离、冰湖与母冰川之间的坡度、冰碛垄坡度和母冰川冰舌坡度 6 个判别指标,采用这一方法来计算藏东南伯舒拉岭地区冰碛湖危险性评价各个指标的危险权重值。舒有锋等

(2010)针对喜马拉雅山地区典型冰碛湖,选取冰川活动频率和进退、湖盆的面积和深度、冰碛坝稳定性、气候变化及其水热组合特征等方面的指标,这些指标虽然各有侧重,但一般都涵盖母冰川、湖盆、湖坝及其三者之间的相互关系的度量参数。

(2) 评价指标权重的确定。确定各评价指标的权重系数是进行模糊综合评价的关键。当前应用较多的是基于模糊一致矩阵的模糊层次分析法确定危险评价指标权重系数。这一方法确定各指标的权重,首先需要构造模糊一致矩阵。模糊一致矩阵 $R=(r_{ij})_{m \times n}$ 是表示因素间两两重要性比较的矩阵,其中,$0 \leqslant r_{ij} \leqslant 1$,$r_{ij}+r_{ji}=1$。$r_{ij}$ 表示因素 r_i 比因素 r_j 重要的隶属度。也就是说,r_{ij} 越大,因素 r_i 就比因素 r_j 越重要,而当 $r_{ij}=0.5$ 时,则表示因素 r_i 与因素 r_j 同等重要。若模糊矩阵 $R=(r_{ij})_{m \times n}$ 满足 $r_{ij}=r_{ik}-r_{jk}+0.5$ 则称 R 是模糊一致矩阵。例如,黄静莉等(2005)结合专家意见,进行两两比较,对西藏洛扎县 8 项指标得到模糊判断矩阵见表 4-11,然后根据模糊判断矩阵,通过式(4-17)计算求危险性评价指标的权重值(w_i)。

$$w_i = \frac{1}{n} - \frac{1}{2a} + \frac{1}{na} \sum_{k=1}^{n} A_{ik} \qquad (4-17)$$

式中,a 为计算参数,a 值不同,求得的权重值也不同,a 值越大,权重值之间的差值越小;当 $a=(n-1)/2$ 时,权重值之差达到最大。黄静莉等(2005)通过运算调试,取 $a=(8-1)/2=3.5$,并由式(4-17)计算西藏洛扎县 14 个冰碛湖 8 个危险性评价指标的权重向量。

$$W = [W_1, W_2, \cdots, W_8]^T$$
$$= [0.0625, 0.1625, 0.1767, 0.1339, 0.1482, 0.1196, 0.1053, 0.0910]^T$$

表 4-11　构建的模糊一致矩阵(黄静莉等,2005)

指标	R_1	R_2	R_3	R_4	R_5	R_6	R_7	R_8
R_1	0.5	0.15	0.1	0.25	0.2	0.3	0.35	0.4
R_2	0.85	0.5	0.45	0.6	0.55	0.65	0.7	0.75
R_3	0.9	0.55	0.5	0.65	0.6	0.7	0.75	0.8
R_4	0.75	0.4	0.35	0.5	0.45	0.55	0.6	0.65
R_5	0.8	0.45	0.4	0.55	0.5	0.6	0.65	0.7
R_6	0.7	0.35	0.3	0.45	0.4	0.5	0.55	0.6
R_7	0.65	0.3	0.25	0.4	0.35	0.45	0.5	0.55
R_8	0.6	0.25	0.2	0.35	0.3	0.4	0.45	0.5

注:R_i 表示危险评价性指标,$R_1 \sim R_8$ 分别代表海拔高度、冰湖面积、距现代冰川冰舌前端距离、终碛堤坝宽度、背水坡度、主沟纵比降、主沟床松散固体物质丰富程度、主沟有无居民点及公共设施 8 项指标。

最近,研究者提出基于粗糙集理论确定危险性评价指标的权重(舒有锋等,2010)。粗糙集理论是一种处理不完整性和不确定性的数学理论,该理论认为知识就是人类和其他物种所固有的分类能力。借助于知识表达系统进行研究,其基本成分是研究样本(冰碛湖)的集合,样本的知识通过指定样本的属性和它们的属性值来描述。知识表达系统 S 可以表示为:$S=(U,R,V,F)$,$R=C\bigcup D$ 是样本的集合,U 称为论域,是属性集合,子集 C 和 D 分别称为条件属性(危险性指标集)和决策属性(危险性等级集),$V=\bigcup V_r,(r\in R)$ 是属性值的集合,V_r 表示属性 $r\in R$ 的属性值范围,$U/X=\{X_1,X_2,\cdots,X_k\}$ 表示论域 U 由 X 分类所产生的所有等价类关系的集合。$f:U\times R\rightarrow V$ 是一个函数,它指定每一个样本的属性值。对知识表达系统 S 作如下定义。

定义 1　在决策表 $S(U,R,V,F)$ 中,$R=C\bigcup D$ 决策属性集 $D(U/D=\{D_1,D_2,\cdots,D_k\})$ 相对于条件属性集 $C(U/C=\{C_1,C_2,\cdots,C_m\})$ 的条件熵:

$$I(D/C) = \sum_{i=1}^{m} \frac{|C_i|^2}{|U|^2} \sum_{j=1}^{k} \frac{|D_j \bigcap C_i|}{|C_i|} \left(1 - \frac{|D_j \bigcap C_i|}{|C_i|}\right) \tag{4-18}$$

定义 2　在决策表 $S=(U,R,V,F)$ 中 $R=C\bigcup D$,$\forall c\in C$,则条件属性指标 c 重要度:

$$\mathrm{Sig}(c) = I(D \mid (C-\{c\})) - I(D \mid C) \tag{4-19}$$

定义 3　在决策表 $S=(U,R,V,F)$ 中 $R=C\bigcup D$,$\forall c\in C$,则条件属性指标 c 的权重:

$$W(c) = \frac{\mathrm{Sig}(c) + I(D \mid \{c\})}{\sum_{a\in C} \{\mathrm{Sig}(a) + I(D \mid \{a\})\}} \tag{4-20}$$

在确定所选取的危险性评价指标的权重时,首先用条件属性集 C 中的每一属性元素及其补集对 U 进行分类,然后用条件属性集 C 和决策属性 D 对 U 进行分类,再将分类结果代入式(4-18)～式(4-20),计算出条件属性元素的各自权重值 W_i。

(3) 建立评价指标集合。通常可将危险性评价等级集合依次分为无危险、可能有危险、显著危险和高危险四级(黄静莉等,2005;Wang et al.,2011),或低危险、中危险、高危险三级(舒有锋等,2010)。每一指标各级的评判标准及其取值范围多根据对历史冰湖溃决事件的经验总结得到(黄静莉等,2005;王欣等,2009;舒有锋等,2010)。在缺乏足够的冰湖溃决事件样本或对某项指标认识不足时,可计算特征统计量确定,例如,Wang 等(2011)在计算藏东南伯舒拉岭地区所有的 78 个冰碛湖 6 个判别危险冰湖的指标值时,根据各个指标统计量的分布特征,将每个指标划分为四个区间,划分的阈值采用每个指标值的上四分位数、中位数和下四分位数(图 4-9),依次对应从低到高四级危险性评价等级。

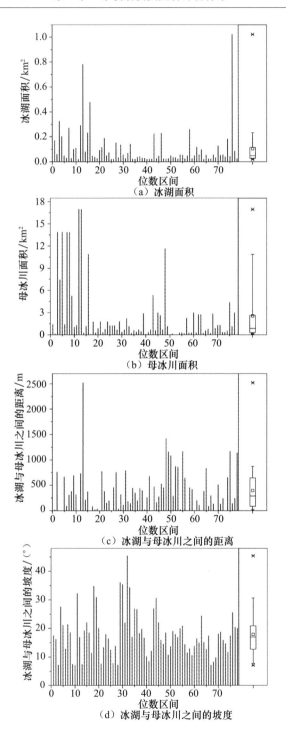

（a）冰湖面积

（b）母冰川面积

（c）冰湖与母冰川之间的距离

（d）冰湖与母冰川之间的坡度

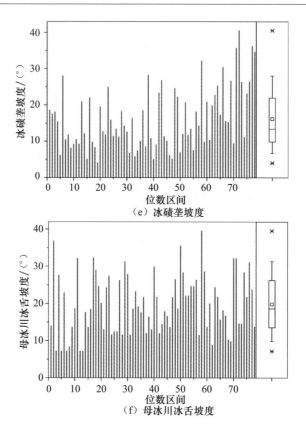

图 4-9　藏东南伯舒拉岭地区 78 个冰碛湖的 6 个判别危险冰湖指标值(Wang et al. ,2011)

图为各个指标的统计分布,右侧图例中间为中位数,两端分别为上四分位数和下四分位数;

空格点和星号分别为平均值、最大值、最小值

（4）建立模糊综合评判矩阵。根据某指标值 x 在该项指标值域区间中的位置构造隶属函数,当 x 取两界限的中间值时隶属度为 1;当 x 离开中间值向左或右边界值靠近时,该变量的隶属度从 1 开始减少;当 x 取边界值时隶属度为 0.5。在对西藏洛扎县的冰碛湖进行危险度划分时,根据隶属函数(表 4-12)评定出各个危险性评价指标在危险性评价等级集中各个等级的隶属度,得到单因素评判矩阵,再将其与权重矩阵进行矩阵相乘运算,最后根据最大隶属度原则选取最大值所在等级作为最终评判等级(黄静莉等,2005)。

表 4-12　隶属函数确定(黄静莉等,2005)

区　间	等　级			
	无危险	可能有危险	显著危险	高危险
$a \leqslant x \leqslant (a+b)/2$	$1 - \dfrac{[(a+b)-2x]}{2(b-a)}$	0	0	0
$(a+b)/2 < x \leqslant b$	$1 - \dfrac{[2x-(b-a)]}{2(b-a)}$	$\dfrac{2x-(b-a)}{2(b-a)}$	0	0

续表

区　间	等级			
	无危险	可能有危险	显著危险	高危险
$b<x\leqslant(b+c)/2$	$\dfrac{(b+c)-2x}{2(c-b)}$	$1-\dfrac{[(b+c)-2x]}{2(c-b)}$	0	0
$(b+c)/2<x\leqslant c$	0	$1-\dfrac{[2x-(b+c)]}{2(c-b)}$	$\dfrac{2x-(b+c)}{2(c-b)}$	0
$c<x\leqslant(c+d)/2$	0	$\dfrac{[(c+d)-2x]}{2(d-c)}$	$1-\dfrac{[(c+d)-2x]}{2(d-c)}$	0
$(c+d)/2<x\leqslant d$	0	0	$1-\dfrac{[2x-(c+d)]}{2(d-c)}$	$\dfrac{2x-(c+d)}{2(d-c)}$
$x>d$	0	0	$\dfrac{d}{2x}$	$1-\dfrac{d}{2x}$

4.3.3 等级矩阵图解模型

等级矩阵图解模型是先对区域内冰湖危险评判指标进行等级划分,把划分出来的等级构建图解矩阵,来评判冰碛湖危险性等级(Mergili and Schneider,2011)。Mergili 和 Schneider(2011)提出这一方法称为冰湖溃决灾害区域尺度分析法,并在帕米尔西南部、塔吉克斯坦的境内 Gunt 和 Shakhdara 山区的冰湖进行了实践。作者根据该方法的内涵,改译成冰碛湖危险评判的等级图解模型,以更适合该方法的特点。该模型提出溃决洪水发生及其到达某一地域单元的易损性(susceptibility)的概念,主要通过确定内外因诱发冰碛湖溃决洪水形成的易损性(H)和冰湖溃决洪水影响某一区域/像元的易损性(I),发展了一种基于中等空间分辨率的遥感影像和 DEM 数据的危险冰碛湖识别及其溃决概率等级评价模型,模型构建的流程如图 4-10 所示。

1. 冰碛湖溃决形成易损性 H

冰碛湖溃决形成易损性考虑两方面:溃决诱因易损性和溃决强度易损性。溃决诱因易损性从诱发冰碛湖的外因和内因两方面进行分析,对于外因诱发的溃决易损性,主要将整个流域按照 60m 间距划分规则像元,引入像元地形易损性指数(topographic susceptibility index,TSI)概念。该方法预先按照像元的平均坡度大小将流域分为 25 个类。依据预先设计的坡度类,将流域每一个像元的地形概化为 0~10 级地形易损性等级值(topographic susceptibility rating,TSR),以说明某一像元接受其他像元物质的趋势。最后,求流域 TSI 的总和,如 TSI<10 赋 0,10≤TSI<40 赋 1,TSI≥40 赋 2,结合冰崩入湖(可能有赋+1,无赋±0)、地震波引起的坡面物质位移(<5m/s² 赋±0,≥5m/s² 赋+1)、湖坝出水高度(>25m 赋-1,≤25m 赋±0);再累计流域所有参数值,得到该湖外因诱发的冰湖溃决易损性,为

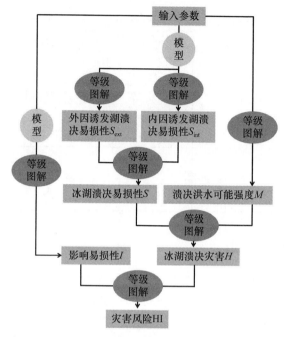

图 4-10　冰碛湖溃决概率等级矩阵图解模型流程(Mergili and Schneider,2011)

0~4(负数认为是0)。

内因诱发冰湖溃决的易损性,通过对冰湖的坝体组成、排泄状态、面积变化和坝体背水坡坡度四项因素进行等级图解来实现。坝体组成按照冰蚀湖赋0、阻塞体坝赋0、冰碛坝赋1、隆起岩体坝赋0、冰川坝或者新冰碛坝赋2,冰湖有明显可识别的表面排水系统赋0、没有明显可识别排水系统赋+1,冰湖面积减少或未变化赋0、冰湖面积增大赋+1,堤坝背水坡坡度的正切值<0.02赋-1、正切值≥0.02赋0。每一个冰湖内因诱发的溃决易损性,同样为0~4(负数认为是0)。最后将内、外因诱发冰湖的易损性值组合,得到冰碛湖溃决的易损性矩阵图解(图4-11)。

$S_{int} \downarrow S_{ext} \rightarrow$	0	1	2	3	4
0	0	1	2	3	4
1	1	2	3	3	4
2	2	3	3	4	5
3	3	3	4	4	5
4	4	4	5	5	6

图 4-11　冰湖溃决易损性 S 矩阵(Mergili and Schneider,2011)

冰湖溃决洪水的强度 M（即溃决的洪峰流量）与冰湖规模直接相关（Huggel et al.，2002）。冰湖溃决概率的等级矩阵图解模型以冰湖面积 A 作为 M 的代理指标，分为从"不可能 0→非常低 1→较低 2→中等 3→较高 4→高 5→非常高 6"七个等级，与上述冰湖溃决诱因易损性 S 关联，得到冰湖溃决灾害形成的易损性矩阵图解（图 4-12）。

$M\downarrow$　　　$S\rightarrow$	0Ne	1Lo	2Mo	3Me	4Hi	5Vh	6Eh
$A<0.005\mathrm{km}^2$	0Ne	0Ne	0Ne	0Ne	0Ne	0Ne	0Ne
$A=0.005\sim0.02\mathrm{km}^2$	0Ne	1Lo	1Lo	2Mo	2Mo	2Mo	3Me
$A=0.02\sim0.04\mathrm{km}^2$	0Ne	1Lo	2Mo	3Me	3Me	3Me	4Hi
$A=0.04\sim0.1\mathrm{km}^2$	0Ne	2Mo	3Me	3Me	3Me	4Hi	4Hi
$A=0.1\sim0.25\mathrm{km}^2$	0Ne	2Mo	3Me	4Hi	4Hi	5Vh	5Vh
$A=0.25\sim1\mathrm{km}^2$	0Ne	2Mo	3Me	4Hi	5Vh	5Vh	6Eh
$A\geqslant1\mathrm{km}^2$	0Ne	3Me	4Hi	4Hi	5Vh	6Eh	6Eh

图 4-12　冰湖溃决易损性与冰湖溃决洪水强度 M 组合成冰湖的溃决灾害等级 H
矩阵（Mergili and Schneider，2011）

Ne 为无灾害；Lo 为溃决灾害等级非常低；Mo 为溃决灾害等级较低；Me 为溃决灾害等级中等；
Hi 为溃决灾害等级较高；Eh 为溃决灾害等级非常高

2. 冰湖溃决影响易损性 I

冰湖溃决影响易损性定义为对某一冰湖溃决洪水可能影响区域的度量。在区域尺度上，冰湖溃决影响易损性通过冰湖溃决洪水/泥石流演进的最远距离或所能到达的最小坡度来表示，演进的最远距离/最小坡度的阈值从现有文献中归纳获得。对于溃决洪水/泥石流影响范围内的每一个边长为 60m 的规则计算像元，Mergili 和 Schneider 采用 GRASS GIS 软件，分三步计算每一像元的易损性。首先，冰湖溃决洪水被认为是始于冰湖溃决口的单一点源，沿着经过像元平均坡度加权后的任意给定的步长演进。计算时对每一个冰湖，取 800 个任意步长，以保证模拟出所有洪水可能演进的路径。其次，对每一个计算步长，根据文献中的经验公式确定溃决洪水/泥石流演进的最远距离。第三，根据像元的坡度大小和可能的洪峰流量，将每一像元的影响易损性 I，从"不可能 0→非常低 1→低 2→中等 3→较高 4→高 5→非常高 6"分别赋 0～6 等级值。

3. 冰湖溃决灾害易损性 HI

把冰碛湖溃决形成易损性 H 和影响易损性 I 组合构建冰湖溃决灾害易损性 HI 评判矩阵（图 4-13）。将流域各像元冰湖溃决灾害易损性 HI 图，与流域的居民点分布图、土地利用图、流域暴露性和脆弱性图进行叠加分析,最终完成区域尺度的冰湖溃决灾害风险分析和评价。

$H \downarrow I \rightarrow$	0Ne	1Lo	2Mo	3Me	4Hi	5Vh	6Eh
0Ne	0Ne	0Ne	0Ne	0Ne	0Ne	0Ne	0Ne
1Lo	0Ne	1Lo	1Lo	2Mo	2Mo	2Mo	3Me
2Mo	0Ne	1Lo	2Mo	3Me	3Me	3Me	4Hi
3Me	0Ne	2Mo	3Me	3Me	4Hi	4Hi	4Hi
4Hi	0Ne	2Mo	3Me	4Hi	4Hi	5Vh	5Vh
5Vh	0Ne	2Mo	3Me	4Hi	5Vh	5Vh	6Eh
6Eh	0Ne	3Me	4Hi	4Hi	5Vh	6Eh	6Eh

图 4-13　冰湖溃决灾害等级 H 和区域/像元的影响易损性 I 构成的溃决风险 HI
矩阵(Mergili and Schneider,2011)
图中缩写含义同图 4-12

总之,对于冰碛湖溃决概率计算模型,一方面,冰碛湖溃决事件的发生具有明显的地域性特征,不同地区冰碛湖溃决概率的分析,应立足于本研究区已经溃决冰碛湖的历史资料,建立适合本研究区的溃决概率分析方法。例如,McKillop 和 Clague(2007a)研究发现,在 British Columbia 等地区已溃决或部分溃决的 20 个冰碛湖中,冰碛坝内冰核的存在增加了冰碛坝的稳定性;但一般认为有冰核的冰碛坝由于冰核的消融导致冰碛坝下沉,会增加坝体的不稳定性(Yesenov and De-govets,1979;Reynolds et al. ,1998)。这可能因为,与喜马拉雅山等地区冰碛坝内的冰核相比较,British Columbia 地区冰碛坝内的冰核具有如下特点:

(1) 冰核较小,因而即使冰核融化,引起的冰碛坝下沉的幅度较小。

(2) 冰碛坝内冰核多为宽且圆形状,因而被漫顶湖水融化相对要慢。

(3) 含有冰核的冰碛坝与不含冰核的松散冰碛物相比,其抵抗漫顶下切侵蚀的能力要强。

由此,不同地区冰湖的同一参数,在计算溃决概率时会出现不同的权重系数,甚至出现相反的权重值(如上述死冰参数),任何冰碛湖溃决概率的计算方法都有其地域局限性,将一种方法推广到样本湖以外的区域应用时,其参数的选择和应用效果等问题均需进一步探讨。

另一方面,尽管有学者提出了基于物理过程的冰碛湖溃决的临界水文条件(蒋忠信等,2004),进行了溃坝过程的实验室模拟(Balmforth et al. ,2008;2009),但当前尚没有基于物理过程的模型对溃决概率进行估算,准确预报一次冰碛湖溃决灾害事件还很难进行。最近提出的有关冰碛湖溃决的非线性预测的方法,如基于支持向量机冰湖溃决预测、基于粗糙集可拓学方法(庄树裕,2010)等,在数学模拟计算方面有较大改进,但是,由于缺乏对引起冰碛湖溃决因子、溃决过程、溃决机制等的深入分析和模拟,从而影响了结果的可信性。在当前对冰湖溃决过程缺乏观测、对溃决的物理机制认知不足的情况下,研究者应注重对溃决因子与冰湖间物理过程的分析和度量,结合数理统计方法提出冰碛湖溃决概率计算方法和危险性评价方法。

4.4　溃决概率事件树模型构建

逻辑回归模型、模糊综合评价模型和等级矩阵图解模型均以一定的数学理论为基础,各有优缺点。逻辑回归模型参数相对简单,但主要以加拿大 British Columbia 地区冰碛湖为样本,能否适用于喜马拉雅山地区有待进一步分析。其他方法均在喜马拉雅山及其邻近地区开展冰碛湖溃决概率计算实践,但这些方法多注重对冰碛湖溃决因子引发溃决事件的作用大小(即因子的权重)进行评价,而对冰碛湖孕灾过程中各个因子的因果关系模拟和评价不足。冰碛湖溃决往往是系列环节因果作用的链式过程,因此,本书以西藏已溃决的 13 个冰碛湖的考察资料为基础,参考土石坝溃决概率的分析方法(彭雪辉,2003),以模拟冰湖溃决诱发因子间因果链为基础,建立溃坝概率的事件树模型,计算冰碛湖的溃决概率(王欣等,2009;Wang et al.,2012c)。

4.4.1　事件树模型的理论基础

事件树分析是一种时序逻辑分析方法,它是按事件的发生发展顺序,分成 n 阶段,一步一步地进行分析,直至最终结果。事件树分析法的理论基础是马尔可夫(Markov)随机过程中的马尔可夫链。马尔可夫链(Markov chain)描述了一种状态序列,其每个状态值取决于前面有限个状态。马尔可夫链是具有马尔可夫性质[当一个随机过程在给定现在状态及所有过去状态情况下,其未来状态的条件概率分布仅依赖于当前状态;换句话说,就是在给定现在状态时,它与过去状态(即该过程的历史路径)是条件独立的,那么此随机过程即具有马尔可夫性质]的随机变量 $X_1,X_2,X_3,\cdots,X_n$ 的一个数列。这些变量的范围,即它们所有可能取值的集合,被称为"状态空间",而 X_n 的值则是在时间 n 的状态。如果 X_{n+1} 对于过去状态的条件概率分布仅是 X_n 的一个函数,那么,这一连串的状态称为"马尔可夫链"。马尔可夫链表明,后一种状态的发生完全是由前一种状态决定的,与其他状态无关。

由冰碛湖溃决模式分析(见 3.4 节)可知,在不同气候背景组合形式下,冰碛湖溃决可以划分成由若干具有因果环节(状态)组成的溃决模式(马尔可夫链)。对于某一溃决模式发生,后一环节(状态)发生的可能性由前一环节(状态)决定。也就是说,冰碛湖溃决环节(状态)是前面若干环节(状态)的条件概率,这是借助事件树分析冰碛湖溃决事件最基本的理论依据。冰碛湖溃决概率事件树模型的计算过程如下所述。

第一,确定冰碛湖溃决的可能荷载。所谓荷载,此处指与冰碛湖溃决密切相关的本底值的度量。冰碛湖溃决归根结底一般是水、热累积的结果,通过选比,本书取冰碛湖溃决当年的背景气候。根据对已溃决冰碛湖当年气候背景的分析和度量(见3.3节),我国已溃决冰碛湖发生的气候背景可分为暖湿、暖干、冷湿和接近常态四种状态,即四种荷载。

第二,确定冰碛湖溃决概率事件树。对某危险性冰碛湖来说,所有可能的荷载作用下的所有可能的破坏途径都应该考虑。"所有可能的荷载",应根据冰碛湖溃决的实际气候背景情况进行划分。在某一背景气候荷载下,描述溃决事件发展的过程,形成溃决途径,并对每个过程发生的可能性都赋予某一概率值,得到在这一荷载下溃决途径(模式)的发生概率;依次可描述这一荷载下其他可能的溃决途径(模式)以及发生概率,最终形成描述冰碛湖溃决概率的事件树。

第三,应用事件树方法计算冰碛湖溃决概率时,有三个步骤:

(1)计算每种荷载状态下每一溃决途径(模式)的溃坝概率,即各个环节发生的条件概率的乘积。

设在某一气候荷载下某一溃决模式中各环节的条件概率(条件概率,满足概率乘法定理)分别为$p(i,j,k)$,$i=1,2,\cdots,n$;$j=1,2,\cdots,m$;$k=1,2,\cdots,s$;参数i为气候荷载,j为破坏模式,k为各环节,则第i种荷载下第j种溃决模式下冰碛湖溃决的概率$P(i,j)$为

$$P(i,j) = \prod_{k=1}^{s} P(i,j,k) \tag{4-21}$$

(2)同一荷载状态下的各种破坏模式一般并不是互斥的(即非互不相容事件,不适用概率的加法定理),因此同一荷载状态的溃决条件概率可采用de Morgan定律计算。设第i个荷载状态下有m个溃决模式$A_1,A_2,A_3,\cdots,A_m$,其概率分别为$P(i,1),P(i,2),\cdots,P(i,n)$,则$n$个溃决事件发生的概率$P(A_1+A_2+\cdots+A_m)$为

$$P(A_{1i} + A_{2i} + \cdots + A_{mi}) = 1 - \prod_{j=1}^{n} [1 - P(i,j)] \tag{4-22}$$

de Morgan定律就是式(4-22)中事件并集概率的上限。$P(A_1+A_2+\cdots+A_m)$即为第I种荷载下的冰碛湖溃决的概率$P(i)$。

(3)对可能导致冰碛湖溃决的气候背景逐一重复上述步骤,则可以得到"所有可能荷载"下的所有可能溃决途径和溃决概率。由于一般不同荷载状态是互斥的(即互不相容事件,适用概率的加法定理),因此冰碛湖溃决概率等于各种荷载状态

下溃决概率之和,即

$$P = \sum_{i=1}^{m} P(A_{1i} + A_{2i} + \cdots + A_{ni}) + E \qquad (4\text{-}23)$$

E 为常数,其取值反映非气候荷载模式下(见 3.4 节)冰碛坝溃决的概率。

(4) 在采用事件树方法确定冰碛湖溃决概率时,有三个关键问题需要解决。

① 需要确定冰碛湖所有可能溃决途径(模式),尤其不能漏掉主要的途径(模式)。应建立在专家对已溃决冰碛湖的深入分析和对冰碛湖的遥感调查甚至实地考察的基础上,根据冰碛湖可能的溃决诱因及溃决机制的综合分析确定。

② 需要确定各种可能的荷载及其频率,往往需要对已溃决冰碛湖进行详尽分析和统计。

③ 需要确定每种气候荷载下每种溃决的发展过程出现概率,即定性描述和定量概率间转换。这往往由专家予以评价和赋值,有较大的不确定性。获取已溃决冰碛湖的资料越详细,专家经验越丰富,发生概率的确定越准确。

4.4.2　溃决的概率分级方法

在风险分析的详细分析和非常详细分析中,要通过可靠度理论计算来获得某一事件出现的概率,将会提出非常高的技术资料要求,往往难以达到,而且中间的某些环节是难以进行理论分析的。目前对冰碛湖溃坝概率分析尚难以采用详细分析的办法。由于受研究资料和条件的限制,本书拟针对喜马拉雅山中段北坡冰碛湖危险性初步筛选的结果,主要基于遥感数据计算筛选出具有潜在溃决危险冰碛湖的溃决概率。在溃决的各个荷载及其溃决模式下的概率估算方法上,主要采用历史资料统计法和专家经验法两种。

1. 历史资料统计法

所谓历史资料统计法,即根据历史上发生过类似事件的概率来确定将来发生该事件的可能性。因为历史上该事件(如发生冰崩)发生时,其导致冰碛坝溃决的机理大致类似:冰崩—产生浪涌—漫顶冲刷堤坝—溃决,按照相似情景溃决概率相似的原则,历史事件发生的概率有可借用性。但是,冰碛坝溃决是复杂的,同一荷载下发生的某事件(如冰崩),由于堤坝的内部和外部条件等的差异,很可能使得彼此溃决概率没有可比性。因此,历史资料统计法的应用应注意可比性,和专家经验相互比较,相互补充。

2. 专家经验法

目前尚没有针对冰碛湖溃决的通用专家经验法来判断和确定冰碛湖的溃决概

率,参照国际上关于土石坝溃决的定性描述和定量概率转化关系,结合我国已溃决冰碛湖的具体特性,把专家对危险性冰碛湖某一溃决模式可能出现的定性判断转化为可能出现的定量概率。专家经验基本上是黑箱模型,其内部规律还很少为人们所知。尽管土石坝和冰碛坝在溃决机理上存在差别,但就事件的整体判定和定量概率的确定原则是相似的,借鉴土石坝的定性判断和定量概率的转换是合理的。国际上已有几种经验可供参考(表 4-13)。表 4-13 是 Vick(1992)和 Barneich 等(1996)提出的事件发生概率的定性描述和定量概率之间的转换关系,这些关系在土石坝溃决概率估算中得到应用(Robin,2000;Foster et al. ,2001)。后来,美国垦务局(USBR,1999)及澳大利亚的风险评价导则(ANCOLD,2003)也提出了结合两者优点的一种转换关系,见表 4-14。

表 4-13　Barneich 等(1996)和 Vick(1992)提出的定性描述和定量概率间转换

Barneich et al. ,1996		Vick,1992	
定性描述	概率	定性描述	概率
事件肯定要发生	1	事件一定发生	0.99
在已有的资料中发生过	0.1	事件很可能发生	0.9
事件没有发生的记录或偶尔发生过	0.01	完全无法确定	0.5
事件没有发生的记录,难以想象会有类似情况发生,特殊情况下可能发生 1 次	0.001	事件不太可能发生	0.1
事件没有发生的记录,在任何情况下都不会有类似情况发生	0.0001	事件非常不可能发生,但无法从物理概念上完全排除	0.01

表 4-14　澳大利亚的风险评价导则和美国垦务局定性描述和事件发生概率的转换

澳大利亚的风险评价导则			美国垦务局	
定性描述	概率数量级	判断依据	定性描述	发生概率
确定	1(或 0.999)	肯定发生	绝对肯定	0.999
非常确定	0.2~0.9	曾发生过多起类似的事故	非常可能	0.99
非常可能	0.1	曾发生过一起类似事件	可能	0.9
可能	0.01	如果不采取措施可能会发生类似事件	两者都可能	0.5
不太可能	0.001	别处近来发生过	不可能	0.1
非常不太可能	1×10^{-4}	别处过去曾发生过	非常不可能	0.01

澳大利亚的风险评价导则			美国垦务局	
定性描述	概率数量级	判断依据	定性描述	发生概率
非常不可能	1×10^{-5}	类似事件有发生的记录,但不完全一样	绝对不可能	0.001
几乎不可能	1×10^{-6}	类似事件没有发生过的记录	—	—

表 4-13 与表 4-14 把专家的定性描述判断转化为定量的发生概率,围绕着事件是否会发生的定性描述判断和概率,分成 5~7 个等级来赋值。从概率转换表 4-13 和表 4-14 来看,各国专家根据各自的爱好、经验和本国的具体情况选择不同方式把定性描述转化为定量概率,并没有认为哪一种更好。事实上,上述转化关系是适用于任何过程的一些原则,都还存在一些不足。如 0.1~1.0 是各种事件发生概率的集中区,而 Barneich 等(1996)提出的表中,恰恰缺乏对该区域的表述。在 Vick 提出的表中,对于一些小概率事件如发生概率为 0.001、0.0001 的事件缺乏足够的估计。美国垦务局在上述两个方面做了修正,提出了分为七个区域(表 4-13),但是对某一事件是否可能发生的描述是否准确,缺乏判断的依据,在具体事件的判别中,可能由于个人实际判断依据不同而带来较大的分歧和差别。澳大利亚 2003 年的风险评价导则中给出了判断的依据。在该表中,10^{-4}~10^{-6} 虽然理论上是可能的,实际上是难以准确区分的,特别是对于溃决因素十分复杂的冰碛湖,没有必要分得这么细;在 0.2~0.9 内,将集中绝大多数事件的发生与否,应该再予以细化,有助于实际操作;尽管给出了判断依据,但判断依据过于笼统,在对冰碛湖的实际判断中还应增加专业方面的描述。总之,这些定性描述和定量概率间的转换关系,均有其优缺点;在应用到冰碛湖溃决概率的分析时,应借鉴这些转换关系,结合已溃决冰碛湖的资料进行取舍。

4.4.3　冰碛湖溃决模式定性描述和概率转换

对于冰碛湖的溃决危险性定性评价与溃决事件发生定量概率之间的转化,在阿尔卑斯山、加拿大 British Columbia 及其毗邻地区、天山等均做过有益的探索(Huggel et al.,2004a;McKillop and Clague,2007a;Mergili et al.,2011)。在喜马拉雅山区,定性描述与冰碛湖溃决事件发生概率的转换方面目前尚无可供借鉴的经验。本书依据对我国已溃决冰碛湖的溃决成因、溃决模式等的再分析,借鉴上述土石坝专家经验法,参照对冰碛湖溃决危险的评价标准(吕儒仁等,1999;Walder,et al.,2003;Huggel et al.,2004a),尝试给出用于判定我国喜马拉雅山地区冰碛湖溃决的定性描述和溃决事件发生概率的转换关系(表 4-15)。表 4-15 中冰崩、冰滑坡、管涌、岩/雪崩和漫顶溢流为在我国 15 次冰碛湖溃决中出现的模式,分五级较详细地列出其判断依据和相应的概率范围;其他溃决模式,如地震等溃决模式在我国没有先例但在国外曾经出现过,并且从物理意义上不能认为在本研究区就不会出现,本书在计算时参照 Vick(1992)和 Barneich 等(1996)的方法,根据在国外出现的频次,认为此类溃决模式发生的概率为 0.01~0.1。

表 4-15　不同类型冰碛湖溃决模式发生的定性描述和概率转换

模式	定性描述	判断依据	相应概率
冰崩	事件不会发生	母冰川总面积不到湖面积的1%;没有危险冰体或非常小,母冰川与湖的距离>1000m;历史上没有类似事件发生	0.0001~0.01
	事件基本不会发生	母冰川危险冰体指数<0.01;母冰川与湖的距离>500m;在我国没有类似事件发生	0.01~0.1
	事件可能发生	母冰川危险冰体指数为0.01~0.1;危险冰体坡度为3°~8°;母冰川与冰碛湖的距离>0,但<500m;在我国曾发生过1起类似事件	0.1~0.3
	事件很可能发生	母冰川危险冰体指数为0.1~0.3;危险冰体坡度为8°~20°,危险冰体裂隙发育;母冰川与湖相连或伸入湖中(距离=0);在我国曾发生过多起类似事件	0.3~0.7
	事件极有可能发生	母冰川危险冰体指数>0.3;危险冰体裂隙发育,现场考察发现小规模入湖冰崩频发;危险冰体坡度>20°;母冰川与湖相连或伸入湖中(距离=0);在我国曾发生过多起类似事件	0.7~1.0
冰滑坡	事件不会发生	母冰川冰舌坡度<3°;母冰川总面积不到冰碛湖面积的1%;母冰川与冰碛湖的距离>1000m;历史上没有类似事件发生	0.0001~0.01
	事件基本不会发生	母冰川冰舌坡度<3°;母冰川与湖的距离>500m;在我国没有类似事件发生	0.01~0.1
	事件可能发生	母冰川冰舌坡度为3°~8°;母冰川与湖的距离<500m;在我国曾发生过1起类似事件	0.1~0.3
	事件很可能发生	母冰川冰舌坡度为8°~20°;母冰川与湖相连或深入湖中(距离=0);在我国曾发生过多起类似事件	0.3~0.7
	事件极有可能发生	母冰川冰舌坡度>20°或冰舌为冰瀑布;母冰川与湖相连或深入湖中(距离=0);野外观测显示冰川运动速度加快或母冰川为跃动冰川	0.7~1.0
管涌	事件不会发生	古冰碛湖或堤坝形成早于小冰期,堤坝固结或有植被;母冰川与湖的距离>1000m	0.0001~0.01
	事件基本不会发生	堤坝形状比较明显,堤坝宽高比>10;背水坡度<10°;堤坝内无死冰存在;近年湖面积无明显变化	0.01~0.1
	事件可能发生	堤坝为松散堆积物;堤坝宽高比为2~10;近年冰湖面积增加明显;堤坝内部可能有死冰	0.1~0.3
	事件很可能发生	堤坝为松散堆积物;堤坝宽高比为1~2;坝内有死冰,堤坝表面起伏,堤坝内部可能有热喀斯特过程;近年冰湖面积增加明显	0.3~0.7
	事件极有可能发生	堤坝为松散堆积物;堤坝宽高比<1;堤坝表面起伏、沉陷,堤坝内部热喀斯特过程发育,死冰加速消融;近年冰湖水位升高明显;堤坝渗流有扩大趋势	0.7~1.0

续表

模式	定性描述	判断依据	相应概率
岩/雪崩	事件不会发生	湖盆开阔,湖盆周围坡度平缓,平均<10°;没有松散物质源或松散物质不可能入湖	0.0001～0.01
	事件基本不会发生	湖盆周围坡度为10°～20°;湖盆为基岩,松散物质源很少或松散物质入湖的可能性不大	0.01～0.1
	事件可能发生	湖盆周围坡度为20°～30°;周围松散物质丰富;估算入湖物质可能达到湖水量的1%～10%	0.1～0.3
	事件很可能发生	湖盆周围坡度为20°～30°;周围松散物质丰富,且湖盆有松散物质坠入湖中的痕迹;估算入湖物质可能超过湖水量的10%	0.3～0.7
	事件极有可能发生	湖盆周围坡度>30°;调查发现不时有规模不等的入湖雪/岩发生;估算入湖物质超过湖水量的10%	0.7～1.0
漫顶冲刷	事件不会发生	堤坝排水系统良好,国外在已有的资料中发生过,我国没有发现类似事件发生	0.0001～0.01
	事件基本不会发生	堤坝宽高比>10;冰碛湖坝超出水面高度与坝高的比值相对较大;近年湖面积无明显变化	0.01～0.1
	事件可能发生	堤坝宽高比为2～10;冰碛湖坝超出水面高度与坝高的比值相对较小;近年冰湖面积增加明显	0.1～0.3
	事件很可能发生	堤坝宽高比为1～2;冰碛湖坝超出水面高度与坝高的比值接近0;近年冰湖面积增加明显	0.3～0.7
	事件极有可能发生	堤坝宽高比<1;冰碛湖坝超出水面高度与坝高的比值为0;近年冰湖面积增加明显;调查发现有漫顶溢流,并不断侵蚀冰碛坝	0.7～1.0
地震/排险施工	事件基本不会发生	国外在已有的资料中发生过,我国没有发现类似事件发生	0.01～0.1

注:母冰川危险冰体指数＝母冰川危险冰体体积(即冰川末端至变坡点的体积或末端裂隙发育的冰体)/冰碛湖水体积。

表 4-15 中湖与母冰川距离阈值取 500m 是因为我国有较详细的资料记载已溃决的 13 个冰碛湖中有 12 个的距离小于 500m,如果母冰川深入湖中(即湖冰距离为 0),则末端可能会因表层湖水的"热蚀"凹槽,形成所谓的"水枕效应",增大冰湖溃决的可能性(吕儒仁等,1999;崔鹏等,2003)。一般如果只考虑冰碛坝的宽高比,则冰碛坝的宽高比越小,溃坝的可能性越大(Clague and Evans,2000;Huggel et al.,2002)。值得注意的是,我国已溃决的冰碛湖中堤坝的宽高比为 0.6～1.7,这相对北美和阿尔卑斯山的冰湖来说要大得多。例如,Huggel 等(2004a)认为,堤坝的宽高比>0.5 就属于低危险冰湖。这可能与我国溃决的冰碛湖相对较大,堤坝的规模也较大有关(参见 3.3.2 节)。此外,我国已溃决的冰碛湖溃决模式中没有发现直接因为漫顶溢流侵蚀堤坝而导致冰碛湖溃决的现象,这也可能是冰碛坝规模较大,抗侵蚀能力相对较强的缘故。在表 4-15 中,认为当湖冰碛坝的宽高比<10时发生溃坝的可能性很小。冰舌坡度阈值基于西藏已溃决冰碛湖的母冰川冰舌表面坡度变化为 3°～20°,但是一半以上>8°(吕儒仁等,1999;刘伟,2006)。母冰川

危险冰体指数定义为母冰川危险冰体体积(即冰川末端至变坡点的体积或末端裂隙发育的冰体)与冰碛湖水体积之比,母冰川危险冰体体积为危险冰体的面积与其厚度的乘积。计算表明,13 个有详细调查资料的已经溃决冰碛湖在溃决前的母冰川危险冰体指数为 0.11~0.52,其中 80% 的母冰川危险冰体指数超过 0.3;另外,Huggel 等(2004a)认为,如果入湖物质量与湖水体积之比达到 0.1~1,则冰湖将会完全溃决,在 0.01~0.1 时溃决的可能性很高。由此,在表 4-15 中将 0.3、0.1和 0.01 定义为母冰川危险冰体指数的阈值点。冰碛湖坝超出水面高度与坝高的比值越小,发生漫顶溢流侵蚀的可能性越大(Huggel et al. ,2004a;Bolch et al. ,2008b)。目前尚没有对冰碛湖坝超出水面高度与坝高的比值大小,与冰碛坝发生漫顶溢流侵蚀之间量化关系的判定标准,但是如果是比值为 0 的松散冰碛坝,发生漫顶溢流冲刷溃决的可能性大。

此外,考虑到对冰碛湖的溃决概率的判断一般只能处于初步分析阶段,表 4-15中冰碛湖溃决事件发生的定性描述和概率对应表的判断依据主要基于遥感和地形图资料进行,目的是识别有高溃决概率的冰碛湖,为进一步进行详细分析和非常详细分析奠定基础。对国内外 47 次冰碛湖溃决事件的统计表明,由于母冰川冰崩/冰滑坡和冰坝内冰核消融导致溃决的占 72%,西藏已溃决的冰碛湖母冰川冰舌坡度为 3°~20°。因此,对冰碛湖溃决事件发生的定性描述和概率转换的判断依据主要针对冰碛湖的母冰川、冰碛湖、冰碛坝和湖盆状态等进行。此外,由于表 4-15 中五种状态均有一定的范围,在实际操作中应取 3~5 个专家的评判的平均值作为某冰碛湖的溃决模式赋值。

4.4.4　溃决后果计算方法

参照土石坝溃坝后果的分析方法,并结合本研究区冰碛湖位于高寒遥远的山区、经济相对不发达但是溃决的社会环境影响大的特点,从生命损失、经济损失及社会与环境影响对典型冰碛湖溃决后果的评价方法分述如下。

1. 生命损失的估算与赋值

国内外进行土石坝溃坝生命损失分析所用的研究方法主要有以溃坝历史统计资料为基础的线性回归和非线性回归方法(Brown and Graham,1988;Dekay and McClelland,1993;Graham,1999;2000;Morris et al. ,2000;Aboelata et al. ,2003),以概率统计理论为基础的单元分析方法(McClelland and Bowles,2000;Reiter,2001),以洪水演进过程为基础的溃坝洪水模拟模型方法(Hartford et al. ,2000)等。这些方法思路不同,但均需要风险人口、溃坝洪水的严重程度、警报时间及公众对溃坝事件严重性的理解程度等关键参数。李雷和周克发(2006)总结了在大坝溃决中影响生命损失的四个重要因素,即风险人口、洪水严重程度、警报时间和公众对溃坝事件严重性的理解程度,较为详细地介绍了目前国外估算溃坝生命损失的常用法:Dekay & McClelland 法、Graham 法、RESCDAM 法(简称为 Graham 法)、Assaf 法和 Utah 州立大学法,提出我国溃坝生命损失估算方法研究应从调查已溃坝的生命损失入手,研究估算溃坝生命损失的经验公式,继而研究溃坝生命损失的可靠度分析方法。

冰碛湖溃决洪水/泥石流造成的生命损失与土石坝类似,也取决于风险人口数及其分布、警报时间、溃坝洪水强度(水深、流速及洪水上涨速率),但是冰碛湖溃决洪水/泥石流一般在坡降大的山区,沿途松散的冰碛物丰富,易发生泥石流;所以沿途松散物质的丰度状况、山区撤离条件及风险人口对冰碛湖溃决洪水/泥石流严重性的理解等参数的确定,与一般土石坝溃决洪水造成的生命损失有所不同。本书对我国喜马拉雅山地区典型冰碛湖溃决进行风险定量评价时,采用 Dekay 和 McClelland(1993)提出的经验公式计算

$$\text{LOL} = 0.075\text{PAR}^{0.56}\exp[-0.759W_\text{T} + (3.790 - 2.223W_\text{T})F_\text{C}] \quad (4\text{-}24)$$

式中,LOL(loss of life)为潜在生命损失;PAR(population at risk)为风险人口;W_T 为预警时间;F_C 为洪水强度,一般中小型水库、低坝、平原地区等低洪水风险区,取 $F_\text{C} = 0$;大型水库、高坝、山区等高洪水风险区,取 $F_\text{C} = 1$;如在高洪水风险且沿途松散物质丰富的山区最大取 $F_\text{C} = 1.5$。

Dekay 和 McClelland 提出的溃坝洪水造成潜在生命损失的经验公式是基于历史上土石坝和自然堤坝溃决洪水的灾害统计。由于冰碛湖溃决在洪水性质(如可在松散物质丰富的地段转换成泥石流)、洪水强度等方面有差异,应该说,将式(4-24)应用到冰碛湖溃决灾害的生命损失的估算会存在一定偏差;但是,溃决洪水/泥石流造成的生命损失与土石坝和自然堤坝(严格来说,冰碛坝也是自然堤坝的一种)溃决类似,主要均取决于风险人口总数、人口结构特征、溃坝发生的时间、警报时间长短、溃坝洪水水深和流速、洪水上涨速率、风险人口撤退路线等(Wayne and Graham,1999;Reiter,2001;李雷和周克发,2006)。所以应用式(4-24)估计冰碛湖溃决生命损失的不确定性主要与影响生命损失参数的估算有关,而非公式本身,也就是说,式(4-24)仍可用来计算冰碛湖溃决所造成的生命损失。

图4-14 是由式(4-24)绘制的潜在生命损失 LOL 与溃坝淹没区风险人口 PAR 的关系。可见,LOL 随 PAR 增加呈非线性增加。在相同的警报条件下,高水力风险区(H_F)的潜在生命损失率 LOL/PAR 远大于低水力风险区(L_F)。警报时间 W_T 对 LOL 的影响甚大,但在 H_F 与 L_F 区,LOL 对 W_T 的敏感性不同。冰碛湖溃决灾害一般位于高水力风险区,通常对风险人口数量较为敏感而对报警时间不太敏感。事实上,我国已溃决的冰碛湖灾害事件几乎没有报警时间。

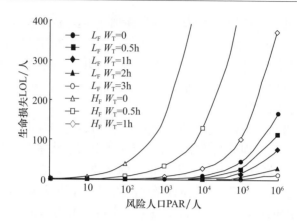

图 4-14　生命损失与风险人口关系(Dekay and McClelland,1993)

根据 3.5 节生命损失的四级分级法,按表 4-16 赋值。考虑到历史上冰碛湖溃决未造成人员伤亡的次数约为三分之一(其中我国 13 次中只有 4 次造成人员伤亡),为计算溃坝后果综合分数,在赋值时,把没有生命损失的赋 0 值。

表 4-16　冰碛湖溃决灾害生命损失的赋值

生命损失/人	赋　值
0	0
1~2	0.10~0.20
3~9	0.20~0.50
10~29	0.50~0.80
≥30	0.80~1.00

2. 经济损失的赋值

经济损失包括直接经济损失和间接经济损失,可由调查统计确定。在一般溃坝洪水灾害评估中,我国通常将 1000 亿元量级的灾害损失称为巨灾(彭雪辉等,2004),但对灾害损失的严重程度赋值应该因经济发展水平和区域的承灾能力的差异而有所区别。我国喜马拉雅山地区均为少数民族聚居、经济相对落后、生态较为脆弱的边远山区,参照一般灾害损失规则赋值不一定适合。此外,从经济损失来看,37 个有溃决灾害损失描述的样本湖中很少有经济损失的量化估计(表 3-7 和表 3-8),基于已溃决冰碛湖的灾害的经济损失量级来赋值很难进行。本书依据3.5 节按照已造成的经济损失类别来划分量级的方法,对冰碛湖溃决可能造成的经济损失进行赋值(表 4-17)。此方法虽然粗略,但从对我国已溃决冰碛湖的溃坝后果来看,基于经济损失类别上划分量级赋值评价与综合系数变化趋势一致,与我国冰碛湖溃决灾害造成的经济损失的实际调查结果相比较,这种方法能间接度量冰碛湖溃决灾害的经济损失大小。

表 4-17　冰碛湖溃决灾害经济损失的赋值

经济损失类别分级	赋　值
1 级损失	0.10~0.20
2 级损失	0.20~0.50
3 级损失	0.50~0.80
4 级损失	0.80~1.00

3. 社会及环境影响的赋值

社会及环境影响包括对社会环境的破坏及由此产生的影响,如对国家、社会、邻国安定甚至国际关系的不利影响;给人们造成的精神痛苦及心理创伤,以及日常生活水平和生活质量的下降等;无法补救的文物古迹、艺术珍品和稀有动植物等的损失;河道形态的影响,生物及其生长栖息地的丧失,人文景观的破坏等。本书参照西藏已溃决冰碛湖的社会及环境影响的定性分类和描述(3.5节),按表 4-18 对研究区典型冰碛湖溃决灾害的社会及环境影响的严重程度划分为四个级别进行赋值。

表 4-18　冰碛湖溃决灾害社会及环境影响的赋值

影响严重程度	主要社会影响举例	主要环境影响举例	赋　值
一般	散户/村庄;一般设施,乡村公路	沟河/地表遭到一定的破坏	0.10~0.20
中等	乡镇政府所在地;一般重要设施,县级公路	沟河/地表较大破坏,对生态环境造成影响	0.20~0.50
严重	县级城市或城区;重要设施,省道	沟河/地表严重破坏,生态环境在短时间很难恢复	0.50~0.80
极其严重	地级市府及其以上城市或/和波及国外城镇;国家/国外重要设施,国际公路,边防要道	沟河/地表严重破坏,生态环境很难恢复	0.80~1.00

4. 溃决后果综合评价

在对溃坝生命损失、经济损失及社会和环境影响分别赋值之后,对溃决后果进行综合评价(赋值)时,便涉及各影响因素的权重问题,可由相关专家讨论确定。本书参照土石坝溃决后果权重确定的方法(彭雪辉,2003),采用 Saaty 建议的 1~9 标度法(AHP 法)来确定各子层因素对母层因素的权重系数。

AHP 法采用 1~9 及其倒数作为两个元素重要性比较定量化的标度(表 4-19)。标度 1、3、5、7、9 分别表示一个元素比另一个元素同等、稍微、明显、强烈、极端的重要程度,标度 2、4、6、8 分别表示上述相邻程度的中值;两个元素反过来对比为原先标度的倒数。

表 4-19 判断矩阵标度及其含义

标度	含义
1	表示因素 u_i 与因素 u_j 比较,具有同等重要性
3	表示因素 u_i 与因素 u_j 比较,u_i 比 u_j 稍微重要
5	表示因素 u_i 与因素 u_j 比较,u_i 比 u_j 明显重要
7	表示因素 u_i 与因素 u_j 比较,u_i 比 u_j 强烈重要
9	表示因素 u_i 与因素 u_j 比较,u_i 比 u_j 极端重要
2,4,6,8	2,4,6,8 分别表示相邻判断 1~3、3~5、5~7、7~9 的中值
倒数	表示因素 u_i 与 u_j 比较得判断 u_{ij},u_j 与 u_i 比较得判断 u_{ji},$u_{ji}=\dfrac{1}{u_{ij}}$

若以 U 表示总目标,u_i 表示评价元素 $u_i \in U, i=1,2,\cdots,n$。$u_{ij}$ 表示 u_i 对 u_j 的相对重要性数值,$j=1,2,\cdots,n,u_{ij}$ 的取值依表 4-19 进行。根据上述各符号的意义得 $n \times n$ 阶判断矩阵 P

$$P=\begin{array}{c} \begin{array}{ccccc} u_1 & u_2 & u_3 & \cdots & u_n \end{array} \\ \begin{bmatrix} u_{11} & u_{12} & u_{13} & \cdots & u_{1n} \\ u_{21} & u_{22} & u_{23} & \cdots & u_{2n} \\ u_{31} & u_{32} & u_{33} & \cdots & u_{3n} \\ \vdots & \vdots & \vdots & & \vdots \\ u_{n1} & u_{n2} & u_{n3} & \cdots & u_{nn} \end{bmatrix} \end{array} \begin{array}{c} u_1 \\ u_2 \\ u_3 \\ \vdots \\ u_n \end{array} \qquad (4\text{-}25)$$

式中,n 为子层中相应因素的个数;u_{ij} 代表各因素两两比较,对实际目标贡献大小的赋值,且 $u_{ji}=\dfrac{1}{u_{ij}}, u_{ii}=1, u_{ij}=\dfrac{u_{ik}}{u_{jk}}(i,j,k=1,2,3,\cdots,n)$。

(1) 总目标层溃决后果的各影响因素(子目标层)包括溃决生命损失(以 S_1 表示)、经济损失(以 S_2 表示)和社会与环境影响(以 S_3 表示)。生命损失是无法用经济衡量的,它比经济损失要重要得多,应不亚于强烈,定为 8 和 1 的关系;经济损失同社会与环境影响相比,在某种程度上讲,后者比前者还重要,定为 1 和 3 的关系。由此,给出如下判断矩阵:

$$\begin{array}{c} \begin{array}{ccc} S_1 & S_2 & S_3 \end{array} \\ \begin{bmatrix} 1 & 8 & 8/3 \\ 1/8 & 1 & 1/3 \\ 3/8 & 3 & 1 \end{bmatrix} \end{array} \begin{array}{c} S_1 \\ S_2 \\ S_3 \end{array} \qquad (4\text{-}26)$$

由此求得溃坝生命损失的权重为 0.667,经济损失的权重为 0.083,社会与环境影响的权重为 0.250。

（2）若生命损失与经济损失重要程度为强烈，定为 7 和 1 的关系；经济损失同社会与环境影响重要程度为稍微，定为 2 和 3 的关系。由此，给出如下判断矩阵：

$$
\begin{array}{ccc} S_1 & S_2 & S_3 \end{array}
\begin{bmatrix} 1 & 7 & 14/3 \\ 1/7 & 1 & 2/3 \\ 3/14 & 3/2 & 1 \end{bmatrix}
\begin{array}{c} S_1 \\ S_2 \\ S_3 \end{array}
\tag{4-27}
$$

由此求得溃坝生命损失的权重为 0.737，经济损失的权重为 0.105，社会与环境影响的权重为 0.158。

（3）若生命损失与经济损失重要程度为强烈，定为 7 和 1 的关系；经济损失同社会与环境影响重要程度视为稍微，定为 1 和 3 的关系。由此给出如下判断矩阵：

$$
\begin{array}{ccc} S_1 & S_2 & S_3 \end{array}
\begin{bmatrix} 1 & 7 & 7/3 \\ 1/7 & 1 & 1/3 \\ 3/7 & 3/1 & 1 \end{bmatrix}
\begin{array}{c} S_1 \\ S_2 \\ S_3 \end{array}
\tag{4-28}
$$

由此求得溃坝生命损失的权重为 0.636，经济损失的权重为 0.091，社会与环境影响的权重为 0.273。

（4）若将生命损失与经济损失重要程度视为强烈，定为 7 和 1 的关系；经济损失同社会与环境影响重要程度视为同等与稍微之间，定为 1 和 2 的关系。由此给出如下判断矩阵：

$$
\begin{array}{ccc} S_1 & S_2 & S_3 \end{array}
\begin{bmatrix} 1 & 7 & 7/2 \\ 1/7 & 1 & 1/2 \\ 2/7 & 2/1 & 1 \end{bmatrix}
\begin{array}{c} S_1 \\ S_2 \\ S_3 \end{array}
\tag{4-29}
$$

由此求得溃坝生命损失的权重为 0.700，经济损失的权重为 0.100，社会与环境影响的权重为 0.200。

（5）若将生命损失与经济损失重要程度视为极端重要，定为 9 和 1 的关系；经济损失同社会与环境影响重要程度视为稍微重要，定为 2 和 3 的关系。由此给出如下判断矩阵：

$$
\begin{array}{ccc} S_1 & S_2 & S_3 \end{array}
\begin{bmatrix} 1 & 9 & 18/3 \\ 1/9 & 1 & 2/3 \\ 3/18 & 3/2 & 1 \end{bmatrix}
\begin{array}{c} S_1 \\ S_2 \\ S_3 \end{array}
\tag{4-30}
$$

由此求得溃坝生命损失的权重为 0.783，经济损失的权重为 0.087，社会与环境影响的权重为 0.130。

李雷等(2005)在分析土石坝溃决洪水时认为第二种组合(生命损失的权重为 0.737,经济损失的权重为 0.105,社会与环境影响的权重为 0.158)比较合理。对于位于边远山区的喜马拉雅山地区,一般经济较为落后,人口分布较为稀疏,多为少数民族聚居区,一些冰碛湖溃决直接威胁国外,社会环境相比较而言要突出一些。所以本书选取第四种组合(生命损失的权重为 0.700,经济损失的权重为 0.100,社会与环境影响的权重为 0.200)进行溃坝后果综合评估,来综合评估典型冰碛湖溃决后果。

5. 溃决风险指数计算

在按上述方法分别完成生命损失、经济损失及社会和环境影响赋值后,按照综合评价(赋值)原则考虑各自的权重,最后获得溃坝后果的综合分数。冰碛湖后果综合分数 L 可由式(4-31)得出:

$$L = \sum_{i=1}^{3} S_i F_i = S_1 F_1 + S_2 F_2 + S_3 F_3 \qquad (4\text{-}31)$$

式中,S_1、S_2、S_3 分别为生命损失、经济损失和社会环境影响的权重系数,可取 0.700、0.100 和 0.200,F_1、F_2、F_3 分别为生命损失、经济损失和社会环境影响的严重程度赋值,可按照表4-16~表4-18的标准确定。冰碛湖溃决风险指数按式(4-32)计算:

$$R = P_f L \qquad (4\text{-}32)$$

式中,R 为风险指数;P_f 为溃坝概率,按溃决概率事件树模型计算得到;L 为溃坝后果综合分数,按上述的溃决后果评价方法获得。

按上述方法计算危险冰碛湖的风险指数,然后依风险指数大小排序,决定不同冰碛湖风险级别和排险顺序,为冰碛湖溃决灾害的抢险施工决策提供参考。

4.4.5 冰碛湖溃决事件树模型的应用试验

众所周知,冰碛湖在溃决前水、能的积聚已达到最大化,其表征应该呈现最为危险的状态,溃决概率应该为"高"及其以上等级;另外,一般来说冰碛湖溃决是一次性,一旦某冰碛湖发生溃决以后,由于水、能的巨大释放,该冰碛湖再次发生溃决的概率应该为"低"及其以下等级,甚至基本消失。因此,通过对已溃决冰碛湖溃决前或者溃决后的溃决概率和溃决风险指数的估算,能大致验证冰碛湖溃决风险模型的合理性和可行性。为此,本书以西藏已溃决且有灾害损失记录的 13 个冰碛湖的资料为基础,基于大比例尺地形图、DEM 和遥感影像等数据,获取我国已经溃决的冰碛湖溃决概率计算的基本参数(表4-20),应用上述方法,计算已溃决湖溃决前/后的溃决概率和风险指数,对照相关的文献资料和野外考察结果,探讨基于决策树理论的冰碛湖溃决概率模型和溃决风险评价方法的可靠性。

表 4-20　我国已溃决冰碛湖溃决概率计算基本参数

名称	面积/km²	湖-冰距离/m	堤坝宽高比	危险水体指数	母冰川特征描述	堤坝特征描述	湖盆特征描述
坡戈错	0.53	0	1.73	0.414	冰川末端从坡度上看分为两段,第一段伸入湖中坡度<2°,第二段坡度增为20°~30°,最大超过40°	堤坝宽约173m,高约100m,背水坡坡度为15°~20°,表面起伏大,坝内可能有死冰	湖盆左右两侧坡度>30°,有漫顶溢流
达门拉咳错	0.04	280	—	2.547	为2条冰斗悬冰川,左侧母冰川坡度为15°~20°,距湖580m,右侧为10°~15°,距湖260m	无明显堤坝,无溢流	湖盆两侧为较为宽广的谷地,后壁坡度为10°~15°
扎日错	0.26	0	1.20	0.277	近湖有一长100m左右的冰舌,坡度>20°,再往上坡度降为10°~15°	堤坝宽约96m,高约80m,表面物质松散,起伏,坝内可能有死冰,背水坡坡度为15°~20°	湖盆左右两侧坡度>20°,有漫顶溢流
桑旺错	5.80	0	>10	0.004	与湖相连处为80~85m高的陡崖,冰舌坡度为8°~12°	湖坝不明显,背水坡坡度为10°~15°,有42m高的陡崖,坝表面起伏,坝内可能有死冰	湖盆两侧均有陡崖,左侧陡崖延伸至湖尾,排水通道明显
穷比吓错	0.06	76	>10	0.649	冰舌前端有一长40~60m,宽436m的陡崖冰体,坡度>40°,往上冰舌坡度约15°	湖坝被冲毁	湖盆两侧坡度平均>25°,有排水通道
隆达湖	0.21	35	3.50	0.087	冰舌前端长60~80m,坡度大,约20°,后变缓,约15°	湖水通过长为200m的水道延伸到坝中间,使得湖坝最窄处不到50m,杯水坡度为25°~30°	湖盆两侧坡度约40°,有一宽20~25m的排水通道,湖下游为陡峭峡谷

续表

名称	面积/km²	湖-冰距离/m	堤坝宽高比	危险冰体指数	母冰川特征描述	堤坝特征描述	湖盆特征描述
章藏布错	0.70	0	0.75	0.522	有冰体深入湖中,坡度为5°～10°,湖上约长700m的冰瀑布,坡度为35°～40°	堤坝表面起伏很大,坝内坡很可能有死冰,背水坡坡度约25°,有渗流痕迹	湖面有浮冰,湖盆两侧坡度>35°
塔阿错	0.20	0	3.667	0.653	冰舌前部有310m相对平缓,坡度<10°,往上坡度增为10°～15°	坝表面起伏大,坝内可能有死冰,背水坡坡度5°～10°	湖盆右侧坡度在35°以上,左侧在20°左右
阿亚错	0.56	340	5.6	0.135	冰舌前端坡度为15°～20°,往上300m后变缓,坡度<10°	背水坡坡度15°～20°	湖盆两侧坡度在30°左右,有排水通道
吉莱普错	0.15	118	—	1.279	冰舌前端有1000m左右的坡度为15°～20°,往上逐渐平缓,坡度<10°	湖坝被冲毁,无明显堤坝	排水系统发育,湖盆两侧坡度在30°左右
金错	0.50	0	1.5	0.050	冰舌末端长70～80m,部分坡地>45°,后变缓,坡度15°～20°,在上1000m处有一回弧,形成陡坡,坡度在45°以上	堤坝中部有一明显凹槽,并有溢流水流,背水部分坡长,下半部坡度>10°,上部一般<10°	湖盆两侧坡度在40°以上,有排水通道
光谢错	0.29	0	0.688	0.108	冰舌前段起伏大,坡度变化大,多为10°～15°,个别超过25°,在2000m处变为平缓,坡度<5°,这一平缓带长600～800m,往上冰川突然变陡,坡度>25°	背水坡起伏,坝内很可能有死冰,坝前为平坦河谷,坡度<5°	湖盆左侧为陡崖,距湖约100m,右侧为起伏的侧碛,上覆植被,内可能有冰体,有漫顶溢流

已溃决湖溃决前/后的溃决概率计算过程如下所述。

1. 冰碛湖溃决的可能气候荷载及其概率

由 3.3 节分析可知,西藏冰碛湖溃决主要发生在暖湿、暖干、冷湿和接近常态四种气候背景下。为确定历史上冰碛湖溃决事件的气候荷载的概率,本书以西藏已溃决冰碛湖附近的日喀则(1955~2004 年)、林芝(1954~2004 年)、索县(1956~2004年)、波密(1955~2004 年)、错那(1967~2004 年)、定日(1959~2004 年)、聂拉木(1966~2004 年)、帕里(1956~2004 年)8 个气象站过去近 50 年的资料为基础,按照本书对西藏已溃决冰碛湖气候特征度量方法(见 3.3.2 节),分析统计过去 50 年来各年份的冷暖和干湿状态(表 4-21),发现暖湿、暖干、冷湿和接近常态四种状态出现平均概率分别为 0.164、0.172、0.046 和 0.396,并作为冰碛湖溃决的可能气候荷载类型及其发生的概率。

表 4-21 我国喜马拉雅山区过去 50 年来各年份的冷暖和干湿状态

各年份的冷暖状态			各年份的干湿状态		
暖	接近常态	冷	湿	接近常态	干
1980，1981，1982，1983，1987，1989，1990，1991，1993，1994，1995，1997，1998，1999，2001，2002，2003，2004	1958，1959，1972，1973，1974，1975，1979，1984，1985，1986，1988，1992，1996，2000	1956，1957，1960，1961，1962，1963，1964，1965，1966，1967，1968，1969，1970，1971，1976，1977，1978	1959,1971,1973,1978,1979,1984,1988,1990,1991,1992,1996,1998,1999,2000,2002,2004	1962，1964，1975，1976，1977，1980，1981，1985，1987，1997，2001，2003	1956,1957,1958,1960,1961,1963,1965,1966,1967,1968,1969,1972,1974,1982,1983,1986,1989,1993,1994,1995

2. 某一气候荷载下不同溃决模式的确定及其赋值

首先,本书主要基于两方面数据确定某一气候荷载下可能的溃决模式并计算其发生的概率:①文献资料对已溃决湖的考察记录(徐道明和冯清华,1989;Liu and Sharma,1988;吕儒仁等,1999);②1:50 000 地形图、1:50 000DEM 及其再分析产品的坡度数据、ASTER 影像等数据资料。其中,危险冰体(即冰舌末端变坡点以下的冰体,或/和冰川末端裂隙发育冰体)的厚度基于冰川重力分量与横切剪应力平衡原理计算(Paterson,1994)

$$\tau_b = h\rho g \sin\alpha \tag{4-33}$$

式中,τ_b 为冰川底部剪应力;h 为冰川厚度;ρ 为冰川密度;g 为重力加速度;α 为危险冰体的坡度。若假定冰川冰为理想塑性体,则式(4-33)可改写为

$$h = \tau_0/(k\rho g \sin\alpha) \tag{4-34}$$

式中，τ_0 为物质的屈服应力，其值因母冰川的规模而变化，一般对于山地冰川从小到大，其值为 100～150kPa(Haeberli et al.，1995)；k 为系数，对于山地冰川一般取 0.5～0.9(Paterson，1994)。这样，由 1∶50 000DEM 再分析的坡度数据提取危险冰体的坡度，由式(4-34)便可计算危险冰体的厚度。根据危险冰体的厚度与危险冰体的面积可大致估算危险冰体的体积，并将其与冰湖水量的比值求得危险冰体指数

$$I = V_g/V_1 \tag{4-35}$$

式中，I 为危险冰体指数；V_g 为危险冰体体积；V_1 为冰湖水体积。由于多数冰碛湖没有湖水量的实测资料，一般通过冰碛湖的面积与平均深度的经验关系计算得到。统计喜马拉雅山有面积与平均实测资料的 20 个样本冰碛湖，获得冰碛湖的面积与平均深度的幂函数关系

$$D = 0.087A^{0.434} \tag{4-36}$$

式中，D 为冰湖平均深度(m)；A 为冰湖面积(m²)，$R^2 = 0.503$，信度水平 $\alpha = 0.05$。将冰碛湖平均深度与面积相乘，得到湖水储量 V(m³)

$$V = 0.087A^{1.434} \tag{4-37}$$

以三个专家基于上述数据确定的已溃决冰碛湖的定量和定性描述，根据表 4-15 的标准对可能溃决模式的定性描述转换成定量概率值，给出不同气候荷载下某溃决模式发生的概率。最后，取三位专家对可能发生溃决概率 $\bar{P}_i$ 的赋值的平均值

$$\bar{P}_i = \frac{\sum_{j=1}^{3} P_{ij}}{3} \tag{4-38}$$

式中，P_{ij} 为第 j 位专家对第 i 个溃决机制所赋的事件发生概率。专家对每一溃决机制的评分是在 0～1 进行。在这个溃决概率确定过程中，最重要的是判断依据和专家经验，即专家对于众多可能的溃决机制中，综合多种判断依据，把最主要的溃决机制描述成最可能发生的事件。

3. 已溃决湖在不同溃决模式下的溃决概率计算

实际上在某一气候荷载下有多种可能溃决模式，如在暖湿荷载下有六种可能模式，接近常态荷载下有四种溃决模式等，但是对于某一危险冰碛湖来说，可能其中某一两种原因是导致冰碛湖溃决的最主要原因。当然，不同的气候背景下，冰碛湖溃决概率不一样(如我国已溃决冰碛湖在暖的背景下发生溃决的占 70% 以上)，而同一溃决机制亦可以在不同的气候背景下发生，因此，在应用事件树方法计算进行溃决概率计算时，需要根据我国已溃决冰碛湖溃决气候背景的比例(见 3.3 节)，对四类可能发生溃决的气候背景赋以不同的权重系数。这样，在第 m 种气候荷载

下,第 i 种溃决机制下的溃坝概率 P_m 为

$$P_m = C_m R_m \bar{P}_i \tag{4-39}$$

式中,C_m 为第 i 种溃决机制(西藏已溃决湖的溃决模式主要有五类,见 3.4 节)在不同气候荷载下的权重系数,分别为暖湿 0.4,暖干 0.34,冷湿,0.13,接近常态 0.13(其中管涌溃决时冷湿为 0,漫顶冲刷时冷湿和接近常态为 0);R_m 为第 m 种气候荷载类型的权重,暖湿、暖干、冷湿和接近常态四种类型的权重分别是 0.164、0.172、0.046 和 0.396。

冰碛湖溃坝概率 P_f 为

$$P_f = \sum_{m=1}^{4} \sum_{i=1}^{5} P_{mi} + q \tag{4-40}$$

式中,q 为冰碛湖在气候不关联背景下可能的溃决模式[Ⅴ(1)、Ⅴ(2)和Ⅴ(3)](参见 3.4 节)的溃决概率,其值为 0.01~0.1(见表 4-15 中地震/排险施工模式)。

根据上述分析和式(4-38)~式(4-40),计算已溃决冰碛湖溃决前/后的溃决概率,见表 4-22。当然,获得冰碛湖的溃决概率等级比概率数值更有实践意义。McKillop 和 Clague(2007a)在分析加拿大 British Columbia 的冰碛湖溃决概率时,根据逻辑回归模型的溃决概率计算结果和已溃决冰碛湖间的统计关系(图 4-15),把计算冰碛湖的溃决概率值等级定为"非常低"($P_f < 0.06$),"低"($0.06 < P_f < 0.12$),"中"($0.12 < P_f < 0.18$),"高"($0.18 < P_f < 0.24$),"非常高"($P_f > 0.24$)。我国尚没有基于冰湖溃决概率大小意义上的等级划分成果和标准,本书仍按照 McKillop 和 Clague(2007a)提出的等级划分标准确定溃决概率等级。

表 4-22 西藏已溃决冰碛湖溃决前/后的溃决概率和溃决风险指数

湖名	溃决概率/等级	风险指数	溃决年份	航摄年份	备注
坡戈错	0.301/非常高	0.014	1972	1968	溃决前
达门拉咳错	0.066/低	0.013	1964	1970	溃决后
扎日错	0.264/非常高	0.027	1981	1980	溃决前
桑旺错	0.139/中	0.124	1954	1980	溃决后
穷比吓错	0.104/低	0.020	1940	1980	溃决后
隆达错	0.120/低	0.010	1964	1974	溃决后
章藏布错	0.297/非常高	0.274	1981	1974	溃决前
塔阿错	0.129/中	0.006	1935	1974	溃决后
阿亚错	0.102/低	0.005	1968~1970	1980	溃决后
吉莱普错	0.049/非常低	0.008	1964	1978	溃决后
金错	0.288/非常高	0.089	1982	1974	溃决前
光谢错	0.231/高	0.100	1988	1980	溃决前

注:航摄年份为地形图、DEM、坡度、航片等源数据获取的年份。

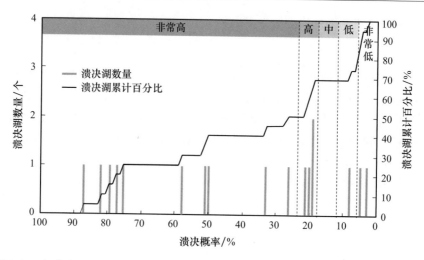

图 4-15　加拿大 British Columbia 溃决冰碛湖的概率分布（McKillop and Clague，2007a）
黑线为基于逻辑回归模型计算的溃决概率累计百分比，曲线的坡度突变点（如6%）指示了溃决概率等级
差异，即图上方等级

　　西藏已溃决冰碛湖溃决前/后的溃决概率等级中（表 4-22，图 4-16），坡戈错、扎日错、章藏布错、金错、光谢错五个冰碛湖的判别描述是反映其溃决前的状态，溃决概率为 0.231～0.301，等级均为"非常高"或"高"等级；达门拉咳错、桑旺错、穷比吓错、隆达错、塔阿错、阿亚错、吉莱普错七个冰碛湖的判别描述反映其溃决后的

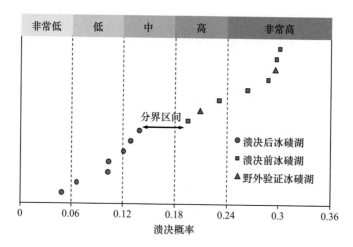

图 4-16　我国西藏已溃决冰碛湖溃决前/后的溃决概率及其等级分布
在溃决前等级均为"非常高"或"高"等级，溃决以后再次发生溃决的概率均在"中"以下等级；图中箭头说明
溃决后/溃决前（包括冰碛湖和两个野外考察证实具有"非常高"和"高"等级龙巴萨巴湖和皮达湖）的概率值
差异，指示具有潜在溃决危险性冰碛湖溃决等级差异的可靠性

状态,溃决概率为 0.049~0.139,再次发生溃决的概率均在"中"以下等级(桑旺错(0.139)和塔阿错(0.129)等级为"中";吉莱普错(0.049)为"非常低";其他四个为"低")。由此,危险冰碛湖在溃决前水、能的积聚已达到最大化,表征呈现最为危险的状态,溃决概率处于"高"及其以上等级;而冰碛湖溃决后,由于水、能的巨大释放,该冰碛湖再次发生溃决的概率一般应该为"低"及其以下等级。也就是说,本章提出的冰碛湖溃决概率估算的事件树模型的计算结果是合理的,该模型是可靠的。

下面计算已溃决湖溃决前/后的溃决风险指数。按冰碛湖溃决后果评价方法,分别对西藏已溃决冰碛湖中的 12 个有较详细野外考察记录的冰碛湖,从生命损失、经济损失及社会和环境影响三方面进行赋值(表 4-23),由式(4-31)和式(4-32)计算已溃决湖溃决前/后的溃决风险指数(表 4-22,图 4-17)。总的来看,冰碛湖的溃决风险指数与其溃决概率大小密切相关:溃决概率为"非常高"、"高"等级的冰碛湖的溃决风险指数大,溃决概率为"中"、"低"、"非常低"等级的冰碛湖的溃决风险指数小。但是,冰碛湖溃决风险指数的大小更取决于冰碛湖下游风险区的社会经济和环境状况,例如,章藏布错由于风险区人口较为密集、经济相对较为发达,且直接威胁聂拉木县,对下游的尼泊尔也会造成巨大损失,其风险指数最大(0.274);另外,坡戈错为表 4-22 中溃决概率最高的冰碛湖,但是由于风险人口少,溃决时所造成人员伤亡和社会经济损失不大,仅影响那昌公路的通行,因此尽管其溃决概率高,其溃决风险指数较低(0.014),与溃决概率低的达门拉咳错相近(0.013)。对照野外冰碛湖溃决损失调查结果(表 3-7),溃决灾害发生人员伤亡、造成巨大经济损失的事件(如桑旺错、章藏布错、光谢错溃决事件),其计算的溃决风险指数也都高(>0.1);反之,即使其处于高溃决概率状态,如下游风险区风险人口少、社会经济不太发达,其计算的溃决风险指数也不高(<0.1)。所以,对西藏 12 个已溃决冰碛湖的溃决风险指数的计算结果与野外调查的实际情况基本相符,这也间接说明了本章提出的冰碛湖溃决风险指数的计算方法是可行的。

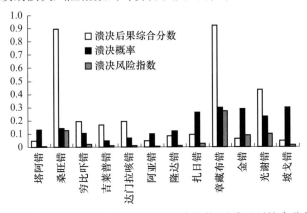

图 4-17　西藏已溃决冰碛湖的溃决概率和溃决风险指数(溃决后果综合分数参见 3.5 节)

表4-23　已溃决冰碛湖的生命损失、经济损失、社会及环境影响赋值

名称	生命损失		经济损失		社会及环境影响	
	生命损失描述	赋值	经济损失描述	赋值	社会及环境影响描述	赋值
坡戈错	无	0	冲毁简易桥梁,影响那昌公路	0.1~0.2	影响县级公路;沟河/地表遭到一定的破坏	0.1~0.2
达门拉咳错	无	0	对高山牧场,森林,房屋,田地,川藏公路造成破坏	0.5~0.8	影响省道;沟河/地表造成较大破坏,对生态环境造成影响	0.2~0.5
扎日错	无	0	荣达、策拉同桥梁被毁,沿线电站、水渠、农田、草场严重破坏	0.5~0.8	沟河/地表遭受较大破坏,对生态环境造成影响	0.1~0.2
桑旺错	死亡400人	0.8~1	淹没农田5733ha,毁环887ha;江孜和日喀则遭灾,受灾2万人	0.8~1	沟河/地表遭受较大破坏,对生态环境造成影响	0.5~0.8
穷比吓错	无	0	亚东县遭严重破坏,受害范围超过10km	0.5~0.8	沟河/地表遭受较大破坏,对生态环境造成影响	0.5~0.8
隆达错	无	0	冲毁吉隆区公路5~7km	0.1~0.2	沟河/地表遭受较大破坏;毁环县级公路;波及尼泊尔	0.2~0.5
草藏布错	死亡200人	0.8~1	冲毁电站,公路,桥梁,对尼泊尔造成巨大损失	0.5~0.8	沟河/地表遭受严重破坏;毁环国际公路;对尼泊尔造成巨大损失	0.8~1.0
塔阿错	无	0	泥石流掩埋66 700m² 耕地	0.1~0.2	沟河/地表遭受严重破坏,生态环境在短时间很难恢复	0.1~0.2
阿亚错	无	0	冲毁桥梁,阻断中尼公路	0.1~0.2	沟河/地表遭到一定的破坏;影响国际公路	0.1~0.2
吉莱普错	无	0	日屋一陈塘公路被毁20km以上,造成财产损失	0.2~0.5	影响县级公路;沟河/地表环境造成影响	0.2~0.5
金错	无	0	冲毁8个村庄,18.7ha耕地,牲口1600多头	0.2~0.5	沟河/地表遭受较大破坏,对生态环境造成影响	0.1~0.2
光谢错	死亡5人	0.2~0.5	100多人受灾;淹冲农田11.4ha,冲毁桥梁18座,冲毁川藏公路23km及通信设施,波及波密县城	0.5~0.8	沟河/地表遭受严重破坏,影响省级公路,生态环境在短时间很难恢复	0.5~0.8

4.5　本 章 小 结

冰碛湖溃决灾害的评价与其他自然灾害一样是一个系统过程,不同研究对象(区域尺度)、不同的溃决灾害决策需求和冰碛湖溃决灾害评价层次采取的方法不同,当前遥感技术在冰碛湖溃决灾害监测与评价中得到广泛的应用。本章全面总结了当前对危险性冰碛湖识别的指标体系及其相互关系,发现当前对冰碛湖溃决洪水/泥石流的模拟主要从溃决的强度和演进过程两方面进行,包括湖水量计算、溃决洪峰估算、泥石流流量估算、溃决洪水/泥石流最远距离估算、淹没面积估算等。在较详细地介绍了逻辑回归分析、模糊综合评价、等级矩阵图解等冰碛湖溃决概率计算模型的基础上,构建更适合喜马拉雅山区冰碛湖溃决灾害评价的事件树模型,主要包括以下过程:

(1) 构建马尔可夫链理论基础上的危险冰碛湖溃决概率估算的事件树模型。

(2) 从生命损失、经济损失和社会环境损失三方面评价冰碛湖溃决的后果,结合潜在危险冰碛湖溃决概率,提出冰碛湖溃决风险指数的计算方法。

(3) 最后,应用上述方法,计算西藏 12 个已溃决湖溃决前/后的溃决概率和风险指数,对照相关的文献资料和野外考察结果,探讨基于决策树冰碛湖溃决概率模型和溃决风险评价方法的可靠性,结果显示本章所构建的冰碛湖溃决概率模型和溃决风险评价方法是合理和可行的。

第 5 章　冰湖变化与溃决概率

5.1　数据源与数据处理

5.1.1　数据源

我国喜马拉雅山冰湖的分布及变化信息,是冰碛湖危险性评价的前提和基础性数据,本章首先采用不同时期的遥感数据,详细调查冰湖的分布及变化信息,进而基于决策树模型评价冰碛湖的危险性。用来提取我国喜马拉雅山地区冰湖信息的数据源主要有地形图、DEM、ASTER 影像、Landsat ETM＋影像,此外还包括20 世纪 60 年代末~80 年代初的航片、Google Earth 图片和相关野外考察文献资料等辅助信息。涉及的地形图共 278 幅,比例尺为 1∶50 000(241 幅)和 1∶100 000(31 幅)及 1∶25 000(6 幅,主要是珠穆朗玛峰地区),其中,航测地形图 271 幅、平板仪图 5 幅、立体摄影图 2 幅。地形图主要是基于航测图绘制的,从地形图航摄年份来看,主要反映 1970~1980 年冰湖信息,航摄照片最多的年份是 1980 年,占57％,其次是 1974 年,占 30％;从地形图航摄月份来看,主要反映 10~12 月冰湖信息,其中 11 月占 58％,10 月和 12 月分别约占 19％。DEM 为 1∶50 000、1∶100 000地形图数字化产品。研究区共涉及 242 幅 DEM,各 DEM 的时相特征与对应的地形图一致;坡度图为 DEM 的再分析产品,与 DEM 对应,共 242 幅。本研究涉及地形图的时相统计见表 5-1。

表 5-1　地形图航测时相统计

年份	2 月	3 月	7 月	8 月	9 月	10 月	11 月	12 月	合计
1969									2①
1970	2	1			1	1	5	3	14②
1974						42	41		83
1978			6				1		7
1980				1		6	105	46	158
合计	2	1	6	1	1	50	151	49	278③

①未标注月份;②有 1 幅未标注月份;③14 幅未核实确切年份和月份。

　　ASTER 是搭载在地球观测系统(EOS)TERRA 卫星上的高分辨率多光谱传感器。目前,在冰川学领域,ASTER 可用于南极冰盖运动、海冰、山地冰川分布的监测及冰川反射温度的分析。正是由于 ASTER 优越的性能,被全球陆地水空间监测计划(global land ice measurement from space project,GLIMS)列为用于监测全球冰川变化的主要传感器(Kieffer et al.,2000;Kargel et al.,2005)。与 Landsat ETM+相比较,ASTER 遥感数据前 9 个波段与 Landsat ETM+前 6 个波段类似,但 ASTER 波段分辨率比 Landsat ETM+高,且波段更窄(图 5-1)。ASTER 在可见光和热红外范围内共包含 VNIR(可见光近红外)、SWIR(短波红外)和 TIR(热红外)三个子系统共 14 个光谱通道,空间分辨率为 15m、30m、90m 不等,其相关参数见表 5-2。覆盖本研究区的 ASTER 共 39 景,时相为 2004~2008 年,其中 2008 年 6 景、2007 年 6 景、2006 年 13 景、2005 年 9 景、2004 年 5 景;季节上以秋冬季为主,占 72%,其中夏季(6~8 月)2 景、秋季(9~11 月)13 景、冬季(12~2 月)15 景、春季(3~5 月)9 景(表 5-3);数据级别为 Level 1A 和 Level 1B,均来自于美国地质调查局(USGS)。

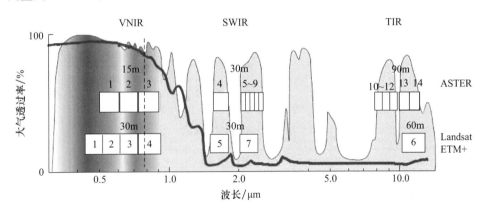

图 5-1 Landsat ETM+与 ASTER 光谱比较(Kääb et al.,2002)

表 5-2 ASTER 相关参数特征

子系统	波段数	光谱范围/μm	空间分辨率/m	辐射分辨率
VNIR	3 波段	0.52~0.86	15	≤0.5%
SWIR	6 波段	1.60~2.43	30	≤0.5%
TIR	5 波段	8.125~11.65	90	≤0.3K

表 5-3 ASTER 影像时相统计

年份	1 月	2 月	3 月	4 月	5 月	6 月	8 月	9 月	10 月	11 月	12 月	合计
2004			1		2				1		1	5
2005		2	1		1		1				3	9
2006						1		6	3	1	2	13

续表

年份	1月	2月	3月	4月	5月	6月	8月	9月	10月	11月	12月	合计
2007			1	1						1	3	6
2008	3	1	2									6
合计	3	3	5	1	3	1	1	7	4	2	9	39

由于可用高质量的 ASTER 影像不能覆盖整个研究区,对于所缺数据的区域(主要是喜马拉雅山东段部分地区),本书选取同时段的 7 景 Landsat TM 数据(空间分辨率为 30m)为补充数据。此外,为较全面分析近 30 年冰湖的变化过程,本章还选取了覆盖本研究区质量较好的 Landsat TM/ETM 影像作为近 30 年冰湖变化的中间状态描述数据。1999～2001 年,覆盖本研究区、能满足冰湖信息调查的 Landsat TM/ETM 影像共 22 景,其中 1999 年 3 景,2000 年 12 景,2001 年 7 景;季节上均为秋冬季节(冬季 6 景,秋季 16 景)。数据通过分辨率融合成 15m,时相统计见表 5-4。本章涉及的 Landsat TM/ETM 数据均来自于 USGS。

表 5-4　Land sat ETM＋影像时相统计

年份	1月	2月	3月	4月	5月	6月	8月	9月	10月	11月	12月	合计
1999								1	1		1	3
2000									5	4	3	12
2001									3	2	2	7
合计	0	0	0	0	0	0	0	1	9	6	6	22

5.1.2　数据处理

遥感数据预处理包括两部分:地形图数字化和遥感数据处理。地形图数字化包括对研究区 278 幅地形图进行扫描、配准、冰湖判读和边界数字化等过程,其流程如图 5-2 所示。在地形图纠正时,采用公里网作为控制网,投影统一使用高斯-克吕格等面积投影,椭球体采用 Krasvosky。Albers 投影参数选择与"国家资源环境数据库"一致,即

第一标准纬线 25°N

第二标准纬线 47°N

中央经线 105°E

原点纬度 0°N

假东 0.0

假北 0.0

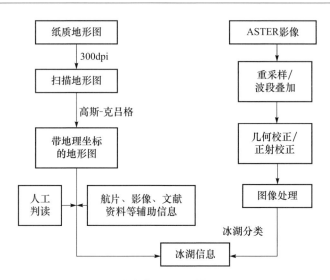

图 5-2　冰湖信息提取数据处理流程

在卫星遥感数据获取过程中,由于传感器在获取数据时受到诸多因素的影响,如仪器老化、大气影响、双向反射、地形因素等,使其获取的遥感信息中带有一定的非目标地物的信息,再加上地面同一地物在不同时间内接收到的辐射亮度随太阳天顶角变化而变化,这导致进入传感器的目标物辐射值发生畸变,图像模糊,对比度下降。同时,受遥感平台的姿态、高度及地球表面曲率、地表形态、地球自转等因素的影响,也会使图像产生诸如行列不均匀、像元大小与地面大小对应不准确、地物形状不规则变化等几何畸变失真。产生畸变的图像给定量分析及位置配准造成困难。因此必须尽可能地通过畸变处理,恢复图像的本来面目。传感器的各种参数、遥感平台、地球自转等带来的图像畸变由接收部门进行校正,而大气影响、辐射定标、几何位置造成的畸变用户仍需要考虑校正。由于本书只是运用目视解译和比值法等从影像中提取冰湖信息,图像提供的灰度值(DN)信息能达到分类目标,因此,对数据的预处理着重考虑影像的几何校正和正射校正(图 5-2)。

Landsat ETM+的数据是 Orthorectified 级数据,数据经过了正射校正;ASTER 数据分为 1A 和 1B 两级,均需要进行几何校正和正射校正。本书从下述几个方面对 ASTER 进行正射(几何)校正。

1) 数据处理软件及相关模块

(1) RSI ENVI 4.3(EOS-HDF 文件读取,ASTER 投影工具)。

(2) Leica Geosystems ERDAS Imagine 9.1(Data Preparation ◊Mosaic 工具,Image Interpreter ◊分辨率融合工具,Image Interpreter ◊波段叠加工具,AutoSync ◊图像校正工具)。

2）数据准备

（1）遥感数据（ASTER：1A 或 1B，Landsat ETM＋：1～4 波段；ETM：用 ETM 8 波段融合 ETM 1～4 波段）。

（2）DEM 数据（1∶50 000 或 1∶10 000 地形图数字化生成 DEM）。

（3）数据空间分辨率（统一为 15m，对 ASTER 第四波段进行地理参考和重采样，输出图像分辨率为 15m）。

3）主要步骤

（1）用 ERDAS 9.1 AutoSync Georeference Wizard 生成项目文件（Project）。

（2）采用项目初始配置自动生成图像控制点。

（3）用 AutoSync Workstation 查看自动生成图像控制点精度。

（4）修改项目配置和控制点位置，对项目进行调试。

（5）控制点达到预定精度要求后，进行重采样输出。

（6）将重采样 ASTER 和 ETM 数据叠合，分析校正精度，必要时返回步骤（4），重新进行调试。

4）质量控制

（1）控制点数不少于 50 个。

（2）单个控制点精度：X Residual，Y Residual，Error 小于 1 个像元大小（15m）。

（3）控制点总体 RMSE 和标准偏差小于 15m。

（4）校正结果的目视检验（主要以山脊线和沟谷线为参照），精度在 1 个像元左右。

5.2　冰湖自动提取

5.2.1　冰湖自动提取方法

通常冰碛湖不易到达，遥感和摄影测量技术对于监测冰碛湖面积变化具有得天独厚的优势（Kargel et al.，2005；Kääb et al.，2005）。基于遥感数据提取冰湖信息，主要包括提取冰湖边界/面积、冰湖浊度、冰湖深度、冰湖水位等信息。最近实施的 GLIMS 计划主要对全球冰川的长度、面积、表面高程、运动速度、冰川物质平衡及平衡线（ELA）高度等进行监测（Kargel et al.，2005；Raupa et al.，2007），但很遗憾没有对冰湖信息进行监测和记录，有研究者尝试着通过 ASTER 数据提取冰湖颜色信息，来解译冰湖变化信息（Kargel et al.，2005），认为冰湖颜色及变化可反映三个方面的信息：①入湖的冰雪融水的浊度；②融水中颗粒物的沉淀时间；③湖水对颗粒物的阻滞时间。2003 年 1 月，载有激光雷达传感器的卫星发射，研究者利用 ICESat 测高数据监测冰湖的水位变化（Zhang et al.，

2011;2013;李均力等,2011c),为冰湖变化的动态监测应用提供了广阔的前景。但是,由于 ASTER 的数据质量等原因,通过解译提取冰湖颜色来反演冰湖信息并没有广泛开展,ICESat 测高数据在中低纬度较为稀疏,大范围提取数量大且规模相对较小的冰湖水位信息还很难实现。当前对冰湖信息的自动提取,主要通过提取冰湖边界获取冰湖面积信息,并利用多期和多源的遥感数据,监测冰碛湖在溃决前期的面积变化。目前,研究者往往通过发展水体信息自动提取的方法,提取冰湖面积信息。目前可用于水体信息自动提取的主要方法有单波段阈值法(陆家驹等,1992)、比值法(盛永伟等,1994)、水体指数法(McFeeters,1996;Huggel et al.,2002)、图谱分析法(Wu et al.,2008)、光谱分类法(Frazier et al.,2000)、特征变化法(何智勇等,2004)、特征分割法(Lira,2006)、分步迭代水体信息提取法(骆剑承等,2009)等。

　　冰湖面积的提取与上述水体信息自动提取的算法既有相似之处,又有其特殊性。第一,冰湖位于冰川作用区,其地物类型和特性与非冰川作用区差别较大,且冰川作用区周围的地物多为积雪和冰川;第二,冰川作用区的冰湖的湖相季节变化明显,一般秋季(10～11 月)湖水位处于相对较高水平,冬季(2～3 月)处于低水位且多处于冻结状态(Zhang et al.,2011);第三,位于冰川作用区的地形起伏大、地形破碎,遥感影像变形大、多阴影。因此,在提取冰湖边界信息时,研究者多根据冰湖本身及其周围地物特性,改进水体信息自动提取方法,提出适合特定研究区的冰湖边界/面积信息提取方法。例如,Huggel 等(2002)参照 NDVI 多光谱分类技术,提出用归一化水分指数(NDWI)来提取冰湖信息

$$NDWI = \frac{B_{NIR} - B_{Blue}}{B_{NIR} + B_{Blue}} \tag{5-1}$$

$$NDWI = \frac{TM_4 - TM_1}{TM_4 + TM_1} \tag{5-2}$$

式中,B_{NIR} 为近红外波段;B_{Blue} 为蓝光波段;TM_1 和 TM_4 分别为 Landsat-TM1 波段和 4 波段。一般冰湖表面的 NDWI 的绝对值变化为 0.60～0.85,但不同的传感器 NDWI 值有明显差异,试验发现 Landsat MSS 为 0.45～0.9、ASTER 为 0.3～0.7、Landsat ETM+为 0.3～0.9(Bolch et al.,2011b)。李均力等(2011b)对归一化水分指数提取冰湖的方法进行了发展,在"全域-局部"分步迭代水体信息提取方法的基础上,通过对水体信息提取指标——水体指数物理特性的分析,实现算法中全域阈值的自动选择与局部阈值的自适应调整,并结合 DEM 生成的山体坡度和阴影信息,减少局部迭代过程中对其他地表特征与水体信息的误判。试验采用 Landsat 数据对喜马拉雅山地区的冰川湖湖泊进行信息提取,结果表明该方法能够快速准确地完成大区域范围内的冰川湖湖泊制图(李均力等,2011a),并能最大限度地消除高山地区湖泊水体识别中冰川和山体阴影的影响。针对高寒区冰雪特殊

性,Wessels 等(2002)提出利用 ASTER 影像的 VNIR 和 MIR 中的 4 个波段的比值来区别水面与非水面(R_1)及冰雪与液态水(R_2)。

$$R_1 = \frac{B_{\text{Green}}}{B_{\text{NIR}}} \tag{5-3}$$

$$R_2 = \frac{B_{\text{NIR}}}{B_{\text{MIR}}} \tag{5-4}$$

在此基础上,Gardelle 等(2011)结合波段比值和水面指数方法及 Landsat 影像与 ASTER 影像波段的相似之处,分析喜马拉雅山区冰川、积雪、表碛、阴影、低浊度湖面、中浊度湖面和高浊度湖面等七类地物的光谱特征,辅以地形数据(DEM 数据),提出了 Landsat TM/ETM 影像冰湖边界自动提取的决策树算法(图 5-3)。

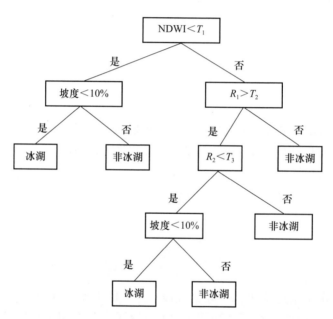

图 5-3　基于决策树的 Landsat 影像冰湖自动提取算法(Gardelle et al. ,2011)

T_i 为比值阈值,其大小由每一景影像目视经验估计确定,R_i 与式(5-3)和式(5-4)同

需要指出的是,任何一种冰湖自动提取方法,其结果精度主要受数据质量的控制,离不开人工辅助修订。对于当前普遍使用的光学遥感数据而言,除了上述积雪、地形阴影等影响外,云和湖水浊度也是制约基于光学遥感数据提取冰湖信息的重要因素。最近有学者选取阿尔卑斯山(瑞士)、帕米尔(塔吉克斯坦)、喜马拉雅山(尼泊尔)不同规模的冰湖,探讨了利用 TerraSAR、Radarsat-2、ENVISAT、ALOS PALSAR 等高分辨率的合成孔径雷达数据获取冰湖边界的可行性,认为在无积雪的情况下,在冰湖非冻结时期,利用高分辨率的合成孔径雷达数据提取冰湖边界信

息是可行的,特别是对于多云区域(如我国藏东南地区)和高浊度冰湖边界信息提取尤其具有优势(Strozzi et al.,2012)。

5.2.2　冰湖自动提取波段选择

在冰川作用区,冰湖及其周围地物类型主要有水体、冰川/积雪、冰碛物、基岩和阴影等。研究表明,在可见光、近红外、热红外波段不能区别雪/冰和云,但是在中红外波段,因为在这一波段云的反照率高,为白色;雪的反照率低,为黑色;雪/冰的反照率通常在整个可见光部分很高,而在整个红外波段下降;在整个可见光部分和红外波段,与冰/雪比较,表碛覆盖冰川和污雪的反照率在可见光部分要低得多,而在中红外波段要高(Mool et al.,2001a)。对于 Landsat TM/ETM 而言,在可见光区包括 1、2、3 波段,1、2、3 波段对雪反射率高;近红外区 4波段对雪的反射率也维持在较高的水平;短波红外 5、7 波段对冰雪下垫面具有较强的吸收特征,5 波段可以区分雪/云(美国地质调查局,1987);而对于水体,短波红外 5 波段和 7 波段位于水的吸收带,对水分敏感。由此,为识别冰川区的地物(主要是水体、冰川、冰碛物、基岩和阴影),选取可见光到短波红外之间某波段或波段运算能满足识别冰湖的目的,实践中多以 1、4 波段作比值运算获取冰湖信息(Huggel et al.,2002;Gardelle et al.,2011)。在喜马拉雅山区,选取 p139r41_4t19891110 中目视识别的水体、冰川、冰碛物、基岩和阴影,每类地物采集 10～16 个样本,得到各地物 7个波段的平均 DN(digital number)值(图 5-4),由图 5-4 可看出在 Landsat TM 影像1～4 波段中,冰川 DN 值与其他地物的 DN 值区别较大,冰湖与阴影的 DN 值较为接近。将通用的 4 波段与 1 波段作比值运算,发现冰湖、阴影、冰碛物、基岩和冰川成阶梯状依次递增,冰湖最小,冰川最大(图 5-5)。

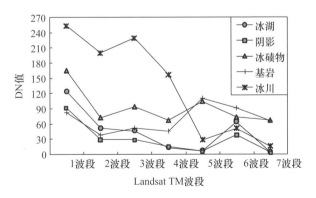

图 5-4　Landsat TM 中冰川作用区不同地物的 DN 值

1～7 波段为 Landsat TM 波段

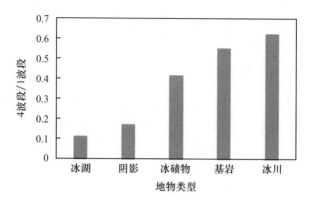

图 5-5　Landsat TM 中冰川作用区不同地物的 4 波段与 1 波段的比值

ASTER 的波段与 Landsat TM/ETM 光波段较为类似,其中,热红外波段的范围较 Landsat TM/ETM 要长,但 ASTER 影像缺蓝光波段(图 5-1)。为分析冰川作用区的不同地物在不同波段光谱亮度值的特征,选取冰湖分布较为集中的一景 ASTER 影像(时相为 2008 年 1 月 6 日,编号为 00301062008045927_20080326112616_18390),对影像上各类地物抽取 17～24 个不同特征的样本,统计分析这五类地物光谱亮度值特性。各类地物样本在 1～14 波段的 DN 均值如图 5-6 所示。由图 5-6 可见,五类地物的 DN 值,前四个波段,尤其是前三个波段差异较大,而在 5～14 波段中五类地物的 DN 值差别不大;由此,取前四个波段(即可见光 1～3 波段和短波红外 4 波段,波段范围为 0.52～1.7μm)作比值提取冰湖信息最为合理。在 ASTER1～4 波段中,1 波段较其他 3 个波段的 DN 值大得多,且不同地物间的 DN 值相对差别最大,而 4 波段的 DN 值小,两者的比值应该能较好地识别地物,波段比值的对比分析也说明这一点(图 5-7)。由图 5-7 可见,1 波段/2 波段和 1 波段/3 波段的比值中五类地物差异不大,平均为 1～3;而在 1 波段/4 波段的比值中五类地物较明显的分为三个数量级:冰川最大平均为 73 左右,冰湖和阴影平

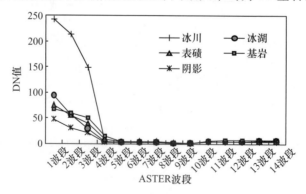

图 5-6　ASTER 中冰川作用区不同地物的 DN 值

均为 35 和 38,表碛和基岩最小平均为 5 和 8。所以,如果暂不考虑冰湖与阴影的区别,相对来说用 1 波段(0.52~0.60μm)和 4 波段(1.60~1.70μm)作比值,能较好地把冰湖和阴影与其他地物区分开来。

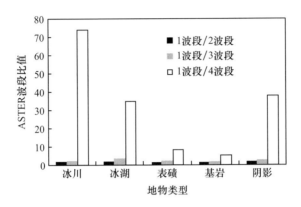

图 5-7　ASTER 中冰川作用区不同地物的波段比值

5.2.3　冰湖自动提取过程

根据上述分析,本章选取 ASTER 的 1 波段和 4 波段进行比值运算,将冰湖和阴影与冰碛物(包括冰川表碛)、基岩和冰川(包括积雪)分类;考虑到冰湖表面平缓而阴影一般坡度较大,拟结合 DEM 的再分析数据坡度图为辅助信息,将冰湖和阴影区别开来。同样,以冰湖分布较为集中、编号为 00301062008045927_20080326112616_18390 的 ASTER 为例,探讨冰湖的自动提取方法。冰湖边界自动提取流程如图 5-8 所示。自动提取步骤如下(为减少计算量,对影像进行了裁剪):

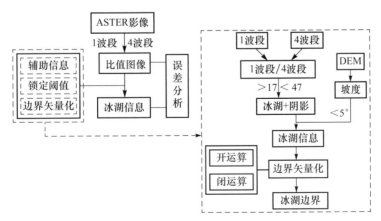

图 5-8　冰湖边界自动提取流程

（1）波段组合成假彩色合成图［图 5-9(a)］，图中黑色为冰湖和阴影。

（2）用式 ratio＝1 波段/4 波段来提取冰湖信息（ENVI－band math），黑色为冰湖和阴影［图 5-9(b)］。

（3）取 17＜ratio＜47，生成二值图，"1"为冰湖和阴影，"0"为其他（图 5-9(c)），运算式为：If ratio＞17 and ratio＜47 then 1 else 0。

（4）从 1∶50 000DEM 获取坡度图［图 5-9(d)］与二值图［图 5-9(c)］进行运算，消除阴影［图 5-9(e)］，运算式为：If slope＞5 and value＝1 then 1 else 0。

（5）边界矢量化，用 ArcMap→from raster to shapefile 命令进行，节点选择在每个栅格边的中心点［图 5-9(f)］，这样可以保证面积不变。

（6）对边界矢量化后图［图 5-9(g)］进行剔除细小多边形（小于 9 个像元，即面积≤0.002km² ）和冰湖中的岛屿处理，通过 ERDAS→clump→sieve 完成［图 5-9(h)］。

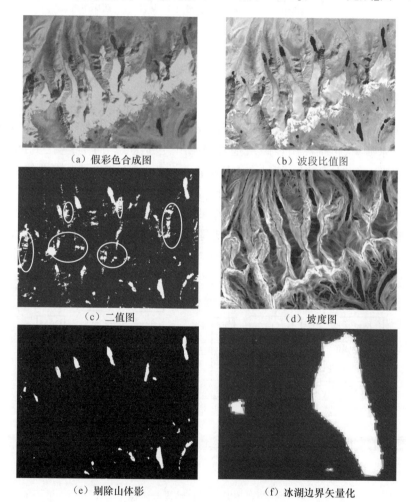

（a）假彩色合成图　　　　　　　　　（b）波段比值图

（c）二值图　　　　　　　　　　　（d）坡度图

（e）剔除山体影　　　　　　　　（f）冰湖边界矢量化

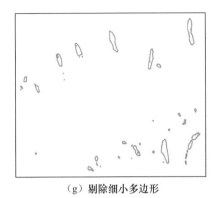 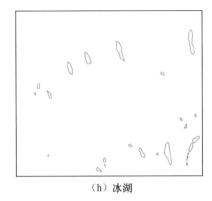

（g）剔除细小多边形　　　　　　　　　（h）冰湖

图 5-9　冰湖边界自动提取示例

5.2.4　冰湖自动提取的精度分析

冰湖面积提取的总体精度主要与几何配准技术与像元分辨率等有关（Williams et al.，1997；Hall et al.，2003）。ASTER 几何误差控制在一个像元内，因此由于几何误差导致的面积不确定性为 $15\text{m}\times15\text{m}=0.000\,225\text{km}^2$，由于像元分辨率产生的面积不确定性为 $2\times15\text{m}\times15\text{m}=0.000\,450\text{km}^2$，这相对于总体误差来说可以忽略。冰湖边界矢量化通过边界像元对角线［图 5-9（f）］，也就是说如不考虑混合像元的影响，每个边界像元有 50% 湖面积被包括或者排除在外，因此每个冰湖边界矢量化带来的面积误差可由式（5-5）计算：

$$u_a = \frac{\lambda^2 p}{2\sqrt{\lambda^2+\lambda^2}} = \frac{\lambda p}{2\sqrt{2}} \tag{5-5}$$

式中，u_a 为冰湖矢量化误差值；λ 为影像空间分辨率；p 为冰湖周长。计算表明，喜马拉雅山区由 ASTER（ETM 与 ASTER 一致）影像提取的冰湖矢量化相对误差平均为 $\pm2.4\%$。地形图获取的冰湖由于航片的空间分辨率为 5m，如忽略航片制图和人工数字化等误差，理论上讲，1970～1980 年的冰湖面积误差应小于基于 2000s 时段的冰湖面积误差。

此外，调查现状年冰湖的分布信息使用的 ASTER 数据为 2004～2008 年各个季节的数据，使得现状年面积参数最大有 5 年的年际差异。另外，尽管 ASTER 数据尽可能选择 9 月到次年 3 月数据（占 82%），但由于 ASTER 数据时相分属于年内不同季节，季节的差异不仅会导致冰湖面积的年内偏差，而且，对于一些季节性冰湖（如夏季存在的冰面湖，在冬季可能消失或减少到编目门槛面积以下），在编目很难识别和区分；上述年际和年内面积差异有多大，以及季节性冰湖存在规模和状态问题，需要更为密集的数据进一步分析，本章现状年的冰湖编目总体反映2004～2008 年秋冬季的冰湖状态。

5.3　冰　湖　编　目

5.3.1　冰湖的界定及其分类

本书对我国喜马拉雅山地区冰湖进行冰湖编目,主要依照中国第一次冰川编目关于喜马拉雅山区流域划分原则划分流域等级,冰湖编码参照美国国家雪冰数据中心(NSIDC)制定的冰川编码新标准确定冰湖代码,冰湖分类以中国西藏朋曲、波曲流域冰川、冰湖考察报告中对朋曲和波曲冰湖编目所定义的冰湖类型(Liu and Sharma,1988)为主要依据。此外,借鉴尼泊尔、不丹等冰湖编目时关于界定冰湖分布下限、最小冰湖面积界定的思路(Mool et al.,2001a;2001b),对本研究区冰湖进行编目。

由冰川作用形成的湖泊或以冰川融水为主要补给的湖泊称为冰湖。在冰湖编目的操作层面上对冰湖作如下进一步界定。

(1)基本条件:以冰川融水直接或间接补给为主的湖;或主要由于雨水补给,但是湖盆是由于现代冰川作用形成的。

(2)面积上:Mool 等(2001a;2001b)在喜马拉雅山南坡进行冰湖编目时把面积≥0.02km² 称为较大冰湖;以面积为 0.003km² 的冰湖作为冰湖编目的门槛面积。本书用 1∶50 000 和 1∶100 000 的地形图进行冰湖调查编目时统一取 0.002km² 为门槛面积(在 1∶50 000 的地形图上相当于直径 0.5cm 的面积);在用 ASTER 进行新一期冰湖编目时,也以≥0.002km² 为门槛面积(相当于 8~9 个像元的面积)。

(3)位置:位于冰川作用区。关于冰川作用,Mool 等(2001a;2001b)在喜马拉雅山南坡进行冰湖编目时,规定海拔 3500m 为冰湖分布的下限;我国喜马拉雅山地区冰湖多,分布高度差异较大,大致由东段 3000m 以上到西段的 5000m 以上,本书对海拔在 3000m 以上的湖泊编目。此外,本书主要从冰川角度考虑冰湖与冰川关系、变化及冰湖灾害,所以,把以现代冰川作为母冰川,且与母冰川的直线距离在 10km 以内的冰湖进行编目。

编目时按照冰湖坝的形态和性状对冰湖进行分类,可分为冰碛湖、冰川阻塞湖、冰蚀/冰斗湖、冰面湖、河谷湖和滑坡/泥石流阻塞湖(图 5-10)。

(1)冰碛阻塞湖[图 5-10(a)]:当冰川出现强烈退缩、冰舌变薄时,在后退冰川的末端或冰舌两侧与冰碛终碛垄或侧碛垄之间形成湖盆,由于冰碛坝(或埋藏死冰)阻塞冰川融水并拦蓄成湖,一般位于冰川末端或侧碛旁。在我国,冰碛湖主要分布在喜马拉雅山东、中段和念青唐古拉山东段等地。

(2)冰川阻塞湖[图 5-10(b)]:由于冰川突然前进或冰川退缩导致一条冰川横贯于另一条冰川的前端,冰川融水由于冰川体的阻塞,蓄水成湖;或跃动冰川迅速前进阻塞河谷形成冰川阻塞湖。喀喇昆仑山是我国冰川阻塞湖主要分布区,本研究区未发现此类冰湖。

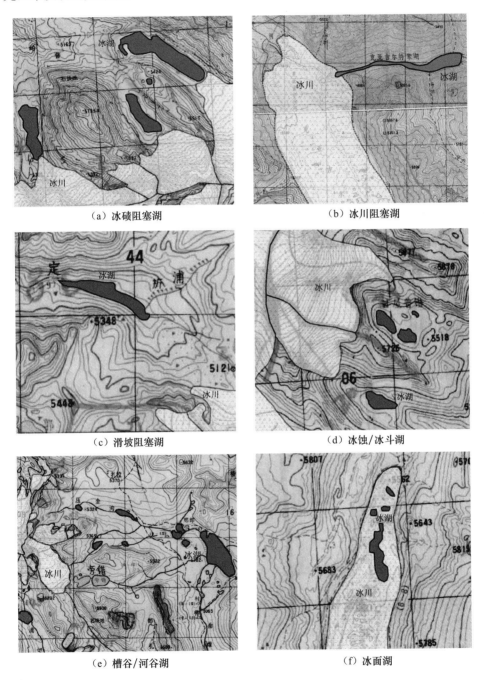

（a）冰碛阻塞湖　　　　　　　　　　（b）冰川阻塞湖

（c）滑坡阻塞湖　　　　　　　　　　（d）冰蚀/冰斗湖

（e）槽谷/河谷湖　　　　　　　　　　（f）冰面湖

图 5-10　冰湖类型

（3）滑坡阻塞湖［图 5-10（c）］：由于山体滑坡或崩塌等原因，将冰川融水的出水槽谷堵塞，随着冰川融水的增多，慢慢形成湖泊（本研究区未发现此类冰湖）。

（4）冰蚀/冰斗湖［图 5-10（d）］：由于冰川侵蚀作用，冰川退缩后，积水形成的湖泊称为冰蚀湖；如有三侧被陡坡包围，多为近圆形状，称为冰斗湖，其围坝可能是基岩，也可能是冰碛。

（5）槽谷/河谷湖［图 5-10（e）］：由于古冰川的侵蚀作用，在冰川槽谷区形成的湖泊称为冰蚀槽谷湖，冰川融水在河谷中积水形成河谷湖。一般两侧较高，前方有出口，多为槽谷形状。

（6）冰面湖［图 5-10（f）］：由于冰川表面差异消融，在冰川表面形成的湖泊称为冰面湖。

5.3.2 冰湖编目属性表

本书的冰湖编目主要从冰湖溃决灾害的角度出发建立冰湖编目属性数据，对冰湖的母冰川、冰湖环境及冰湖本身等进行调查、登记和管理；并对冰湖溃决灾害进行分类、分级和区划，为进一步建立灾害监测系统和预警系统提供基础数据和服务。通过 ArcMap-Attribute 建立冰湖属性表，属性表的字段包括冰湖的位置、类型、编码、海拔高度、面积、长度、危险性/溃决概率/风险指数及母冰川编号、母冰川面积等，主要字段说明如下。

1）位置

以冰湖质心点的经纬度标注。通过 ArcMap→Attribute→calculate Geometry 计算 X Coordinate of Centroid 和 Y Coordinate of Centroid 获取冰湖位置。

2）类型

本研究区主要的冰湖类型名称及其代号分别为：冰碛湖（包括侧碛湖和终碛湖）M；冰坝湖 I；冰斗湖（与侵蚀湖较为类似，一般只有明显的三面围墙形状才归为冰斗湖，如果没有明显三面围墙形状，则归为侵蚀湖）C；侵蚀湖（主要是由于现代冰川或古冰川的侵蚀或刨蚀作用在低洼的地方积水）E；滑坡体阻塞湖 B；冰面湖 S；槽谷/河谷湖（在槽谷/河谷中的地势低洼的地方积聚的冰川融水而形成的湖泊）V。

3）冰湖的编码

参照美国 NSIDC 制定的冰川编码新标准，对冰湖进行编码，编码格式如下：

$$GLnnnnnn[E|W]mmmmm[N|S] \tag{5-6}$$

式中，GL 为 glacier lake 的缩写；nnnnnn 的数值范围为 ［000000，359999］；mmmmm 的数值范围为［00000，90000］，数值为冰湖质心点的经纬度坐标值（以度为单位）乘以 1000，经度以本初子午线为原点，西经的数值范围为（180，360）；［N|S］

中 N 表示北纬,S 表示南纬;[E|W]中 E 表示东经,W 表示西经。

4) 母冰川

一般形成与补给冰湖的冰川为同一条冰川,此时冰湖的母冰川唯一;但是对于形成冰湖和补给冰湖的不是同一条冰川,规定补给冰湖的冰川为母冰川;如果补给冰湖的冰川条数≥2 条,则把距离冰湖最近的冰川标注为母冰川,如果补给冰川距离差异不大,则把补给冰川中面积最大者定为母冰川,并在其后面标注其他补给冰川的数量,形如"_数字"[如位于叶如藏布的直习错(编号 GL88004E27931N)共有 4 条补给冰川,其中最近的补给冰川为 5o197b0123,则该冰湖母冰川标注为 5o197b0123_4]。如果一条冰川补给多个冰湖,则这些冰湖标注同一条母冰川。对于冰坝湖,以形成冰坝的冰川为母冰川。

5) 海拔高度

取冰湖质心点的海拔高度,20 世纪七八十年代的冰湖编目从 DEM 上获取,现状年冰湖高度从基于 ASTER 生成的 DEM 中获取(对于缺失 ASTER 的地区考虑从 SRTM 中提取)。

6) 面积

基于 ArcMap 计算。ArcMap→Attribute→Field Calculator 通过以下 VB 脚本语言计算:

Dim Output as double

Dim pArea as Iarea

Set pArea = [shape]

Output = pArea. area

7) 长度

取通过湖的质心点的形状长轴为冰湖的长度。ArcMap→Attribute→Field Calculator 通过以下 VB 脚本语言计算:

Dim Output as double

Dim pCurve as ICurve

Set pCurve = [shape]

Output = pCurve. Length

8) 危险性/溃决概率/风险指数等级

根据 5.5 节研究结果赋值。

5.4　冰湖分布与变化

5.4.1　冰湖分布

根据上述对冰湖界定的条件(5.3 节),基于地形图数据、ASTER 数据对我国喜马拉雅山区冰湖编目,编目结果见附录一。统计冰湖编目结果,在 2004~2008 年,从数量上来看,我国喜马拉雅山地区冰湖总数为 1680 个,总面积为 215.28km²,其中,东、中和西段冰湖分布是:东段冰湖共有 641 个,面积为 71.93km²;中段冰湖共有 620 个,面积为 90.70km²;西段冰湖共有 419 个,面积为 52.67km²(表 5-5)。本研究区冰湖平均面积为 0.13km²,中段冰湖规模最大,平均 为 0.15km²,东、西段冰湖平均面积分别为 0.11km² 和 0.12km²。从标准化冰湖 面积(即不同区段冰川作用区单位面积上冰湖的面积,此处把区域冰川末端前 10km 以内的范围定义为冰川作用区,计算每 100km² 冰川作用区面积上的冰湖面 积,即 10^{-2} km/km²)来看,中段最大,为 0.38km²,东、西段分别为 0.21km² 和 0.19km²。说明我国喜马拉雅山中段气候和地形条件最有利于冰湖的形成,冰湖 分布最为密集,西段冰湖分布最为稀疏,标准化冰湖面积约为中段的一半。

表 5-5　2004~2008 年我国喜马拉雅山区不同区段冰湖分布

位置	1970~1980 年冰湖		1999~2001 年冰湖		2004~2008 年冰湖	
	数量	面积/km²	数量	面积/km²	数量	面积/km²
东段	676	58.70	622	67.53	641	71.93
中段	686	69.49	613	89.56	620	90.70
西段	388	38.29	395	48.93	419	52.67
总计	1750	166.48	1630	206.02	1680	215.30

从类型上看,在 2004~2008 年本研究区主要冰湖类型有冰碛湖、冰面湖、冰蚀 湖、冰斗湖和河/槽谷湖等(图 5-11)。目前,本研究区共有冰碛湖 1250 个,面积为 147.09km²;河谷湖 278 个,面积为 60.50km²;冰斗湖 75 个,面积为 3.52km²;冰蚀 湖 59 个,面积为 2.15km²;冰面湖 18 个,面积为 2.15km²。在数量上,依次为冰碛 湖、河/槽谷湖、冰斗湖、冰蚀湖和冰面湖,分别占总数的 74.4%、16.5%、4.5%、 3.5% 和 1.1%。在面积上,依次为冰碛湖、河/槽谷湖、冰斗湖、冰面湖和冰蚀湖, 分别占总数的 68.3%、28.1%、1.6%、1.0% 和 0.9%(表 5-6)。可见我国喜马拉雅 山区冰碛湖占绝对优势,反映本研究区地形复杂、冰碛物丰富,有利于水资源的储 存。从规模上看,河/槽谷湖一般为河谷低洼处,有利于储水且水源补给相对丰 富,规模最大,平均面积为 0.22km²;而冰蚀湖和冰斗湖需要特定冰蚀地形,储水 条件和规模有限且相对水源补充较为困难;规模最小的是冰蚀湖和冰斗湖,平均 面积为 0.03km² 和 0.05km²。此外,本区没有发现冰川阻塞湖和滑坡阻塞湖等 其他类型冰湖。

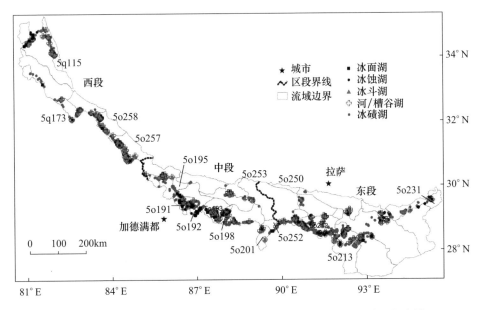

图 5-11　我国喜马拉雅山不同类型冰湖分布示意图（流域边界为四级流域）

表 5-6　2004～2008 年我国喜马拉雅山地区不同类型冰湖统计

类型	1970～1980 年		1999～2001 年		2004～2008 年	
	数量/个	面积/km²	数量/个	面积/km²	数量/个	面积/km²
冰碛湖	1208	99.78	1165	135.02	1250	147.09
冰面湖	58	6.17	50	6.62	18	2.15
冰蚀湖	74	2.04	59	2.03	59	2.02
冰斗湖	96	3.48	76	3.74	75	3.52
河/槽谷湖	314	55.01	280	58.61	278	60.50
合计	1750	166.48	1630	206.02	1680	215.28

　　从冰湖随高度分布来看，第一，我国喜马拉雅山地区的冰湖分布于 3400～6100m（表 5-7），但 85% 的冰湖分布在 4700～5700m，其中冰湖数量最多的高度是 5500～5600m，为 220 个；冰湖面积最大高度是 5100～5200m，为 34.81km²，也就是说，冰湖数量最多的高度与冰湖面积最大的高度相差 400m（图 5-12）。第二，不同高度带冰湖的分布与冰川末端位置的分布密切相关（图 5-13），相对来说，冰湖数量分布与冰川末端数量分布趋势更为一致，两者的峰值高度相差约为 100m，反映冰湖形成与冰川末端的动态变化直接相关，冰川末端位置集中的高度带，冰湖数量也较多；而冰湖面积分布相对变化较大，且最大面积高度（5100～5200m）较冰川末端数量最多的分布高度（5600～5700m）要低约 500m，反映出冰湖面积大小除与冰川末端多寡相关以外，还与冰湖形成的地形起伏、冰碛物丰富程度等条件有关，

平均来说,在冰川末端位置带以下 500m 高差处最有利冰川融水的储存。第三,位于不同海拔高度冰湖平均面积差异明显,统计表明总体上低海拔的冰湖较高海拔的冰湖平均面积要大(图 5-14)。在海拔 5400m 以上,冰湖的平均面积小于 0.07km^2,冰湖规模最大的高度为 4500～5200m,平均面积为 0.1～0.4km^2,其中冰湖最大高度带为 4500～4600m(平均面积为 0.44km^2)和 4800～4900m(平均面积为 0.27km^2)。可见,较大规模冰湖分布高度较冰湖最大面积(5100～5200m)和冰湖数量最多高度(5500～5600m)分别低约 600m 和 1000m,这种高度分布特征说明冰湖的分布既受补给水源的影响,也与储水的条件有关,在较低海拔由于坡度变缓、冰碛物堆积增多(尤其是在 4500～4900m 冰碛物广泛分布)阻滞冰川融水等因素,致使在 4500～4900m 冰湖规模最大。第四,冰湖分布的平均海拔高度由东到西有增加的趋势(图 5-15),分布的平均海拔由东段的 4985m、中段的 5284m 到西段的 5417m,这与本研究区降水由东向西呈递减趋势,冰川类型由东部的海洋性冰川,其末端的海拔较低,向西过渡为大陆性冰川,其末端海拔逐渐升高有关。另外,总体看来中段冰湖分布的垂直范围大,东段次之,西段冰湖垂直分布最为集中。本研究区中段冰湖分布最高海拔达 6000m,最低为 3741m,高差最大,超过 2200m,这主要由于中段高大山脉多,本研究区 5 座超过 8000m 的山峰全部位于中段(如最高峰珠穆朗玛峰位于此区),且 62% 海拔＞7000m 的山峰分布在中段,地形起伏大,为冰湖向高海拔地区延伸提供有利条件,冰湖分布垂直范围大;西段相对地形起伏较小,加上西段冰川末端位置较高,冰湖分布的最低海拔较高,冰湖分布的垂直范围在 1200m 左右;而东段主要由于降水多,冰川末端位置低,冰湖最低海拔低,再加上本研究区有 7 座海拔＞7000m 的山峰,致使东段冰湖分布的垂直高差也超过 2000m。

表 5-7　近 30 年我国喜马拉雅山各个海拔梯度冰湖的分布及变化

高程 m	1970～1980 年		2004～2008 年		消失冰湖		新增冰湖		冰湖变化比例	
	数量 /个	面积 /km^2	数量 /个	面积 /km^2	数量 /个	面积 /km^2	数量 /个	面积 /km^2	数量 /%	面积 /%
3400～3500	1	0.375	1	0.389	—	—			0.0	3.6
3500～3600	1	0.075	1	0.080	—	—			0.0	7.0
3600～3700	1	0.149	1	0.177	—	—			0.0	18.5
3700～3800	2	0.242	1	0.231	1	0.004			−50.0	−4.2
3800～3900	4	0.513	4	0.578					0.0	12.7
3900～4000	7	0.165	4	0.118	3	0.081			−42.9	−28.7
4000～4100	6	0.101	4	0.058	2	0.035			−33.3	−42.4
4100～4200	14	1.434	14	1.547					0.0	7.9
4200～4300	27	3.406	24	3.674	3	0.017			−11.1	7.9
4300～4400	34	1.684	30	1.710	4	0.062			−11.8	1.5

续表

高程 m	1970～1980 年		2004～2008 年		消失冰湖		新增冰湖		冰湖变化比例	
	数量 /个	面积 /km²	数量 /个	面积 /km²	数量 /个	面积 /km²	数量 /个	面积 /km²	数量 /%	面积 /%
4400～4500	45	4.268	39	5.308	6	0.068	—	—	−13.3	24.4
4500～4600	34	12.086	29	12.862	6	0.058	1	0.035	−14.7	6.4
4600～4700	50	8.946	46	9.912	4	0.033	—	—	−8.0	10.8
4700～4800	63	7.394	60	8.098	8	0.079	5	0.295	−4.8	9.5
4800～4900	69	14.346	65	17.234	10	0.318	6	0.808	−5.8	20.1
4900～5000	92	11.817	94	14.979	15	0.110	17	2.005	2.2	26.8
5000～5100	119	11.272	114	20.788	26	0.285	21	5.573	−4.2	84.4
5100～5200	161	25.916	155	34.808	26	0.305	20	2.377	−3.7	34.3
5200～5300	187	14.432	181	19.925	28	0.229	22	1.336	−3.2	38.1
5300～5400	168	18.759	161	21.954	26	0.590	19	0.905	−4.2	17.0
5400～5500	185	9.775	183	13.970	31	0.432	29	2.274	−1.1	42.9
5500～5600	240	12.627	220	16.899	45	0.428	25	1.255	−8.3	33.8
5600～5700	142	4.461	141	6.638	28	0.308	27	1.390	−00.7	48.8
5700～5800	66	1.409	75	2.313	13	0.144	22	0.788	13.6	64.1
5800～5900	25	0.715	26	0.856	6	0.045	7	0.066	4.0	19.6
5900～6000	6	0.069	4	0.099	2	0.010	—	—	−33.3	43.2
6000～6100	1	0.044	3	0.073	1	0.044	3	0.073	200.0	65.0
合计	1750	166.480	1680	215.279	294	3.687	224	19.18	−4.0	29.3

注:数量(面积)变化率=[2004～2008 年冰湖个数(面积)−1970～1980 年水湖个数(面积)]/[1970～1980 年冰湖个数(面积)];其中+表示增加,−表示减少。

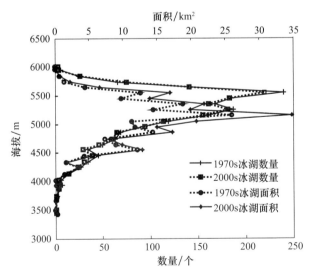

图 5-12　我国喜马拉雅山冰湖数量随高程的变化

1970s 为 1970～1980 年的数据;2000s 为 2004～2008 年的数据

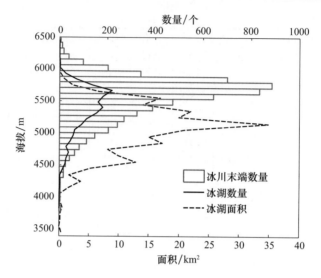

图 5-13　我国喜马拉雅山不同高度带冰川末端数量与冰湖数量、面积对比

冰湖数量分布与冰川末端数量分布较为一致

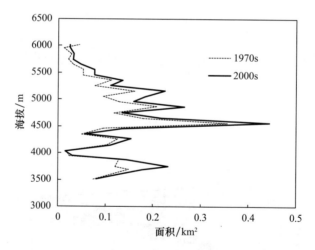

图 5-14　我国喜马拉雅山区不同高度带冰湖的平均面积

1970s 为 1970～1980 年数据;2000s 为 2004～2008 年数据

从流域来看,2004～2008 年,本研究区 41 个四级流域中,除中段的麻章藏布源头以下(5o190)、东段的哲古错(5o242)没有冰湖分布,其他 39 个四级流域均有冰湖分布(表 5-8)。冰湖个数占总冰湖个数 5% 以上的流域有洛东段的扎雄曲—章曲(5o212,179 个,占 10.7%)、西巴霞曲(5o221,152 个,占 9.0%)、良江曲—达旺曲(5o213,103 个,占 6.1%)、中段的拿当曲(5o198,114 个,占 6.8%)、绒辖藏布(5o192,102 个,占 6.0%),西段的雄曲—绒来藏布(5o257,143 个,占 8.5%)等,上

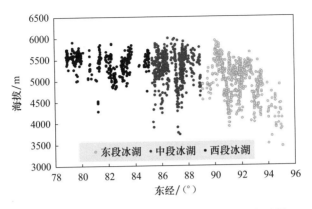

图 5-15　我国喜马拉雅山冰湖海拔分布的经向差异

述 6 个流域的冰湖个数合计占总冰湖数量的 47.1%。冰湖面积占本研究区冰湖总面积 5% 以上的流域有东段的年楚河（5o251，23.73km²，占 11.0%）、洛扎雄曲-章曲（5o212，21.25km²，占 9.9%），中段的佩枯错（5o195，11.62km²，占 7.3%）、麻章藏布（5o191，10.43km²，占 6.9%）、拿当曲（5o198，11.97km²，占 5.6%），西段的雄曲—绒来藏布（5o257，26.01km²，占 12.1%）等，这 6 个流域冰湖面积合计占总冰湖总面积的 52.7%（表 5-8）。这说明本研究区从东到西冰湖分布广泛但又相对集中在少数几个流域当中，与该流域冰川分布相对集中且地形条件有利于冰湖的形成有关。本研究区四级流域的冰湖标准化面积（即以流域冰川末端的 10km 缓冲区作为该流域的冰川作用区，再以该流域冰湖面积与其冰川作用区面积的比值，计算每 100km² 冰川作用区面积中的冰湖面积，单位为 10^{-2} km/km²）大致可分为五个等级，超过 0.6km² 的流域有麻章藏布（5o191，1.00km²）、佩枯错（5o195，0.86km²）、绒辖藏布（5o192，0.84km²）；有 24 个流域<0.1km²，其中有 6 个流域<0.01km²（图 5-16）。沿喜马拉雅山主脉，共穿越 27 个四级流域，标准化面积较大的流域主要位于本研究区喜马拉雅山主脉中部，东、西两侧较小（图 5-17）。流域标准化冰湖面积大反映该流域地形利于冰湖的形成并有较好的冰湖水源条件，一般高大山体冰川广泛发育，形成冰湖的水源充足，如喜马拉雅山中段的岗彭庆峰—希夏邦马峰—珠穆朗玛峰—马卡鲁峰一线冰湖标准化面积较大，与高大山体上冰川发育为冰湖形成提供充足的水源密切相关。流域标准化冰湖面积也与储水的地形条件有关，一般在山前台地广布，利于冰湖形成，如岗彭庆峰北坡的佩枯错（5o195）、希夏邦马峰的麻章藏布（5o191）、拉布吉康峰坡的绒辖藏布（5o192）及西喜马拉雅山北坡的雄曲-绒来藏布（5o257），均为山前台地广布（施雅风，1982；施雅风等，2006），成为标准化冰湖面积最大区域之一。

表5-8　近30年来我国喜马拉雅山区冰湖变化

区段	流域名称	流域编码	1970~1980年		1999~2001年		2004~2008年		变化率(1970~2001年)		变化率(1970~2008年)		变化率(1999~2008年)	
			数量/个	面积/km²	数量/个	面积/km²	数量/个	面积/km²	数量/%	面积/%	数量/%	面积/%	数量/%	面积/%
西段	甲札岗嘎河	5o161	—	—	2	0.09	2	0.09	—	—	0.00	0.00	—	—
	道利河	5o163	—	—	2	0.15	4	0.22	—	—	100.00	48.00	—	—
	马甲藏布	5o173	43	2.21	37	2.98	37	2.98	-13.95	35.09	0.00	0.13	-13.95	35.27
	玛法仁错	5z342	22	3.50	34	4.44	35	4.68	54.55	27.00	2.94	5.47	59.09	33.95
	雄曲-绒来藏布	5o257	137	18.60	137	24.53	143	26.01	0.00	31.91	4.38	6.02	4.38	39.85
	杰马央宗曲右岸	5o258	51	7.69	47	9.06	49	10.02	-7.84	17.78	4.26	10.64	-3.92	30.32
	朗钦藏布右岸	5q221	62	2.41	64	2.88	69	3.33	3.23	19.60	7.81	15.59	11.29	38.25
	朗钦藏布左岸	5q222	18	1.34	16	1.42	19	1.42	-11.11	6.29	18.75	-0.35	5.56	5.91
	桑波河	5q212	11	0.26	12	0.52	15	0.66	9.09	100.77	25.00	25.96	36.36	152.90
	嘎尔藏布左岸	5q155	44	2.30	44	2.86	46	3.26	0.00	24.51	4.55	13.99	4.55	41.92
	多嘎尔河	5o184	8	0.26	4	0.13	4	0.13	-50.00	-50.76	0.00	-3.85	-50.00	-52.65
中段	吉隆藏布	5o186	41	1.63	29	1.77	29	2.01	-29.27	8.46	0.00	13.50	-29.27	23.10
	麻章藏布	5o191	76	10.37	66	15.39	63	14.77	-13.16	48.37	-4.55	-4.02	-17.11	42.40
	绒错藏布	5o192	88	4.57	101	7.61	101	8.18	14.77	66.70	0.00	7.52	14.77	79.23
	甘马藏布-扎嘎等	5o193	100	8.60	78	8.71	77	8.04	-22.00	1.26	-1.28	-7.70	-23.00	-6.54
	曼曲-热曲等	5o194	38	6.08	28	7.45	28	7.57	-26.32	22.59	0.00	1.61	-26.32	24.57
	佩枯错	5o195	37	11.56	28	14.98	28	15.69	-24.32	29.55	0.00	4.74	-24.32	35.69
	棒曲等	5o196	17	1.44	15	1.53	15	1.53	-11.76	6.47	0.00	0.26	-11.76	6.75
	叶如藏布	5o197	51	7.95	52	9.94	52	10.19	1.96	25.05	0.00	2.51	1.96	28.18
	拿当曲	5o198	128	10.37	115	12.72	114	11.97	-10.16	22.72	-0.87	-5.91	-10.94	15.47
	康布麻曲	5o201	29	1.66	26	1.89	31	2.28	-10.34	14.20	19.23	20.58	6.90	37.70
	多庆错	5o252	9	2.15	20	4.29	24	4.60	122.22	99.16	20.00	7.23	166.67	113.56

续表

区段	流域名称	流域编码	1970~1980年		1999~2001年		2004~2008年		变化率(1970~2001年)		变化率(1970~2008年)		变化率(1999~2008年)	
			数量/个	面积/km²	数量/个	面积/km²	数量/个	面积/km²	数量/%	面积/%	数量/%	面积/%	数量/%	面积/%
中段	赛曲	5o253	12	0.12	7	0.11	7	0.11	-41.67	-5.98	-41.67	-5.13	0.00	0.91
	萨迦藏布	5o254	11	1.86	12	2.08	13	2.16	9.09	11.77	18.18	16.28	8.33	4.04
	彭吉藏布	5o255	9	0.16	6	0.27	6	0.27	-33.33	71.97	-33.33	68.79	0.00	-1.85
	嘎利雄-瓮布曲	5o256	32	0.72	26	0.69	28	1.20	-18.75	-4.30	-12.50	66.85	7.69	74.35
	洛扎雄曲-章曲	5o212	193	15.25	178	19.01	179	21.25	-7.77	24.70	-7.25	39.40	0.56	11.79
	良江曲-达旺曲	5o213	123	9.14	102	10.11	103	10.07	-17.07	10.59	-16.26	10.12	0.98	-0.43
	卡门河	5o220	2	0.06	8	0.5	8	0.55	300.00	719.67	300.00	804.92	0.00	10.40
东段	西巴霞曲	5o221	147	4.06	144	5.01	152	5.48	-2.04	23.52	3.40	35.13	5.56	9.40
	普勒帕斑	5o230	10	0.37	9	0.37	9	0.48	-10.00	0.54	-10.00	30.16	0.00	29.46
	央朗藏布	5o231	7	1.09	7	1.19	7	1.57	0.00	9.37	0.00	44.67	0.00	32.27
	则隆弄巴等	5o232	31	2.74	29	3.01	29	3.04	-6.45	9.73	-6.45	10.65	0.00	0.83
	金东曲	5o233	30	0.30	27	0.45	27	0.47	-10.00	50.50	-10.00	55.52	0.00	3.33
	四曲纳玛	5o234	37	0.62	34	0.75	34	0.79	-8.11	20.39	-8.11	26.97	0.00	5.47
	普莫雍错	5o240	16	1.90	16	2.36	18	2.38	0.00	24.21	12.50	25.00	12.50	0.64
	羊卓雍错	5o241	37	1.22	32	1.75	32	1.71	-13.51	44.03	-13.51	41.07	0.00	-2.06
	门曲	5o250	8	0.48	6	0.51	6	0.42	-25.00	6.25	-25.00	-12.08	0.00	-17.25
	年楚河	5o251	35	21.48	30	22.51	37	23.73	-14.29	4.80	5.71	10.46	23.33	5.40
合计			1750	166.48	1630	206.02	1680	215.30	-6.86	23.75	-4.00	29.32	3.07	4.50

注：+表示增加；-表示减少。

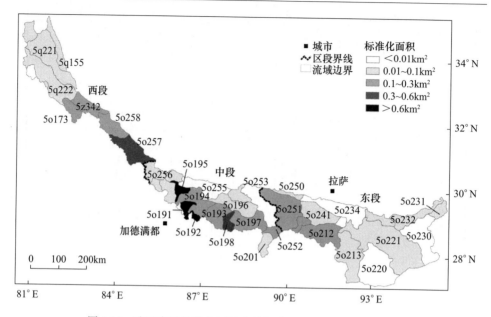

图 5-16 我国喜马拉雅山四级流域标准化冰湖面积的空间分布

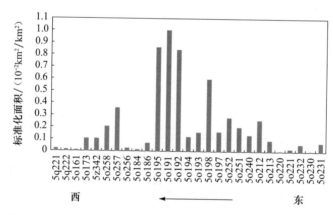

图 5-17 我国喜马拉雅山主脉四级流域标准化冰湖面积(流域顺序按照从东/右到西/左排列)

5.4.2 冰湖变化

冰湖变化特征是对冰湖危险评估的重要参考指标。本书讨论的冰湖变化为 20 世纪七八十年代至 2004~2008 年的变化状态,并以"(2004~2008 年冰湖面积－1970~1980 年冰湖面积)/1970~1980 年冰湖面积"来计算冰湖面积变化率,1999~2001 年的 ETM 数据作为变化的中间状态。总的来看,近 30 年来,本研究区冰湖数量由 1750 个减少到 1680 个,减少 4%;总面积由 166.48km² 增加到 215.28km²,增率达 29%,但东、中、西段冰湖变化表现出差异性,中、东段冰湖数量减少 13% 和 2%,面积增大了 25% 和 24%;西段冰湖数量非但没有减少反而增加了 5%,面积增长速度较中、东段的增长速度亦更快,为 37%。近 30 年来有 294 个冰湖消失,新增加 224 个冰湖(表 5-9),由于存在冰湖面积扩张和新增冰湖的出现,本研究区冰湖面积扩张了 58.96km²,其中存在冰湖面积扩张贡献了 67%,新增冰湖贡献了 33%。除已消失和新形成的冰湖之外,剩下的 1456个冰湖中,面积明显增加的(面积变化率≥5%)有 856 个,占 58.8%;面积变化不大的(在 ±5% 以内)191 个,占 13.1%;面积明显减少的(面积变化率≤−5%)有 409 个,占 28.1%(图 5-18)。

表 5-9　近 30 年来我国喜马拉雅山区不同区段新增与消失冰湖变化

位置	1970~2000 年消失		2001~2008 年消失		1970~2000 年新增		2001~2008 年新增	
	数量/个	面积/km²	数量/个	面积/km²	数量/个	面积/km²	数量/个	面积/km²
东段	86	0.77	0	0	44	3.64	28	1.80
中段	141	1.76	5	0.04	66	5.11	1	0.69
西段	62	1.14	0	0	59	5.19	26	2.75
总计	289	3.67	5	0.04	169	13.94	55	5.24

注:消失冰湖包括完全消失和面积减少到 0.002km² 以下的冰湖。

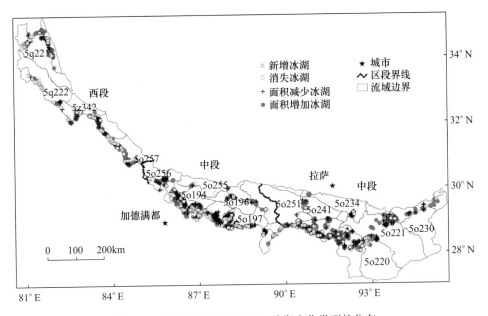

图 5-18　我国喜马拉雅山地区冰湖变化类型的分布

1. 各流域冰湖变化

近 30 年来,本研究区各流域总的来说是"冰湖数量减少,面积增大",但不同流域冰湖的变化差异较大,从东到西冰湖数量减少趋势放缓和面积增加趋势更为明显,说明我国喜马拉雅山东部冰湖数量减少比西部明显,而西部面积增率较东部大(图 5-19)。在共计 39 个有冰湖分布的四级流域中,西段恒河源头的甲札岗嘎河(5o161)和道利河(5o163)分别新形成 2 个冰湖;62% 的流域(24 个)冰湖数量在减少,38% 的流域(15 个)冰湖数量在增加。面积上,90% 的流域(35 个)冰湖面积在增加,10% 的流域(4 个)冰湖面积在减少。从冰湖变化的绝对量来看,冰湖个数减少最多的流域是甘马藏布—扎嘎等(5o193,减少 23 个,占冰湖总减少数量的33%)、良江曲-达旺曲(5o213,减少 20 个,占冰湖总减少数量的 29%);面积增长最大的是雄曲-绒来藏布(5o257,增加 7.41km^2,占冰湖总面积增量的 15%)和洛扎雄曲-章曲(5o212,增加 6.01km^2,占冰湖总面积增量的 12%)。

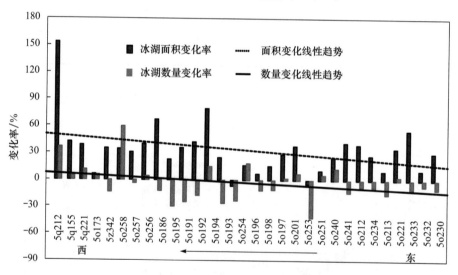

图 5-19 我国喜马拉雅山地区不同流域(中国冰川编目中四级流域)冰湖变化率
图中显示冰湖数量超过 10 个的四级流域

一般,流域冰湖太少可能受局地地形等因素的影响,其变化特征表现出随机性,流域冰湖分布达到一定规模才体现规律性。本研究区冰湖规模较大的(面积占研究区冰湖总面积的 5% 及其以上)10 个四级流域[杰马央宗曲右岸(5o257,5%)、雄曲—绒来藏布(5o258,11%)、麻章藏布(5o191,6%)、甘马藏布—扎嘎等(5o193,5%)、佩枯错(5o195,7%)、叶如藏布(5o197,5%)、拿当曲(5o198,6%)、洛扎雄曲—章曲(5o212,9%)、良江曲—达旺曲(5o213,5%)和年楚河(5o251,13%,合计占本区冰湖总面积的 72%)]中,有 3 个流域(5o257、5o197 和 5o251)的冰湖数量在增加,增率为 2%～6%,其余 7 个流域冰湖数量在减少,减少率为 4%～24%;而面积上仅有中段的 5o193 面积减少 7%,其余增幅都在 10%～42%。进一步分析发现,在 2000 年左右以前,仅 5o257 和 5o195 冰湖数量有小幅增加,其余 8 个流域数量减幅在 8%～24%;之后,只有西段的 5o191、5o193 和 5o198 在减少,余下 7 个流域冰湖数量没有变化或在增加[图 5-20(a)]。面积上,2000 年左右以前,各流域冰湖面积均呈增加趋势,增率在 1%～30%;之后,西段的 5o257 和 5o258 以及东段的 5o251 等流域继续保持较快的增速,而中段的 5o191、5o193 和 5o198 的冰湖面积却分别减少了 4%、8% 和 6%[图 5-20(b)]。由此,从冰湖变化的过程来看,在 2000 年左右以前,本研究区各主要流域"冰湖数量减少,面积增大"的趋势较为明显,之后,不同流域冰湖变化差异加大,一些流域出现反向变化特

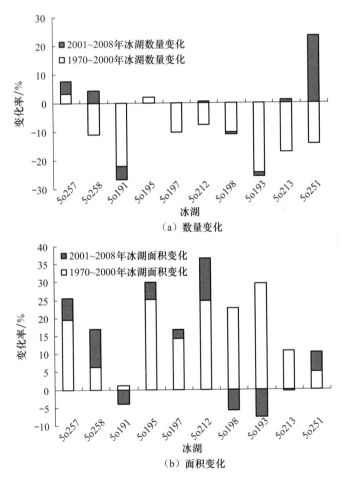

图 5-20　近 30 年来我国喜马拉雅山区主要流域(流域冰湖面积占本区
总冰湖面积的 5% 以上)冰湖变化

征。例如,中段的 5o191、5o193 和 5o198 由面积增大变为面积减少,西段的 5o258
和东段的 5o251 等流域冰湖数量由减少变为增加,冰面湖的面积变率也由 2000 年
左右之前增大 6％变为减少 68％,说明近几年来是大量冰面湖演变成冰碛湖(约为
40％)或消失(约 60％)的时段。

总的看来,近 30 年中冰湖变化过程是波动的,本研究区冰湖变化在时间和空
间上都呈现差异性。各流域冰湖面积增加的趋势明显;在数量上尽管多数在减少,
但是数量变化差异较大,仍有将近 4 成流域的冰湖数量在增加,反映本研究区冰湖
数量变化的不确定性较大,可能是冰湖编目的阈值面积较小($0.002km^2$),不同数
据源间的季节性差异使一些季节性冰湖被编目,加大了冰湖数量的不确定性。当
然,由于数据的时间分辨率不够,我们很难确定冰湖面积增速变缓的具体时间,但
是对上述三期数据的分析说明,冰湖变化的"数量减少、面积增大"特点只是近 30
年来本研究区冰湖变化的总体趋势,冰湖变化具有明显时段性和地域性,需要依据
更为密集的数据,进行深入分析。

2. 不同类型冰湖变化

在不同类型的冰湖中,变化率最大的是冰面湖,近 30 年来其面积和数量均大
幅减少,减少率分别达−78％和−61％;冰碛湖则表现出数量增多、面积增大的特
点,数量增加 4％、面积增加 43％,且在消失的冰湖中 66％为冰碛湖,新增加的冰
湖中 88％为冰碛湖(图 5-21)。河谷/槽谷湖也保持着数量减少、面积增大的特点,
数量减少 12％、面积增大 9％;冰斗湖和冰蚀湖的数量和面积均在减少,数量减少
22％和 20％、面积减少 1％和 4％。对比三期冰湖编目数据,冰湖变化表现出不同
的特征。在 2000 年左右以前,不同类型冰湖数量都在减少,最多的是冰斗湖和冰
蚀湖,减少 20％左右;之后,冰面湖大幅减少,而冰碛湖增加 7％[图 5-22(a)]。在
面积上,2000 年以前冰碛湖面积增加明显,增率达 34％,其次是冰面湖和河谷/槽

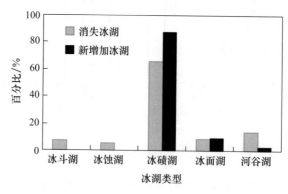

图 5-21　近 30 年来我国喜马拉雅山地区不同类型冰湖的变化比例

谷湖,面积增大了 6% 左右,冰蚀湖、冰斗湖的面积减少 2%～3%;之后,冰面湖面积大幅减少,其他类型冰湖继续增大,以冰碛湖的面积增率最大,将近 10%。总的看来,变化率最大的是冰面湖,其次是冰碛湖,两者不同的是冰碛湖的数量和面积总体增加,而冰面湖在数量和面积上总体减少;河谷/槽谷湖数量减少 12%,面积增加 9%;冰斗湖、冰蚀湖数量分别减少 22% 和 20%,面积分别减少 1% 和 4%[图 5-22(b)]。

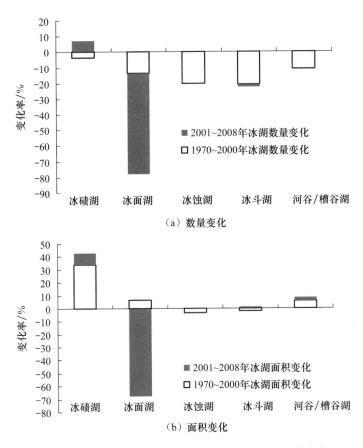

图 5-22　近 30 年来我国喜马拉雅山区不同类型冰湖变化

3. 不同高程冰湖变化

我国喜马拉雅山区冰湖分布在 3400～6100m,3700～6100m 均有冰湖消失,以 100m 为高度范围划分高度带,各高度带内消失冰湖面积峰值不明显,相对而言,5300～5600m 消失冰湖的面积较大(1.45km²,占消失冰湖总面积的 40%)。在4500～6100m 均有冰湖形成,新增冰湖面积在 4900～5200m 出现较为明显峰值

（9.56km²，占新增冰湖总面积的 52%），也就是说，较消失冰湖面积峰值所在高度低 400m。在第 i 个海拔高度带内，冰湖面积的净变化量 A_{ni} 可表示为

$$A_{ni} = E_i^+ - E_i^- + N_i - D_i \qquad (5\text{-}7)$$

式中，E_i^+ 为存在冰湖增大面积；E_i^- 为存在冰湖减少面积；N_i 为新增冰湖面积；D_i 为消失冰湖面积。

我国喜马拉雅山不同海拔高度带内存在冰湖、新增冰湖和消失冰湖的面积及冰湖面积净变化量的分布如图 5-23 所示。由图 5-23 可见，近 30 年来，我国喜马拉雅山不同高度带除 3900～4100m 面积净变化 A_{ni} 为负值之外，其他各面积带均呈扩张态势，最大高度在 5000～5300m，净冰湖面积为 23.90km²，占总冰湖净增面积（48.80km²）的近一半。总计不同高度带内存在冰湖的变化，$\sum E_i^+$（39.78km²）数倍于 $\sum E_i^-$（6.47km²）；另外，新增冰湖的数量（224 个）不如消失冰湖数量（294 个）多，但消失的冰湖一般规模小（平均面积为 0.01km²），而新增的冰湖规模相对较大（平均面积为 0.09km²），$\sum N_i$（19.18km²）远大于 $\sum D_i$（3.69km²）。消失冰湖面积峰值在 5300～5600m，占消失冰湖总面积的 40%；新增冰湖面积峰值在 4900～5200m，占新增湖总面积的 52%，两者高差约 400m。由此，存在冰湖的面积扩张是使各面积带均呈扩张态势的主要贡献者，占总净增量 67%，但是新增湖的面积贡献不容忽视，占总净增量的 33%，甚至在 4900～5100m 和 5600～5800m 新增湖面积的绝对数大于存在冰湖面积增大值。

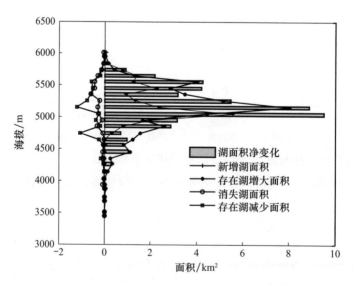

图 5-23　我国喜马拉雅山不同海拔高度带内存在冰湖、新增冰湖和消失冰湖的面积分布

总体来看，不同海拔高度的冰湖面积呈扩张态势，增幅在 2%～84%（仅 3900～

4100m 和 3700～3800m 高度带内面积减少 4％～40％),面积增率呈现两个高值中心,增幅最大的高度是 5000～5100m(84％),其次为 5700～5800m(64％),显示出不同高度带冰湖扩张速率的差异性。冰湖数量呈减少趋势,平均减少 1％～50％(仅在 4800～4900m 和 5700～5900m 高度带内增加 2％～14％),减少率最大的高度为 3900～4000m(-42％)(表 5-10)。进一步分析发现,在冰湖分布超过 10 个的高度带内(4100～5900m),海拔由低到高,冰湖数量减少率变小,特别是在 5700～5800m 冰湖面积增加 64％与冰湖数量增多 13.6％对应,说明在高海拔地区冰湖面积的增加与冰湖数量的增加密切相关(图 5-24)。

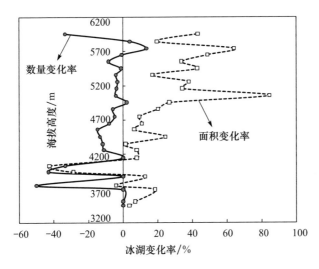

图 5-24　我国喜马拉雅山不同海拔高度带内冰湖变化率
图中显示冰湖数量>10 个的高度带 4100～5900m 内冰湖变化率

4. 冰湖扩张类型

冰湖的扩张往往与冰川变化密切相关(Ye et al.,2006b;王欣等,2010;姚檀栋等,2010;Gardelle et al.,2011),根据冰湖与对应母冰川的直接关联程度和两者之间的距离变化关系,发现本研究区面积扩张的 1169 个冰湖与对应母冰川末端变化关系可分为 15 种类型(图 5-25,表 5-11)。类型"a"为现代母冰川完全消失或消退到母冰川融水不能直接补给冰湖,该类冰湖净增 2.05km² ,约占总增量的 3％;类型"b～f"为 1970s 母冰川与冰湖的距离为 0,为冰湖扩张的主体,占总增量的 41％;类型"g～j"为 1970s 母冰川与冰湖的距离大于 0,约占总增量的 23％;"k～o"为新增冰湖类型,占总增量的 33％。在 15 种面积扩张的冰湖与对应母冰川末端变化类型中,冰湖紧随退缩的冰川末端扩张(类型"b")的方式对冰湖扩张的贡献

表5-10 1970s~2000s我国喜马拉雅山区冰湖在各个海拔高度的分布与变化

高度范围/m	1970~1980年		1999~2001年		2004~2008年		变化率(1970~2001年)		变化率(1999~2008年)		变化率(1970~2008年)	
	数量/个	面积/km²	数量/个	面积/km²	数量/个	面积/km²	数量/%	面积/%	数量/%	面积/%	数量/%	面积/%
3400≤X<3500	1	0.38	1	0.39	1	0.39	0.0	3.6	0.0	0.0	0.0	3.6
3500≤X<3600	1	0.07	1	0.08	1	0.08	0.0	7.0	0.0	0.0	0.0	7.0
3600≤X<3700	1	0.15	1	0.18	1	0.18	0.0	18.5	0.0	0.0	0.0	18.5
3700≤X<3800	2	0.24	1	0.28	1	0.23	-50.0	16.9	0.0	-18.1	-50.0	-4.2
3800≤X<3900	4	0.51	4	0.58	4	0.58	0.0	12.7	0.0	0.0	0.0	12.7
3900≤X<4000	7	0.16	4	0.10	4	0.12	-42.9	-38.4	0.0	15.7	-42.9	-28.7
4000≤X<4100	6	0.10	4	0.07	4	0.06	-33.3	-35.1	0.0	-11.2	-33.3	-42.4
4100≤X<4200	14	1.43	14	1.55	14	1.55	0.0	8.2	0.0	-0.2	0.0	7.9
4200≤X<4300	27	3.41	24	3.51	24	3.67	-11.1	2.9	0.0	4.8	-11.1	7.9
4300≤X<4400	34	1.68	30	1.85	30	1.71	-11.8	9.6	0.0	-7.4	-11.8	1.5
4400≤X<4500	45	4.27	39	4.55	39	5.31	-13.3	6.6	0.0	16.6	-13.3	24.4
4500≤X<4600	34	12.09	29	11.95	29	12.86	-14.7	-1.1	0.0	7.6	-14.7	6.4
4600≤X<4700	50	8.95	46	9.72	46	9.91	-8.0	8.6	0.0	2.0	-8.0	10.8
4700≤X<4800	63	7.39	59	7.93	60	8.10	-6.3	7.3	1.7	2.1	-4.8	9.5
4800≤X<4900	69	14.35	64	17.17	65	17.23	-7.2	19.7	1.6	0.4	-5.8	20.1

续表

高度范围/m	1970~1980年		1999~2001年		2004~2008年		变化率(1970~2001年)		变化率(1999~2008年)		变化率(1970~2008年)	
	数量/个	面积/km²	数量/个	面积/km²	数量/个	面积/km²	数量/%	面积/%	数量/%	面积/%	数量/%	面积/%
4900≤X<5000	92	11.82	91	14.07	94	14.98	-1.1	19.1	3.3	6.5	2.2	26.8
5000≤X<5100	119	11.27	109	19.10	114	20.79	-8.4	69.5	4.6	8.8	-4.2	84.4
5100≤X<5200	161	25.92	153	34.00	155	34.81	-5.0	31.2	1.3	2.4	-3.7	34.3
5200≤X<5300	187	14.43	182	19.12	181	19.92	-2.7	32.5	-0.5	4.2	-3.2	38.1
5300≤X<5400	168	18.76	152	21.46	161	21.95	-9.5	14.4	5.9	2.3	-4.2	17.0
5400≤X<5500	185	9.77	179	13.76	183	13.97	-3.2	40.8	2.2	1.5	-1.1	42.9
5500≤X<5600	240	12.63	215	15.67	220	16.90	-10.4	24.1	2.3	7.9	-8.3	33.8
5600≤X<5700	142	4.46	130	5.93	141	6.64	-8.5	33.0	8.5	11.9	-0.7	48.8
5700≤X<5800	66	1.41	68	2.03	75	2.31	3.0	44.0	10.3	14.0	13.6	64.1
5800≤X<5900	25	0.72	23	0.81	26	0.86	-8.0	12.8	13.0	6.0	4.0	19.6
5900≤X<6000	6	0.07	4	0.10	4	0.10	-33.3	51.6	0.0	-5.6	-33.3	43.2
6000≤X<6100	1	0.04	3	0.07	3	0.07	200.0	65.0	0.0	0.0	200.0	65.0

注：+表示增加；-表示减少。

最大,占总增量的 26.7%;其次是紧接退缩的冰川末端形成新的冰湖(类型"k"),占增量的 15.9%;冰川退缩,其融水流入下游冰湖致使下游冰湖增大(类型"h")或者在下游形成新的冰湖(类型"l"),分别占总增量的 15.5% 和 11.1%,也是冰湖扩张的主要方式之一。值得指出的是,近 30 年来我国喜马拉雅山由冰面湖扩张演变

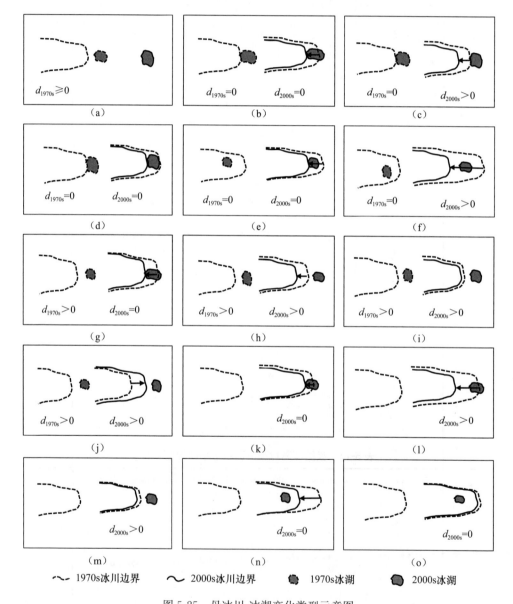

图 5-25　母冰川-冰湖变化类型示意图

d_{1970s} 为 1970s 母冰川与冰湖的距离;d_{2000s} 为 2000s 母冰川与冰湖的距离;分图说明参见表 5-11

成冰碛湖(类型"e"和"f")的现象较为突出,这类冰湖共 20 个,其使冰湖净增 4.52km²,占总增量的 7.8%(表 5-12)。一般冰湖形成以后其前方堤坝较为稳定,冰湖面积增大多是向上游冰川退缩的方向增长,如位于西藏定结县给曲源头的龙巴萨巴湖和皮达湖,与其母冰川的变化关系属于"b"类型,遥感监测显示,伴随着母冰川的退缩,龙巴萨巴湖和皮达湖面积逐年向上游扩张;2005 年和 2009 年的野外测量显示,4 年间两湖分别向上游扩张了 255m 和 47m。

表 5-11　母冰川-冰湖变化类型

类型	d_{1970s}	d_{2000s}	母冰川末端位置、冰湖变化描述
a	>0 或 =0		现代冰川完全消失或消退到冰川融水不能直接补给冰湖
b	0	=0	冰川退缩;冰湖紧随冰川末端退缩的方向延伸,冰湖面积增大或减小
c	0	>0	冰川末端退缩,与冰湖间距离扩大;冰湖面积增大或减小
d	0	=0	冰川末端位置变化很小;冰湖在原位置,面积增大或减小
e	0	=0	在 1970s 为冰面湖,冰川退缩的过程中,在紧邻冰川末端处演变成冰碛湖,冰湖面积增大
f	0	>0	为冰面湖,冰川退缩,在冰川末端一定距离内演变成冰碛湖,冰湖面积增大
g	>0	=0	冰川退缩,冰湖向上发展到与冰川末端相连,面积增大或减小
h	>0	>0	冰川退缩,冰湖与冰川末端保持一定距离,冰湖面积增大或减小
i	>0	>0	冰川末端位置变化很小,冰湖与冰川末端保持一定距离,冰湖面积增大或减小
j	>0	>0	冰川前进,冰湖与冰川末端保持一定距离,冰湖面积增大或减小
k		=0	冰川退缩,在紧邻冰川末端新增冰碛湖
l		>0	冰川退缩,在冰川末端的一定距离内新增冰碛湖
m		>0	冰川末端位置变化很小,在冰川末端的一定距离内新增冰碛湖
n		=0	冰川退缩,在冰舌区新增冰面湖
o		=0	冰川末端位置变化很小,在冰舌区新增冰面湖

注:d_{1970s} 为 1970s 母冰川与冰湖的距离;d_{2000s} 为 2000s 母冰川与冰湖的距离。

表 5-12　我国喜马拉雅山面积扩张冰湖的类型

类型	海拔/m	2000s 数量/个	2000s 面积/km²	2000s 湖-冰 距离/m	母冰川 进退/m	面积增量 /km²	面积增率 /%	比例/%
a	4989	178	10.37	—	—	2.05	24.7	3.5
b	5273	80	43.39	0	−411	15.78	57.1	26.7
c	5235	59	11.28	460	−540	3.48	44.7	5.9
d	5058	11	3.57	0	0	0.35	10.7	0.6
e	5018	18	9.15	0	−1467	4.52	97.7	7.7
f	5010	2	0.09	4041	−3511	0.03	60.4	0.1

续表

类型	海拔/m	2000s 数量/个	2000s 面积/km²	2000s 湖-冰 距离/m	母冰川 进退/m	面积增量 /km²	面积增率 /%	比例/%
g	5299	20	4.87	0	−271	3.17	168.7	5.4
h	5258	483	62.97	1248	−260	9.13	17.0	15.5
i	5204	92	7.31	890	0	1.25	20.6	2.1
j	4606	2	0.06	1056	+184	0.01	31.2	0.0
k	5409	68	9.39	0	−447	9.39	—	15.9
l	5292	112	6.56	747	−567	6.56	—	11.1
m	5362	20	0.79	368	0	0.79	—	1.3
n	5269	16	0.80	0	−692	0.80	—	1.4
o	5263	8	1.64	0	0	1.64	—	2.8
合计	—	1169	172.42	—	—	58.96	—	100

注:类型说明参见图 5-25 和表 5-11;—表示母冰川末端退缩,+表示母冰川末端前进。

5.4.3　冰湖变化的影响因素

1. 冰湖变化与气候变化

在一定的地形条件下形成冰湖以后,冰湖面积变化与气温、降水和蒸发三者的变化密切相关,通常气温升高(即冰川融水增加)、降水增加和蒸发减少有利于冰湖扩张。统计喜马拉雅山南部地区 24 个气象站 1970~2007 年的气象资料发现,气候显著变暖,年平均气温升温率为 0.033℃/a,且变暖速率具有从东向西增加的趋势;年降水量呈增加趋势,但不明显,西部地区降水量显著减少,东部地区总体呈增加趋势(谭春萍等,2010)。对本研究区 10 个气象站近 40 年的资料分析发现,气温均呈上升趋势,升温率为 0.015~0.059℃/a,且均超过 99% 置信度;降水存在较大的区域差异性,有 8 个气象站降水呈弱增加趋势,其中 3 个气象站达到 90% 的置信度(表 2-4)。分析本研究区 5 个气象站还发现,本研究区蒸发量呈减少趋势(杜军等,2009)。受资料的限制,目前无法从湖盆水量平衡的角度探讨冰湖面积的扩张原因,但我国喜马拉雅山近 40 年来总的气候背景有利于冰湖扩张。在面积扩大的冰湖中,尽管冰川不能直接补给的冰湖类型(表 5-11 中的类型"a")也在增长,这可能主要与降水的增加和蒸发的减少有关,但在我国喜马拉雅山区,这类冰湖面积净增量对区域冰湖面积总净增量贡献不大,约为 3.5%,其余 96.5% 的面积净增量与冰川融水直接注入冰湖有关。可见,不能定量地说明气温、降水和蒸发三者对冰湖面积扩张的贡献有多大,不能定量地分析气温、降水与冰湖面积变化的关系,其涉及冰湖水量平衡的观测与模拟。但上述分析说明,最近几十年来,我国喜马拉雅山气温升高、母冰川融水增加是冰湖面积扩张的主要原因,而区域内降水增加和蒸发量减少对冰湖面积扩张的作用也不容忽视,需要深入探讨。

不同海拔高度冰湖面积变化呈现不同的特征,这与相应高度的气候特征及其变化密切相关。喜马拉雅山诸峰不同海拔高度升温率存在明显差异,并且随着海拔的升高,升温率有增大的趋势(李鹏等,2006),这种升温率差异引起不同高度冰川消融速度不同,从而导致冰湖面积变化的差异和扩张速度的不同。此外,冰湖的发育和扩张还可能与高山上部存在着第二大降水带这一事实有关。最近研究认为喜马拉雅山北坡热量、水汽、冰川风等垂直变化明显(Cai et al.,2007;Ma et al.,2009),夏季青藏高原上每个山峰都是一个"热岛",周围的谷风向之汇合,也就成为水汽凝聚的中心,从而也成为"湿岛"(施雅风等,2006),遗憾的是,山体的什么高度发育这种"热-湿岛"的效应尚不清楚。本研究区不同高度带内冰湖的扩张特征及其差异性,是水、热变化垂直差异性的体现,显示我国喜马拉雅山冰川-冰湖对气候垂直变化差异的响应,如在 5000~5300m 内冰湖扩张最为明显,4900~5200m 的新增冰湖面积最大,这些现象是否与"热-湿岛"和第二降水带的变化存在耦合关系,需要进一步研究。所以本书对我国喜马拉雅山冰湖垂直变化差异的认识,有助于深入认识本区气候的垂直变化及其差异。

2. 冰川退缩与冰湖扩张

冰湖的扩张与冰川融水直接注入密切相关(Zhang et al.,2013;Loriaux and Gasassa,2013),如纳木错面积的扩张与该流域冰川的退缩具有显著的耦合性,冰川融水增加在近期湖泊水量增加的比例占到 50.6%(Zhu et al.,2010),而过去 20 多年来雅弄冰川融水贡献给然乌湖的水量达到 0.14×10^{8}m^3(姚檀栋等,2010)。进一步分析母冰川末端的进退与冰湖扩张方式,有利于深入理解气候-冰川-冰湖三者的作用关系。在 2000s,母冰川-冰湖距离为 0 的冰湖(即 $d_{2000s}=0$,类型"b"、"d"、"e"、"g"、"k"、"h"、"o")共 221 个,占扩张冰湖总数的 18.9%,但其冰湖面积增量却占总面积增量的 60.5%,为冰湖扩张的主体。另外,面积减少的冰湖的母冰川-冰湖距离变化类型中,25.1%的冰湖无冰川融水直接补给(类型 a),70.6%的冰湖为 $d_{2000s}>0$ 的类型(平均 $d_{2000s}=980$m),仅 4.3%的冰湖为 $d_{2000s}=0$ 的 m 类型,其中现代母冰川完全消失或消退到母冰川融水不能直接补给冰湖的"a"类型面积减少了 49.6%(表 5-13)。分析珠穆朗玛峰地区不同高度带内冰川与冰湖面积变化率发现,冰川退缩的峰值高度 5700~5900m 和 5200~5400m 与冰湖面积增长的两个峰值高度 5500~5800m 和 5000~5200m 对应(图 5-26),说明冰川融水对其下游 100~200m 的冰湖面积扩张贡献明显。此外,从冰湖面积扩张的速度来看,首先冰湖紧随冰川退缩的方向扩张的类型,其面积增率最大("g"和"b"类型的面积增率分别为 168.7%和 57.1%);其次为冰面湖演变为冰碛湖类型("e"和"f"类型面积增率分别为 97.7%和 60.4%)。由此,分析本研究区母冰川-冰湖变化的

15种类型发现,母冰川-冰湖距离越近,与母冰川关系越紧密,冰湖面积增加越显著。

表 5-13　我国喜马拉雅山面积减小冰湖的类型

类型	海拔/m	2000s 数量/个	2000s 面积/km²	2000s 湖-冰 距离/m	母冰川 进退/m	面积减少 量/km²	面积减少 率/%	比例/%
a	5064	123	6.19	—	—	−1.62	−49.6	25.1
b	5109	6	7.30	0	−601	−0.11	−1.5	1.7
c	5235	34	4.22	431	−422	−0.89	−16.8	13.8
d	5205	10	4.79	0	0	−0.17	−3.4	2.6
h	5250	293	17.12	1050	−280	−3.09	−15.3	47.8
i	5106	45	3.05	944	0	−0.58	−16.0	9.0
合计	—	511	42.87	—	—	−6.46	−13.1	100

注:类型说明参见图 5-24 和表 5-11。

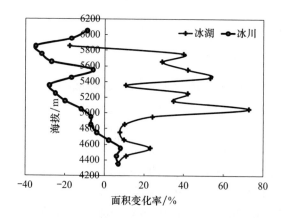

图 5-26　珠穆朗玛峰地区不同高度带冰川与冰湖面积变化对比

冰川变化数据来源于聂勇等(2010)

　　需要指出的是,冰湖面积的变化是湖水量收支平衡的结果,冰川融水的注入并非冰湖面积扩张的充要条件。例如,在1169个面积扩张的冰湖中,有178个冰湖("a"类)因冰川消失或母冰川退缩,致使冰湖不能得到冰川融水的直接补给,但其面积仍在增大,这些冰湖的扩张可能与降水增加、蒸发减少等因素有关;另外,尽管有冰川融水直接注入,湖盆排水、蒸发等因素也影响冰湖面积的扩张,如本研究区面积退缩的511个湖中,其中388个属于冰川融水直接注入冰湖类型(表5-13),说明冰川融水的注入不足以弥补这些冰湖水量损失,这反映了导致冰湖面积变化原因的多样性和复杂性。

5.5　冰湖溃决概率估算

喜马拉雅山地区是我国冰碛湖溃决灾害频发区,有记录的 13 个冰湖的 15 次溃决中,有 11 次发生在该区,其中又有 7 次发生在本研究区中段(图 5-27)。研究显示西藏海拔 3000m 以上的气象站在过去 50 年气温平均以 0.25～0.35℃/10a 的速度增加(Liu and Chen,2000),而且这种趋势至少在未来的几十年将持续下去(赵宗慈等,2002),这使得对本区冰湖的溃决概率进行评估日益紧迫。本节参照第 3 章对溃决冰碛湖度量和第 4 章冰碛湖溃决灾害评价体系的原则方法,基于地形图、DEM、ASTER 及其他辅助数据提取的母冰川、湖、湖坝、湖盆等基本参数(见附录二),结合喜马拉雅山区冰碛湖溃决的特点,首先对本区具有潜在危险性冰碛湖进行初步筛选,然后应用冰碛湖溃决概率决策树模型(参见 4.4 节),计算每一个潜在危险性冰碛湖发生溃决的概率大小。

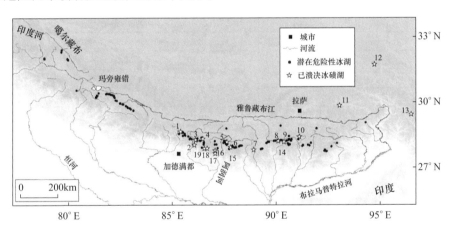

图 5-27　我国喜马拉雅山潜在危险性冰碛湖的分布
五角星为已溃决冰碛湖的位置,序号与表 5-14 中的序号一致

5.5.1　潜在危险冰湖筛选

冰碛湖危险性判别指标一般是从已经溃决的冰碛湖归纳总结出来的,不同的判别指标有不同的适用对象和范围,表现出明显的地域性。通常,所使用样本冰碛湖的地域、规模、冰碛坝特性等与被评价冰碛湖的地域、规模、冰碛坝特性和可能的诱发机制等相似程度越高,评判的效果越好。在整理已有对冰碛湖潜在危险性评价指标的基础上(4.1 节,表 4-3),对比喜马拉雅山区已溃决的冰碛湖与其他地区已溃决的冰碛湖发现,喜马拉雅山区的冰碛湖首先分布海拔一般较其他地区的冰碛湖要高;其次,冰碛湖规模较其他地区的大;第三,冰碛湖的母冰川、冰碛坝、湖盆及区域

气候特征等均具有独特性等特点。由此,在选择潜在危险性冰碛湖识别指标时,以表 4-3 中的指标体系为基础,基于地形图(1∶50 000)、DEM(1∶50 000)、航片及相关文献等资料(表 5-14),对喜马拉雅山已溃决冰碛湖进一步归纳和提炼,按照以下标准选取。

表 5-14　喜马拉雅山区冰碛湖溃决事件时间、强度及其数据源

序号	湖名	溃决时间	溃决水量/(10^6m^3)/ 洪峰/($\text{m}^3 \cdot \text{s}$)	可用数据源/文献
1	隆达错,中国	1964-08-25	10.8/—	DEM,地形图,航片
2	章藏布错,中国	1981-07-11	19/1600	DEM,地形图,航片
3	塔阿错,中国	1935-08-06	3/—	DEM,地形图,航片
4	阿亚错,中国	1968-08-15 1969-08-17 1970-08-18	—/— —/— 90/—	DEM,地形图,航片
5	金错,中国	1982-08-27	12.8/—	DEM,地形图,航片
6	吉莱普错,中国	1964-09-21	23.4/4500	DEM,地形图,航片
7	穷比吓错,中国	1940-07-10	12.4/3690	DEM,地形图,航片
8	桑旺错,中国	1954-07-16	300/约 10^4	DEM,地形图,航片
9	扎日错,中国	1981-06-24	—/—	DEM,地形图,航片
10	德嘎普错,中国	2002-09-18	—/—	DEM,地形图,航片,ASTER 影像
11	达门拉咳错,中国	1964-09-26	2/2000	DEM,地形图,航片
12	坡戈错,中国	1972-07-23	—/—	DEM,地形图,航片
13	光谢错,中国	1988-07-15	—/—	DEM,地形图,航片
14	Lugge Tsho,不丹	1994-10-07	17.2/—	Fujita et al.,2008,SPOT 影像
15	Nagma Pokhari,尼泊尔	1980-06-23	—/—	Bajracharya et al.,2007
16	Nare Glacier,尼泊尔	1977-09-03	—/—	Bajracharya et al.,2007
17	Tam Pokhari,尼泊尔	1998-09-03	17/—	Bajracharya et al.,2007,TM 影像
18	Dig Tsho,尼泊尔	1985-08-04	6～10/ 1600～2350	Vuichard et al.,1987
19	Chubung,尼泊尔	1991-07-12	—/—	Mool et al.,2001a,TM 影像

注:序号 1～13,同时参考文献 Liu 和 Sharma(1988),徐道明和冯清华(1989),吕儒仁等(1999)的研究结果;溃决湖位置如图 5-27 所示。

(1) 指标量能进行量测,且多次反复量测的结果一致。

(2) 评判指标要有危险性大小的描述,以便进行危险性大小度量。

(3) 因为备选指标具有明显的地域性,所选指标或者是基于喜马拉雅山地区冰碛湖归纳出来的或者被认为可以适用于不同的地区。

(4) 由于冰碛湖位于高寒遥远的山区,不易到达,大范围的实地考察/测量不太可能,所以选取指标仅考虑能从遥感资料或文献资料(如地形图等)获取的直接指标。

（5）需要进行计算才能获取的间接指示冰碛湖危险状态的指标在此暂不作考虑（如 4.1 节表 4-3 中的数据源为⑤），这些参数将在冰碛湖溃决灾害评价体系的第二步"溃决概率的估算"中用到）。

根据上述五个标准，确定用于识别我国喜马拉雅山地区冰碛湖的判断指标，见表 5-15。

表 5-15　潜在危险冰湖筛选指标及其判别标准

指标	筛选标准
类型	冰碛湖
冰碛湖面积/m^2	$>1\times10^5$
冰碛湖面积变化	明显扩大
冰碛湖储水量/m^3	$>1\times10^6$
冰碛坝	未固结/变质（小冰期后形成）
冰碛湖与母冰川的实际距离/m	<500

对于表 5-15，首先，我国喜马拉雅山地区还没有非冰碛湖形成溃决灾害的记录，所以本章仅对冰碛湖进行潜在危险性分析，包括在地形图（1970s 左右）标识为冰面湖，但是最近通过 ASTER、TM/ETM 等（2000s 左右）判读已经演变成冰碛湖。其次，一定规模以上的冰碛湖才可能造成危害，崔鹏等（2003）根据我国已溃决冰碛湖的分析认为 $10^5\,m^2$ 量级是危险性冰碛湖的标识面积，吕儒仁等（1999）则认为 $10^6\,m^3$ 是危险冰碛湖水量的标识量级；Mool 等（2001a；2001b）把面积大于 $0.2km^2$ 的冰湖称为较大冰湖，并在较大冰湖中分析其危险性；车涛等（2004）分析朋曲危险性冰碛湖时则直接取面积 $>0.2km^2$ 才具有危险。应该说危险性冰碛湖的规模标识是变化的，随着人类社会经济的发展，需要调整危险冰碛湖的规模标识量级。因此，本章在考虑潜在危险冰湖的规模时，考虑历史已造成溃决灾害的冰碛湖的两个特征规模量级（湖面积：$10^5\,m^2$，湖水量：$10^6\,m^3$），即面积 $>1\times10^5\,m^2$ 或者湖水量 $>1\times10^6\,m^3$。第三，一般古冰湖或冰碛坝发生固结/变质的冰碛湖较为稳定，因此本章判断潜在危险性冰湖只考虑冰碛坝为松散冰碛物的冰碛湖。第四，冰碛湖溃决一般都直接与母冰川活动相关，冰碛湖与母冰川的距离是两者关系的最直接的度量，这个距离的标识值与母冰川的运动速度、是否为跃动冰川等属性密切相关，本章参照吕儒仁等（1999）的研究，取冰碛湖与母冰川的距离 $<500m$ 为距离判别标准。根据表 5-15 提供的判断指标和标准，对我国喜马拉雅山地区冰碛湖的溃决可能性进行筛选判断，以识别出具有潜在溃决危险的冰碛湖，为进一步分析和计算潜在危险性冰碛湖发生溃决概率和溃决风险奠定基础。

统计表明，我国喜马拉雅山地区冰湖与母冰川的直线距离在 500m 以内的有 899 个，其中面积 $>0.1km^2$ 的有 223 个，为冰碛湖的有 204 个（其中有 9 个在 20

世纪七八十年代为冰面湖,由于冰川消融后退,现已经演变为冰碛湖)。在这 204
个冰湖中新增加的冰碛湖有 25 个,面积明显减少(面积变化率<−5%)的有 19
个,面积变化不明显(面积变化率在±5%之间)的 37 个,面积明显增加(面积变化
率>5%)的 123 个。因此,根据表 5-15 中潜在危险冰湖判断指标及其标准,最终
初步筛选出 142 个具有潜在危险性冰湖(图 5-27),占本研究区冰湖总数的 9%,其
中西段 38 个,总面积 13.24km²;中段 58 个,总面积 38.96km²;东段 47 个,总面积
16.02km²。潜在危险性冰湖分布的平均海拔高度为 5215m,其中西段平均为
5367m,中段平均为 5216m,东段平均为 5089m。

　　这 142 个具有潜在危险性的冰碛湖分布在 26 个四级流域中,其中潜在危险性
冰湖数量占本研究区总潜在危险性冰碛湖比重 5% 以上的流域有洛扎雄曲—章曲
(5o212,19 个,5.69km²,占 13%)、拿当曲(5o198,19 个,5.66km²,占 10%)、麻章
藏布(5o191,8.73km²,7 个)、绒辖藏布(5o192,2.90km²,9 个)、佩枯错(5o195,
13.4km²,7 个)、叶如藏布(5o197,5.68km²,10 个)、雄曲—绒来藏布(5o257,
5.38km²,10 个)、库比曲—杰马央宗曲右岸(5o258,4.38km²,7 个)等流域,空间上
看在喜马拉雅山主山脊线中段北侧的流域较为集中(图 5-28,表 5-16)。

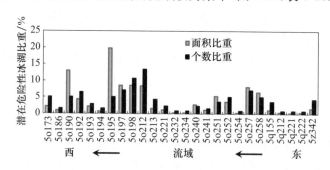

图 5-28　我国喜马拉雅山地区四级流域潜在危险性冰碛湖的比重

流域按照从东/右到西/左排列

5.5.2　危险冰湖的溃决概率计算

　　由于冰碛湖溃决诱因复杂、溃决机制多样(Clague and Evans,2000;王欣和刘时
银,2007),尽管有学者提出基于物理机理的冰碛湖溃决的临界水文条件(蒋忠信等,
2004),但是当前从溃决的物理机理上来计算冰碛湖溃决概率的理论并不成熟,准确
预报一次冰碛湖溃决事件还很难进行。为初步分析和评价具有潜在危险性冰碛湖
的危险性大小,本章按照 4.4 节冰湖溃决概率决策树模型,基于遥感数据及其再分
析数据,对经初步筛选的 142 个具有潜在危险性冰碛湖的溃决概率进行计算和分
级,为深入开展我国喜马拉雅山地区冰碛湖溃决的风险评估与减缓提供决策依据。
在计算每一个潜在危险性冰碛湖,应对每一气候荷载下每一个可能的溃决式中的

表5-16 我国喜马拉雅山地区四级流域潜在冰碛湖及其不同溃决概率等级

流域	非常高			高			中			低			非常低			流域合计		
	个数/个	面积/km²	高度/m	个数/个	面积/km²	高度/m	个数/个	面积/km²	高度/m	个数/个	面积/km²	高度/m	个数/个	面积/km²	高度/m	个数/个	面积/km²	高度/m
5o173	2	0.28	5593	3	0.72	5475	2	0.34	5324	—	—	—	—	—	—	7	1.34	5465
5o186	1	0.11	5001	—	—	—	1	0.46	4438	—	—	—	—	—	—	2	0.57	4720
5o191	1	0.43	4850	2	1.22	5365	1	3.10	5130	3	4.1	5285	—	—	—	7	8.73	5177
5o192	—	—	—	5	1.04	5249	3	1.31	5325	1	0.6	5050	—	—	—	9	2.90	5252
5o193	—	—	—	3	1.12	5113	—	—	—	1	0.3	4720	—	—	—	4	1.40	5015
5o194	3	6.11	5103	1	0.18	5510	1	0.21	5590	—	—	—	—	—	—	2	0.38	5550
5o195	6	4.09	5330	2	6.47	5249	1	0.65	5450	1	0.1	4950	—	—	—	7	13.4	5175
5o197	5	1.52	5066	1	0.81	5567	3	0.79	5430	—	—	—	—	—	—	10	5.68	5383
5o198	8	1.86	5050	7	2.66	5262	3	1.51	5133	—	—	—	—	—	—	15	5.69	5171
5o212	1	0.20	5152	6	2.15	5099	3	0.57	5297	2	1.1	4667	—	—	—	19	5.66	5064
5o213	—	—	—	1	0.12	5010	1	0.14	5289	3	0.5	5023	—	—	—	6	0.98	5087
5o221	—	—	—	1	0.23	5028	—	—	—	2	0.5	4872	—	—	—	3	0.70	4924
5o232	—	—	—	1	0.12	4368	—	—	—	—	—	—	—	—	—	1	0.12	4368
5o234	1	0.14	5201	—	—	—	—	—	—	—	—	—	1	1.07	5320	1	0.14	5201
5o240	1	0.12	5883	—	—	—	—	—	—	1	0.6	5460	—	—	—	3	1.79	5554

续表

流域	非常高			高			中			低			非常低			流域合计		
	个数/个	面积/km²	高度/m	个数/个	面积/km²	高度/m	个数/个	面积/km²	高度/m	个数/个	面积/km²	高度/m	个数/个	面积/km²	高度/m	个数/个	面积/km²	高度/m
5o241	1	0.21	5295	1	0.5	5124	—	—	—	—	—	—	—	—	—	2	0.71	5210
5o251	3	1.84	5101	1	0.3	4891	—	—	—	1	1.4	5145	—	—	—	5	3.52	5068
5o252	2	2.94	5097	3	0.89	5055	2	0.59	5172	—	—	—	—	—	—	7	2.41	5100
5o254	—	—	—	1	0.11	5621	—	—	—	—	—	—	—	—	—	1	0.11	5621
5o257	2	0.65	5235	1	0.1	5394	1	0.27	5185	4	3.5	5191	2	0.85	5052	10	5.38	5192
5o258	2	1.47	5186	3	1.52	5345	—	—	—	2	1.4	5207	—	—	—	7	4.38	5260
5q155	3	0.35	5469	1	0.14	5691	1	0.18	5604	—	—	—	—	—	—	5	0.67	5540
5q212	—	—	—	1	0.17	5637	—	—	—	—	—	—	—	—	—	1	0.17	5637
5q221	—	—	—	1	0.14	5608	—	—	—	—	—	—	—	—	—	1	0.14	5608
5q222	—	—	—	—	—	—	—	—	—	—	—	—	1	0.15	4970	1	0.15	4970
5z342	1	0.11	5680	1	0.16	5554	1	0.11	5556	3	0.6	5415	—	—	—	6	1.00	5506
总计	43	22.43	5201	47	20.9	5252	24	10.2	5273	24	15	5137	4	2.07	5098	142	68.10	5215

每一个环节发生的可能性进行描述,然后基于不同类型冰碛湖溃决模式发生的定性描述和概率转换表的标准(表 4-15),按照"事件不会发生→事件基本不会发生→事件可能发生→事件很可能发生→事件极有可能发生"五个等级确定响应的溃决概率范围,由专家在对应等级的概率范围内进行赋值,最后取多位专家赋值的平均值代入决策树模型,计算出每一个具有潜在危险性冰湖的溃决概率。计算步骤如下。

1. 潜在危险冰碛湖溃决的可能气候荷载及其相应的权重系数

根据对我国西藏 15 次已溃决冰碛湖溃决的气候背景特征的分析与度量,冰碛湖溃决当年的气候背景可分为暖湿、暖干、冷湿和接近常态,按照冰碛湖在不同气候背景(气候荷载)下溃决的频次,确定溃决的气候荷载权重系数分别为暖湿 0.4,暖干 0.34,冷湿 0.13,接近常态 0.13(参见 3.3 节)。此外,统计表明本研究区在过去 50 年里,暖湿、暖干、冷湿和接近常态四类气候荷载的频次分别是 0.164、0.172、0.046 和 0.396,当前缺乏本研究区未来极端气候情景(尤其是夏季极端温度和降水及其组合情景)的预测数据,本书假定未来上述四类利于冰湖溃决的气候荷载出现的概率亦分别为 0.164、0.172、0.046 和 0.396。

2. 潜在危险冰碛湖溃决的可能模式

综合喜马拉雅山 19 个已溃决冰碛湖溃决的分析(图 5-27),导致冰碛湖溃决的主要机制有母冰川发生冰崩产生浪涌冲垮堤坝、母冰川快速滑动/跃动入湖导致溃坝、冰碛坝内埋藏冰消融形成管涌溃坝、湖盆周围岩/雪崩产生浪涌冲垮堤坝、湖水位上升形成漫顶溢流冲刷溃坝等,基于 3.4.1 节的分析,在不同气候背景组合形式下,认为我国喜马拉雅山区每一个潜在危险性冰碛湖溃决的可能气候荷载及其溃决模式可以分为以下 4 大类,17 种可能的溃决模式(表 5-17)。

表 5-17　我国喜马拉雅山区潜在危险性冰碛湖可能的气候荷载及其溃决模式

气候荷载	溃决模式
暖-湿	母冰川物质交换加快→**冰崩入湖**→浪涌洪水漫顶溢流冲刷堤坝→冰碛坝溃决
	母冰川冰床解冻润滑→**冰川滑动/跃动入湖**→浪涌洪水漫顶溢流冲刷堤坝→冰碛坝溃决
	母冰川强烈消融→湖水量增加→**漫顶溢流下切侵蚀堤坝**→冰碛坝溃决
	暴雨/雪→湖水量增加→**漫顶溢流下切侵蚀堤坝**→冰碛坝溃决
	冰碛坝温度升高→坝内埋藏冰消融→**堤坝管涌扩大**→冰碛坝溃决
暖-干	母冰川物质交换加快→**冰崩入湖**→浪涌洪水漫顶溢流冲刷堤坝→冰碛坝溃决
	母冰川冰床解冻润滑→**冰川滑动/跃动入湖**→浪涌洪水漫顶溢流冲刷堤坝→冰碛坝溃决
	母冰川强烈消融→湖水量增加→**漫顶溢流下切侵蚀堤坝**→冰碛坝溃决
	冰碛坝温度升高→坝内埋藏冰消融→**堤坝管涌扩大**→冰碛坝溃决

续表

气候荷载	溃决模式
冷-湿	母冰川物质交换加快→**冰崩**→浪涌洪水漫顶溢流冲刷堤坝→冰碛坝溃决
	暴雨/雪→湖水量增加→**漫顶溢流下切侵蚀堤坝**→冰碛坝溃决
	母冰川物质交换加快→**冰川滑动/跃动入湖**→冰碛坝溃决
接近常态	母冰川物质交换加快→**冰崩**→浪涌洪水漫顶溢流冲刷堤坝→冰碛坝溃决
	母冰川冰床解冻润滑→**冰川滑动/跃动入湖**→浪涌洪水漫顶溢流冲刷堤坝→冰碛坝溃决
	母冰川强烈消融→湖水量增加→**漫顶溢流下切侵蚀堤坝**→冰碛坝溃决
	暴雨/雪→湖水量增加→**漫顶溢流下切侵蚀堤坝**→冰碛坝溃决
	冰碛坝温度升高→坝内埋藏冰消融→**堤坝管涌扩大**→冰碛坝溃决

注:黑体字为模式中的关键环节。

3. 计算参数的获取

为定量化本研究区冰碛湖各个可能的溃决机制发生的概率,本书从大比例尺地形图(1：50 000 或者 1：100 000)、DEM(1：50 000 或者 1：100 000)、ASTER影像[1~4 波段,前三个波段空间分辨率为 15m,第四波段空间分辨率为 30m,在波段组合时重采样成 15m;部分缺 ASTER 的区域用同时段的 ETM＋替代(参见5.1.1 节数据源)],获取经初步筛选后 142 个具有潜在危险性冰湖的母冰川参数、冰碛坝参数和湖盆参数(附录二)。由于对遥感数据解译的误差,潜在危险性冰湖的参数不可避免地存在误差。对比收集到的冰碛湖坝的高度、坝顶宽度、背水坡坡度、母冰川冰舌坡度的野外实测值与遥感测绘值间的误差,距离(宽、高)的绝对误差为−10~＋20m,相对误差为−50％~＋20％,坡度的绝对误差为−7°~＋2°,相对误差为−54％~＋20％(表 5-18)。此外,本书在提取潜在危险性冰湖定量参数的同时,还从 20 世纪七八十年代的航摄图和 Google Earth 中获取其母冰川末端裂隙状态、堤坝是否可能存在死冰、湖盆松散物质状态等描述参数,以辅助专家判断和赋值。

表 5-18　冰湖测量值的误差分析

冰碛湖	纬度/N	经度/E	测量对象	野外实测值	遥感测绘值	相对误差/%	野外实测数据源
宗格错	28°27′	87°39′	冰碛坝顶宽	40m	44m	−10	Liu and Sharma,1988
			冰碛坝高	40m	48m	−20	Liu and Sharma,1988
			背水坡坡度	10°	8°	−20	Liu and Sharma,1988
日屋普错	28°04′	87°38′	冰碛坝顶宽	25m	27m	−8	Liu and Sharma,1988
			冰碛坝高	20m	30m	−50	Liu and Sharma,1988
强宗克错	27°56′	87°46′	冰碛坝顶宽	30m	26m	+13	Liu and Sharma,1988
			冰碛坝高	80m	75m	+5	Liu and Sharma,1988

续表

冰碛湖	纬度/N	经度/E	测量对象	野外实测值	遥感测绘值	相对误差/%	野外实测数据源
龙巴萨巴湖	27°57′	88°04′	冰碛坝顶宽	163m	150m	+8	Wang et al.,2008
			冰碛坝高	100m	96m	+4	Wang et al.,2008
			母冰川冰舌坡度	11°	10°	+9	Wang et al.,2008
白湖	28°14′	89°53′	冰碛坝高	100m	85m	+20	陈储军等,1996
			背水坡坡度	5°	7°	−40	陈储军等,1996
阿玛正麦错	25°06′	87°38′	冰碛坝高	118m	100m	+15	Liu and Sharma,1988
			背水坡坡度	17°	18°	−6	Liu and Sharma,1988
帕曲错	28°18′	86°09′	冰碛坝高	80m	65m	+19	Liu and Sharma,1988
			背水坡坡度	13°	20°	−54	Liu and Sharma,1988
14 号湖	28°19′	85°50′	冰碛坝高	80m	90m	−13	Liu and Sharma,1988
			背水坡坡度	14°	15°	−7	Liu and Sharma,1988
光谢错	29°25′	96°30′	母冰川冰舌坡度	4°	5°	−25	李德基等,1992
黄湖	28°16′	90°04′	母冰川冰舌坡度	4°	5°	−25	陈储军等,1996
桑旺错	28°14′	90°09′	母冰川冰舌坡度	30°	28°	+7	陈储军等,1996

注:相对误差＝[(遥感测量值−野外实测值)/野外实测值]×100%。

4. 溃决模式中"关键环节"概率等级范围的划分

此处溃决模式中"关键环节"定义为在某溃决模式下,其他环节均为溃决能量和应力积累的环节,该环节为该模式下冰碛湖溃决可能性大小的直接表征环节,每一模式的"关键环节"见表 5-17 中的黑体字。在计算潜在危险性冰碛湖的溃决概率时,首先,由于受数据获取和已有知识的限制,考虑到溃决模式中"关键环节"发生的概率直接决定该溃决模式发生的可能性大小,本书仅对每一个溃决模式中的关键环节进行定性描述和概率转化,计算时假定其他环节发生的概率为 1(即假定溃决模式中的关键环节发生,该模式的其他环节必然发生)。其次,在分析喜马拉雅山 19 个已溃决冰碛湖溃决机制的基础上,参考土石坝溃决概率赋值范围(彭雪辉,2003),对冰崩、母冰川滑坡/跃动、管涌扩大、漫顶溢流冲刷堤坝等关键环节按照"事件基本不会发生→事件可能发生→事件很可能发生→事件极有可能发生"四个等级(考虑到本书只是计算具有潜在危险性冰碛湖,所以在等级分级时,把"事件不会发生"这个等级排除在外)进行概率分级,依次划分为>0.7、0.7~0.3、0.1~0.3、<0.1(表 5-19)。

表 5-19　我国喜马拉雅山冰碛湖溃决模式中关键环节发生的概率等级量化标准

关键环节	物理指标	概率范围			
		＞0.7	0.7～0.3	0.3～0.1	＜0.1
冰崩	危险冰体指数	＞0.3	0.1～0.3	0.01～0.1	＜0.01
	危险冰体裂隙	危险冰体裂隙发育且时有小规模冰崩发生	危险冰体裂隙发育	危险冰体存在裂隙	危险冰体未发现裂隙
	危险冰体坡度/(°)	＞20	8～20	3～8	＜3
	危险冰体距湖的距离/m	危险冰体深入湖中	0	0～500	＞500
母冰川跃动/滑坡	冰川末端距湖的距离/m	0,冰川运动速度较快	0	0～500	＞500
	冰舌坡度/(°)	＞20	8～20	3～8	＜3
管涌扩大	堤坝宽高比	＜1	1～2	2～10	＞10
	堤坝死冰	堤坝表面起伏变化较大,表示坝内死冰消融	坝内存在死冰	坝内可能有死冰	未发现死冰
漫顶溢流下切侵蚀堤坝	堤坝宽高比	＜1	1～2	2～10	＞10
	堤坝露水高度与堤坝高度比	0,溢流下切侵蚀冰碛坝	接近0	相对较小	相对较大

　　注:危险冰体指数为母冰川冰舌区变坡线以下至冰川末端或者末端区域冰裂隙发育的冰体的体积与冰碛湖水体积之比。

5. 溃决模式中"关键环节"赋值

　　选取母冰川、冰碛湖、冰碛坝的特征参数,作为量化每一关键环节的概率等级范围物理指标。冰崩发生概率主要与母冰川危险冰体(即母冰川冰舌区变坡线以下至冰川末端或者末端区域冰裂隙发育的冰体的体积)现状有关,其表征指标包括危险冰体指数、危险冰体裂隙、危险冰体坡度、危险冰体距湖的距离四项指标。危险冰体体积为冰川末端至变坡点的体积或末端裂隙发育的冰体,危险冰体指数为母冰川危险冰体体积/冰碛湖水体积。一般冰湖溃决前危险性冰体指数越大溃决的可能性越高,特别是危险性冰体裂隙发育时,更增大冰崩的可能性。在喜马拉雅山 19 个已溃决冰碛湖中,有 11 个能获取其在溃决前的危险冰体指数,计算表明其危险性指数为 0.11～0.52,且其中 80% 的溃决危险性指数超过 0.3;另外,Huggel 等(2004a)的研究认为,如果入湖物质与冰湖水体积之比为 0.1～1,冰湖将完全溃决,为 0.01～0.1,冰湖溃决的概率非常高,因此,本书取 0.3、0.1、0.01 作为危险冰体的分界值。如仅考虑坡度因素,危险冰体坡度越大,在重力作用下母冰川发生冰崩/滑坡/跃动的可能性越大。统计表明,喜马拉雅山已溃决冰碛湖的母冰川冰舌坡度为 3°～20°,其中一半以上的超过 8°(吕儒仁等,1999),因此将 20°、8° 和 3° 作为危险冰体坡度阈值。在喜马拉雅山 19 个已溃决冰碛湖的母冰川与湖的距离均

<500m,其中 14 个冰碛湖与母冰川相连;如果母冰川深入湖中,湖水面对冰川末端热融,形成所谓的"水枕机制"(吕儒仁等,1999),致使冰湖溃决的可能性增加。因此,湖-冰距离参数的阈值分为冰川末端深入湖中、0、0~500m 和>500m。对于冰碛坝宽高比(即冰碛坝的平均宽度与平均高度之比),一般宽高比越小其抵御浪涌的冲击能力越小,往往也越容易被漫顶溢流下切侵蚀,发生溃决的可能性越大。Huggel 等(2004a)根据阿尔卑斯山冰湖的资料认为,冰碛坝的宽高比<1 有利于溃决,但是阿尔卑斯山冰湖相对于喜马拉雅山的冰碛湖来说平均规模小。计算表明,西藏已溃决冰碛湖冰碛坝的宽高比为 0.6~1.7,并认为当宽高比>10 时,发生溃坝的可能性很小。本研究区具有潜在危险性冰碛湖的冰碛坝均为松散堆积物,在当今气候变暖的趋势下,坝内死冰的存在是导致管涌溃决的潜在诱因,尤其在坝内死冰加速消融的情况下,发生管涌溃决的可能性更大,如 1981 年的章藏布错溃决诱因之一就是坝内死冰消融导致管涌扩大形成(徐道明和冯清华,1989),因此坝内死冰的存在与否及其消融状态是判断冰碛坝溃决可能性大小的重要依据(Yesenov and Degovets,1979;Reynolds et al.,1998;Richardson and Reynolds,2000a;Kattelmann,2003)。漫顶溢流下切侵蚀与堤坝露水高度和堤坝高度比密切相关,但是目前关于两者关系的定量研究局限于松散冰碛物组成的冰碛坝(本研究区 142 个潜在危险性冰碛湖的堤坝均为松散冰碛物堤坝),如堤坝露水高度与堤坝高度比为 0,说明该冰碛湖发生了不同程度的漫顶溢流下切侵蚀,溃决的可能性增加。

6. 溃决概率等级的划分

对于冰湖溃决可能性的描述,使用概率范围或者概率等级比具体概率数值传递的信息更为准确和直观,数字计算的研究结果通常被主观分类(Dai and Lee,2003;McKillop and Clague,2007a)。基于决策树模型计算结果显示,本研究区潜在危险性冰碛湖的概率变化为 0.037~0.345,与加拿大 British Columbia 地区已溃决冰碛湖的溃决概率的等级划分标准类似,以 0.24、0.18、0.12 和 0.06 依次作为等级"非常高"、"高"、"中"、"低"和"非常低"分界值,能较为合理地将本研究区 142 个潜在危险性冰碛湖溃决概率等级划分为"非常高"(>0.24)、"高"(0.18~0.24)、"中"(0.12~0.18)、"低"(0.06~0.12)和"非常低"(<0.06)五个等级。图 5-29 为拍摄于 1974 年 10 月的航摄照片,从图中可以看到位于朋曲支流、拿当曲流域中的溃决概率等级为"非常高"的阿玛正麦错(87°38′E,28°06′N)、为"中"的吓曲错(87°37′E,28°07′N)和不具有潜在溃决危险的宗格错(87°39′E,28°07′N)。由图 5-29 可见,溃决概率等级为"非常高"的阿玛正麦错与母冰川末端相连(冰川末端很可能伸入湖中),冰碛坝坝顶狭窄,背水坡坡度大,且很可能出现漫顶溢流、冰崩、管涌、漫顶溢流侵蚀等导致该湖溃决;溃决概率等级为"中"的吓曲错,冰川末端在湖

盆上游陡坡上(与湖有一定的距离),湖坝背水坡较小,坝顶较宽,且湖盆排水系统发育,只有上游较大规模冰崩入湖才可能导致溃决;不具有潜在溃决危险的宗格错与母冰川距离超过500m,且排水系统发育。

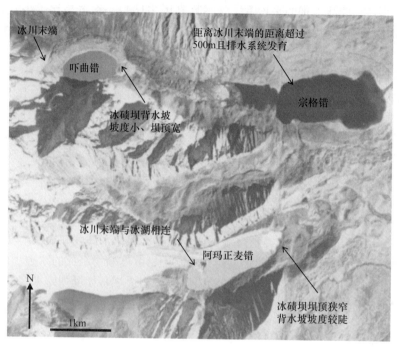

图 5-29　航摄照片(摄于 1974 年 10 月,来源于中国科学院寒区旱区环境与工程研究所资料室)

5.5.3　不同溃决概率等级冰湖的分布

　　计算结果表明,我国喜马拉雅山地区 142 个具有潜在危险性冰湖的总面积为 68.12km²,可分为"非常高"(43 个)、"高"(47 个)、"中"(24 个)、"低"(24 个)和"非常低"(4 个)五个等级,其平均溃决概率分别为 0.27、0.21、0.14、0.10 和 0.05,数量分别占潜在危险冰碛湖总数的 30%、33%、17%、17% 和 3%。潜在危险性冰碛湖多为较大规模冰湖,其平均规模为 0.48km²,为本研究区冰湖平均规模 (0.13km²)的 3.7 倍,但溃决概率等级为"高"和"非常高"的规模(0.46km²)略小于溃决概率等级为"低"和"非常低"的冰湖规模(0.65km²)(图 5-30)。从东、中、西不同区段来看,溃决概率等级在"高"及其以上的冰碛湖,中段最多,38 个,占 42%;东段次之,31 个,占 34%;西段最少,21 个,占 23%(表 5-20)。研究表明,我国冰碛湖溃决事件主要发生在海洋性冰川向大陆性冰川过渡的区域(李吉均,1977),且目前记录的冰碛湖溃决事件最西端为中段的隆达湖,尚没有西段冰碛湖溃决事件的记录。但是作者认为冰碛湖溃决是多因素诱发的,随着环境的变化,尤其是气候环境的变化,可能孕育新的诱发冰湖溃决的条件,从而导致冰碛湖溃决事件发生的范围扩大,1988 年位于海洋性冰川的光谢错溃决,突破了冰碛湖溃决事件只发生在海洋性冰川向大陆性冰川过渡区域的研究结论。本研究区尽管 87% 具有高溃决危险性的冰湖分布在中东段区域,但是西段仍有 21 个溃决概率等级在"高"及其以上的冰碛湖,说明在大陆性冰川发生冰碛湖溃决事件是有可能的。我国喜马拉雅山不同溃决概率等级冰碛湖的分布如图 5-31 所示,潜在危险冰湖溃决概率计算的主要参数及其溃决概率等级结果见附录二。

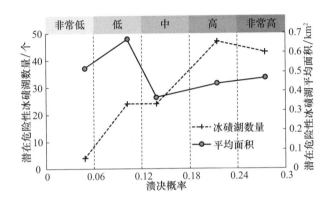

图 5-30　我国喜马拉雅山不同溃决概率等级的冰碛湖数量及其平均溃决概率

表 5-20　我国喜马拉雅山地区不同区段溃决概率等级冰湖的数量

区域	非常高	高	中	低	非常低
东段	17(5.31)	14(4.31)	6(1.30)	9(4.04)	1(1.07)
中段	16(12.15)	22(13.61)	11(6.68)	7(6.42)	0
西段	10(2.85)	11(2.95)	7(0.90)	8(5.53)	3(1.00)
合计	43(20.31)	47(20.87)	24(8.88)	24(15.99)	4(2.07)

注:溃决概率等级非常高为 >0.24;高为 $0.18\sim0.24$;中为 $0.12\sim0.18$;低为 $0.06\sim0.12$;非常低为 <0.06,参见文中说明;表格中第一个数字为冰湖个数,括号中的数字为对应等级冰湖的总面积(km²)。

从流域角度来看,不同溃决概率等级的冰碛湖,尤其是具有较高溃决概率等级的冰碛湖主要集中分布于中、东段为数不多的流域中,如朋曲、洛扎雄曲、年楚河、佩枯错等。图 5-32 显示了我国喜马拉雅山四级流域不同溃决概率等级冰碛湖的数量分布,由图 5-32 及表 5-16 可以看出,在我国喜马拉雅山地区的四级流域中,溃决概率在"高"及其以上等级的冰碛湖分布最多的是位于喜马拉雅山东段的洛扎雄曲—章曲(5o212,14 个)和中段的拿当曲(5o198,12 个);有 5 个以上溃决概率在"高"及其以上等级的冰碛湖分布的流域还有西段的马甲藏布(5o173)和库比曲—

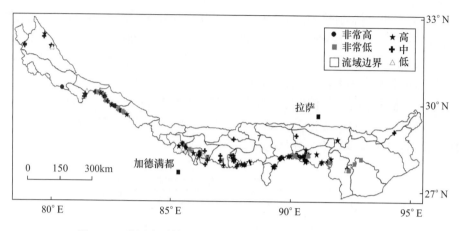

图 5-31　我国喜马拉雅山区不同溃决概率等级冰碛湖的分布

杰马央宗曲右岸(5o258)、中段的绒辖藏布(5o192)和佩枯错(5o195)及东段的多庆错(5o252)。需要指出的是,许多已经溃决或有着潜在溃决危险的冰碛湖是近数十年来形成的(Bajracharya et al.,2007)。我国喜马拉雅山 142 个具有潜在危险性冰碛湖中,有 23 个是近 30 年来新形成的冰湖,其中溃决概率为"高"和"非常高"的冰湖达 13 个(表 5-21)。在短短的几十年就演变成高危险冰碛湖,值得警惕和深入观测研究。

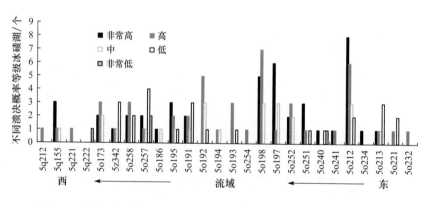

图 5-32　我国喜马拉雅山 4 级流域不同溃决概率等级冰碛湖数量分布

表 5-21　我国喜马拉雅山 1970s～2000s 新形成的具有潜在危险性冰湖及其溃决概率等级

流域(编码)	经度	纬度	冰湖面积 /km²	湖-冰距离/m	溃决概率等级
象泉河左岸(5q222)	80°24′E	30°33′N	0.15	0	非常低
玛法木错(5z342)	81°58′E	30°23′N	0.11	0	低

续表

流域(编码)	经度	纬度	冰湖面积 /km²	湖-冰距离/m	溃决概率等级
良江曲—达旺曲(5o213)	91°36′E	28°02′N	0.19	0	低
雄曲—绒辖藏布(5o257)	82°47′E	29°50′N	2.35	0	低
雄曲—绒辖藏布(5o257)	82°51′E	29°48′N	0.27	0	中
雄曲—绒辖藏布(5o257)	82°40′E	29°55′N	0.10	0	高
绒辖藏布(5o192)	86°22′E	28°14′N	0.30	0	中
绒辖藏布(5o192)	86°26′E	27°56′N	0.34	0	高
绒辖藏布(5o192)	86°19′E	28°15′N	0.27	310	中
叶如藏布(5o197)	87°53′E	28°01′N	0.12	340	中
叶如藏布(5o197)	88°12′E	28°01′N	0.33	0	非常高
多庆错(5o252)	89°18′E	27°53′N	0.40	450	中
多庆错(5o252)	89°19′E	27°53′N	0.62	0	非常高
多庆错(5o252)	89°20′E	27°53′N	0.19	160	中
多庆错(5o252)	89°21′E	27°53′N	0.17	150	高
多庆错(5o252)	89°10′E	27°52′N	0.31	0	非常高
西巴霞曲(5o221)	78°51′E	31°59′N	0.14	0	高
洛扎雄曲—章曲(5o212)	91°17′E	28°02′N	0.12	0	非常高
洛扎雄曲—章曲(5o212)	90°36′E	28°04′N	0.28	0	非常高
洛扎雄曲—章曲(5o212)	78°50′E	32°02′N	0.17	0	高
萨迦藏布(5o254)	87°36′E	28°48′N	0.11	0	高
吉隆藏布(5o186)	85°20′E	28°34′N	0.11	0	非常高
噶尔藏布左岸(5q155)	79°41′E	32°23′N	0.11	0	非常高

　　在不同的海拔高度带上,喜马拉雅山潜在危险性冰碛湖主要分布在 4300～5900m,数量最多最大高度为 5000～5100m(20 个),面积最大高度为 5100～5200m(16.16km²)。潜在危险性冰碛湖最为集中的高度范围为 5000～5500m,数量为 90 个,占总数的 63%,面积 51.80km²,占总数的 76%。对比我国喜马拉雅山冰湖的分布,从高度的角度看,潜在危险性冰湖的面积与冰湖面积分布趋势较为一致,最大面积均为 5100～5200m(图 5-33)。进一步分析发现,不同高度带内危险性冰碛湖面积在对应高度带的总冰湖面积的比重中[即(某高度带内危险性冰碛湖面积/该带内冰湖总面积)×100],海拔 5000～5500m 的比重最大,为 45%～48%(图 5-34)。总之,从高度上看,我国喜马拉雅山海拔 5000～5500m 是潜在危险性冰碛湖分布最为集中的高度带,该带接近一半的冰湖面积为危险性冰湖水体,为冰湖溃决灾害监测的重点高度范围。

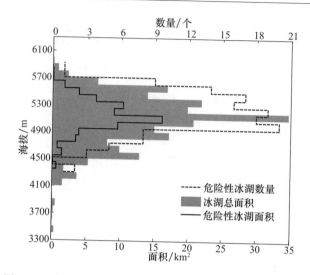

图 5-33　我国喜马拉雅山潜在危险性冰碛湖数量随高度分布

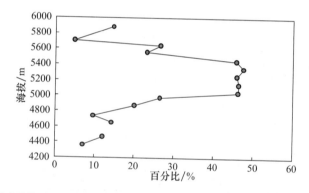

图 5-34　我国喜马拉雅山不同高度带潜在危险性冰碛湖面积与对应高度带冰湖的百分比

　　不同数据源的时相不同致使溃决概率计算参数反映的是危险冰湖不同时段的状态。地形图、DEM 和航摄图像获取的冰舌坡度、堤坝宽高比、堤坝背水坡度、湖盆坡度和松散物质状态等参数主要反映潜在危险性冰碛湖在 20 世纪七八十年代的状态,在进行模型计算时当做冰湖在现状年(即 2004～2008 年)时的参数,这毫无疑问存在偏差。但一般来说,30 年来堤坝形态参数、湖盆参数、松散物质状态变化不会很大。冰舌坡度由于冰面的差异消融,局部可能会发生一定程度的变化,然而,冰舌总体均呈减薄趋势,冰舌差异消融变化对整个冰舌坡度影响不会很大;另外,计算出来的概率最终要转换成一定范围内的溃决概率等级,冰舌坡度等参数的变化而引起溃决概率的变化不太可能影响对潜在危险性冰湖的溃决概率等级的划分。

　　冰湖信息提取所使用的现状年数据也是反映 2004～2008 年冰湖的状态(跨

度将近 5 年),使得现状年数据获取的参数,如面积变化,产生年际偏差;由于 ASTER 数据时相分属于年内不同季节,季节的差异也会导致冰湖产生年内面积偏差。这些年际和年内差异有多大,会在多大量级上影响对冰湖面积变化的分析,需要更为密集的数据进一步分析。但是在本书进行溃决概率计算时,面积变化率只是其中的参数之一,况且本书计算时只要冰碛湖的面积在过去 30 年内呈现明显增加趋势,就认为构成判别潜在危险性冰湖的指标之一,至于这个面积增加率有多大,在作筛选判断时,并未加以区别。因此,由于现状年数据的 5 年跨度差异而产生的冰碛湖面积年际偏差,以及由于 ASTER 数据时相分属于年内不同季节而产生的冰碛湖面积变化的季节差异,对冰碛湖溃决危险性的判别和溃决概率计算的影响有限,不太可能影响对潜在危险性冰湖的溃决概率等级的划分。因此,由数据源的时相差引起的决策树模型计算结果的误差在可接受的范围内。

5.6　本章小结

　　本章主要基于地形图和 ASTER 等数据,统计我国喜马拉雅山地区冰湖的数量及分布,分析近 30 年来本研究区冰湖的变化,并应用第 4 章构建的冰碛湖溃决灾害评价方法,对本研究区冰湖的危险性和溃决概率进行评价,得出如下结论。

　　(1) 近 30 年来,我国喜马拉雅山地区冰湖变化总体呈现"数量减少、面积增大"的趋势。数量由 1750 个减少到 1080 个,减少 7%;总面积由 166.48km² 增加到 215.28km²,增加了 48.48km²,增率达 29%。但是在过去的 30 年中不断有冰湖的形成和消失,冰湖数量处于不断变化之中。近 30 年来有 294 个冰湖消失,新增加 224 个冰湖。从冰湖类型来看,变化最快的为冰碛湖,在消失的冰湖中 66% 为冰碛湖;新增加的冰湖中 88% 为冰碛湖。本研究区冰湖面积增加是气候变暖、冰川退缩和冰川消融增加的产物,尤其在现代冰川作用边缘高度附近冰碛物丰富的地段(本研究区平均为 4900～5700m),冰湖变化尤其明显。

　　(2) 本研究区共有 142 个具有潜在危险性冰湖,占本研究区冰湖总数的 9%,主要为规模较大的冰碛湖,其中溃决概率等级为"非常高"的 43 个,"高"的 47 个、"中"的 24 个,"低"的 24 个,"非常低"的 4 个,分别占 30%、33%、17%、17% 和3%。溃决概率等级为"高"及其以上的 90 个潜在危险性冰碛湖是下一步进行溃决风险的"详细评价"和"非常详细评价"的重点。从流域角度来看,不同溃决概率等级冰碛湖、尤其是具有较高溃决概率等级的冰碛湖,也主要集中分布于中、东段为数不多的流域中,如朋曲、洛扎雄曲、年楚河、佩枯错等。在我国喜马拉雅山地区的四级流域中,溃决概率在"高"及其以上等级的冰碛湖分布最多的是位于喜马拉雅山东段的洛扎雄曲—章曲(5o212,14 个)和中段的拿当曲(5o198,12 个);有 5 个以上溃决概率在"高"及其以上等级的冰碛湖分布的流域还有西段的马甲藏布（5o173）和库比曲—杰马央宗曲右岸（5o258）、中段的绒辖藏布（5o192）和佩枯错（5o195）及东段的多庆错（5o252）。在高度上，海拔 5000～5500m 是潜在危险性冰碛湖分布最为集中的高度带，该带接近一半的冰湖面积为危险性冰湖水体，应为冰湖溃决灾害监测的重点高度范围。

第6章 典型危险性冰碛湖溃决风险评价

6.1 典型危险性冰湖的基本情况

6.1.1 龙巴萨巴湖和皮达湖概况

根据冰碛湖溃决灾害评价体系框架(图 4-1),本书已完成我国喜马拉雅山区冰碛湖溃决灾害的筛选判断和初步分析,获得了 142 个潜在危险性冰碛湖的分布及其发生溃决的概率等级。为进一步进行详细评价和非常详细评价,根据 5.5 节对我国喜马拉雅山地区冰湖危险性评价的结果,选取溃决概率等级为"非常高"和"高"的龙巴萨巴湖和皮达湖为典型高危险性冰碛湖,结合深入野外调查和观测,从危险性分析入手,对两湖进行溃决模拟和风险评价,探讨合适的溃决灾害处理方案和可行的减缓措施。

龙巴萨巴湖和皮达湖位于喜马拉雅山朋曲流域、叶如藏布的支流给曲的源头,北纬 27°56.67′,东经 88°04.21′,行政区划属于西藏自治区日喀则地区定结县琼孜乡,为朋曲流域二级支流给曲的发源地(图 6-1)。近年来当地牧民发现这两个湖水位不断上升、处于危险状态,并向当地政府汇报,引起了有关部门的重视。2002年 8 月和 2004 年 8 月定结县农牧局和西藏自治区政府分别组织了工作组对两湖进行调查,2005 年夏开始实施抢险施工工程措施。2006 年 7 月西藏自治区防汛办会同区国土资源厅、区水文资源勘测局、日喀则地区和定结县相关部门等多家单位组成联合工作组再次对两湖进行了实地勘察工作,并在冰湖监测点召开了协调会议,9 月对两湖险情、下游潜在灾区状况等进行了调研和相关资料收集。2009 年至今,中国科学院寒区旱区环境与工程研究所、湖南科技大学、西北师范大学、西藏自治区水利厅等单位联合每年夏季对该湖进行科学考察与观测,并建立了半定位观测站。上述工作的积累,为从详细评价和非常详细评价层次上对这两个典型高危险性冰碛湖进行溃决风险评估奠定了基础。

皮达湖为冰川终碛垄堰塞湖,湖面海拔为 5573m,呈南北长条状;野外调查表明该湖南北长为 1750m,东西宽为 625m,最大水深为 123m,估算平均水深为 52m,库容为 $5.044×10^8 m^3$。现出水口位于该湖北偏东方向,在皮达湖北偏西方向,即湖左侧侧碛垄与终碛垄交接部位有一个古出水口,高出现湖面约 6m。在该湖的南偏西方向,冰川的冰舌已伸入湖内,冰舌宽为 200~400m,坡度为 40°。该湖主要

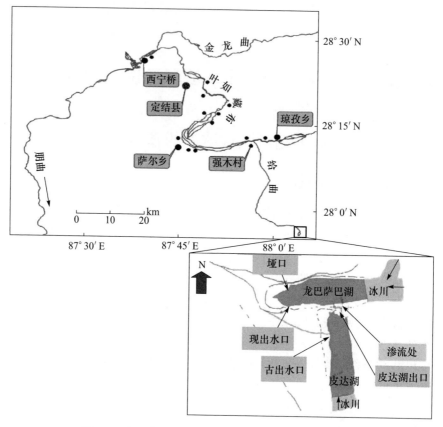

图 6-1　龙巴萨巴湖和皮达湖的位置以及下游村镇分布

由冰川融水和大气降水补给,基岩裂隙水补给量较少。目前主要有两种泄水方式:
①以溢流方式通过现在的出水口流经终碛垄后,沿龙巴萨巴湖残留的部分侧碛堤
与皮达湖接触的低洼地带,向西绕行约 300m 后,在垭口处流入龙巴萨巴湖,这是
目前的主要排水方式;②在现出水口北偏西约 127m 处,以渗流的方式,向龙巴萨
巴湖排泄,但渗流量较小。由于皮达湖湖面高出龙巴萨巴湖 75.9m,加之渗漏作
用,细颗粒物质不断被水流带走,渗漏部位被逐渐淘空,使皮达湖终碛垄不断发生
坍塌。

　　龙巴萨巴湖亦为冰川终碛湖,湖面海拔为 5549m,该湖南北长为 1925m,东
西宽为 725m,2009 年 9 月测得最大水深为 101.9m,平均水深为 47.5m,面积为
1.22km²,库容 0.64×10⁸m³(姚晓军等,2010)。该湖位于皮达湖北侧,现出水
口位于该湖的西南方向;在湖的北偏西方向,右侧侧碛垄与终碛垄交接部位也有
一古出水口,高出现湖面约 3m,垭口底部宽约 10m。此处坝厚约 50m。终碛垄
前部有多处凹陷,并形成小湖。湖的东侧有两条支冰川相汇,冰舌伸入湖内,发

生断裂后形成规模不等的冰体在湖内漂浮;冰舌裂隙十分发育,垂直于运动方向的冰裂隙呈多组平行状排列,裂隙宽度大小不等,冰川上冰塔林、冰面湖发育,冰川表碛物也较多,主要是沿途山体风化残积物堆积于其上所形成。龙巴萨巴湖的补给方式主要有冰川融水和大气降水补给、皮达湖湖水溢流及渗流入湖补给及周围基岩少量的裂隙水补给。该湖的排水方式主要有通过现出水口,以溢流方式下泄(目前最主要的排水方式)和以渗流的方式排水,但渗流量很小。

　　皮达湖、龙巴萨巴湖下游为给曲,在强木村附近汇入叶如藏布,龙巴萨巴湖距朋曲汇合口 125km。从湖口到强木村以上 4km 处,河流长度约 30km,主要为高山峡谷带,河床主要由大漂石组成,沿途洪积扇广布,河道平均坡降 31.8‰(图 6-2);强木村以下,河道开始逐渐展开,从强木村到萨尔乡,河流长度约26.7km,河道多汉流、多沼泽地,河谷平均宽 1～2km,最宽处可达 6km,在水草肥美的河谷边缘有较多藏民村落分布,河道平均坡降 8.99‰(图 6-3);从萨尔乡到定结县城一带,河流长度约 32.7km,河谷平均宽 3～4km,最宽处可达5.5km,平均坡降 1.38‰;从县城至汇入朋曲干流处,河流长度约 31.9km,为高山峡谷带,河道平均坡降为 1.25‰。

图 6-2　强木村上游河谷(王欣摄于 2011 年 8 月)

河谷松散冰碛物和洪积砾石堆广布,河谷无固定居民点,但夏季有牧民临时住点,
沿途为牧区和牧民上山放牧的必经之路,图为 2011 年 6～7 月在湖下游约
10km 的峡谷出口处洪水后留下的洪积扇,将以前的简易公路冲毁

图 6-3　强木村以下宽广多为沼泽河谷（王欣摄于 2011 年 8 月）
河谷边沿为水草肥美的农牧区，为藏民的主要聚居区，居民点多位于河谷边沿，
图中右侧为定结县城至萨尔乡中间的一处藏民村落

6.1.2　龙巴萨巴湖和皮达湖变化

龙巴萨巴湖和皮达湖位于西藏定结县给曲源头，龙巴萨巴湖形成要晚于皮达湖，在形成之初至 20 世纪 70 年代龙萨巴湖小于皮达湖，但是龙巴萨巴湖增长迅速，20 世纪 80 年代中期龙巴萨巴湖的规模已经超过皮达湖。龙巴萨巴湖和皮达湖与母冰川变化类型属于"b"类型（图 5-25），即在 20 世纪 70 年代母冰川与冰湖相连，冰川退缩，冰湖一直紧随冰川末端退缩的方向扩张，目前母冰川与冰湖依然相连。遥感监测显示，伴随着母冰川的退缩，龙巴萨巴湖和皮达湖面积逐年向上游扩张（图 6-4），1977～2009 年，龙巴萨巴冰川末端累计退缩了 1264m，卡尔冰川末端累计退缩了 1080m，2005 年和 2009 年的野外测量也显示，4 年间龙巴萨巴冰川和卡尔冰川分别退缩了 255m 和 47m；与此相对应，过去的 32 年中，龙巴萨巴湖和皮达湖的面积由 1977 年的 0.33km² 和 0.46km²，扩张到 2009 年的 1.22km² 和 0.95km²，分别增大了 223％和 96％（图 6-5）。

从年际变化来看，1977～2009 年，龙巴萨巴湖和皮达湖面积增加呈递增趋势，且龙巴萨巴湖增速（0.0277km²/a）快于皮达湖（0.0152km²/a），其中，1977～1989 年龙巴萨巴湖和皮达湖面积变化率分别为 0.0197km²/a 和 0.0116km²/a，1989～1999 年分别为 0.0272km²/a 和 0.0227km²/a，1999～2009 年分别为 0.0379km²/a 和 0.0315km²/a（表 6-1）。近 10 来皮达湖面积表现出较为平稳扩张态势，而龙巴萨巴湖面积和长度可分为三个阶段：①1999～2004 年，冰湖面积增加速率为 0.0525km²/a，这与当地水利部门报告龙巴萨巴湖面积增加迅速情况相符；②2004～2006 年，冰湖面积有不同程度降低，减少速率为−0.0018km²/a，

（a）近30年龙巴萨巴湖和皮达湖扩张过程
（1977年为MSS影像获取边界,其余年份为TM影像获取的边界）

（b）龙巴萨巴湖照片（韩海东摄）

（c）皮达湖照片（姚晓军摄）

图 6-4　1977～2009 年龙巴萨巴湖和皮达湖的变化过程

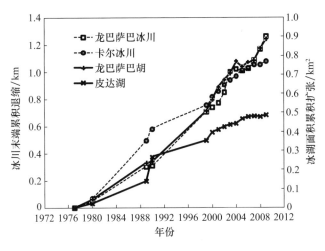

图 6-5　1977～2009 年龙巴萨巴湖和皮达湖及其对应的母冰川龙巴萨巴冰川
和卡尔冰川的变化过程

这与 2005 年西藏水利厅为降低龙巴萨巴湖溃坝风险采取工程措施排水有关（李传富和张玉初,2008）;③2006～2009 年,冰湖面积再次呈现急剧增加趋势,变化速率达到 0.040km²/a(图 6-6),说明开挖在一定程度上抑制了湖水位的快速上升,但是母冰川在不断后退,龙巴萨巴湖面积沿着冰川退缩的方向扩张仍然迅速。

表 6-1　1977～2009 年龙巴萨巴湖和皮达湖面积及其母冰川末端变化

年份	龙巴萨巴湖		龙巴萨巴冰川退缩长度/m	皮达湖		卡尔冰川退缩长度/m
	面积/km²	面积增率/%		面积/km²	面积增率/%	
1977	0.332	0	0	0.463	0.0	0
1980	0.377	13.6	−52	0.485	4.8	72
1989	0.568	50.6	−252	0.603	24.2	423
1990	0.576	1.4	−5	0.730	21.1	87
1999	0.840	45.8	−398	0.816	11.7	175
2000	0.899	7.0	−32	0.859	5.3	60
2001	0.966	7.5	−35	0.874	1.7	40
2002	1.004	3.9	−77	0.889	1.8	48
2003	1.038	3.4	−153	0.900	1.2	36
2004	1.103	6.3	−17	0.906	0.6	28
2005	1.074	−2.6	+12	0.931	2.8	47
2006	1.097	2.2	−18	0.940	1.0	17
2007	1.107	0.9	−61	0.944	0.4	22
2008	1.170	5.7	−82	0.942	−0.3	0
2009	1.219	4.2	−94	0.951	0.9	25

注:面积增率为(当年冰湖面积值−上一次观测的冰湖面积值)/上一次观测的冰湖面积值×100。

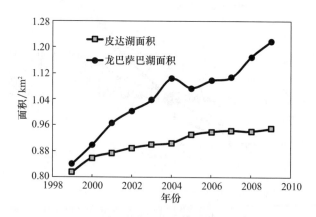

图 6-6　1999～2009 年龙巴萨巴湖和皮达湖面积逐年变化

　　从冰湖及其母冰川的变化过程来看,龙巴萨巴冰川和卡尔冰川几乎以斜率为45°的直线退缩,龙巴萨巴湖的面积增大速率与其母冰川退缩的速率的步调几乎一致(图 6-5),说明冰湖的面积增长主要是由母冰川退缩形成的。在 20 世纪 90 年代初,皮达湖面积增速与母冰川退缩呈现差异性,之前两者的变化速度较为一致;之后,母冰川继续保持较快的退缩速率,皮达湖的面积增大速率变缓,可能与冰碛坝的渗流加快等有关(野外考察证实皮达湖通过渗流将湖水排入龙巴萨巴湖),这种冰湖主要朝其母冰川一侧持续前进,即与冰川后退方向保持一致的扩张方式,与喜马拉雅山南侧 Tsho Rolpa、Imja、Luggye Tsho 湖的扩张模式相同(Richardson and Reynolds,2000b)。由于冰川终碛垄、侧碛难以被水流侵蚀,冰湖终碛垄、侧碛位置基本不变化,龙巴萨巴湖不同年份影像及解译结果也证实了自 20 世纪 70 年代以来龙巴萨巴湖终碛垄和侧碛位置基本没有变化[图 6-4(a)]。由此,分析认为龙巴萨巴湖和皮达湖的扩张一方面是由于母冰川消融加快、融水径流增加,致使湖水量增加,另一方面是冰湖热喀斯特过程对入湖冰川末端的热蚀作用,致使末端崩解退缩。在一个自然年内,冬季冰面湖表面结冰,湖面达到或低于 0℃;夏季由于太阳辐射增强,气温上升,湖面解冻,表层湖水温度升高,湖水密度增加(一般 4℃时水密度最大),诱发冰湖热对流,即暖而密度大的湖表面水下沉并流向湖底冰沿,在融蚀湖底冰沿时被冷却,密度减小而上升到湖面,又被加热,如此循环往复,从而加快冰舌末端下部消融和冰崖垮塌,最终导致冰湖面积沿着冰川末端后退的方向不断扩大。

分析距两湖最近的定日县气象站的观测资料显示,从 20 世纪 60 年代至 2006 年,年均温为 2.55℃,气温呈整体升高的趋势,年平均升温率为 0.059℃/a(信度水平<0.001);年平均降水量为 281mm,降水也呈增加趋势,增率为 1.7mm/a(信度水平为 0.08)(图 6-7),这种暖湿的气候变化趋势有利于母冰川的退缩和冰湖的扩张。当然定日县气象站(87.08°E,28.63°N)与两湖距离较远,海拔也要低 1200m,

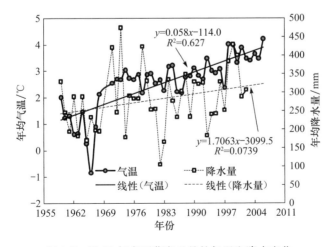

图 6-7　近 50 年来西藏定日县的气温和降水变化

应该说和龙巴萨巴湖区的气象条件与气候变化趋势肯定存在差异,但母冰川的强烈退缩与高升温率(定日气象站记录的升温率为本研究区 10 个气象站中升温率最大值,见表 2-4)相一致。根据 2009 年在龙巴萨巴湖冰碛坝上架设的自动气象站的记录表明(图 6-8),2009 年 10 月 24 日～2010 年 7 月 5 日的记录显示,湖区平均气温为—5.28℃,平均风速为 2.18m/s,遗憾的是目前的资料积累的时间较短,还不能说明湖区的气象状态和气候变化趋势。

图 6-8　2009 年 10 月架设的位于龙巴萨巴湖冰碛坝上的自动气象站,
记录温、湿、风、降水等气象要素

6.2　危险性分析

6.2.1　野外调查分析

自 2006 年至今,中国科学院寒区旱区环境与工程研究所每年对龙巴萨巴湖和皮达湖进行野外考察,2009 年建立半定位观测站,开始对龙巴萨巴湖和皮达湖进行连续观测,这些考察观测的积累为对两湖的溃决风险评价奠定了良好的基础。皮达湖高出龙巴萨巴湖 76m,加之皮达湖所在的终碛堤为松散堆积物,空隙度大,在高水头压力作用下,皮达湖的部分湖水便以泄流、渗流的方式排入龙巴萨巴湖,这也是皮达湖最薄弱的部位。从现场调查情况看,皮达湖形成早于龙巴萨巴湖,龙巴萨巴湖的侧碛垄覆盖于皮达湖部分终碛垄之上,相当于增加了皮达湖前沿终碛堤的宽度,使得皮达湖暂时保持了一定时期的相对稳定状态。由于渗流作用,细颗粒物质不断被流水带出,渗流部位逐渐掏空,使原先覆盖在皮达湖终碛垄上的龙巴萨巴湖侧碛垄松散堆积物发生坍塌,在渗流地段(最薄弱的部位),已形成一凹形坡,而且还在不断向皮达湖方向坍塌后退,致使两湖距离不断缩小(目前两湖最近距离为 24m),如果不采取措施,皮达湖现出水口溢出水流将不再绕行,可能直接从该处流入龙巴萨巴湖,再加上渗流淘蚀作用,将使该处终碛垄迅速坍塌,从而加剧皮达湖的溃决危险。

近年来,西藏自治区定结县水利局夏季开始对龙巴萨巴湖和皮达湖进行定期的溃决风险人工预警观测,2011~2012 年,共发布了 6 期《定结县水利局简报》,对这两个湖的出水口流量、水位、湖下游基本情况等进行了报道(表 6-2)。根据 2011~2012 年的 6 次现场考察发现,龙巴萨巴湖和皮达湖 5 月湖面逐渐解冻,11 月开始全部封冻,夏季 8 月出水口流量最大;湖盆洪水频发,目前两个冰湖未见明显险情,出水口侧向冲刷明显,冰湖排险加固后在汛期安全运行。但是龙巴萨巴湖坝体内部死冰的暴露,加快了死冰消退的速度,增加坝体的不稳定性,致使冰湖仍处于高溃决危险状态。

表 6-2 2011~2012 年龙巴萨巴湖和皮达湖险情现场考察情况汇总

考察时间	基本情况	备注
2011-05-07~08	两湖结冰,皮达湖出水口水流量为 0.1~0.2m³/s,整个出水河道畅通;龙巴萨巴湖出水口标尺测得水深 1.16m,流量为 0.15~0.3m³/s	河谷有大量洪水冲积物、被冲毁简易公路总长约 4km,冰湖未见明显险情
2011-07-19~20	湖盆区积雪覆盖,未发现冰湖的水位上升等有异常情况,湖盆周边山体也无塌方和滑坡	河谷大量洪水冲积物,冰湖排险加固后的汛期安全运行
2011-08-21~23	湖中漂浮着零星冰块,冰湖出水口水量相对较大,龙巴萨巴湖约 1.8m³/s,皮达湖约 1.2m³/s	发生漫顶洪水,冲毁了位于坝体上的一套自动气象站
2011-09-20~21	冰湖的周围坝体均出现了不同程度的滑坡;皮达湖大量冰舌断裂,湖面漂浮大量浮冰,水位较 8 月下降约 1m,泄洪道面有轻微滑坡。龙巴萨巴湖冰舌有少量冰舌断裂,溢洪道坡面有轻微塌方,水位下降约 0.5m	由于 9 月 18 日晚印度锡金发生里氏 6.8 级地震,波及定结县部分地区,但两冰湖的险情影响不明显
2011-11-04~06	湖面已经全部封冻,冰湖出水口水量相对较小,龙巴萨巴湖约 0.6m³/s,皮达湖约 0.4m³/s	坝体较为稳定,两冰湖总体安全

续表

考察时间	基本情况	备注
2012-05-28~29	皮达湖出水口水流量为 3~5m³/s,通过龙巴萨巴湖出水口用竹竿测得水深1.4m,流量 5~8m³/s,冰湖安全。皮达湖还有一半的冰体没有融化,龙巴萨巴湖已经全部融化。两冰湖的导流渠道逐年在冲刷两岸,使得渠道在加宽	两座冰湖周边山体状况良好,冰山上冰体稳固,暂无塌方等危险,下泄流量在增大,整个出水河道畅通;两冰湖坝体也较为安全
2012-08-01~03	龙巴萨巴湖湖面漂浮大量冰川崩解入湖的冰块,坝体内侧后退,坝体死冰有较大面积暴露;出水口流水向岸坡右侧冲刷崩塌明显,致使出水口不断拓宽	坝体较大面积的死冰暴露,加快了坝内死冰消退,增加了坝体的不稳定;但出水口下泄流量在增大,在一定程度上降低了溃决概率

　　总体看来,野外观测表明两湖处于高危险状态。因为:①两湖冰碛坝表面由松散冰碛物组成,其分选性和磨圆度差,空隙较大,抗剪强度低,所形成的坝体稳定性差(图 6-9)。②在冰湖右侧的侧碛垄同时也受到河流的侧向侵蚀,使得冰碛垄宽度不断减小,周围山体陡峭,右侧坡度在 60°以上,岩石冻融风化作用强烈,节理裂隙发育,坡体处于不稳定状态,易产生崩塌、滑坡、掉块等;左侧坡度相对要缓,坡度为 30°,但坡面为松散斜坡,松散物常滑入湖中,考察期间常见湖两侧松散物跌入湖中引发浪涌(图 6-10)。③龙巴萨巴湖出现漫顶溢流,且流水不断侵蚀冰碛坝的背水坡,尤其在出水口附近有明显的渗流(图 6-11);皮达湖排水方式是渗流,渗流较大且均流入龙巴萨巴湖。④两湖的母冰川均与湖水相连并深入湖中,冰舌末端裂隙发育,考察期间发现冰舌末端小规模的冰崩时有发生,湖面漂浮从冰川末端崩

图 6-9　坝体为松散冰碛物,分选型和磨圆性差,孔隙度大,抗剪强度低
(姚晓军摄于 2009 年 10 月)

图 6-10　湖盆右侧坡度在 60°以上,左坡度在 30°以上,坡体处于不稳定状态,
易产生崩塌、滑坡、掉块等;图中圆圈为抓拍到的松散物入湖产生的扬尘
(姚晓军摄于 2009 年 10 月)

图 6-11　漫顶溢流侵蚀龙巴萨巴湖堤坝,堤坝有渗流(圆圈为渗流处)
(马捷宇摄于 2006 年 6 月)

解的冰块,在 2012 年 8 月甚至出现冰块拥塞出水口的情景(图 6-12)。⑤尽管观测时段内渗流量的增大趋势不明显,人工开挖的出水口不断发生侧向冲刷侵蚀,出水口不断变大,湖水位变化不大,但是出水口的向源和侧向侵蚀,致使堤坝边坡坍塌现象时有发生,威胁堤坝的稳定性(图 6-13)。⑥坝顶表面起伏,冰碛坝表面发育小湖(图 6-14),预示着堤坝内部存在死冰,热喀斯特过程发育,对龙巴萨巴湖冰碛坝的开挖施工证实表面以下 1.5～3m 处有死冰。2009 年 10 月发现冰碛坝左侧

（东南角）有埋藏冰出露，2012 年 8 月在湖坝出水口右侧中部迎水坡有较大面积坝内埋藏冰出露（图 6-15），可能会成为威胁堤坝稳定性的关键因素。⑦本研究区为地震频发区域，2011 年 9 月 18 日晚印度锡金发生里氏 6.8 级地震，致使坝体出现了不同程度的滑坡，对坝体造成一定程度的破坏。

图 6-12　龙巴萨巴冰川末端冰裂隙和冰塔林发育且深入湖中，
湖面漂浮大量从冰舌末端崩解的冰块（王欣摄于 2012 年 8 月）

图 6-13　龙巴萨巴湖人工开挖的出水口，出水口不断向右侧冲刷，
岸坡不断崩塌拓宽（王欣摄于 2012 年 8 月）

图 6-14　龙巴萨巴湖冰碛坝表面起伏较大,局部沉陷,堤坝表面有小湖分布,
预示堤坝内部热喀斯特过程发育(张迎松摄于 2009 年 10 月)

图 6-15　湖坝出水口右侧中部迎水坡出露的坝内埋藏冰,上覆表碛物厚度为 1~3m
(王欣摄于 2012 年 8 月)

6.2.2　危险性指标评价

根据表 4-3 中危险性冰碛湖评价指标体系,本章结合野外调查从定性和定量两方面对龙巴萨巴湖和皮达湖的危险性进行详细评价,评价对象包括冰碛坝、母冰川、湖盆、气候环境及它们之间的相互关系。所选取的评价指标都是基于喜马拉雅

山地区冰碛湖归纳出来的或者被认为可以适用于不同地区的评价指标。对龙巴萨巴湖和皮达湖溃决风险评价指标及结果见表 6-3。在表 6-3 所列的 12 项溃决风险评价指标中，从冰碛湖面积来看，龙巴萨巴湖稍大，溃决风险属中等。冰碛坝中冰核对冰碛坝的稳定性所起的作用尚有人提出异议，如对加拿大 British Columbia 等地区已溃决或部分溃决的 20 个冰碛湖研究发现，冰碛坝内冰核的存在增加冰碛坝的稳定性(McKillop and Clague,2007a)。这可能是因为 British Columbia 等地区冰碛坝内冰核与 Hamlaya 地区比较具有如下特点：①冰核较小，因而即使冰核融化，其引起冰碛坝的下沉的幅度较小(Ostrem and Arnold,1970)；②冰碛坝内冰核多为宽且圆形状，因而被漫顶湖水融化相对要慢(Reynolds,1998)；③含有冰核的冰碛坝与不含冰核的松散冰碛物比较，其抵抗漫顶下切侵蚀的能力要强(McKillop and Clague,2007a)。由此，冰碛坝中冰核对冰碛坝的稳定性所起的作用应具体情况具体分析，对于喜马拉雅山地区，不少学者认为有冰核的冰碛坝由于冰核的消融导致冰碛坝下沉，会增加坝体的不稳定性(Yesenov and Degovets,1979；Ding and Liu,1992；陈储军等,1996；Reynolds,1998；Reynolds et al.,1998)，本书认为龙巴萨巴湖和皮达湖坝内冰核的存在，使得两湖的溃决危险性增加。两湖冰碛坝的岩石虽未固结/变质，表面为松散冰碛物，但现场勘测表明，5～8月在冰碛坝表面往下 2～3m 处冰碛坝处于冻结状态，这在一定程度上增加了堤坝的稳定性；但是在气候变暖的趋势下，随着终碛垄堤冻结岩石的融化，堤坝的稳定性将会减低。冰碛湖面积也只是略高于最有利于溃决的 $10^5 m^2$ 量级，所以从湖面积的数量级来看，溃决风险仍然很高。表 6-3 中其他各项指标均一致表明龙巴萨巴湖和皮达湖处于高溃决风险状态。

表 6-3　龙巴萨巴湖和皮达湖溃决危险性评价指标

评价对象	冰碛湖溃决风险评价指标	最有利于溃决的描述	龙巴萨巴湖/危险性等级	皮达湖/危险性等级	数据源
湖	冰碛湖面积/m²	10^5 量级	$1.22×10^6$/中	$9.7×10^5$/高	实地测量
	湖面积变率	面积增长>5%	1977～2009 年增加了 223%	1977～2009 年增加了 96%	MSS、TM 影像
坝	坝顶宽度/m	<600	<163/高	<163/高	实地测量
	背水坡坡度/(°)	>20	22/高	22/高	实地测量
	冰碛坝的宽高比	<2	1.6/高	1.2/高	实地测量
母冰川	母冰川面积/km²	>2	39.95	10.9	1：50 000 地形图
	冰舌段坡度/(°)	>8	10/高	10/高	1：50 000 地形图
	危险冰体指数	>0.01	0.127/高	0.098/高	1：50 000 地形图
湖盆	冰舌区平均坡度/(°)	>7	10/高	10/高	1：50 000 地形图
湖-坝	湖水位距坝顶高度与湖高度之比	0	堤坝凹处为 0/高	堤坝凹处为 0/高	实地测量

评价对象	冰碛湖溃决风险评价指标	最有利于溃决的描述	龙巴萨巴湖/危险性等级	皮达湖/危险性等级	数据源
湖-母冰川	冰舌与冰湖的距离/m	<500	0/高	0/高	实地测量
湖-气候	气温与降水,极端气候事件	高温多雨/高温干旱	从 20 世纪 60 年代至今升温率为平均 0.059℃/a/高	从 20 世纪 60 年代至今升温率为平均 0.059℃/a/高	定日县气象站资料

所以,野外现场调查分析和危险性指标评价一致显示,龙巴萨巴湖和皮达湖均处于高溃决危险状态。

6.3　溃决洪水强度模拟

6.3.1　龙巴萨巴湖湖盆形态模拟

1. 湖盆地形测量

2009 年 9 月对龙巴萨巴湖科学考察时,团队人员利用 Syqwest 公司生产的 HydroboxTM 高分辨率回声测深仪对冰湖水深进行测量。HydroboxTM 高分辨率回声测深仪是一种应用回声原理测量水深的仪器,设计用于调查水深不超过 750m 的水域。该型测深仪将水深模拟量一方面供给记录器作模拟记录,另一方面提供给量化器转换成数字显示并从 RS422 端口输出,可与 GPS 接收机及计算机直接进行数据通信。在实际测量时,测深仪声纳系统采用舷侧安装,换能器垂直安装在测船中部略靠近船头处,以尽可能减弱测船航行时产生的气泡和漩涡及螺旋桨产生的干扰噪声对测深精度的影响。测船航行时,通过不间断查看计算机屏幕中实时显示的水深,确保换能器完全浸入水中,并使其辐射面尽可能与水平面平行。GPS 接收机安置在测深杆顶部,以保证定位和水深测量点位一致。考虑测船航行方便和实测点尽量均匀分布,航线设计为首先沿冰湖边缘测量一周,为确保换能器始终浸入水中,以及避免换能器和螺旋桨碰到水中基岩,实际测量航线距冰湖岸边 2~5m;然后测船沿冰湖短轴方向呈“之”字形前进,沿冰湖长轴方向呈“几”字前进。由于考察期间冰川末端时常发生冰体崩塌,且湖面浪涌较大,基于安全因素考虑,测船对冰湖与冰川末端交接处附近水域没有进行测量。经过两天测量,共获得 35 558 个采样数据。由于靠近岸边处湖水较浅或当测船航行速度较慢时,部分采样点空间位置相同,通过求其平均值得到各重复点的速度,最终共获得 6916 个离散数据点,其空间分布如图 6-16 所示。为验证测深数据是否准确,利用测绳对测船所经路径进行随机采点测深,共测点 33 处,与相同位置测深仪声纳系统采集数据相比,误差为 1~2m,因此可认为所测数据是准确的。

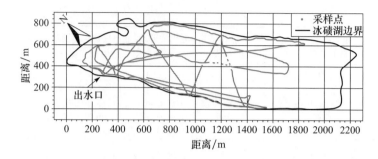

图 6-16　湖水深声呐测量采样点分布(姚晓军等,2010)

2. 湖盆形态模拟

不规则三角网(TIN)是一种 DEM,它是根据区域的有限个点集将区域划分为相等的三角面网络,数字高程由连续的三角面组成,三角面的形状和大小取决于不规则分布的测点的密度和位置,能够避免地形平坦时的数据冗余,又能按地形特征点表示数字高程特征。在模拟湖盆形态时,首先将 6916 个离散点的三维坐标($X,Y,$Depth)和湖泊边界数据经投影变换后输入 ArcGIS 软件中,利用其提供的三维分析模块(3D Analyst)建立不规则三角网;其次,根据实测的湖面高程数据与冰湖水深曲面的差值,得到湖盆各点真实海拔高度,模拟结果如图 6-17 所示。由图 6-17 可见,龙巴萨巴湖湖盆东西两侧较为陡峭,坡度介于 28°~30°。从湖盆底部来看,东西两侧形态差异较大,这可能与龙巴萨巴冰川由东西两条分

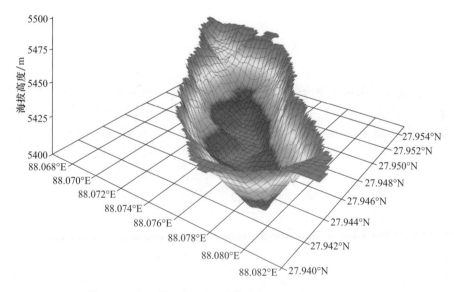

图 6-17　龙巴萨巴湖 2009 年湖盆形态(姚晓军等,2010)

支冰川组成,二者前进速度不同有关。从冰碛坝到冰川末端的水深剖面图来看(图 6-18),沿冰碛坝至冰川方向,水深呈现逐渐增加趋势,且距冰碛坝 1000m 处水深达到最高值,这与冰川前进时侵蚀及将携带物质堆积有关。由于冰湖与冰川交接处的水域没有测量及假设冰湖边界水深均为 0,因此距冰川 150m 处水深呈线性递减趋势。

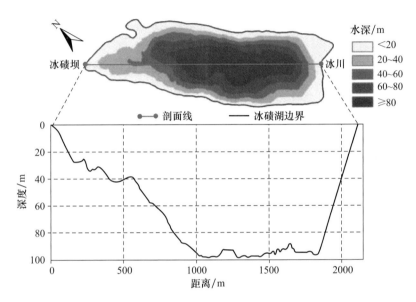

图 6-18　龙巴萨巴湖 2009 年水深剖面图(冰碛坝至冰川末端)(姚晓军等,2010)

3. 冰碛湖库容计算

冰碛湖库容量可以理解为某一水位以下的蓄水容积,是空间某曲面与某一基准面之间的空间体积(施维林等,1991)。将 2009 年龙巴萨巴湖边界矢量数据转换为栅格数据,每个栅格值均为 5499m,结合 2009 年实测数据模拟的湖盆形态,两曲面之间的体积即为龙巴萨巴湖库容量。计算结果表明,2009 年龙巴萨巴湖库容大小为 $0.64 \times 10^8 \mathrm{m}^3$,湖盆表面积为 $1.22\mathrm{km}^2$,在假设龙巴萨巴湖水深保持不变前提下,利用模拟的 2009 年湖盆形态和不同时期冰湖边界矢量数据,通过空间叠加和三维分析,可计算出龙巴萨巴湖各年库容量大小。结合不同时期龙巴萨巴湖面积和库容量(图 6-19),可得到龙巴萨巴湖库容量与面积的关系

$$V = 0.0493A^{0.9304} \quad n = 15, \quad R^2 = 0.9903 \tag{6-1}$$

式中,V 为冰湖库容量(km^3);A 为冰湖面积(km^2),线性关系的置信水平 $\alpha = 0.01$。根据式(6-1)计算皮达湖不同时段的库容量,见表 6-4。

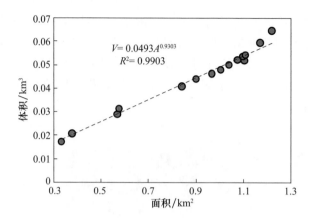

图 6-19　龙巴萨巴湖库容量与面积的关系

表 6-4　1977～2009 年龙巴萨巴湖面积、长度和库容变化

年份	龙巴萨巴湖		皮达湖	
	平均水深/m	库容/$10^8 m^3$	平均水深/m	库容/$10^8 m^3$
1977	51.66	0.1715	52.02	0.2409
1980	54.47	0.2055	51.85	0.2516
1989	50.77	0.2884	51.07	0.3079
1990	54.42	0.3136	50.39	0.3680
1999	48.50	0.4075	50.01	0.4078
2000	48.83	0.4389	49.83	0.4280
2001	47.84	0.4621	49.77	0.4349
2002	47.74	0.4793	49.70	0.4421
2003	48.07	0.4989	49.66	0.4471
2004	46.99	0.5182	49.64	0.4496
2005	48.56	0.5215	49.55	0.4613
2006	48.88	0.5364	49.51	0.4656
2007	49.00	0.5425	49.50	0.4674
2008	50.89	0.5954	49.51	0.4662
2009	53.04	0.6464	49.47	0.4703

注:平均水深(m)=冰湖库容(m^3)/冰湖面积(m^2)。

6.3.2　溃决口洪峰流量估算

　　根据 5.5.3 节对我国喜马拉雅山地区潜在危险冰碛湖的溃决概率计算结果,龙巴萨巴湖的溃决概率为 0.296,属于"非常高"溃决概率等级,皮达湖的溃决概率为 0.209,属于"高"溃决概率等级,并且,野外调查分析结合危险性指标评价进一步显示了龙巴萨巴湖和皮达湖处于高危险状态。因此,对龙巴萨巴湖和皮达湖这两个典型高危险冰碛湖的溃决风险进行详细评价和非常详细评价显得尤其必要和紧迫。本节对两湖的溃决口洪水强度和洪水向下游演进进行模拟,为进一步调查和确定洪水可能造成的损失、计算溃决风险指数提供依据。由于龙巴萨巴湖和皮达湖均处于高溃决风险状态,且两个湖最近处相距 24m,皮达湖较龙巴萨巴湖高76m,皮达湖溢出的水直接流入龙巴萨巴湖。为有利于相关部门规划防洪应急措施,本节从"最坏"溃决情景来模拟溃决洪水,即皮达湖发生溃决,洪水瞬间倾入龙巴萨巴湖,使其随即溃决,且两湖几乎完全溃决。

最大洪峰流量(Q_{max})是评价冰碛湖溃决危险度和估算洪水可能造成损失的重要参数。本节就归纳目前用于估算冰碛湖溃决最大洪峰流量的方法,以冰湖储量($=1.066\times10^8\,m^3$)和冰湖潜能(冰湖体积、坝高和湖水容重的乘积$=1.07\times10^{14}\,J$)为参数,估算龙巴萨巴湖和皮达湖"最坏"溃决情景下的 Q_{max},见表 6-5。由表 6-5 可见,不同的方法估算的冰碛湖溃决最大洪峰流量的差异很大,最大洪峰流量平均值为 $4.7\times10^4\,m^3/s$,变幅为 $1.0\times10^4\sim10^5\,m^3/s$,离差$\left(Q_{max}-\sum Q_{max}/7\right)\Big/\sum Q_{max}/7$ 从-79%到133%不等。

表 6-5　龙巴萨巴湖和皮达湖溃决的最大流量的估算

编号	公式	结果/(m^3/s)	离差/%	文献
①	$Q_{max}=0.0048V^{0.896}$	7.5×10^4	59	Popov,1991
②	$Q_{max}=0.72V^{0.53}$	1.3×10^4	-73	Evans,1986
③	$Q_{max}=0.045V^{0.66}$	1.0×10^4	-79	Walder and O'Connor,1997
④	$Q_{max}=0.00077V^{1.017}$	1.1×10^5	133	Huggel et al.,2002
⑤	$Q_{max}=0.00013P_E^{0.60}$	3.4×10^4	-28	Costa and Schuster,1988
⑥	$Q_{max}=0.063P_E^{0.42}$	4.9×10^4	4	Clague and Evans,2000
⑦	BREACH model	4.0×10^4	-15	Fread,1991

不同方法估算得到的冰碛湖溃决最大洪峰流量的显著差异,可能与各经验公式的适用性有关。一般用经验关系来估算 Q_{max},宜尽可能选用被估算的冰碛湖与经验公式的样本冰碛湖在地域、规模、冰碛坝特性和诱发机制等方面相似的经验关系,两者相似程度愈高,估算的效果愈好。表 6-5 中式⑤、⑥以冰湖潜能(冰湖体积、坝高和湖水容重的乘积)作为计算因子,这相对于仅以冰湖储量为单一因子,其与被估算的冰碛湖的相似程度要大一些;式⑦是基于物理机制的模型,在没有实测资料验证的情况下,在此处我们认为其计算结果的可信程度要大些。此外,为了进一步进行验证,本书选取我国喜马拉雅山区朋曲流域已溃决、有间接测量资料的桑旺错和章藏布错冰碛湖进行分析(表 6-6)。由表 6-6 可见,与间接测量结果相比,式⑤~式⑦的离差为$-50\%\sim45\%$,其中式⑤的结果偏小,式⑥的结果偏大,式⑦的结果与测量值最接近。总的来说,式⑤~式⑦的计

算结果相对可信程度较高，即龙巴萨巴湖和皮达湖溃口处最大洪峰流量为 $3 \times 10^4 \sim 5 \times 10^4 \mathrm{m}^3/\mathrm{s}$。

表 6-6　喜马拉雅朋曲流域冰碛湖桑旺错和章藏布错溃决洪峰流量估算公式验证结果

公式编号[a]	桑旺错[b]		章藏布错[c]	
	计算值/(m^3/s)	离差/(%)[c]	计算值/(m^3/s)	离差/(%)[c]
⑤	1.04×10^4	-15	1.06×10^4	-50
⑥	2.15×10^4	44	2.88×10^4	45
⑦	1.2×10^4	0	1.8×10^4	12
间接实测值[d]	$1 \sim 1.3 \times 10^4$	0	1.6×10^4	0

　　a. 公式编号与表 6-5 同；b. 桑旺错的 $V=2.545 \times 10^7 \mathrm{m}^3$，$P_\mathrm{E}=1.5 \times 10^{13} \mathrm{J}$；章藏布错的 $V=1.9 \times 10^7 \mathrm{m}^3$，$P_\mathrm{E}=1.53 \times 10^{13} \mathrm{J}$；c. 离差＝(计算值－间接实测)/计算值；d. 间接实测值引自文献张帜和刘明(1994)以及 Xu(1988)。

6.3.3　溃决口水文过程模拟

1. 模型简介

本书选用美国国家气象局开发的基于物理过程的人工坝/土石坝溃决模型——BREACH 模型(Fread, 1991；Fread and Lewis, 1998)，对龙巴萨巴湖和皮达湖溃口处溃决洪水水文过程进行模拟。该模型建立在水力学、沉积物传输及堤坝土壤结构的基础上，运用堰流或孔流方程来模拟水流进入溃决水道后逐渐侵蚀土石坝的流量。张帜和刘明(1994)、彭雪辉(2003)对该模型进行简介。溃坝模型主要包括以下几种。

1) 堰流和孔流基本方程为

$$Q_\mathrm{b} = 3B_0 (H - H_\mathrm{c})^{1.5} \tag{6-2}$$

式中，Q_b 为进入溃决水道的流量；H 为湖水位高度；H_c 为溃决水道底高度。孔流方程为

$$Q_\mathrm{b} = A \frac{2g(H - H_\mathrm{p})}{(1 + fL/D)^{0.5}} \tag{6-3}$$

式中，Q_b 为进入孔流量(m^3/s)；g 为重力加速度(m/s^2)；A 为孔的横断面面积(m^2)；H_p 为初始条件下孔的中心轴线高度(m)；f 为 Darcy 摩擦系数；L 为孔的长度(m)；D 为孔的半径(m)。湖水位的变化控制溃决水量，它根据入湖流量、湖水储量和出湖流量三者守恒原理确定，是一个随时间改变而变化的量。

2) 溃口流量利用宽顶堰流公式计算

$$Q_\mathrm{b} = c_\mathrm{v} k_\mathrm{s} [3.1 b_\mathrm{i} (h - h_\mathrm{b})^{1.5} + 2.45 z (h - h_\mathrm{b})^{2.5}] \tag{6-4}$$

式中，c_v 为对形成流速的修正；b_i 为溃口瞬时底宽(m)；h 为水库水位高程(m)；h_b

为溃口底高程(m);z 为溃口边坡($1:z$);k_s 为尾水影响出流的淹没修正。

当 $(h_t - h_b)/(h - h_b) > 0.67$ 时,

$$k_s = 1.0 - 27.8 \left(\frac{h_t - h_b}{h - h_b} - 0.67 \right)^3 \qquad (6\text{-}5)$$

否则,$k_s = 1.0$。式(6-5)中 h_t 为尾水位高程(m)。c_v 由式(6-6)计算:

$$c_v = 1.0 + 0.023 \frac{Q_b^2}{B_d^2 (h - h_{bm})^2 (h - h_b)} \qquad (6\text{-}6)$$

式中,B_d 为冰湖坝前宽度(m);h_{bm} 为最终溃口底高程(m)。

如果溃口因管涌引起,那么可以应用孔流方程。式(6-4)可用以下孔流方程代替:

$$Q_b = 4.8 A_p (h - \bar{h})^{1/2} \qquad (6\text{-}7)$$

其中

$$A_p = 2b_i (h_p - h_b) \qquad (6\text{-}8)$$

式中,h_p 为管涌中心线高程(m),$\bar{h} = h_p$;如果尾水位高程 $h_t > h_p$,则 $\bar{h} = h_t$。

当湖水位下降或管涌扩大到满足如下条件:

$$h < 3h_p - 2h_b \qquad (6\text{-}9)$$

则溃口流量由孔流转变为宽顶堰流。

3) 溃口参数选择

需要确定的溃口参数主要有两个:最终溃口底宽 b 和形状参数 z(即溃口边坡)。最终溃口底宽 b 与溃口平均宽度 $\bar{b}$ 关系如下:

$$b = \bar{b} - zh_d \qquad (6\text{-}10)$$

式中,h_d 为溃口底部以上水位高度,一般以坝高近似代替。假设溃口底宽从一点开始(图 6-20),然后在溃决时间范围 τ 内逐渐以线性或非线性速度增长,直到形成最终的溃口底宽 b 和最终溃口底高程 h_{bm}。如果溃决时间 τ 小于 1min,溃口底宽开

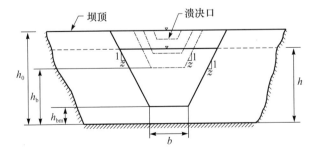

图 6-20 溃决口形成示意图

始于限定的 b 值,而不是某一点。与冲刷溃决相比,这更像是崩塌溃决。溃口底高程 h_b 是时间 τ 的函数:

$$h_b = h_d - (h_d - h_{bm}) \left(\frac{t_b}{\tau}\right)^{\rho_0}, \quad 0 < t_b \leqslant \tau \tag{6-11}$$

最终溃口底高程 h_{bm} 通常是水库或泄水河道段底部高程,但不是必需的。t_b 为溃口形成开始算起的时间。ρ_0 为非线性程度参数,$1 \leqslant \rho_0 \leqslant 4$。通常假设为线性速度增长,因而 $\rho_0 = 1$。溃口瞬时底宽则由式(6-12)确定:

$$b_i = b \left(\frac{t_b}{\tau}\right)^{\rho_0}, \quad 0 < t_b \leqslant \tau \tag{6-12}$$

溃坝模拟时,当库水位高程 h 超过某一指定高程 h_f 时,溃口开始形成。对于土石坝,溃口平均宽度 $\bar{b}$ 为 $0.5h \leqslant \bar{b} \leqslant 8h_d$,如果是管涌引起的溃决,模拟管涌初始溃口取 $\rho_0 \geqslant 2$ 比较合适。

4) 沉积物传输量是通过修改的 Meyer-Peter 和 Muller 公式计算(Smart,1984)

$$Q_s = 3.64 \left(\frac{D_{90}}{D_{30}}\right)^{0.2} P \frac{D^{2/3}}{n} S^{1.1} (DS - \Omega) \tag{6-13}$$

式中,$\Omega = 0.0054\tau_c D_{50}$(无凝聚力)或 $\Omega = \dfrac{b'}{62.4}(PI)^{c'}$(有凝聚力);$\tau_c = \alpha'\tau_{c'}$;$\alpha' = \cos\theta(1 - 1.54\tan\theta)$;$\theta = \arctan S$;$\tau_{c'} = 0.122/R^{0.970}$ $(R<3)$;$\tau_{c'} = 0.056/R^{0.266}$ $(3 \leqslant R \leqslant 10)$;$\tau_{c'} = 0.0205/R^{0.173}$ $(R \geqslant 10)$;$S = \dfrac{1}{ZD}$;$R = 1524D_{50}(DS)^{0.5}$。其中,Q_s 为沉积物运移速率(m/s);D_{30}、D_{50}、D_{90} 为粒径由细到粗累积 30%、50% 和 90% 时的平均粒径值(mm);D 为水流深度(m);S 为堤坝背水坡坡度(°);$\tau_{c'}$ 为 Shield 无量纲临界剪切力;PI 为凝聚土塑性指数;b' 和 c' 为经验系数,变化范围为 $0.003 \leqslant b' \leqslant 0.019$,$0.58 \leqslant c' \leqslant 0.84$(Clapper and Chen,1987)。流水的侵蚀速度决定溃口的扩大速度,它是溃口底部坡度、溃口水深和溃口两侧坍塌程度的函数。溃口处材料性质(有效内摩擦角、有效凝聚力)是决定溃口大小的关键因素。用来计算溃口水道的曼宁系数 n 可以通过基于土石坝粒径大小的 Trickler 方程获取

$$n = 0.013D_{50}^{0.67} \tag{6-14}$$

BREACH 模型适用于三种形式的土石坝溃决:有心墙土石坝、无心墙土石坝和背水坡被草覆盖的土石坝。该模型可以模拟管流溃决、漫顶溃决及由于湖静水压力超过土石坝的承压力而导致的突然坍塌溃决。

2. 模拟结果及讨论

基于 2005 年和 2006 年实测数据(表 6-7),运用 BREACH 模型的漫顶、无心

墙、裸露土石坝溃决方式对龙巴萨巴湖和皮达湖溃决模拟显示,在龙巴萨巴湖溃口处溃决洪水将持续 5.5h,溃决后 1.8h 将达到最大流量 $4.0 \times 10^4 \, \mathrm{m^3/s}$,最后溃口的深度、溃口上宽、溃口下宽分别为 100m、97m 和 5m;溃口处溃决洪水水文过程曲线如图 6-21 所示。

表 6-7　BREACH 模型预测龙巴萨巴湖和皮达湖溃决的主要参数

冰碛湖参数		堤坝形状参数②		堤坝材料参数	
总面积/km²	2.05	坝高/m	100	容重/(kg/m³)	1700
总水量/m³	1.066×10^8	坝宽/m	163	空隙率/%	36
平均深度/m	52	坝顶长度/m	388	D_{50} 的粒径/mm	16
龙巴萨巴湖入湖水量/(m³/s)	6.4①	坝底长度/m	100	内摩擦角/(°)	32
皮达湖入湖水量/(m³/s)	2.8①	迎水坡坡度	1/4	凝聚力/(kg/m³)	0
		背水坡坡度	1/4		

①取 2004 年 8 月 1 日、2005 年 8 月 6 日和 18 日实测的平均值;②龙巴萨巴湖堤坝。

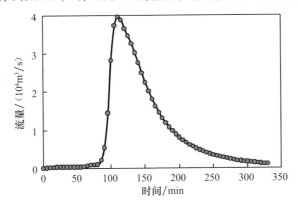

图 6-21　龙巴萨巴湖、皮达湖溃口处溃决洪水水文过程曲线

BREACH 模型在尼泊尔境内冰碛湖溃决模拟中得到应用(WECS,1987;Bajracharya et al.,2007),并用于预测我国喜马拉雅山白湖溃决洪水(陈储军等,1996)。张帜和刘明(1994)分析 BREACH 模型的特点和模型参数的敏感性,并对我国年楚河流域已经溃决的桑旺湖溃决调查结果与 BREACH 模拟结果进行对比,得出应用 BREACH 模型模拟冰碛湖溃决洪水能得出合理结果的结论。

为进一步探讨 BREACH 模型对龙巴萨巴湖和皮达湖溃决洪水模拟的可信性,我们对溃口处溃决洪水水文过程曲线进行了参数敏感性试验。对溃口处最大洪峰流量的敏感性分析显示,堤坝的背水坡坡度(ZU)和迎水坡坡度(ZD)从 1∶3 变为 1∶6,则溃口处 Q_{max} 将增加 22%,达到最大洪峰流量的时间也将延迟 30min [图 6-22(a)];如果溃决的最大深度 D_{max} 减少 20m(即不完全溃决),则溃口处 Q_{max} 将减少 16%～19%,但对最大洪峰流量出现的时间影响不大[图 6-22(b)];如果入湖水量增加 30%,溃口处 Q_{max} 将增加 5%。此外,改变湖的面积-深度曲线的形状和使堤坝材料参数的值变化 30%,对溃口处 Q_{max} 的影响小于 5%。由此,在应用 BREACH 模型进行溃决洪水模拟时,溃口处最大洪峰流量对堤坝的坡度和溃决的最大深度最为敏感。为进一步验证 BREACH 模型模拟得到的龙巴萨巴湖、皮达湖溃口处溃决洪水水文过程曲线的可靠性,本书收集前人对章藏布错和桑旺错考察成果(Xu,1988;张帜和刘明,1994),对 BREACH 模型模拟结果进行验证(表 6-8)。由表 6-8 可见,桑旺错和章藏布错的计算结果与实测结果较为接近。由此,在目前尚未找到专门基于冰碛湖溃决模型的情况下,BREACH 模型为预估龙巴萨巴湖和皮达湖溃决的首选模型。

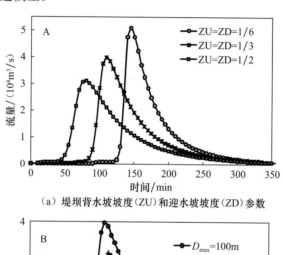

（a）堤坝背水坡坡度（ZU）和迎水坡坡度（ZD）参数

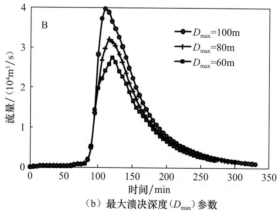

（b）最大溃决深度（D_{max}）参数

图 6-22　BREACH 模型参数敏感性试验

表 6-8　桑旺错和章藏布错溃决实测值与 BREACH 模型结果验证

项目	桑旺错		章藏布错	
	实测结果	计算值结果	实测结果	计算值结果
溃口深/m	40	40	50	42
洪峰流量/(m³/s)	10 000～13 000	12 000	16 000	18 000

项目	桑旺错		章藏布错	
	实测结果	计算值结果	实测结果	计算值结果
洪峰出现时间/h	<1	0.5	0.38	0.32
洪水历时/h	40	35	1	52
溃口上宽/m	200～300	166.8	230	200
溃口下宽/m	60	62	40～60	70

6.3.4　溃决洪水演进模拟

1. 洪水演进模型简介

本书参照彭雪辉(2003)对美国国家气象局 FLDWAV 模型的简介和分析,应用该模型对龙巴萨巴湖和皮达湖的洪水演进进行分析。下面简单介绍 FLDWAV 模型的原理及运用条件,详细说明参见相关文献(Fread 1991;谢任之,1993;Fread and Lewis,1998)。

1) 基本方程

对于非稳定洪水波演进,采用一种特殊的水力学方法——动力波方法(Fread and Lewis,1998)。动力波方法基于完整的一维圣维南非稳定流方程组,考虑扩散收缩影响、天然河道弯曲影响和非牛顿流体的影响。

连续方程:

$$\frac{\partial Q}{\partial x} + \frac{\partial s_{co}(A+A_0)}{\partial t} - q = 0 \tag{6-15}$$

动力方程:

$$\frac{\partial (s_m Q)}{\partial t} + \frac{\partial (\beta Q^2/A)}{\partial x} + gA\left(\frac{\partial h}{\partial x} + S_f + S_e + S_i\right) + L + W_f B = 0 \tag{6-16}$$

式中,Q 为流量(m^3/s);h 为水位(m);A 为河槽断面面积(m^2);A_0 为滩地断面面积(m^2);s_{co}、s_m 为弯曲系数;q 为河道单位长度上的侧向汇流流量(m^3/s),汇入流量取正号;β 为流速分布动力系数;g 为重力加速度(m/s^2);S_f 为河槽/滩地摩阻坡降;S_e 为扩散收缩坡降;S_i 为附加摩阻坡降,与非牛顿流体有关;L 为支流动力影响(m^2/s^2);W_f 为风阻力对水面的影响(m^2/s^2);B 为与水位高程 h 相对应的河槽顶宽(m)。

2) 计算方法

求解方程式(6-15)及式(6-16)采用四点隐式差分法,四点隐式差分格式网格的距离步长 Δx_i 可以是不等距的,时间步长 Δt_j 也可以不等距。网格中任一矩形单元如图 6-23 所示,对变量 Ψ 及其一阶偏微商在相邻节点和相邻时间层用加权平均法进行离散,即对时间变量 t 的偏微商取节点 i 和 $i+1$ 上差商的算术平均值,

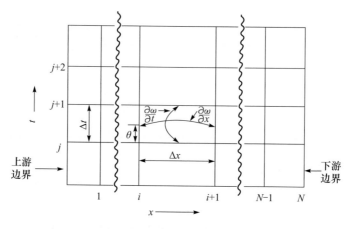

图 6-23　x-t 离散法

对空间变量 x 的偏微商则取 j 和 $j+1$ 层的加权平均值,变量 Ψ 用同一网格周围四个邻点的加权平均值逼近,即

$$\Psi = \theta\left(\frac{\Psi_i^{j+1} + \Psi_{i+1}^{j+1}}{2}\right) + (1-\theta)\left(\frac{\Psi_i^j + \Psi_{i+1}^j}{2}\right) \tag{6-17}$$

$$\frac{\partial \Psi}{\partial t} = \frac{\Psi_i^{j+1} + \Psi_{i+1}^{j+1} - \Psi_i^j - \Psi_{i+1}^j}{2\Delta t_j} \tag{6-18}$$

$$\frac{\partial \Psi}{\partial x} = \theta\left(\frac{\Psi_{i+1}^{j+1} - \Psi_i^{j+1}}{\Delta x_i}\right) + (1-\theta)\left(\frac{\Psi_{i+1}^j - \Psi_i^j}{\Delta x_i}\right) \tag{6-19}$$

式中,Ψ 代表 Q、h、A、A_0、s_{co}、s_m 等变量;θ 为权重系数,$0.5 \leqslant \theta \leqslant 1.0$。

把式(6-17)~式(6-19)代入式(6-15)和式(6-16)中,得带权重的四点隐式差分方程

$$\theta\left(\frac{Q_{i+1}^{j+1} - Q_i^{j+1}}{\Delta x_i}\right) - \theta q^{j+1} + (1-\theta)\left(\frac{Q_{i+1}^j - Q_i^j}{\Delta x_i}\right) - (1-\theta)q^j$$

$$+\left[\frac{s_{co_i}^{j+1}(A+A_0)_i^{j+1} + s_{co_i}^{j+1}(A+A_0)_{i+1}^{j+1} - s_{co_i}^j(A+A_0)_i^j - s_{co_i}^j(A+A_0)_{i+1}^j}{2\Delta t_j}\right] = 0$$

$$\tag{6-20}$$

$$\left[\frac{(s_{m_i}Q_i)^{j+1} + (s_{m_i}Q_{i+1})^{j+1} - (s_{m_i}Q_i)^j - (s_{m_i}Q_{i+1})^j}{2\Delta t_j}\right]$$

$$+\theta\left[\frac{(\beta Q^2/A)_{i+1}^{j+1} - (\beta Q^2/A)_i^{j+1}}{\Delta x_i} + g\overline{A}^{j+1}\left(\frac{h_{i+1}^{j+1} - h_i^{j+1}}{\Delta x_i} + \overline{S}_f^{j+1} + S_e^{j+1} + \overline{S}_i^{j+1}\right)\right.$$

$$\left. + L_i^{j+1} + (W_f\overline{B})_i^{j+1}\right] + (1-\theta)\left[\frac{(\beta Q^2/A)_{i+1}^j - (\beta Q^2/A)_i^j}{\Delta x_i}\right.$$

$$\left. + g\overline{A}^j\left(\frac{h_{i+1}^j - h_i^j}{\Delta x_i} + \overline{S}_f^j + S_e^j + \overline{S}_i^j\right) + L_i^j + (W_f\overline{B})_i^j\right] = 0 \tag{6-21}$$

式中,$\overline{A}=\dfrac{A_i+A_{i+1}}{2}$;$\overline{S_f}=\dfrac{n_i^2\overline{Q}|\overline{Q}|}{\mu^2\overline{A}^2\overline{R}^{4/3}}=\dfrac{\overline{Q}|\overline{Q}|}{\overline{K}^2}$,$\overline{Q}=\dfrac{Q_i+Q_{i+1}}{2}$,$\overline{R}=\dfrac{\overline{A}}{\overline{B}}$ 或 $\overline{R}=\dfrac{\overline{A}}{\overline{P}}$,$\overline{B}=$

$\dfrac{B_i+B_{i+1}}{2}$,$\overline{K}=\dfrac{K_i+K_{i+1}}{2}$,$\overline{P}=\dfrac{P_i+P_{i+1}}{2}$,$P_i$ 为湿周,由式(6-22)和式(6-23)确定:

$$P_{i_1}=B_{i_1} \tag{6-22}$$

$$P_{i_k}=P_{i_{k-1}}+2[0.25\,(B_{i_k}-B_{i_{k-1}})^2$$
$$+(h_{i_k}-h_{i_{k-1}})^2]^{1/2},\quad k=2,3,\cdots \tag{6-23}$$

式(6-20)和式(6-21)中有四个未知量 Q_i^{j+1}、h_i^{j+1}、Q_{i+1}^{j+1}、h_{i+1}^{j+1},如图 6-23 所示,应用于上游边界和下游边界之间 $N-1$ 个矩形网格中,可得 $2N-2$ 个方程,再加上上游边界条件和下游边界条件,便可得 $2N$ 个方程,根据 Newton-Raphson 方法迭代可求出 $2N$ 个未知量。

3) 边界条件

边界条件包括上游边界条件、下游边界条件和内边界条件,如图 6-24 所示。

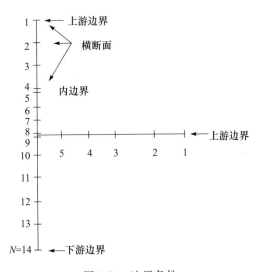

图 6-24　边界条件

上游边界条件常以首断面的流量过程线或水位过程线来表示

$$Q_1=Q(t) \tag{6-24}$$

$$h_1=h(t) \tag{6-25}$$

下游边界条件常以尾断面的水位流量关系、水位过程线或流量过程线来表示

$$Q_N^{j+1}=Q(h) \tag{6-26}$$

$$h_N^{j+1}=h(t) \tag{6-27}$$

$$Q_N^{j+1}=Q(t) \tag{6-28}$$

洪水演进过程中,大坝、桥梁等处为急变流,圣维南方程组不再适用,必须重新根据守恒定律,补充必要的计算条件。由于该类计算条件是位于计算域内部的物理条件,故称为内边界条件。在内边界,根据质量守恒定律和堰流、孔流或临界流补充如下两个方程:

$$Q_i = Q_{i+1} \tag{6-29}$$

$$Q_i = Q_s + Q_b \tag{6-30}$$

式中,Q_s 为泄流;Q_b 为溃口流量。

4)初始条件

为了求解圣维南非稳定流方程组,在模拟初始时刻$(t=0)h_i$ 和 $Q_i(i=1,2,\cdots,N)$是已知的。在有侧向汇流情况下,通过式(6-31)求解:

$$Q_i = Q_{i-1} + q_{i-1}\Delta x_{i-1}, \quad i = 2,3,\cdots,N \tag{6-31}$$

2. 洪水演进模拟

在洪水演进模拟中,河床的状态直接决定曼宁系数的大小。野外调查显示,模拟洪水演进河段从上而下大致可分为三类:第一类为"V"形高山峡谷,主要位于从龙巴萨巴湖出口到曲星宗己和西沟水流汇合处以上,河流长度约 13.7km,河道平均坡降 47.97‰,河床主要由卵石、漂石组成,河岸松散堆积较少[图 6-25(a)]。第二类为"U"形河谷,位于曲星宗己和西沟水流汇合处以下至叶如藏布汇合口,河流长度约 24.8km,河道平均坡降 19.4‰;河床主要由卵石、漂石组成,河岸松散堆积较少,但在接近叶如藏布汇合口(即最靠近龙巴萨巴湖的村庄强木村处)附近约 4km,河岸洪积沙砾石广布,河道为洪水冲刷,开始逐渐展开[图 6-25(b)]。第三类

(a) 龙巴萨巴湖出口到曲星宗己和西沟水流汇合口以上(宫本宏提供,摄于2005年)

（b）曲星宗己和西沟水流汇合口以下至给曲
与叶如藏布汇合处（刘巧摄于2012年）

（c）给曲与叶如藏布汇合处以下至叶如藏布入朋曲的
汇入口（宫本宏，摄于2005年）

图 6-25　洪水流经河道主要形态

为宽谷水草覆盖型，从给曲入叶如藏布汇合口到叶如藏布入朋曲的汇入口，河道开始逐渐展宽，河道多汊流、多沼泽地，河谷平均宽 1～2km，最宽处可达 6km，河流长度约 69.5km，河道平均坡降 2.95‰，河床为农牧区、河岸多分布藏民聚居的村庄[图 6-25(c)]。

　　溃决洪水演进模拟根据 1∶50 000 的 DEM 获得河谷水流中心线，应用上述 FLDWAV 模型，模拟龙巴萨巴湖和皮达湖溃决洪水从给曲源头经叶如藏布至朋曲汇入口为止，在全长约 125km 的河道里演进的最大洪峰流量和洪水位高度。模型的输入断面为沿河道分别在给曲源头、强木村、扎贵村、扎西村、茫热村、帕定村、定结县、西宁桥附近测量的 8 个水文断面的位置(图 6-26)、宽度和海拔高度(西宁桥缺断面资料，根据 1∶50 000 的地形图量测；其他断面为结合野外现场观测结果在纸质地形图上量测、标注)。

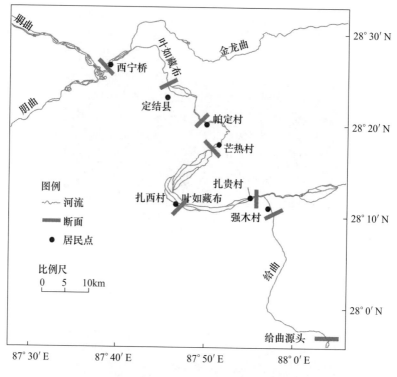

图 6-26　模拟河道水文断面位置

　　模拟考虑简单情形:①龙巴萨巴湖溃决后沿一条河道演进,即先经给曲在琼孜乡汇入叶如藏布,折向西偏北演进,并假定洪水沿非网络状或树枝状河道演进;②由于没有沿途松散堆积物的调查资料,故假定洪水演进不发生泥石流;③对于内边界只考虑冰碛坝条件,而对沿途桥、坝死水区域、支流和桥梁等内边界条件,由于资料欠缺,而且在最大洪峰流量和洪水位情况下影响不大,故不予考虑;④上游边界条件以首断面的流量过程线来表示,即取 6.3.3 节中 BREACH 模型计算的溃决口水文过程曲线和溃口形状参数为上游边界条件;⑤下游边界条件以测量的尾断面(即在朋曲入口西宁桥附近的断面)的水位过程线来表示;⑥河道粗糙系数 n 无实测值,根据天然河道的参考值结合洪水演进河道的实际情况平均取 $n=0.045$;⑦模拟时间步长为 1min。模拟溃决洪峰水位高程和溃决洪峰流量如图 6-27 所示。结果显示,洪水从溃决口至西宁桥 125km 的河道,将历时 4.3h,洪水波在强木村附近以下流速迅速减小;洪水位由溃决口 15m 以上下降至扎西村附近的 4m 以下。溃决洪水波到达每个横断面的最大流速和到达时间见表 6-9。

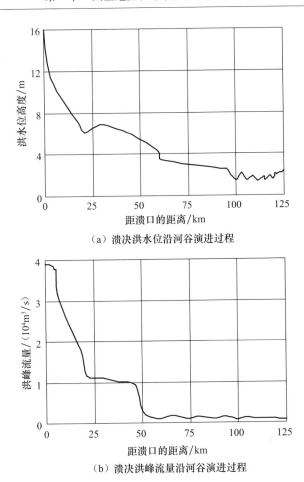

（a）溃决洪水位沿河谷演进过程

（b）溃决洪峰流量沿河谷演进过程

图 6-27　龙巴萨巴胡和皮达湖溃决洪水沿给曲—叶如藏布河谷演进过程

表 6-9　水文断面附近洪水波最大流速及到达时间

横断面	距坝址距离/km	最大流速/(m/s)	到达时间/min
溃口处	0	—	—
强木村	34	9.63	35
扎贵村	46	4.67	48
扎西村	61	4.31	81
茫热村	72	1.83	102
帕定村	84	1.61	149
定结县	93	1.26	198
西宁桥	125	1.18	259

3. 讨论

对溃决洪水模拟的参数敏感性分析表明,反映河道粗糙系数的曼宁系数 n 对溃决洪水演进模拟过程影响明显。本节根据天然河道的参考值结合洪水演进河道的实际情况(图 6-25)平均取 $n=0.045$,但是如果 n 平均在 $0.035\sim0.055$ 变化,从最大洪峰流量的变化来看,随着 n 的增大,从溃口处往下至大约 50km 处,最大洪峰流量减少明显,在 50km 处以下洪峰流量变化不明显;从最大洪水位高度来看,随着 n 的增大,从溃决口往下 5km 内变化很小,再往下最大洪水位差异增大,在下游 60km 以下差异减少,在 95km 处至朋曲入口差异不明显(图 6-28)。

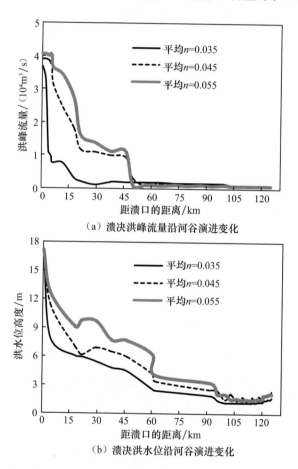

(a)溃决洪峰流量沿河谷演进变化

(b)溃决洪水位沿河谷演进变化

图 6-28　龙巴萨巴胡和皮达湖溃决洪水洪峰流量与洪水位的演进随曼宁系数的变化

当然,由于资料的限制,本节模拟只是考虑简单情形,特别是未考虑泥石流情况的发生,也未考虑洪水对河床的侵蚀与沉积过程等。此外,野外获取的数据还很有限,在模拟 125km 的河段只初步实测 7 断面的资料,一些水力参数,如河道粗糙系数,是根据野外典型河床段的目视调查,建立在合理假设的基础上。这些无疑会使得模拟结果与实际情况偏离。

6.4　溃决风险指数

6.4.1　灾害损失评价

参照上述龙巴萨巴湖和皮达湖溃决洪水的强度和演进过程的模拟结果,现状经济调查显示,受皮达湖和龙巴萨巴湖险情威胁区为河谷或河漫滩地带,属于半农半牧区,主要种植青稞、豌豆、油菜等作物,范围涉及 4 个乡 2 个镇共 36 个村、1891 户、12 586 人、14 218.4 亩耕地、81 301 头(只)牲畜。其中,定结县 3 个乡 2 个镇共 29 个村、1108 户、5631 人、12 011.03 亩耕地、67 364 头(只)牲畜;定日县境内 1 个乡(曲当乡)共 7 个村、328 户、2404 人、2207.34 亩耕地、13 937 头(只)牲畜,特危险的 13 户58 人。另外,4 个道班 25 人、县机关部分单位和个体户 448 户 4400 人、2 个施工队伍 34 人、荣孔电站 92 人均处于冰湖灾害威胁范围之内。根据模拟分析,自给曲沿叶如藏布至朋曲入口,全长约 125km 的河谷段为高风险区(即西藏水利厅防汛办区划的"红线区"),应为溃决灾害转移安置的重点区域,该区域村镇人口及已安置的人口见表 6-10。到 2010 年,西藏水利厅防汛办已向潜在灾区群众共发放帐篷303 顶、彩色布条 8000 多米;安全转移 2597 名群众,41 418 头牲畜。

表 6-10　龙巴萨巴湖和皮达湖溃决灾害高风险区给曲—叶如藏布河谷段人口分布

乡(镇)	村	总户数及人口		已安置户数及人口		备注
		/户	/人	/户	/人	
琼孜乡	琼孜村	67	273	67	273	含乡机关 25 户,32 人
萨尔乡	扎西岗村	14	70	8	40	
	哈龙村	35	170	10	51	
	除龙	11	65	1	4	
	库金村	53	272	4	25	
	达热村	15	73	15	73	12 户在红线区内,另外 3 户自行解决
江嘎镇	茫热村	27	126	20	88	
	次多村	36	171	18	76	
	合计	258	1220	143	630	

注:红线区即根据溃决洪水强度和演进模拟所确定高风险区(数据由西藏水利厅防汛办宫本宏提供)。

本节基于 4.4.4 节冰碛湖溃决后果的分析方法,从生命损失、经济损失及社会与环境影响三方面对龙巴萨巴湖和皮达湖溃决灾害损失严重程度进行赋值。

1. 生命损失赋值

采用 Dekay 和 McClelland(1993)提出的经验公式[见 4.4 节式(4-24)]计算龙

巴萨巴湖和皮达湖溃决的生命损失(LOL)。主要需确定风险人口总数及其分布、警报时间、溃坝洪水强度等参数(Wayne and Graham,1999;Reiter,2001;李雷和周克发,2006)。计算参数为:风险人口 PAR 为 9989 人(潜在风险人口减去已安置的人口);溃坝洪水强度参数 F_C 根据坡降及河道状况,在强木村以上取 $F_C=1.2$,在强木村以下取 $F_C=0.8$;W_T 为预警时间,具有较大不确定性,在不同河段的预警时间不同,因西藏水利厅防汛办已在龙巴萨巴湖出水口安装水位和流速传感器,根据水文断面附近洪水波最大流速及到达时间的模拟值,拟采取分断面确定预警时间计算潜在生命损失,各断面在各种可能预警时间取水位和流速传感器发布的时间至洪水波最大流速到达时间为该断面预警时间,平均在 0.5~1.5h。计算龙巴萨巴湖溃决的生命损失 LOL=40 人,根据 4.4 节表 4-16 的赋值标准,龙巴萨巴湖溃决的生命损失≥30 人,赋值为 0.85。值得指出的是,如果报警时间为 0,则龙巴萨巴湖溃决的生命损失可达 1230 人。

2. 经济损失赋值

调查结合模拟结果显示,龙巴萨巴湖一旦溃决将威胁 14 218 亩耕地、81 301 头(只)牲畜、日喀则—定结县之间的公路桥梁和通信等设施、1891 户居民住房及荣孔电站的安全,依据经济损失类别分量级赋值方法(见 4.4 节表 4-17),龙巴萨巴湖溃决的经济损失程度为四级,赋值为 0.80。

3. 社会及环境影响的赋值

龙巴萨巴湖一旦溃决,波及定结县城,将影响日喀则—定结县之间的县级公路及定结县以上的乡(镇)公路;在强木村以下河道展宽、坡降变小;洪水区在 4000m 以上的生态环境脆弱区,洪水造成影响的生态环境在短时间很难恢复;此外,洪水可能经朋曲影响尼泊尔境内,但是洪水到达中国—尼泊尔边境已流经 223km,其破坏力有限。根据上述情况和冰碛湖溃决灾害社会及环境影响的赋值标准(见 4.4 节表 4-18),龙巴萨巴湖溃决洪水的社会及环境影响程度为严重,赋值为 0.65。

6.4.2　风险指数计算

依照 4.4.4 节冰碛湖溃决风险指数的计算方法,龙巴萨巴湖溃决后果综合分数 L

$$L = 0.7F_1 + 0.1F_2 + 0.2F_3 \tag{6-32}$$

式中,常数为采用 Saaty 建议的 1~9 标度法(AHP 法)确定的权重系数(见 4.4.4 节);F_1、F_2、F_3 为生命损失、经济损失和社会及环境影响的赋值,如 6.4.1 节所述,分别为 0.85、0.80 和 0.65,代入式(6-31)得 L=0.805。由此看出,与我国已溃决冰碛湖的溃决后果综合分数相比(表3-12),龙巴萨巴湖和皮达湖溃决后果的综合分数,仅次于章藏布错和桑旺湖的溃决后果综合分数(0.895,0.920);也就是说,龙巴萨巴湖和皮达湖溃决后果的严重性将不如章藏布错和桑旺湖的溃决后果严重,但是比光谢错和德嘎普湖溃决的后果(0.433,0.570)要严重得多。

把龙巴萨巴湖和皮达湖溃决概率 P_f(龙巴萨巴湖=0.296,皮达湖=0.209,这里取较大者)与溃决后果综合分数 L 相乘,即得溃决风险指数 $R=0.238$。龙巴萨巴湖和皮达湖的溃决风险指数与我国已溃决的坡戈错、扎日错、章藏布错、金错、光谢错五个冰碛湖溃决前风险指数水平相比,仅低于章藏布错的风险指数(0.274),而远高于其他四个冰碛湖的风险指数(这四个冰碛湖的风险指数为 0.014~0.100)。由此可见,龙巴萨巴湖和皮达湖的溃决风险指数处于较高水平。

6.5 风险减缓

冰碛湖溃决风险的减缓涉及政府部门、科研人员和公众三方面的沟通与协调,并与当地的经济发展水平相联系(Bhargava,1995;Carey,2005a)。减缓冰碛湖溃决风险的措施包括被动避灾和主动排灾,被动避灾主要有建立冰湖溃决预警系统和风险区潜在灾民转移安置等。冰碛湖溃决灾害预警系统一般由三部分组成:水位监测传感器[图6-29(a)]、信号收发站[图6-29(b)]、信号预警系统[图6-29(c)]。例如,在尼泊尔的 Rolpa 和 Tama Koshi 谷地、不丹 Lunana 地区都安装有冰碛湖溃决预警系统(Bajracharya et al.,2007)。

(a) Bhote Koshi河谷水位传感器　(b) Tsho Rolpa湖信号收发站　(c) Gongar村的信号预警系统

图6-29　尼泊尔碛湖溃决灾害预警系统

(Bajracharya et al.,2007)

到目前为止,国内外实施的主动排灾的工程措施主要有:①开挖坝堤泄洪;

②挖洞泄洪；③加固坝堤；④在冰湖下游新修水库蓄洪；⑤虹吸或水泵排水；⑥多种方法结合（Lliboutry et al.，1977；Reynolds，1992；1993；Grabs and Hanisch，1993；Yamada，1993；Reynolds et al.，1998；Richardson and Reynolds，2000a；Carey，2005b），这些方法在喜马拉雅山、安第斯山及阿尔卑斯山等的冰碛湖排险中得到应用（Haeusler et al.，2000；Haeberli et al.，2001；Rana et al.，1999；Carey，2005a；Bajracharya et al.，2007）。

　　秘鲁在实施工程措施进行冰碛湖排险方面开展了卓有成效的工作。秘鲁自1941年的Cohup湖溃决导致6000多人死亡以后，先后对36个冰碛湖进行工程排险（Carey，2005a）。在尼泊尔，1995年对Tsho Rolpa湖用三根虹吸管排水（虹吸管长16ft[①]，壁管厚0.25ft，直径5.5ft），但排水速度慢（170L/s），1996年部分虹吸管破裂，致使这种方式排险失败；2000年开始开挖泄洪道，（泄洪道长70m，宽4.2m，深3m），最后使得水位下降3m。不丹的Raphstreng Tsho在1996年使用9或10个水泵排水，但是使用费用高且排水速度慢；1998年人工开挖排水，开挖一条长78.5m，宽36m的排水道，使湖水位降到可容忍的安全水位（Bajracharya et al.，2007）。

6.5.1　安全湖水位估算

　　当前，降低冰碛湖溃决风险通常的做法是通过工程措施降低湖水位以减少冰碛湖溃决的概率（Lliboutry et al.，1977；Yamada，1993；Reynolds，1998；Bajracharya et al.，2007）。对于龙巴萨巴湖和皮达湖而言，两湖处于高水位无疑使得两湖溃决概率增大；并且两湖湖水本身又是本区下游珍贵的水资源，全部排放不妥，从工程效益上讲也没有必要。因此，有必要探讨两湖水位需降低多少米，才使得两湖溃决风险处在可接受风险范围内。在我国有研究的15次冰碛湖溃决中，接近80%溃决事件是由于冰川危险冰体冰崩或快速滑动入湖产生漫顶溢流和浪涌冲刷堤坝导致溃坝的（表3-7）；此外，最近的室内试验和数字模拟也显示，单纯的浪涌很难导致冰碛坝溃决，通常是坠落入湖物质产生浪涌的反复震荡形成漫顶溢流不断冲刷、侵蚀堤坝才会最终导致溃坝（Zammett，2006；Balmforth et al.，2008；2009）。由此，如果能使湖水位下降到即使危险冰体冰崩或快速滑动入湖中，其引起上涨的湖水位高度也不会产生漫顶溢流冲刷冰碛坝，这样冰崩或快速滑动导致溃坝的可能性就很小了，冰碛湖溃决的概率就会大大降低。当然，这个排险目标并没有排除其他溃决模式的发生，尤其是死冰消融导致管涌等溃决模式。但是，对于龙巴萨巴湖和皮达湖来说，专家赋值表明在不同气候背景下死冰消融导致的管涌等溃决模式的发生概率只有0.030，如果湖水位下降，湖水的静水压力减少，这种模式溃决概率将更低；并且，由于湖水位下降，即使溃决，其洪水强度和规模也将大

---

　　① 1ft=3.048×10^{-1}m。

大降低。因此,本书以湖水位下降到母冰川危险冰体冰崩、冰滑坡(一般也包括岩/雪崩)入湖很难产生漫顶溢流为龙巴萨巴湖和皮达湖的排险目标。

危险冰体冰崩、冰滑坡入湖导致湖水位升高一般由两部分叠加形成:一是由于入湖物质壅高湖水位;二是入湖物质产生浪涌高度(Wurbs,1987)。所以对于已经处于漫顶状态的龙巴萨巴湖和皮达湖,计算湖水壅高的高度与浪涌的浪高之和即为湖水位下降到冰崩、冰滑坡不产生漫顶冲刷的最小高度。计算分以下两步进行。

(1)计算由于危险冰体冰崩入湖壅高湖水高度 H_0 为

$$H_0 = \frac{0.9V_0}{S} \tag{6-33}$$

式中,V_0 为危险冰体体积;S 为冰湖面积。龙巴萨巴湖:$V_0 = 0.64 \times 10^8 \text{m}^3$,$S = 1.22 \times 10^6 \text{m}^2$,$H_0 = 5.9\text{m}$。皮达湖:$V_0 = 0.47 \times 10^8 \text{m}^3$,$S = 0.95 \times 10^6 \text{m}^2$,$H_0 = 4.9\text{m}$。

(2)冰崩体坠入湖中引起湖浪高度计算(Vuichard et al.,1987)

$$H_i/h = aM^b \tag{6-34}$$

式中,H_i 为从冰崩体坠入湖处到 $i = x/h$ 远处的浪高;常数 a、b 根据尼泊尔 Dig Tsho 湖的计算经验,分别取 0.13 和 0.81;M 为冰崩引起的湖水位移次数 $= 0.9V_0/wh^2$;W 为冰崩体的宽度;h 为冰湖水深;x 为湖的长度。龙巴萨巴湖:$W = 580\text{m}$,$h = 52\text{m}$,$x = 1925\text{m}$,$H_i = 20.8$。皮达湖:$W = 480\text{m}$,$h = 52\text{m}$,$x = 1750\text{m}$,$H_i = 16.5$。

由此,为减缓两湖溃决风险,龙巴萨巴湖应降低水位 26.7m,皮达湖应降低水位 21.4m;这样两湖能基本避免由于冰崩、冰滑坡入湖溃决模式的发生,溃决概率将由水位下降前的 0.296 和 0.209 减少到 0.055。当然这个估算较为粗略。首先,危险冰体的体积主要基于 1:50 000 的 DEM 估算,具有较大的不确定性;其次,计算浪涌的高度是冰崩体坠入湖处到 $i = x/h$ 的高度,而非冰碛坝附近的高度,波浪传至冰碛坝处会有能量损失,浪高会降低,所以实际需要下降的水位高应该低于计算值;第三,湖水位降低的高度还与波浪传播的长度及冰碛坝的稳定性等有关,由于资料的限制本书没有考虑这些因素。但是,综合考虑安全、水资源和工程效益等方面,两湖分别下降 20～26m 较为合理;排险后,按照 4.4.5 节对冰碛湖的溃决概率值等级的划分标准,龙巴萨巴湖"非常高"($P_f = 0.296 > 0.24$)和皮达湖"高"($P_f = 0.209 > 0.18$)的溃决概率等级将降低为"非常低"($P_f = 0.055 < 0.06$)。

6.5.2　减缓措施比选

减缓冰碛湖溃决风险的措施包括被动避灾和主动排灾,被动避灾措施主要有建立冰湖溃决预警系统和灾民转移安置等,在被动避灾方面西藏水利厅已在龙巴萨巴湖堤坝附近架设了流速和水位传感器,并在下游高风险居民点设立了信号收发站;同时正开展风险人口的安置工作,已经安全转移2600多人。根据现场实际情况及可能的施工条件,应急工程实施提出以下三种方案进行比选。

(1)开挖方案。从左岸流入给曲的三条河道明显,河道两岸多为终碛垄和冰碛物,给曲右岸为宏大的山体,具备泄流的条件,可利用现有的河道,选定相对合理的泄水口,采用开挖的方式泄放湖水,降低湖面水位,使湖体达到基本稳定的状态为止。

(2)筑坝方案。皮达湖和龙巴萨巴湖若在一定时间内发生溃决,洪水将通过给曲进入叶如藏布再汇入朋曲。在强木村以下、扎贵村以上,有一片较大的湿地,面积约25.7km^2。叶如藏布在扎贵村处,距龙巴萨巴湖出水口约42km处,河道横断面宽约2.0km,可在此处修建一座拦河低坝,利用湿地容量,削减洪峰,以降低洪水对其下游的危害。

(3)管道方案。管道泄水为水利工程常用的一种措施,降低湖面水位可用橡胶软管采取倒虹吸方式排泄湖水,以达到湖体处于基本稳定状态的目的。

比较以上三种方案,若使湖体处于基本稳定状态,基于上述湖水位下降的估算,冰湖水位需下降20m以上,相应两湖应排出超过2×10^7m^{3}的水量。开挖方案可利用现有的河道,选定相对合理的泄水口,采用机械设备并结合爆破和人工措施,形成泄水明渠,以完成泄水降低两湖水位的目标,但存在高海拔施工、设备运输、临时交通及生活等困难。筑坝方案施工简单,起到了削减洪峰的作用,但削峰的同时坝上游要冲、淹4个村屯,洪水进入湿地将严重影响自然生态,况且在冰湖溃决前(也许时间很长),定结县的百姓一直处于恐慌和高度警戒状态,将制约和影响当地经济的发展。管道方案土石方量很少,虽然可排泄湖水,但根据现场情况,每根橡胶管长需100m,按管径0.6m计算,要泄放4×10^7m^{3}的水量,结合工期(一年工期在3个月左右),一天要泄放4×10^5m^3,需要布置50根橡胶管,而且搬运难度大,附属设备复杂,存在高海拔防冻问题。

综合上述分析,龙巴萨巴湖和皮达湖的减灾措施以开挖坝堤方式为最好,但是在开挖之后,应在开挖口建立水流控制闸门,以随时调控湖水位;此外,考虑到本研究区属于干旱区,年平均降水量为419mm,所以,如条件许可,在扎贵村处筑坝拦截开挖坝堤所排放的湖水以作他用,也应在考虑之列。在政府部门、科研人员和施工单位等共同努力下,针对龙巴萨巴湖和皮达湖的险情,自2004年开始申请抢险资金、实地考察勘测、研讨论证排险方案,2005年西藏水利厅防汛办对龙巴萨巴湖和皮达湖实施了开挖排水,到2006年一期工程已经完成,两湖水位下降了约5m,两湖溃决的险情得到了缓解,溃决灾害减缓措施的实施也取得了实际成效(图6-30)。目前,龙巴萨巴湖堤坝人工排水渠运转正常,第二期冰湖排水工程措施也正在准备实施中。

（a）龙巴萨巴湖开挖堤坝排水施工现场（绿色和平提供，摄于2006年）

（b）开挖施工形成的泄洪道（王欣，摄于2012年）

图 6-30　龙巴萨巴湖进行开挖施工排险现场
及一期工程完成后的排水渠

6.6　本 章 小 结

　　本章选取溃决概率等级为"非常高"和"高"的龙巴萨巴湖和皮达湖为典型危险性冰碛湖，结合深入野外调查和观测，通过对溃决口洪水强度和洪水向下游演进的模拟，估算两湖的溃决风险指数，探讨合适的减缓措施，得出如下结论。

　　（1）野外调查结合危险性指标评价进一步显示龙巴萨巴湖和皮达湖处于高危险状态。

　　（2）运用 BREACH 模型和 FLDWAV 模型对龙巴萨巴湖和皮达湖溃决模拟显示，在龙巴萨巴湖溃口处溃决洪水将持续 5.5h，溃决后 1.8h 将达到最大流量

$4.0 \times 10^4 \text{m}^3/\text{s}$,最终溃口的深度、溃口上宽、溃口下宽分别为 100m、97m 和 5m。洪峰从溃决口至西宁桥 125km 的河道,将历时 4.3h,洪水波在 34km 处的强木村以下流速迅速减小;洪水位由溃决口 15m 以上到 61km 处的扎西村附近下降到 4m 以下。

(3) 龙巴萨巴湖和皮达湖溃决后果的综合分数(0.805)仅次于章藏布错和桑旺湖的溃决后果综合分数(0.920,0.895),也就是说,龙巴萨巴湖和皮达湖溃决后果的严重性将不如章藏布错和桑旺湖的溃决后果严重,但是比光谢错和德嘎普湖溃决后果(0.433,0.570)要严重得多;龙巴萨巴湖和皮达湖的溃决风险指数也处于较高水平,与我国已溃决的坡戈错、扎日错、章藏布错、金错、光谢错五个冰碛湖溃决前风险指数水平相比,仅低于章藏布错的风险指数(=0.274),而远高于其他四个冰碛湖的风险指数(这四个冰碛湖的风险指数为 0.014～0.100)。

(4) 计算表明,为减缓两湖溃决风险,龙巴萨巴湖应降低水位 26.7m,皮达湖应降低水位 21.4m,综合考虑安全、水资源和工程效益等方面,两湖分别下降 20～26m 较为合理;龙巴萨巴湖和皮达湖的减灾措施以开挖坝堤排水方式为最好。排险后,龙巴萨巴湖"非常高"和皮达湖"高"的溃决概率等级将降低为"非常低"。

第7章 总结与展望

7.1 总 结

近年来,随着全球气候的变暖,冰碛湖溃决灾害正日益严重地威胁着人们生命和财产的安全,对冰碛湖溃决灾害的研究也日益受到重视。从对冰碛湖溃决灾害评价的方法上来看,当前我国还主要是针对典型区域,采用直接判断的方法来识别具有潜在溃决危险的冰碛湖。但是冰碛湖溃决灾害的评价与其他自然灾害一样是一个系统过程,随着研究的深入,有必要针对不同研究对象(区域尺度)和不同的溃决灾害决策需求,构建一个冰碛湖溃决灾害评价体系。本书根据对冰碛湖溃决灾害评价的层次不同,从筛选判断、初步分析、详细评价和非常详细评价四个层次上构建冰碛湖溃决灾害评价体系,并以我国喜马拉雅山地区为研究试验区,基于遥感和野外考察数据,进行潜在危险性冰碛湖的识别、危险性冰碛湖溃决概率等级估算和典型高危险性冰碛湖溃决风险评价,主要获得了以下几个方面的结论。

(1) 基于地形图和 ASTER 等两期数据,对研究区冰湖进行编目。结果显示:近 30 年来我国喜马拉雅山地区冰湖变化总体呈现"数量减少、面积增大"的趋势;数量由 1750 个减少到 1680 个,减少了 4%;总面积由 166.48km^2 增加到 215.28km^2,增加了 48.8km^2,增率达 29%;在现代冰川作用边缘高度附近、冰碛物丰富的地段(平均海拔为 4900~5700m),冰湖变化尤其明显。根据一定的标准选取六项冰碛湖潜在危险性识别指标,对本研究区冰湖进行潜在危险性筛选判断,发现我国喜马拉雅山地区共有 142 个具有潜在危险性冰碛湖,需要进一步进行初步分析。

(2) 冰碛湖溃决归根结底是水、热累积的结果,本书以西藏已经溃决冰碛湖的资料为基础,将冰碛湖溃决的气候背景分为暖湿、暖干、冷湿和接近常态四种气候荷载。在不同气候背景组合形式下,冰碛湖溃决途径和模式又可以分为 5 大类、21 种可能的溃决模式。对于某潜在危险性冰碛湖,依次描述所有气候荷载下所有可能的溃决途径(模式)及发生可能性的大小,形成该冰碛湖溃决概率的事件树,建立溃决概率的事件树模型,计算该冰碛湖的溃决概率。最后,对本研究区 142 个潜在危险性冰碛湖逐一计算其溃决概率并进行等级划分,发现我国喜马拉雅山地区潜在危险性冰碛湖中,溃决概率等级为"非常高"的有 43 个、"高"的有 47 个、"中"的有 24 个、"低"的有 24 个、"非常低"的有 4 个,分别占 30%、33%、17%、17% 和

3%;溃决概率为"高"及其以上等级的 90 个潜在危险性冰碛湖是下一步进行溃决风险的"详细评价"和"非常详细评价"的重点。

(3) 选取溃决概率等级为"非常高"的龙巴萨巴湖和等级为"高"的皮达湖为典型危险性冰碛湖,根据 1∶50 000 的 DEM 获得河谷水流中心线,在沿给曲经叶如藏布至朋曲入口,全长 125km 的河段中,应用美国国家气象局开发的土石坝溃决模型——BREACH 模型和 FLDWAV 洪水演进模型,进行溃决洪水最大洪峰流量和洪水位高度演进模拟。结果显示,在龙巴萨巴湖溃口处溃决洪水将持续 5.5h,溃决后 1.8h 达到最大洪峰流量 $4.0 \times 10^4 m^3/s$,最终,溃口的深度、溃口上宽、溃口下宽分别为 100m、97m 和 5m。洪峰在溃决口至西宁桥 125km 的河道中,将历时 4.3h,洪水波在 34km 处的强木村以下流速迅速减小;洪水位由溃决口 15m 以上,在 61km 处的扎西村附近下降到 4m 以下。

(4) 根据冰碛湖溃决洪水演进的模拟结果,从生命损失、经济损失及社会与环境影响三方面,对典型冰碛湖溃决后果进行评价和溃决风险指数计算。结果表明,龙巴萨巴湖和皮达湖溃决后果的严重性将不如章藏布错和桑旺错的湖溃决后果严重,但是比光谢错和德嘎普湖溃决后果要严重得多;龙巴萨巴湖和皮达湖的溃决风险指数(=0.238)也处于较高水平,与已溃决的坡戈错、扎日错、章藏布错、金错、光谢错五个冰碛湖溃决前风险指数相比,仅低于章藏布错的风险指数(=0.274),而远高于其他四个冰碛湖的风险指数(这四个冰碛湖的风险指数为 0.014~0.100)。

(5) 本书以湖水位下降到母冰川危险冰体冰崩、冰滑坡(一般也包括岩/雪崩)入湖时很难产生漫顶溢流为龙巴萨巴湖和皮达湖的排险目标,把由于危险冰体冰崩入湖壅高湖水高度与危险冰体冰崩坠入湖中引起湖浪的高度之和,作为两湖排险应该降低的水位。计算表明,为减缓两湖溃决风险,龙巴萨巴湖水位应降低 26.7m,皮达湖水位应降低水位 21.4m,综合考虑安全、水资源和工程效益等因素,两湖水位分别下降 20~26m 较为合理。达到排水目标后,龙巴萨巴湖的"非常高"和皮达湖的"高"溃决概率等级将降低为"非常低"等级。

7.2 展　望

冰湖溃决灾害的评价工作是一项开放的系统工程,随着自然和社会环境的变化、科技水平的提高,对冰湖溃决灾害评价与减缓将提出新的要求。本书全面调查了我国喜马拉雅山地区冰湖的分布与变化,并对冰湖溃决危险性进行了初步分析与评价,在此基础上,对冰碛湖溃决灾害的研究需要加强下述工作:

(1) 冰川与冰湖间的水、能耦合研究。研究表明,近 30 年来喜马拉雅山地区冰川消融表现出明显的年代际波动,20 世纪 60 年代末至 70 年代初和 80 年代初为消融高值期(Fujita et al.,2008),这也恰是我国冰碛湖溃决高发时段。这表明,冰碛湖溃决灾害一般发生在气候变暖和冰碛湖扩张背景下,水、能通过冰川汇聚并改变冰碛湖的水、能状态,最终导致其溃决,即气候变化-冰川响应-冰碛湖溃决具有内在关联性。在气候变暖背景下,冰川变化势必引起上述部分诱因彼此之间发生直接或间接联系,而对这种关系的认识目前尚不清楚。因此,着眼于冰碛湖溃决-冰川消融-气候变化之间的耦合关系,从气候、冰川水文、冰川运动、冰碛湖的动态响应和湖坝物理性状等要素入手,建立气象-冰川-冰碛湖-流域水文观测为一体、野外考察与遥感分析相互补充的监测体系,以水、能在母冰川-冰碛湖、死冰-冰碛坝间传输为主线,探讨喜马拉雅山地区冰川-冰碛湖耦合关系及其对冰碛湖溃决机理的影响,为冰碛湖溃决灾害风险评价和减缓提供理论依据和决策支持,既为当前冰碛湖溃决研究的科学前沿,同时又对冰碛湖溃决灾害风险评价和减缓具有重要的现实意义。

(2)冰碛坝内部结构变化及其稳定性研究。对在近几十年来气候变暖的背景下,冰川作用区广泛发育的冰碛湖,一方面由于冰川快速退缩,冰川融水在湖盆中不断积聚,致使冰湖潜能增大;另一方面,气候变暖引起冰碛湖坝内部结构发生变化,由此导致坝体本身的稳定性发生变化。从坝体的受力状态来看,当冰碛湖水的静水压力大于冰碛坝的阻水应力时,坝体即会溃决,而冰碛坝的阻水应力与其内部结构密切相关。例如,堤坝内有埋藏冰,由于埋藏冰的消融导致冰碛坝下沉和管涌扩大,阻水应力降低,坝体的不稳定性增加;如冰碛坝退化为不稳定的松散冰碛物,抗侵蚀能力下降,易形成漫顶冲刷溃坝(Hubbard et al.,2005)。理论上讲,坝体外部水热环境的变化,常常在冰碛坝本身特性上得到体现,能量的传输是联系坝体的外部水热环境和内部结构性状的纽带。所以,分析和模拟其内部结构的变化,是探讨坝体本身稳定性的关键科学问题。可见,尽管诱发冰湖溃坝的诱因具有复杂性和多样性,我们不能将冰碛坝的稳定性与冰湖发生溃决的可能性严格对应起来。但是水能在冰湖中积聚最终将通过作用冰碛坝而得到释放,坝体本身特性及其变化无疑是冰湖溃决灾害研究的焦点,基于对冰碛坝"外部环境-坝内结构-坝体形变"之间能量耦合关系为主线,通过对坝内能量"源-流-汇"的解析,探讨冰碛湖坝的内部结构、渗流管涌状态、埋藏冰消融等的变化过程,是探索冰湖溃决灾害形成和演变的关键科学问题之一。

(3)冰湖区自然-人文环境脆弱性研究。在我国喜马拉雅山区,首先由于冰川作用区自然过程变化及其对环境的压迫加大,冰湖变得不稳定,高溃决危险性冰湖增多,致灾源增多、强度加大。其次,当前社会经济的发展和人类活动不断向山区高海地带扩展,藏民不断向河谷洪泛区定居和放牧,区域承险体的物理暴露量增大。第三,冰湖溃决灾害多发生在边远山区,一般经济欠发达,其灾害响应能力和灾后恢复能力较低(王静爱等,2006)。此外,我国高溃决危险性冰湖区为藏民聚居区,民族文化独具特色。由此,在对冰碛湖溃决灾害的评价与减缓中,区域的自然环境与人文环境相互交织,共同作用决定溃决灾害的频次、强度和风险。近年在西藏定结县龙巴萨巴湖的抢险救灾中发现,灾区居民普遍存在抵制"转移、安置"的减灾举措和对政府与技术的依赖心理,便是例证。目前对冰冻圈的脆弱性研究尚处于起步阶段,对冰冻圈脆弱性的概念、测度方法、评估方法等问题均处于探索阶段。2007年启动的以秦大河院士为首席科学家的国家"973"计划项目,提出建立冰冻圈脆弱性集成评价框架,评估冰冻圈和冰冻圈变化的脆弱性,对冰冻圈的脆弱性进行分级评价和区域划分,并已有冰冻圈及其变化的脆弱性研究的科学问题、评估内容、评估尺度和评估方法方面研究成果发表,显示我国冰冻圈脆弱性研究已走在国际前沿。由于冰冻圈独特的地理位置和人文环境,其脆弱性表征和内在规律与其他圈层的脆弱性相比既有共性又有个性,冰冻圈变化的影响、适应与对策综合评估为未来冰冻圈科学研究重点之一(秦大河等,2006)。

参 考 文 献

鲍新中,刘澄.2009.一种基于粗糙集的权重确定方法.管理学报,6(6):729~732.

鲍玉章.1985.西藏高原卫星云图分析.西藏科技,4:27~42.

车涛,晋锐,李新,等.2004.近20a来西藏朋曲流域冰湖变化及潜在溃决冰湖分析.冰川冻土,26(4):397~402.

车涛,李新,Mool K P,等.2005.希夏邦马峰东坡冰川与冰川湖泊变化遥感监测.冰川冻土,27(6):801~805.

陈储军,刘明,张帜.1996.西藏年楚河冰川终碛湖溃决条件及洪水估算.冰川冻土,18(4):348~352.

陈晓清,陈宁生,崔鹏.2004.冰川终碛湖溃决泥石流流量计算.冰川冻土,26(3):357~362.

陈晓清,崔鹏,杨忠,等.2005.近15a喜马拉雅山中段波曲流域冰川和冰湖变化.冰川冻土,27(6):793~800.

陈晓清,崔鹏,杨忠,等.2007.喜马拉雅山中段波曲流域近期冰湖溃决危险性分析与评估.冰川冻土,29(4):509~516.

陈亚宁.1994.新疆叶尔羌河突发洪水规律研究.自然灾害学报,3(2):49~55.

程尊兰,洪勇,黎晓宇.2011.青藏高原典型冰湖溃决泥石流预警技术.山地学报,29(3):369~337.

程尊兰,田金昌,张正波,等.2009.藏东南冰湖溃决泥石流形成的气候因素与发展趋势.地学前缘,16(6):207~214.

程尊兰,朱平一,宫怡文.2003.典型冰湖溃决型泥石流形成机制分析.山地学报,21(6):716~720.

崔鹏,马东涛,陈宁生,等.2003.冰湖溃决泥石流的形成、演化与减灾对策.第四纪研究,23(6):621~628.

杜军.2001.西藏高原近40年的气温变化.地理学报,56(6):682~690.

杜军,翁海卿,李春燕,等.2009.1971~2006年珠穆朗玛峰地区蒸发皿蒸发量的变化及其影响因素.冰川冻土,31(4):597~604.

杜军,周顺武,唐叔乙.2000.西藏近40年气温变化的气候特征分析.应用气象学报,11(2):221~227.

段克勤,姚檀栋,蒲健辰.2002a.喜马拉雅山中部过去约300年来季风降水变化.第四纪研究,22(3):236~242.

段克勤,姚檀栋,蒲健辰,等.2002b.喜马拉雅山中部地区冰川积累量记录的季风降水对气候变暖的响应.科学通报,47(19):1505~1511.

郭柳平,叶庆华,姚檀栋,等.2007.基于GIS的玛旁雍错流域冰川地貌及现代冰川湖泊变化研究.冰川冻土,29(4):55~63.

何智勇,章孝灿,黄智才,等. 2004. 一种高分辨率影像水体提取技术. 浙江大学学报,31(6): 701~707.

黄静莉,王常明,王钢城,等. 2005. 模糊综合评判在冰湖溃决危险度划分中的应用——以西藏自治区洛扎县为例. 地球与环境,l33(增刊):109~114.

黄茂桓. 1982. 希夏邦马峰北坡某些冰川与河冰的结构特征//希夏邦马峰地区科学考察报告. 北京:科学出版社:67~73.

蒋忠信,崔鹏,蒋良潍. 2004. 冰碛湖漫溢型溃决临界水文条件. 铁道工程学报,84(4):21~26.

匡尚富. 1993. 天然坝溃决的泥石流形成机理及其数学模型. 泥沙研究,12(4):42~57.

李传富,张玉初. 2008. 西藏皮达湖和龙巴萨巴湖除险的思考. 中国水利,(6):32~34.

李德基,游勇. 1992. 西藏波密米堆冰湖溃决浅议. 山地研究,10(4):219~224.

李广信,周晓杰. 2005. 堤基管涌发生发展过程的试验模拟. 水利水电科技进展,25(6):102~106.

李吉均. 1975. 西藏东南部冰川的最新研究. 兰州大学学报,2:1~7.

李吉均. 1977. 西藏冰湖溃决的原因. 中国科学院青藏综合科学考察队.

李吉均,郑本兴,杨锡金,等. 1986. 西藏冰川. 北京:科学出版社:1~328.

李均力,陈曦,包安明. 2011c. 2003~2009 年中亚地区湖泊水位变化的时空特征. 地理学报, 66(9):1219~1229.

李均力,盛永伟,骆剑承. 2011b. 喜马拉雅山地区冰湖信息的遥感自动化提取. 遥感学报,15(1): 36~43.

李均力,盛永伟,骆剑承,等. 2011a. 青藏高原内陆湖泊变化的遥感制图. 湖泊科学,23(3):311~ 320.

李雷,彭雪辉,王昭升. 2005. 水库大坝溃决模式和溃坝概率分析研究. 南京水利科学研究院,水利部综合事业局:148~154.

李雷,周克发. 2006. 大坝溃决导致的生命损失估算方法研究现状. 水利水电科技进展,26(2): 76~80.

李鹏,李爱国,贾京京,等. 2006. 珠峰绒布河谷温度垂直分布观测研究. 高原气象,26(6):1255~ 1262.

林学椿. 1992. 近 40 年我国气温、降水变化趋势. 地理知识,2:2~3.

刘超,王国灿,王岸,等. 2007. 喜马拉雅山脉新生代差异隆升的裂变径迹热年代学证据. 地学前缘,14(6):273~281.

刘东生. 1984. 南迦巴瓦峰登山科学考察(1982~1984). 山地研究,2(3):129~131.

刘晶晶,程尊兰,李泳,等. 2008. 西藏冰湖溃决主要特征. 灾害学,23(1):55~60.

刘晶晶,程尊兰,李泳,等. 2009. 西藏终碛湖溃决形式研究. 地学前缘,16(4):372~380.

刘晶晶,唐川,程尊兰,等. 2011. 气温对西藏冰湖溃决事件的影响. 吉林大学学报(地球科学版), 41(4):1121~1129.

刘时银,程国栋,刘景时. 1998. 天山麦茨巴赫冰川湖突发洪水特征及其与气候变化的关系. 冰川冻土,20(1):30~37.

刘时银,鲁安新,丁永建,等. 2002b. 黄河上游阿尼玛卿山区冰川波动与气候变化. 冰川冻土, 24(6):701~707.

刘时银,上官冬辉,丁永建,等.2005.20世纪初以来青藏高原东南部岗日嘎布山的冰川变化.冰川冻土,27(1):55～63.

刘时银,沈永平,孙文新.2002a.祁连山西段小冰期以来的冰川变化研究.冰川冻土,24(3):227～233.

刘淑珍,李辉霞,鄢燕,等.2003.西藏自治区洛扎县冰湖溃决危险度评价.山地学报,21(增刊):128～132.

刘伟.2006.西藏典型冰湖溃决型泥石流的初步研究.水文地质工程地质,3:88～92.

刘晓东,侯萍.1998.青藏高原及其邻近地区近30年气候变暖与海拔高度的关系.高原气象,17(3):245～249.

刘新,刘晓汝,马耀明,等.2010.喜马拉雅北部地区春季大气特征及日变化分析.地球科学进展,25(8):836～843.

刘宗香,苏珍,姚檀栋,等.2000.青藏高原冰川资源及其分布特征.资源科学,22(5):49～52.

鲁安新.2006.青藏高原冰川与湖泊现代变化关系研究.兰州:中国科学院寒区旱区环境与工程研究所博士学位论文:63～69.

陆家驹,李士鸿.1992.TM资料水体识别技术的改进.遥感学报,7(1):17～23.

吕儒仁,李德基.1986.西藏工布江达县唐布朗沟的冰湖溃决泥石流.冰川冻土,8(1):61～71.

吕儒仁,唐邦兴,李德基.1999.西藏冰湖溃决泥石流//中国科学院水利部成都山地灾害与环境研究所,等.西藏泥石流与环境.成都:成都科技大学出版社:69～105.

罗德富,毛济周.1995.川藏公路南线(西藏境内)山地灾害及防治对策.北京:科学出版社:129～166.

骆剑承,盛永伟,沈占峰,等.2009.分步迭代的多光谱遥感水体信息高精度自动提取.遥感学报,13(4):610～615.

马凌龙,田立德,蒲健辰,等.2010.喜马拉雅山中段抗物热冰川的面积和冰储量变化.科学通报,55(18):1766～1774.

美国地质调查局,美国大气海洋局.1987.陆地卫星4/5数据用户手册.北京:科学出版社.

聂勇,张镱锂,刘林山,等.2010.近30年珠穆朗玛峰国家自然保护区冰川变化的遥感监测.地理学报,65(1):13～28.

彭雪辉.2003.风险分析在我国大坝安全上的应用.南京:南京水利科学研究院硕士学位论文.

彭雪辉,李雷,王仁钟.2004.大坝风险分析及其在沙河集水库大坝的应用.水利水运工程学报,4:21～25.

蒲健辰,姚檀栋,王宁练,等.2004.近百年来青藏高原冰川的进退变化.冰川冻土,26(5):517～522.

秦大河.1999.喜马拉雅山冰川资源图.北京:科学出版社.

秦大河,效存德,丁永建,等.2006.国际冰冻圈研究动态和我国冰冻圈研究的现状与展望.应用气象学报,17(6):649～656.

任贾文,秦大河,井哲帆.1998.气候变暖使珠穆朗玛峰地区冰川处于退缩状态.冰川冻土,20(2):184～185.

任贾文,秦大河,康世昌,等.2003.喜马拉雅山中段冰川变化及气候暖干化特征.科学通报,48(3):2478～2482.

上官冬辉,刘时银,丁永建,等. 2004. 玉龙喀什河源 32 年来冰川变化遥感监测. 地理学报, 59(6):853~862.

沈永平,魏文寿,丁永建,等. 2008. 冰雪灾害. 北京:气象出版社.

沈志宝. 1975. 珠穆朗玛峰地区降水特征//珠穆朗玛峰地区科学考察报告 1966~1968 气象与太阳辐射. 北京:科学出版社:11~36.

沈志宝,高登义. 1975. 珠穆朗玛峰北坡的局地环流和冰川风//珠穆朗玛峰地区科学考察报告 1966~1968 气象与太阳辐射. 北京:科学出版社:21~36.

盛永伟,肖乾广. 1994. 应用气象卫星识别薄云覆盖下的水体. 环境遥感,9(3):247~255.

施维林,杨长泰,尤根祥,等. 1991. 叶尔羌河上游冰川阻塞湖库容测量及最大洪水流量的计算分析. 干旱区地理,14(4):31~35.

施雅风. 1982. 希夏邦马峰附近的山文和水系//希夏邦马峰地区科学考察报告. 北京:科学出版社:21~23.

施雅风,崔之久,苏珍,等. 2006. 中国第四纪冰川与环境. 石家庄:河北科学技术出版社:1773~1779.

舒有锋,王钢城,庄树裕,等. 2010. 基于粗糙集的权重确定方法在我国喜马拉雅山地区典型冰碛湖溃决危险性评价中的应用. 水土保持通报,3(5):109~114.

苏珍,奥尔洛夫 A B. 1992. 1991 年中苏联合希夏邦马峰地区冰川考察研究简况. 冰川冻土, 14(2):184~186.

苏珍,蒲健辰. 1998. 青藏高原现代冰川的进退变化//汤懋苍,程国栋,林振耀,等. 青藏高原近代气候变化及对环境的影响. 广州:广东科技出版社:223~236.

苏珍,施雅风. 2000. 小冰期以来中国季风温冰川对全球变暖的响应. 冰川冻土,22(3):223~229.

孙方林,马耀明. 2007. 珠穆朗玛峰北坡地区河谷局地环流特征观测分析. 高原气象,26(6):1187~1190.

谭春萍,杨建平,米睿. 2010. 1971~2007 年青藏高原南部气候变化特征分析. 冰川冻土,32(6):1111~1120.

汪奎奎,刘景时,巩同梁,等. 2009. 水文气象学方法计算喜马拉雅山北坡冰川流域物质平衡. 山地学报,27(6):622~655.

王迪,刘景时,胡林金,等. 2009. 近期喀喇昆仑山叶尔羌河冰川阻塞湖突发洪水及冰川变化监测分析. 冰川冻土,31(5):808~814.

王静爱,施之海,刘珍,等. 2006. 中国自然灾害灾后响应能力评价与地域差异. 自然灾害学报, 15(6):23~27.

王绍武,董光荣. 2002. 中国西部环境演变评估综合报告. 第一卷中国西部环境特征及其演变. 北京:科学出版社:50~51.

王铁峰. 2001. 雅鲁藏布江中游干支流水文特性及冰川湖溃决洪水分析研究. 大连:大连理工大学工程硕士学位论文:1~127.

王铁峰,刘志荣,夏传清,等. 2003. 西藏年楚河冰川湖考察. 冰川冻土,25(增刊 2):344~348.

王伟财. 2013. 藏东南伯舒拉岭地区冰湖变化及危险性与影响分析. 北京:中国科学院青藏高原

研究所博士学位论文.

王欣,刘时银.2007.冰碛湖溃决灾害研究进展.冰川冻土,29(4):626～635.

王欣,刘时银,郭万钦,等.2009.我国喜马拉雅山区冰碛湖溃决危险性评价.地理学报,64(7):
　　782～790.

王欣,刘时银,郭万钦,等.2010.我国喜马拉雅山区冰湖遥感调查与编目.地理学报,65(1):29～
　　36.

韦志刚,黄荣辉,董文杰.2003.青藏高原气温和降水的年际和年代际变化.大气科学,27(2):
　　157～170.

魏红,马金珠,马明国,等.2004.基于遥感与GIS的朋曲流域冰川及冰湖变化研究.兰州大学学
　　报(自然科学版),40(2):97～100.

吴通华.2005.青藏高原多年冻土对全球气候变化的相应研究.兰州:中国科学院寒区旱区环境
　　与工程研究所博士学位论文:136.

吴艳红,朱立平,叶庆华,等.2007.纳木错流域近30年来湖泊-冰川变化对气候的响应.地理学
　　报,62(3):301～311.

谢任之.1993.溃坝水力学.山东:山东科学技术出版社.

谢自楚,冯清华.2002.恒河-雅鲁藏布江水系冰川分布特征及利用前景//米德生,谢自楚,等.中
　　国冰川目录Ⅺ,恒河-印度河水系.西安:地图出版社:1～572.

谢自楚,刘潮海.2010.冰川学导论.上海:上海科学普及出版社:337.

谢自楚,钱增进.1982.希夏邦马峰地区冰川发育条件//希夏邦马峰地区科学考察报告.北京:科
　　学出版社:40～44.

徐道明.1987.西藏波曲河冰湖溃决泥石流的形成与沉积特征.冰川冻土,9(1):219～224.

徐道明,冯清华.1988.冰川泥石流与冰湖溃决灾害研究.冰川冻土,10(3):284～289.

徐道明,冯清华.1989.西藏喜马拉雅山区危险冰湖及其溃决特征.地理学报,44(3):343～352.

杨续超,张镱锂,张玮,等.2006.珠穆朗玛峰地区近34年来气候变化.地理学报,61(7):687～
　　695.

杨逸畴.1984.南迦巴瓦峰地区地貌的基本特征和成因.山地研究,2(3):134～141.

杨宗辉.1983.西藏境内泥石流活动近况及整治//全国泥石流防治经验交流会论文集.重庆:科
　　学技术文献出版社:12～15.

姚檀栋,李治国,杨威,等.2010.雅鲁藏布江流域冰川分布和物质平衡特征及其对湖泊的影响.
　　科学通报,55(18):1750～1756.

姚檀栋,刘晓东,王宁练.2000.青藏高原地区的气候变化幅度问题.科学通报,45(1):98～106.

姚檀栋,蒲健辰,田立德,等.2007.喜马拉雅山脉西段纳木那尼冰川正在强烈萎缩.冰川冻土,
　　29(4):1～5.

姚檀栋,蒲健辰,王宁练,等.1998.中国境内又一种新成冰作用的发现.科学通报,43(1):94～97.

姚晓军,刘时银,魏俊锋.2010.喜马拉雅山北坡冰碛湖库容计算及变化——以龙巴萨巴湖为例.
　　地理学报,65(11):1381～1390.

姚治君,段瑞,董晓辉,等.2010.青藏高原冰湖研究进展及趋势.地理科学进展,29(1):10～14.

岳乐平,邓涛,张睿,等.2004.西藏吉隆—沃马盆地龙骨沟剖面古地磁年代学及喜马拉雅山抬升

　　　记录.地球物理学报,47(6):1009~1016.

岳志远,曹志先,车涛,等.2007.冰湖溃决洪水的二维水动力学数值模拟.冰川冻土,29(5):756
　　　~763.

张东启,效存德,秦大河.2009.近几十年来喜马拉雅山冰川变化及其对水资源的影响.冰川冻
　　　土,31(5):885~895.

张菲,刘景时,巩同梁,等.2006.喜马拉雅山北坡卡鲁雄曲径流与气候变化.地理学报,61(11):
　　　1141~1148.

张家诚,朱明道,张先恭.1974.我国气候变迁的初步探讨.科学通报,19(4):168~175.

张祥松,周聿超.1990.喀喇昆仑山叶尔羌河冰川湖突发洪水研究.北京:科学出版社:1~196.

张帜,刘明.1994.冰湖溃坝洪水对拉满水库影响分析及 BREACH 模型的应用.水道与港口杂
　　　志,2:10~15.

赵宗慈,高学杰,汤懋苍,等.2002.气候变化预测//丁一汇.中国西部环境变化的预测.秦大河.
　　　中国西部环境演变评估(第二卷).北京:科学出版社:16~46.

郑本兴,施雅风.1975.珠穆朗玛峰地区冰川的变化//珠穆朗玛峰地区科学考察报告(1966~
　　　1968),现代冰川与地貌.北京:科学出版社:92~105.

郑度.1975.珠穆朗玛峰地区自然带气候特征//珠穆朗玛峰地区科学考察报告 1966~1968 自然
　　　地理.北京:科学出版社:1~15.

郑度,胡朝柄,张荣祖.1975.珠穆朗玛峰地区的自然分带//珠穆朗玛峰地区科学考察报告
　　　1966~1968 自然地理.北京:科学出版社:147~202.

郑黎明,杨立中.1994.铁路环境地质与灾害地质.成都:成都科技大学出版社:28.

郑新江,许健民,李献洲.1997.夏季青藏高原水汽输送特征.高原气象,16(3):274~281.

中国科学院青藏高原综合科学考察队.1981.西藏水利.北京:科学出版社:1~166.

钟立勖.1994.意大利瓦依昂水库滑坡事件的启示.中国地质灾害与防治学报,5(2):77~84.

周立波,邹捍,马舒坡,等.2007a.南亚夏季风对珠穆朗玛峰北坡地面风场的影响.高原气象,
　　　26(6):1174~1186.

周立波,邹捍,马舒坡,等.2007b.珠峰北坡绒布河谷地面风场变化的比较研究.高原气象,
　　　26(6):1191~1198.

朱立平,谢曼平,吴艳红.2010.西藏纳木错 1971~2004 年湖泊面积变化及其原因的定量分析.
　　　科学通报,55(18):1789~1798.

朱勇辉,廖鸿志,吴中如.2003.国外土坝溃坝模拟综述.长江科学院院报,20(3):26~29.

庄树裕.2010.西藏喜马拉雅山地区冰湖溃决非线性预测研究.长春:吉林大学博士学位论文:
　　　149.

邹捍,周立波,马舒坡,等.2007.珠穆朗玛峰北坡局地环流日变化的观测研究.高原气象,26(6):
　　　1123~1140.

Aboelata M,Bowles D S,McClelland D M. 2003. A model for estimating dam failure life loss//
　　　Proceedings of the Australian Committee on Large Dams Risk Workshop,Launceston.

Alean J. 1985. Ice avalanches:Some empirical information about their formation and reach. Journal
　　　of Glaciology,31:324~333.

Alho P,Aaltonen J. 2008. Comparing a 1D hydraulic model with a 2D hydraulic model for the simulation of extreme glacial outburst floods. Hydrological Processes,22:1537~1547.

Australian National Committee on Large Dams. 2003. Guidelines on Risk Assessment. http://www. ancold. org. au,2004,8. 2.

Baban S M J. 1993. The evaluation of different algorithms for bathymetric charting of lakes using Landsat imagery. International Journal of Remote Sensing,14:2263~2274.

Bajracharya S R,Mool P K. 2009. Glaciers,glacial lakes and glacial lake outburst floods in the Mount Everest region,Nepal. Annals of Glaciology,50(53):81~86.

Bajracharya S R,Mool P K,Shrestha B R. 2007. Impact of Climate Change on Himalayan Glaciers and Glacial Lakes. Kathmandu:International Centre for Integrated Mountain Development:1~119.

Balmforth N J,Hardenberg J,von Provenzale A,et al. 2008. Dam breaking by wave-induced erosional incision. Journal of Geophysical Research,113:F01020.

Balmforth N J,Hardenberg J,von Zammett R J,et al. 2009. Dam breaking seiches. Journal of Fluid Mechanics,628:1~21.

Barneich J,Majors D,Moriwaki Y,et al. 1996. Application of reliability analysis in the environment impact report(EIR)and design of a major dam project. Uncertainty '96',ASCE.

Beniston M,Diaz H F,Bradiey R S. 1997. Climate change at high elevation site:An overview. Climatic Change,36:233~251.

Benn D I,Benn T,Hands K,et al. 2012. Response of debris-covered glaciers in the Mount Everest region to recent warming,and implications for outburst flood hazards. Earth-Science Reviews,114:156~174.

Benn D I,Wiseman S,Hands K A. 2001. Growth and drainage of superaglacial lakes on debris-mantled Ngozumpa Glacier,Khumbu Himal,Nepal. Journal of Glaciology,47(159):626~638.

Benny A H,Dawson G J. 1983. Satellite imagery as an aid to bathymetric charting in the Red Sea. The Cartographic Journal,20:5~16.

Berthier E,Arnaud Y,Vincent C,et al. 2006. Biases of SRTM in high-mountain areas:Implications for monitoring of glacier volume changes. Geophysical Research Letters,33(8):L08502.

Bertolani L,Bollasina M,Tartari G. 2000. Recent biennial variability of meteorological features in the eastern Highland Himalayas. Geophysical Research Letters,27(15):2185~2188.

Bhargava O N. 1995. Geology,environmental hazards and remedial measures of the Lunana area,Gasa Dzongkhag:Report of 1995 Indo-Bhutan Expedition. Kolkata,Geological Survey of India.

Blown I,Church M. 1985. Catastrophic lake drainage within the Homathko River basin,British Columbia. Canadian Geotechnical Journal,22:551~563.

Bolch T,Buchroithner M F,Kunert A,et al. 2007. Automated delineation of debris-covered glaciers based on ASTER data//Geoinformation in Europe. Netherlands: Mill Press: 403～410.

Bolch T, Buchroithner M F, Peters J, et al. 2008b. Identification of glacier motion and potentially dangerous glacial lakes in the Mt Everest region/Nepal using spaceborne imagery. Natural Hazards and Earth System Sciences, 8: 1329～1340.

Bolch T, Buchroithner M F, Pieczonka T, et al. 2008a. Plani metric and volumetric Glacier changes in Khumbu Himalaya since 1962 using Corona, Landsat TM and ASTER data. Journal of Glaciology, 54(187): 592～600.

Bolch T, Peters J, Yegorov A, et al. 2011b. Identification of potentially dangerous glacial lakes in the northern Tien Shan. Natural Hazards, 59: 1961～1714.

Bolch T, Pieczonka T, Benn D. 2011a. Multi-decadal mass loss of glaciers in the Everest area(Nepal Himalaya) derived from stereo imagery. Cryosphere, 5: 349～358.

Brown C A, Graham W J. 1988. Assessing the threat to life from dam failure. Water Resources Bulletin, 24: 1303～1309.

Buchroithner M F, Jentsch G, Wanivenhaus B. 1982. Monitoring of recent geological events in the Khumbu area(Himalaya, Nepal) by digital processing of Landsat MSS data. Rock Mechanics, 15: 181～197.

Cai X H, Song Y, Zhu T, et al. 2007. Glacier winds in the Rongbuk Valley, north of Mount Everest: 2. Their role in vertical exchange processes. Journal of Geophysical Research, 112: D11102.

Cao Z, Pender G, Wallis S, et al. 2004. Computational dam break hydraulics over erodible sediment bed. Journal of Hydraulic Engineering, ASCE, 130: 689～703.

Carabajal C C, Harding D J. 2005. ICESat validation of SRTM C-band digital elevation models. Geophysical Research Letters 32(22): L22S01. DOI: 10. 1029/2005GL023957.

Carey M P. 2005a. People and glaciers in the Peruvian Andes: A history of climate change and natural disasters, 1941～1980. PhD Dissertation in History in the Office of Graduate Studies of the University of California: 1～315.

Carey M P. 2005b. Living and dying with glaciers: People's historical vulnerability to avalanches and outburst floods in Peru. Global and Planetary Change, 47: 122～124.

Carey M P, Huggel C, Bury J, et al. 2012. An integrated socio-environmental framework for glacier hazard management and climate change adaptation: Lessons from Lake 513, Cordillera Blanca, Peru. Climatic Change, 112: 733～767.

Carrivick L J. 2006. Application of 2D hydrodynamic modeling to high-magnitude outburst floods: An example from Kverkfjöll Iceland. Journal of Hydrology, 321: 187～199.

Cenderelli A D, Wohln E E. 1997. Hydraulics and geomorphic effects of the 1985 glacial-lake outburst flood in the Mount Everest region of Nepal. Geological Society of America, Abstracts with Programs, 29: 1～216.

Cenderelli A D, Wohln E E. 2001. Peak discharge estimates of glacial-lake outburst floods and "normal" climatic floods in the Mount Everest region, Nepal. Geomorphology, 40: 57～90.

Cenderelli A D,Wohln E E. 2003. Flow hydraulics and geomorphic effects of glacier-lake outburst floods in the mountain Everest region, Nepal. Earth Surface Processes and Landforms,28: 385~407.

Chen X Q,Cui P,Li Y,et al. 2007. Changes in glacial lakes and glaciers of post-1986 in the Poiqu River basin,Nyalam,Xizang(Tibet). Geomorphology,88(3~4):298~311.

Chiarle M,Iannotti S,Mortara G,et al. 2007. Recent debris flow occurrences associated with glaciers in the Alps. Global and Planetary Change,56:123~136.

Chikita K,Jha J,Yamada T. 1999. Hydrodynamic of a supraglacial lake and its effect on the basin expansion:Tsho Rolpha,Rolwaling Nepal Himalaya. Antarctic and Apline Research,31(1): 58~70.

Chikita K,Yamada T,Sakai A,et al. 1997. Hydrodynamic effects on the basin expansion of Tsho Rolpa Glacier lake in the Nepal Himalaya. Bulletin of Glacier Research,15:59~69.

Chow V T. 1959. Open-Channel Hydraulics. New York:McGraw-Hill.

Clague J J,Evans S G,Blown I G. 1985. A debris flow triggered by the breaching of a moraine-dammed lake,Klattasine Creek,British Columbia. Canadian Journal of Earth Sciences,22: 1492~1502.

Clague J J,Evans S G. 1992. A self-arresting moraine dam failure St. Elias Mountains,British Columbia,Current Research,Part A. Geological Survey,Canada,92-1A:185~188.

Clague J J,Evans S G. 1994. Formation and failure of natural dams in the Canadian cordillera. Geological Survey of Canada Bulletin,464:1~35.

Clague J J, Evans S G. 2000. A review of catastrophic drainage of moraine-dammed lakes in British Columbia. Quaternary Science Reviews,19:1763~1783.

Clapper P E,Chen Y H. 1987. Predicting and minimizing embankment damage due to flood overtopping. Hydraulic Engineering//Ragan R. Proceedings of 1987 National Conference on Hydraulic Engineering:751~757.

Clark A O. 1996. Estimating probable maximum floods in the upper Santa Ana Basin,southern California,from stream boulder size. Environmental and Engineering Geoscience,2:165~ 182.

Clarke G K C. 2003. Hydraulics of subglacial outburst floods:New insights from the Spring-Hutter formulation. Journal of Glaciology,49(165):299~313.

Clayton J A,Knox J C. 2008. Catastrophic flooding glacial lake Wisconsin. Geomorphology,93: 384~397.

Clayton L. 1964. Karst topography on stagnant glaciers. Journal of Glaciology,5(37):107~112.

Coleman S E,Andrews D P,Webby M G. 2002. Overtopping breaching of non-cohesive homogeneous embarkments. Journal of Hydraulic Engineering,ASCE,128:829~838.

Corominas J. 1996. The angle of reach as a mobility index for small and large landslides. Canadian Geotechnical Journal,33:260~271.

Costa J E,Schuster R L. 1988. The formation and failure of natural dams. Geological Society of

America Bulletin,100:1054~1068.

Costa J E. 1983. Paleohydraulic reconstruction of flash-flood peaks from boulder deposits in the Colorado Front Range. Geological Society of America Bulletin,94:986~1004.

Dai F C,Lee C F. 2003. A spatiotemporal probabilistic modelling of storm-induced shallow landsliding using aerial photographs and logistic regression. Earth Surface Processes and Landforms,28:527~545.

Dekay M L,McClelland G H. 1993. Predicting loss of life in cases of dam failure and flash flood. Risk Analysis,13(2):193~205.

Desio A. 1954. An exceptional glacier advance in the Karakoram-Ladakh region. Journal of Glaciology,2(6):383~385.

Ding Y J,Liu J S. 1992. Glacier lake outburst flood disasters in China. Annals of Glaciology,16:180~184.

Dolgushi L D,Osipova G B. 1989. Glaciers. Moscow:Measly Publishing House:1~447.

Dwivedi S K,Acharya M D,Simard R. 2000. The Tam Pokhari Glacier lake outburst flood of 3 september 1998. Journal of Nepal Geological Society,22:539~546.

Eisbacher G H,Clague J J. 1984. Destructive mass movements in high mountains:Hazard and management. Geological Survey of Canada Paper,84~16:1~230.

Emmer A,Vilímek V. 2013. Review article:Lake and breach hazard assessment for moraine—dammed lakes:An example from the Cordillera Blanca (Peru). Natural Hazards and Earth System Sciences,13:1551~1565.

Evans S G,Clague J J. 1994. Recent climatic change and catastrophic geomorphic processes in mountain environments. Geomorphology,10:107~128.

Evans S G. 1986. The maximum discharge of outburst floods caused by the breaching of man-made and natural dams. Canadian Geotechnical Journal,23:385~387.

Evans S G. 1987. The breaching of moraine-dammed lakes in the southern Canadian Cordillera// Proceedings,International Symposium on Engineering Geological Environment in Mountainous Areas,Beijing,2:141~150.

Fang Y P,Qin D H,Ding Y J. 2011. Frozen soil change and adaptation of animal husbandry:A case of the source regions of Yangtze and Yellow Rivers. Environmental Science & Policy,14:555~568.

Felix N G,Liu S Y. 2009. Temporal dynamics of a jökulhlaup system. Journal of Glaciology,55(192):651~665.

Felix N G,Liu S Y,Mavlyudov B,et al. 2007. Climatic control on the peak discharge of glacier outburst floods. Geophysical Research Letters,34(21):L21503.

Foster M A,Fell R,Davidson R,et al. 2001. Estimation of the probability of failure of embankment dams by internal erosion and piping using event tree methods//NZSOLD/ ANCOLD Conference on Dams,Auckland.

Frazier P S,Page K J. 2000. Water body detection and delineation with landsat TM data. Photogram Metric Engineering and Remote Sensing,66:1461~1467.

Fread D L,Lewis J M. 1998. NWS FLDWAV Model. Hydrologic Research Laboratory Office of Hydrology,National Weather Service.

Fread D L. 1991. BREACH:An erosion model for earthen dam failures. Hydrologic Research Laboratory,National Weather Service,National Oceanic and Atmospheric Administration,Silver Spring,Md.

Frey H,Haeberli W,Huggel C,et al. 2010. A multi-level strategy for anticipating future glacier lake formation and associated hazard potentials. Natural Hazards and Earth System Sciences,10(2):339~352.

Froehlich D C. 1995. Peak outflow from breached embankment dam. Journal of Water Resources Planning and Management,ASCE,121(1):90~97.

Fujisada H,Bailey G B,Kelly G G,et al. 2005. ASTER DEM performance. IEEE Transactions on Geoscience and Remote Sensing,43(12):2702~2714.

Fujita K,Nuimura T. 2011. Spatially heterogeneous wastage of Himalayan glaciers. Proceedings of the National Academy of Sciences of the United States of America,108:14011~14014.

Fujita K,Sakai1A,Takenaka S,et al. 2013. Potential flood volume of Himalayan glacial lakes. Natural Hazards and Earth System Sciences,13:1827~1839.

Fujita K,Suzuki R,Nuimura T,et al. 2008. Performance of ASTER and SRTM DEMs,and their potential for assessing glacial lakes in the Lunana region,Bhutan Himalaya. Journal of Glaciology,54(185):220~228.

Gansser A. 1970. Lunana-the Peaks,Glaciers and Lakes of Northern Bhutan. In the Mountain World,1968,69:117~131.

Gansser A. 1983. Geology of the Bhutan Himalaya. Basel:Birkhauser Verlag:1~181.

Gardelle J,Berthier E,Arnaud Y,et al. 2013. Region—wide glacier mass balances over the Pamir—Karakoram—Himalaya during 1999—2011. The Cryosphere,7:1263~1286.

Gardelle Y,Arnaud Y,Berthier E. 2011. Contrasted evolution of glacial lakes along the Hindu Kush Himalaya mountain range between 1990 and 2009. Global Planetary Change,75:47~55.

Gardner A,Moholdt G,Graham J,et al. 2013. A reconciled estimate of glacier contributions to sea level rise: 2003 to 2009. Science,340:852~857.

Grabs W E,Hanisch J. 1993. Objectives and prevention methods for glacier lake outburst floods (GLOFs)//Young G J. Snow and Glacier Hydrology. International Association of Hydrological Sciences Publication,218:341~352.

Graham W J. 1999. A procedure for estimating loss of life caused by dam failure. Report No. DSO-99-06,Dam Safety Office,US Bureau of Reclamation,Denver.

Graham W J. 2000. A simple procedure for estimating loss of life from dam failure. October RESCDAM Seminar,Seinäjoki.

Griswold J P. 2004. Mobility statistics and hazard mapping for non-volcanic debris flows and rock avalanches. Portland State University, Portland, Oregon.

Haeberli W, Hoelzle M. 1995. Application of inventory data foe estimating characteristics of and regional climate-change effects on mountain glaciers: A pilot study with the European Alps. Annals of Glaciology, 21:206~212.

Haeberli W, Kääb A, Mühll D V, et al. 2001. Prevention of outburst floods from periglacial lakes at Grubengletscher, Valais, Swiss Alps. Journal of Glaciology, 47(156):111~122.

Haeberli W, Rickenmann D, Zimmermann M. 1990. Investigation of 1987 debris flows in the Swiss Alps: General concept and geophysical soundings. International Association of hydrological Sciences Publication 194 (Symposium at Lausanne 1990 — hydrology in mountainous Regions. Ⅱ. Artificial Resources: Water and Slope):303~310.

Haeberli W. 1983. Frequency and characteristics of glacier floods in the Swiss Alps. Annals of Glaciology, 4:85~90.

Haeberli W. 1996. On the morphodynamics of ice/debris-transport systems in the cold mountains areas. Norwegian Journal of Geography, 50(1):3~9.

Haeusler H, Leber D, Schreilechner M, et al. 2000. Raphstreng Tsho Outburst Flood Mitigation Project, Luvana, Northwestern Bhutan. Institute of Geology, University of Vienna, Vienna/Austria.

Hagen V K. 1982. Re-evaluation of design floods and dam safety//Transactions, 14th International Congress on Large Dams, Rio de Janeiro, 1:475~491.

Hahn D G, Manabe S. 1975. The role of mountains in the South Asian Monsoon circulation. Journal of Atmospheric Science, 32:1515~1541.

Hall D K, Bayr K J, Schöner W, et al. 2003. Consideration of the errors inherent in mapping historical glacier positions in Austria from ground and space(1893~2001). Remote Sensing of Environment, 86:566~577.

Hanisch J, Delisle G, Pokhrel A P, et al. 1998. The Thulagi glacier lake, Manaslu Himal, Nepal: Hazard assessment of a potential outburst. International Association of Engineering Geology and Environment:2209~2215.

Hanley J A, McNeil B J. 1982. The meaning and use of the area under a receiver operating characteristic(ROC)curve. Radiology, 143:29~36.

Hartford D N D, Assaf H, Kerr I R. 1999. The reality of life safety consequence classification, Management of dams for the next millennium//Proceedings of the 1999 Canadian Dam Association, Canadian Dam Association:1~228.

Healy T R. 1975. Thermokarst—a mechanism of de-icing ice-cored moraines. Boreas, 4:19~23.

Hegglin E, Huggel C. 2008. An integrated assessment of vulnerability to glacier hazards: A case study in the cordillera Blanca, Peru. Mountain Research and Development, 28(3/4): 310~317.

Hewitt K. 1982. Natural dams and outburst floods in the Karakorum Himalaya//Glen J W. Hydrological aspects of alpine and high-mountain areas. International Association of Hydrological Sciences,138:259~269.

Hirano A,Welch R,Lang H. 2003. Mapping from ASTER stereo image data:DEM validation and accuracy assessment. Photogrammetric Engineering and Remote Sensing, 57 (5-6):356~370.

Hopson R E. 1960. Collier Glacier—a photographic record. Mazama,17(13):1~12.

Hubbard B,Heald A,Reynolds J M,et al. 2005. Impact of a rock avalanche on a moraine-dammed proglacial lake:Laguna Safuna Alta,Cordillera Blanca,Peru. Earth Surface Processes and Landforms,30:1251~1264.

Huggel C,Haeberli W,Kääb A,et al. 2004a. An assessment procedure for glacial hazards in the Swiss Alps. Canadian Geotechnical Journal,41:1068~1083.

Huggel C,Kääb A,Haeberli W,et al. 2002. Remote sensing based assessment of hazards from glacier lake outbursts:A case study in the Swiss Alps. Canadian Geotechnical Journal,39:316~330.

Huggel C,Kääb A,Haeberli W,et al. 2003. Regional-scale GIS models for assessment of hazards from glacier lake outbursts:Evaluation and application in the Swiss Alps. Natural Hazards and Earth System Sciences,3:647~662.

Huggel C,Kääb A,Salzmann N. 2004b. GIS based modeling of glacial hazards and their interactions using Landsat-TM and IKONOS imagery. Norwegian Journal of Geography,58:61~73.

Huggel C,Salzmann N,Allen S,et al. 2010. Wessels recent and future warm extreme events and high-mountain slope stability. Philosophical Transactions of the Royal Society A, 368:2435~2459.

Huggel C. 2004. Assessment of glacial hazards based on remote sensing and GIS modeling. www. dissertationen. unizh. ch/2004/huggel/diss.

Huggel C. 2009. Recent extreme slope failures in glacial environments:Effects of thermal perturbation. Quaternary Science Reviews,28:1119~1130.

Hungr O,McDougall S,Bovis M. 2005. Entrainment of material by debris flows//Jakob M,Hungr O. Debris-flow Hazards and Related Phenomena, Praxis. Berlin, Heidelberg:Springer-Verlag:135~158.

Hungr O,Morgan G C,Kellerhals R. 1984. Quantitative analysis of debris torrent hazards for design of remedial measures. Canadian Geotechnical Journal,21:663~677.

ICIMOD. 2009. The role of the Hindu Kush-Himalayan(HKH)Mountain System in the context of a changing climate:A panel discussion. Mountain Research and Development,29(2):184~187.

ICIMOD. 2011. Glacial lakes and glacial lake outburst flood in Nepal. International Centre for Integrated Mountain Development,Kathmandu:1~96.

Ikeya H. 1979. Introduction to Sabo works:The preservation of land against sediment disaster (first English edition). The Japan Sabo Association,Tokyo.

IPCC. 2007. Climate change 2007: The scientific basis//Solomon S D, Qin D, Manning M, et al. Contribution of Working Group I to the Fourth Assessment Report of the Intergovernmental Panel on Climate change. Cambridge: Cambridge University Press.

Iwata S, Ageta Y, Naito N, et al. 2002. Glacial lakes and their outburst flood assessment in the Bhutan Himalaya. Global Environmental Research, 6(1): 3~17.

Jain S K, Lohani A K, Singh R D, et al. 2012. Glacial lakes and glacial lake outburst flood in a Himalayan basin using remote sensing and GIS. Natural Hazards, 62: 887~899.

Jakob M. 2005. A size classification for debris flows. Engineering Geology, 79: 151~161.

Jarrett R D. 1987. Evaluation of the slope-area method for computing peak discharge. US Geological Survey Water Supply Paper, 2310: 13~24.

Jin R, Li X, Che T, et al. 2005. Glacier are changes in the Pumqu river basin, Tibetan Plateau, between the 1970s and 2001. Journal of Glaciology, 51(175): 607~610.

Kargel J S, Abrams M J, Bishop M P, et al. 2005. Multispectral imaging contributions to global land ice measurements from space. Remote Sensing of Environment, 99: 187~219.

Kattelmann R. 2003. Glacial lake outburst floods in the Nepal Himalaya: A manageable hazard? Natural Hazards, 28: 145~154.

Kayastha R B, Harrison S P. 2008. Change of the equilibrium-line altitude since the Little Ice Age in the Nepalese Himalaya. Annals of Glaciology, 48: 93~99.

Kershaw J A. 2002. Formation and Failure of Queen Bess Lake. Burnaby: Simon Fraser University.

Kershaw J A, Clague J J, Evans S G. 2005. Geomorphic and sedimentological signature of a two-phase outburst flood from moraine-dammed Queen Bess Lake, British Columbia, Canada. Earth Surface Processes and Landforms, 30: 1~25.

Kieffer H, Kargel J S, Barry R, et al. 2000. New eyes in the sky measure glaciers and ice sheet. Eos Transactions, American Geophysical Union, 81(24): 265, 270, 271.

Kirkbride M P. 1993. The temporal significance of transitions from melting to calving termini at glaciers in the central Southern Alps of New Zealand. Holocene, 3(3): 232~240.

Komori J. 2008. Recent expansions of glacial lakes in the Bhutan Himalayas. Quaternary International, 184: 177~186.

Komori J, Gurung D R, Iwata S, et al. 2004. Variation and lake expansion of Chubda Glacier, Bhutan Himalayas, during the last 35 years. Bulletin of Glaciological Research, 21: 49~55.

Kutzbach J E, Guetter P J, Ruddiman W F, et al. 1989. Sensitivity of climate to late Cenozoic uplift in Southern Asia and the American West, numerical experiments. Journal of Geophysical Research, 94: 18393~18409.

Kääb A. 2005. Combination of SRTM3 and repeat ASTER data for deriving alpine glacier flow velocities in the Bhutan Himalaya. Remote Sensing of Environment, 94(4): 463~474.

Kääb A, Berthier E, Nuth C, et al. 2012. Contrasting patterns of early twenty-first-century glacier mass change in the Himalayas. Nature, 488: 495~498.

Kääb A, Huggel C, Guex S, et al. 2005. Glacier hazard assessment in mountains using satellite optical data. EAR SeLe Proceeding, 4:79~93.

Kääb A, Huggel C, Pual F, et al. 2002. Glacier monitoring from ASTER imagery: Accuracy and applications//Proceedings of EARSel-LISSIG-workshop observing our cryosphere from space, Bern:43~53.

Lacey G. 1934. Uniform flow in alluvial rivers and canals. Minutes of Proceedings Institude if Civil Engineers, 237(1):421~453.

Laigle D, Schuster S, Gay M, et al. 2003. Study of the propagation of the water wave induced by the breaking of a glacial lake: Application to the Rochemelon lake (Bsssans, Savoice, France)//Richard D, Gay M. Fifth Framework Programme, Glaiorisk, D6: Examples of Maps Showing the Risk Zoning of a Few Selected Sites.

Lancaster S T, Grant G E. 2006. Debris dams and the relief of headwater streams. Geomorphology, 82(1-2):84~97.

Lancaster S T, Hayes S K, Grant G E. 2003. Effects of wood on debris flow runout in small mountain watersheds. Water Resources Research, 39(6):1~21.

Lira J. 2006. Segmentation and morphology of open water bodies from multispectral images. International Journal of Remote Sensing, 27(18):4015~4038.

Liu C H, Sharma C K. 1988. Report on first expedition to glaciers and glacier lakes in the Pumqu (Arun) and Poiqu(Bhote-SunKosi)River Basin, Xizang(Tibet). Beijing: Science Press.

Liu S Y, Shangguan D H, Ding Y J, et al. 2006. Glacier changes during the past century in the Gangrigabu Mountains, southeast Qinghai-Xizang(Tibetan)Plateau, China. Annals of Glaciology, 43:187~192.

Liu X D, Chen B D. 2000. Climatic warming in the Tibetan during recent decade. International Journal of Climatology, 20:1729~1742.

Lliboutry L, Arnao B M, Pautre A, et al. 1977. Glaciological problems set by the control of dangerous lakes in Cordillera Blanca, Peru. I. Historic failures of morainic dams, their causes and prevention. Journal of Glaciology, 18:239~254.

Loriaux T, Casassa G. 2013. Evolution of glacial lakes from the Northern Patagonia Icefield and terrestrial water storage in a sea—level rise context Glob. Plan Change, 102:33~40.

Luckman A, Quincey D, Bevan S. 2007. The potential of satellite radar interferometry and feature tracking for monitoring flow rates of Himalayan glaciers. Remote Sensing of Environment, 111(2-3):172~181.

Ma S P, Zhou L B, Zou H, et al. 2009. Preliminary estimation of moisture exchange in Rongbuk Valley on the northern slope of Mt Qomolangma. Atmospheric and Oceanic Science Letters, 2(1):40~44.

MacDonald T C, Langridge-Monopolis J. 1984. Breaching characteristics of dam failures. Journal of Hydraulic Engineering, ASCE, 110(5):567~586.

Manabe S, Broccoli A J. 1990. Mountains and arid climate of middle latitudes. Science, 247:192~

195.

Margreth S, Funk M. 1999. Hazard mapping for ice and combined snowrice avalanches—two case studies from the Swiss and Italian Alps. Cold Regions Science and Technology, 30: 159~173.

McClelland D M, Bowles D S. 2000. Estimating life loss for dam safety and risk assessment: Lessons from case histories// Proceedings of the 2000 Annual USCOLD Conference, US Society on Dams, Denver.

McFeeters S K. 1996. The use of normalized difference water index in the delineation of open water features. International Journal of Remote Sensing, 17(7): 1425~1432.

McKillop R J, Clague J J. 2007a. Statistical, remote sensing-based approach for estimating the probability of catastrophic drainage from moraine-dammed lakes in southwestern British Columbia. Global and Planetary Change, 56: 153~171.

McKillop R J, Clague J J. 2007b. A procedure for making objective preliminary assessments of outburst flood hazard from moraine-dammed lakes in southwestern British Columbia. Natural Hazards, 41: 131~157.

Mergili M, Schneider J F. 2011. Regional-scale analysis of Lake Outburst hazards in the southwestern Pamir, Tajikistan, based on remote sensing and GIS. Natural Hazards and Earth System Sciences, 11: 1447~1462.

Mool P K, Bajracharya S R, Joshi S P. 2001a. Inventory of glaciers, glacial lakes and glacial lake outburst floods, Nepal. International Centre for Integrated Mountain Development, Kathmandu, Nepal.

Mool P K, Wangda D, Bajracharya S R, et al. 2001b. Inventory of glaciers, glacial lakes and glacial lake outburst floods, Bhutan. International Centre for Integrated Mountain Development.

Moore J R, Boleve A, Sanders J W, et al. 2011. Self-potential investigation of moraine dam seepage, Journal of Applied Geophysics, 74: 277~286.

Morris M, Hewlett H, Craig E. 2000. Risk and Reservoirs in the UK, RESCDAM Seminar, Seinääjoki.

Mortara G, Chiarle M, Tamburini A. 2003. The emergency caused by the "Effimero" Lake on the Bel Vedere glacier(Macugnaga, Monte Rosa Group, Italian Alps), birth, growth and evolution of a supra-glacial lake//Richard D, Gay M. Fifth Framework Programme, Glaiorisk, D4: Glacier lake outburst floods(GLOF).

Nakawo M, Yabuki H, Sakai A. 1999. Characteristics of Khumbu Glacier, Nepal Himalaya: Recent changes in the debris-covered area. Annual Glaciology, 28: 118~122.

Narama C, Duishonakunov M, Kääb A, et al. 2010. The 24 July 2008 outburst flood at the western Zyndan glacier lake and recent regional changes in glacier lakes of the Teskey Ala-Too range, Tien Shan, Kyrgyzstan. Natural Hazard and Earth System Sciences, 10: 647~659.

Narama C, Severskiy I, Yegorov A. 2009. Current state of glacier changes, glacial lakes, and outburst floods in the Ile Ala-Tau and Kungöy Ala-Too ranges, northern Tien Shan Mountains.

Annals of Hokkaido Geography,84:22~32.

Niyazov B S,Degovets A S. 1975. Estimation of the parameters of catastrophic mudflows in the basins of the lesser and great Almatinka Rivers. Soviet Hydrology,2:75~80.

Nolf B. 1966. Broken top breaks-floods released by erosion of glacial moraine. The Ore Bin,28: 182~188.

Osti R,Bhattarai T,Miyake K. 2011. Causes of catastrophic failure of Tam Pokhari moraine dam in the Mt. Everest region. Natural Hazards,58:1209~1223.

Ostrem G, Arnold K. 1970. Ice-cored moraines in southern British Columbia and Alberta. Geografiska Annaler,52A:120~128.

O'Connor J E,Costa J E. 1993. Geologic and hydrologic hazards in glacierized basins in North America resulting from 19th and 20th century global warming. Natural Hazards,8:121~ 140.

O'Connor J E,Hardison J H,Costa J E. 1993. Debris flows from recently deglaciated areas on central Oregon Cascade Range volcanoes. American Geophysical Union,74:1~314.

O'Connor J E,Hardison J H,Costa J E. 1994. Breaching of lakes impounded by neoglacial moraines in the Cascade Range,Oregon and Washington. Geological Society of America,Abstracts with Programs,26:A-218~A-219.

O'Connor J E,Hardison J H,Costa J E. 2001. Debris flows from failures of neoglacial-age moraine dams in the Three Sisters and Mount Jefferson wilderness areas,Oregon. US Geological Survey Professional Paper 1606:1~93.

Paterson W S B. 1994. The Physics of Glaciers. Oxford:Elsevier:238~288.

Popov N. 1990. Debris flows and their control in Alma Ata,Kazakh SSR,USSR. Landslide News, 4:25~27.

Popov N. 1991. Assessment of glacial debris flow hazard in the north Tian-Shan//Proceedings of the Soviet-China-Japan Symposium and Field Workshop on Natural Disasters:384~391.

Pralong A, Funk M. 2006. On the instability of avalanching glaciers. Journal of Glaciology, 52(176):31~48.

Quincey D J,Lucas R M,Richardson S D,et al. 2005. Optical remote sensing techniques in high-mountain environments: Application to glacial hazards. Progress in Physical Geography, 29(4):475~505.

Quincey D J,Luckman A,Benn D I. 2009. Quantification of Everest-region glacier velocities between 1992 and 2002, using satellite radar interferometry and feature tracking. Journal of Glaciology,55:596~606.

Quincey D J,Richardson S D,Luckman A,et al. 2007. Early recognition of glacial lake hazards in the Himalaya using remote sensing datasets. Global and Planetary Change,56:137~152.

Rabassa J,Rubulis S,Suarez J. 1979. Rate of formation and sedimentology of(1976~1978)push moraines, Frias Glacier, Mount Tronadoz, Argentina//Schluüchter C H. Moraines and Varves. Rotterdam:A A Balkema:65~79.

Rana B,Reynolds J M,Shrestha A B,et al. 1999. Tsho Rolpa,Rolwaling Himal,Nepal：A case, history of ongoing glacial hazard assessment and remediation. Journal of Nepal Geological Society,20：242.

Randhawa S S,Sood R K,Rathore B P,et al. 2005. Moraine-dammed lakes study in the Chennab and the Satluj River Basins using IRS data. Journal of the Indian Society of Remote Sensing, 33(2)：285～290.

Raupa B,Kaab A,Kargel J S,et al. 2007. Remote sensing and GIS technology in the global land ice measurements from space project. Computers & Geosciences,33：104～125.

Reiter P. 2001. Loss of life caused by dam failure,the RESCDAM LOL Method and its application to Kyrkösjärvi dam in Seinäjoki. RESCDAM project. Final Report of PR Water Consulting Ltd.

Ren J W,Jing Z F,Pu J C,et al. 2006. Glacier variations and climate change in the central Himalaya over the past few decades. Annals of Glaciology,43：218～222.

Reynolds J M. 1992. The identification and mitigation of glacier-related hazards：Examples from the Cordillera Blanca,Peru//McCall,G J H,Laming D J C,Scott S C. Geohazards. London： Chapman and Hall：143～157.

Reynolds J M. 1993. The development of a combined regional strategy for power generation and natural hazard assessment in a high altitude glacial environment：An example from the Cordillera Blanca,Peru//Merriman P A,Browitt C W A. Natural Disasters：Protecting Vulnerable Communities. London：Thomas Telford.

Reynolds J M. 1995. Glacial-lake outburst floods(GLOFs)in the Himalayas：An example of hazard mitigation from Nepal. Geoscience and Development,2：6～8.

Reynolds J M. 1998. High-altitude glacial lake hazard assessment and mitigation：A Himalayan perspective//Maund J G,Eddleston M. Geohazards in Engineering Geology. London：Geological Society Engineering Geology Special Publications：25～34.

Reynolds J M. 1999. Photographic feature：Glacial hazard assessment at Tsho Rolpa,Rolwaling. Central Nepal. Quarterly Journal of Engineering Geology,32(3)：209～214.

Reynolds J M. 2000. On the formation of supraglacial lakes on debris-covered glaciers. In Debris-covered glaciers//Nakawo M, Raymond C F, Fountain A. International Association of Hydrological Sciences. Publication,264：153～161.

Reynolds J M,Dolecki A,Portocarrero C. 1998. The construction of a drainage tunnel as part of glacial lake hazard mitigation at Hualan,Cordillera Blanca,Peru//Maund J G,Eddleston M. Geohazards in Engineering Geology. London：Geological Society Engineering Geology Special Publications：41～48.

Richard D,Gay M. 2003. Glaciorisk：Final Report. http：//glaciorisk. grenoble. cemagref. fr. 2006. 6.

Richardson S D,Reynolds J M. 2000a. An overview of glacial hazards in the Himalayas. Quaternary International,65/66：31～47.

Richardson S D, Reynolds J M. 2000b. Degradation of ice-cored moraine dam：Implications for hazard development. IAHS Publication, 264: 187~197.

Rickenmann D. 1999. Empirical relationships for debris flows. Natural Hazards, 19: 47~77.

Rickenmann D, Zimmermann M. 1993. The 1987 debris flows in Switzerland: Documentation and analysis. Geomorphology, 8: 175~189.

Riggs H C. 1976. A simplified slope-area method for estimating flood discharges in natural channels. US Geological Survey Journal of Research, 4: 285~291.

Rijan B K, Sandy P H. 2008. Changes of the equilibrium line altitude since the Little Ice Age in the Nepalese Himalayas. Annals of Glaciology, 48: 93~99.

Robin F. 2000. Embankment dams—some lessons learnt, and new development. The 1999 E H David Memoral Lecture, Australian Geomechanics.

Rodriguez E, Morris C S, Belz J E, et al. 2005. An assessment of the SRTM topographic products. Technical Report JPL D-31639. Pasadena: Jet Propulsion Laboratory.

Rushmer E L, Jacobs L. 2007. Physical-scale modelling of jökulhlaups (glacial outburst floods) with contrasting hydrograph shapes. Earth Surface Processes and Landforms, 32: 954~963.

Ryder J M. 1998. Geomorphological processes in the alpine areas of Canada: The effects of climate change and their impacts on human activities. Geological Survey of Canada Bulletin, 524: 1~44.

Sakai A. 2012. Glacial lakes in the Himalayas: A review on formation and expansion processes. Global Environmental Research, 16: 23~30.

Sakai A, Chikita K, Yamada T. 2000a. Expansion of a moraine-dammed glacial lake, Tsho Rolpa, in Rolwaling Himal Nepal Himalaya. Limnology & Oceanography, 45: 1401~1408.

Sakai A, Fujita K. 2010. Formation conditions of supraglacial lakes on debris-covered glaciers in the Himalaya. Journal of Glaciology, 56(195): 177~181.

Sakai A, Nishimura K, Kadota T. 2009. Onset of calving at supraglacial lakes on debris-covered glaciers of the Nepal Himalaya. Journal of Glaciology, 55(193): 909~917.

Sakai A, Takeuchi N, Fujita K, et al. 2000b. Role of supraglacial ponds in the ablation process of a debris-covered glacier in the Nepal. International association of Hydrological Sciences Publication, 264: 119~130.

Sakai A, Yamada T, Chikita K. 2001. Thermal regime of a moraine-dammed glacial lake, Tsho Rolpa, in Rowaling Himal, Nepal Himalayas. Bulletin of Glaciological Research, 18: 37~44.

Salzmann N, Kääb A, Huggel C, et al. 2004. Assessment of the hazard potential of ice avalanches using remote sensing and GIS-modelling. Norwegian Journal of Geography, 58: 74~84.

Scherler D, Bookhagen B, Strecker M R. 2011. Spatially variable response of Himalayan glaciers to climate change affected by debris cover. Nature Geoscience, 4: 156~159.

Scherler D, Leprince S, Strecker M R. 2008. Glacier-surface velocities in alpine terrain from optical satellite imagery-Accuracy improvement and quality assessment. Remote Sensing of Environment, 112(10): 3806~3819.

Sharma S S, Mathur P, Snehmani. 2004. Change detection analysis of avalanche snow in Himalay-

an region using near infrared and active microwave images. Advances in Space Research,33:
259~267.

Shi Y F. 2008. Concise Glacier Inventory of China. Shanghai:Shanghai Popular Science Press.

Shrestha A B,Aryal R. 2011. Climate change in Nepal and its impact on Himalayan glaciers. Re-
gional Environmental Change,11(1):65~77.

Shrestha A B,Wake C P,Dibb J E, et al. 2000. Precipitation fluctuations in the Nepal Himalaya
and its vicinity and relationship with some large scale climatological parameters. Internation-
al Journal of Climatology,20:317~327.

Shrestha A B,Wake C P,Mayewski P A,et al. 1999. Maximum temperature trends in the Hima-
laya and its vicinity:An analysis based on the temperature records from Nepal for the period
1971~94. Journal of Climate,12:2775~2786.

Singerland R,Voight B. 1982. Evaluating hazard of landslide-induced water waves. Journal of the
Waterway,Port,Coastal and Ocean Division,108:504~512.

Singh V P,Scarlators P D. 1988. Analysis of gradual earth-dam failure. Journal of Hydraulic En-
gineering,ASCE,114(1):21~42.

Smart G M. 1984. Sediment transport formula for steep channel. Journal of Hydraulics Division,
American Society of Civil Engineers,110(HY3):267~276.

Strozzi T,Wiesmann A,Kääb A,et al. 2012. Glacial lake mapping with very high resolution satel-
lite SAR data. Natural Hazards Earth System Sciences,12:2487~2498.

Suzuki R,Fujita K,Ageta Y. 2007. Spatial distribution of thermal properties on debris-covered
glaciers in the Himalayas derived from ASTER data. Bulletin of Glaciological Research,24:
13~22.

Thompson S,Benn D I,Dennis K,et al. 2012. A rapidly growing moraine-dammed glacial lake on
Ngozumpa Glacier,Nepal. Geomorphology,75:266~280.

Thörarinsson S. 1939. The ice—dammed lakes of Iceland,with particular reference to their values
as indicators of glaciers oscillations. Geografiska Annaler,21:216~262.

Tingsanchali T,Chinnarasri C. 2001. Numerical model of dam failure due to flow overtopping.
Hydrological Science Journal,46(1):113~130.

Toutin T. 2002. Three-dimensional topographic mapping with ASTER stereo data in rugged to-
pography. IEEE Transactions on Geoscience and Remote Sensing,40(10):2241~2247.

UNEP. 2007. Global Outlook for Ice and Snow. UNEP:235.

USBR. 1999. Dam Safety Risk Analysis Methodology. Version 3. 3 Technical Service Center.

Vick S G. 1992. Risk in geotechnical practice, in geotechnique and natural hazards. Vancouver
Geotechnical Society and Canadian Geotechnical Society:41~57.

Vuichard D,Zimmerman M. 1987. The 1985 catastrophic drainage of a moraine-dammed lake,
Khumbu Himal, Nepal:Cause and consequences. Mountain Research and Development,
7(2):91~110.

Vuichard D,Zimmermann M. 1986. The Langmoche flash-flood,Khumbu Himal,Nepal. Mountain

Research and Development,6(1):90~94.

Vit V,Marco L Z,Jan K,et al. 2005. Influence of glacial retreat on natural hazards of the Palcaco-cha Lake area,Peru. Landslides,2:107~115.

Walder J S,O'Connor J E. 1997. Methods for predicting peak discharge of floods caused by fail-ure of natural and constructed earthen dams. Water Resources Research,33:2337~2348.

Walder J S,Watts P,Sorensen O E,et al. 2003. Tsunamis generated by subaerial mass flows. Journal of Geophysical Research,108(B5):2236~2255.

Wang W C,Yang X X,Yao T D. 2012a. Evaluation of ASTER GDEM and SRTM and their suita-bility in hydraulic modelling of a glacial lake outburst flood in southeast Tibet. Hydrological processes,26:213~225.

Wang W C,Yao T D,Gao Y. 2011. A first-order method to identify potentially dangerous glacial lakes in a region of the southeastern Tibetan Plateau. Mountain Research and Development, 31(2):122~130.

Wang X,Liu S Y,Ding Y J,et al. 2012c. An approach for estimating the breach probabilities of moraine-dammed lakes in the Chinese Himalayas using remote-sensing data. Natural hazards and Earth System Sciences,12:3109~3122.

Wang X,Liu S Y,Guo W Q,et al. 2008. Assessment and simulation of Glacier Lake outburst floods for Longbasaba and Pida,China. Mountain Research and Development,28(3/4): 310~317.

Wang X,Liu S Y,Guo W Q,et al. 2012b. Using remote sensing data to quantify changes in glacial lakes in the Chinese Himalaya. Mountain Research and Development,32(2):203~212.

Wang Z,Bowles D S. 2006. Three-dimensional non-cohesive earthen dam breach model. Part 1: Theory and methodology. Advances in Water Resources,29:1528~1545.

Watanabe T,Ives J D,Hammond J E. 1994. Rapid growth of a glacial lake in Khumbu Himal,Hi-malaya:Prospects for a catastrophic flood. Mountain Research and Development,14: 329~ 340.

Watanabe T,Lamsal D,Ives J D. 2009. Evaluating the growth characteristics of a glacial lake and its degree of danger:Imja Glacier,Khumbu Himal,Nepal,Norsk Geografisk Tidsskrift. Nor-wegian Journal of Geography,63:255~267.

Watanabe T,Rothacher D. 1996. The 1994 Lugge Tsho glacial lake outburst flood,Bhutan Hima-laya. Mountain Research and Development,16(1):77~81.

Wayne J,Graham P E. 1999. A simple procedure for estimating loss of life from dam failure. US Bureau of Reclamation,DSO-99-06:1~7.

Waythomas C F,Walder J S,McGimsey R G,et al. 1996. A catastrophic flood caused by drainage of a caldera lake at Aniakchak Volcano,Alaska,and implications for volcanic-hazards assess-ment. Geological Society of America Bulletin,108:861~871.

WECS. 1987. Study of glacier lake outburst floods in Nepal Himalaya. Phase I Interim Report, Kathmandu,Nepal. Chapter 5:3~36.

Wessels R L,Kargel J S,Kieffer H H. 2002. ASTER measurements of supraglacial lakes in the Mount Everest region of the Himalaya. Annals of Glaciology,34:399~407.

Williams G P. 1978. Bank-full discharge of rivers. Water Resources Research,14:1141~1154.

Williams G P. 1983. Improper use of regression equation in earth sciences. Geology, 11:195~197.

Williams R S, Jr D K, Hall O, et al. 1997. Comparison of satellite-derived with ground-based measurements of the fluctuations of the margins of Vatnajökull,Iceland,1973~92. Annals of Glaciology,24:72~80.

Worni R,Huggel C,Stoffel M. 2012a. Glacial lakes in the Indian Himalayas — From an area-wide glacial lake inventory to on-site and modeling based risk assessment of critical glacial lakes. Science of the Total Environment,11:43.

Worni R,Stoffel M,Huggel C,et al. 2012b. Analysis and dynamic modeling of a moraine failure and glacier lake outburst flood at Ventisquero Negro,Patagonian Andes(Argentina). Journal of Hydrology,444-445:134~145.

Wu Y H,Zhu L P. 2008. The response of lake-glacier variations to climate change in Nam Co Catchment,central Tibetan Plateau,during 1970~2000. Journal of Geographical Sciences, 18(2):177~189.

Wurbs R A. 1987. Dam-breach flood wave models. Journal of Hydraulic Engineering, ASCE, 113(1):29~46.

Xu D M. 1988. Characteristics of debris flow caused by outburst of glacier lake in Boqu river,Xizang,China,1981. Journal of Glaciology and Geocryology,17(4):569~580.

Yamada T. 1993. Glacier lakes and their outburst foods in the Nepal Himalaya. Water and Energy Commission Secretariat:1~37.

Yamada T. 1998. Glacier lake and its outburst flood in the Nepal Himalaya. Monograph No. 1, Data Centre for Glacier Research. Journal of the Japanese Society of Snow and Ice:1~96.

Yang X,Zhang Y,Zhang W,et al. 2006. Climate change in Mt. Qomolangma region since 1971. Journal of Geographical Sciences,16:326~336.

Yao T D,Thompson L,Yang W,et al. 2012. Different glacier status with atmospheric circulations in Tibetan Plateau and surroundings. Nature Climate Change, DOI: 10. 1038/NCLIMATE1580.

Ye Q H,Zhong Z W,Kang S C,et al. 2009. Monitoring glacier and supra-glacier lakes from space in Mt Qomolangma region of the Himalayas on the Tibetan Plateau in China. Journal of Mountain Science,6:101~106.

Ye Q,Chen F,Stein A,et al. 2009. Use of a multi-temporal grid method to analyze changes in glacier coverage in the Tibetan Plateau. Progress in Natural Science,19: 861~872.

Ye Q,Kang S,Chen F,et al. 2006a. Monitoring glacier variations on Geladandong Mountain,central Tibetan Plateau,from 1969 to 2002 using remote-sensing and GIS technologies. Journal of Glaciology,52(179):537~545.

Ye Q, Yao T, Kang S, et al. 2006b. Glacier variation in the Naimaona'nyi, Western Himalaya, in the last three decades. Annals of Glaciology, 43: 385~389.

Ye Q, Yao T, Narse R. 2008. Glacier and lake variations in the Mapam Yumco basin, western Himalaya of the Tibetan Plateau, from 1974~2003 using remote-sensing and GIS technologies. Journal of Glaciology, 54(188): 933~935.

Yesenov U Y, Degovets A S. 1979. Catastrophic mudflow on the Bol'shaya Almatinka River in 1977. Soviet Hydrology: Selected Papers, 18: 158~160.

Yin A. 2006. Cenozoic tectonic evolution of the Himalayan Orogen as constrained by along-strike variation of structural geometry, exhumation history, and foreland sedimentation. Earth-Science Reviews, 79(1-2): 163~164.

Youd T L, Wilson R C, Schuster R L. 1981. The 1980 eruption of Mount St. Helens, Washington: Stability of the blockage in the North for Toutle River. Professional Papers of the United States Geological Survey, 1250: 821~828.

Yutaka A. 1976. Characteristics of precipitation during monsoon season in Khumbu Himalayas. Seppyo, 38: 84~88.

Zammett R. 2006. Breaking moraine dams by catastrophic erosional incision. Proceedings, Geophysical Fluid Dynamics Summer Study Program, Woods Hole Oceanographic Institution, Technical Report WHOI-2007-02, http://www. whoi. edu/cms/files/Rachel_21238. pdf.

Zhang G, Xie H, Kang S, et al. 2011. Monitoring lake level changes on the Tibetan Plateau using ICESat altimetry data(2003~2009). Remote Sensing of Environment, 115: 1733~1742.

Zhang G, Yao T, Xie H, et al. 2013. Increased mass over the Tibetan Plateau: From lakes or glaciers? Geophysical Research Letter, 40: 2125~2130.

Zhou L B, Zou H, Ma S P, et al. 2008. Study on impact of the South Asian summer monsoon on the down-valley wind on the northern slope of Mt Everest. Geophysical Research Letters, 35(14): L14811.

Zhu L P, Xie M P, Wu Y H. 2010. Quantitative analysis of lake area variations and the influence factors from 1971 to 2004 in the Nam Co Basin of the Tibetan Plateau. Chinese Science Bulletin, 55(13): 1294~1303.

Zou H, Ma S P, Zhou L B, et al. 2009. Measured turbulent heat transfer on the northern slope of Mt Everest and its relation to the south Asian summer monsoon. Geophysical Research Letters, 36: L09810.

Zou H, Zhou L B, Ma S P, et al. 2008. Local wind system in the Rongbuk Valley on the northern slope of Mt Everest. Geophysical Research Letters, 35: L13813.

附录一　我国喜马拉雅山 2004～2008 年冰湖编目

编码	名称	母冰川编码	类型	湖冰距离/m	面积/km²	面积变化率
GL79268E31152N		5o161a039	M	0	0.061	
GL79261E31142N		5o161a040	M	210	0.029	
GL79826E30908N		5o163a004	S	0	0.055	
GL79910E30862N		5o163a014	M	0	0.091	
GL81236E30074N		5o173a002	E	3224	0.006	0.019
GL81218E30061N		5o173a003_6	V	2267	0.004	−1.271
GL81214E30064N		5o173a003_6	V	3167	0.008	0.136
GL81217E30063N	古江错	5o173a003_6	V	2877	0.017	−0.302
GL81212E30066N		5o173a006	V	5159	0.004	0.380
GL81137E30108N		5o173a023	M	753	0.003	−0.747
GL81101E30139N		5o173a026	M	22	0.007	−0.582
GL81099E30147N		5o173a027	M	0	0.018	
GL80785E30402N		5o173a072	S	0	0.430	−0.044
GL80731E30449N		5o173a085	M	0	0.013	
GL81325E30390N		5o173b025	M	282	0.022	0.667
GL81339E30403N		5o173b025	M	890	0.037	0.306
GL81330E30424N		5o173b025	M	170	0.117	0.118
GL81371E30424N		5o173b026	M	1181	0.064	0.002
GL81363E30402N		5o173b027	M	1565	0.060	0.165
GL81354E30419N		5o173b027	M	136	0.018	
GL81385E30362N		5o173b037	M	231	0.043	−0.133
GL81421E30378N		5o173b037	M	2294	0.255	0.118
GL81376E30365N		5o173b051	M	161	0.101	0.135
GL81375E30322N		5o173b056	M	0	0.114	0.499
GL81335E30307N		5o173b061	M	522	0.010	0.193
GL81399E30313N		5o173b064	M		0.161	0.532
GL81407E30312N		5o173b065	M	0	0.073	0.103
GL81400E30305N		5o173b066	M	241	0.008	0.407
GL81401E30304N		5o173b066	M	127	0.011	0.270
GL81399E30302N		5o173b066	M	0	0.112	0.196
GL81391E30303N		5o173b066_1	V	801	0.062	0.133
GL81387E30302N		5o173b067	V	519	0.008	0.177

续表

编码	名称	母冰川编码	类型	湖冰距离/m	面积/km²	面积变化率
GL81388E30297N		5o173b067	M	0	0.274	0.361
GL81375E30294N		5o173b068	M	0	0.085	−0.043
GL81364E30291N		5o173b069	M	0	0.060	0.390
GL81347E30266N		5o173b073	M	346	0.236	0.574
GL81331E30241N		5o173b079	M	0	0.107	0.664
GL81350E30233N		5o173b083_1	M	0	0.337	0.747
GL81336E30219N		5o173b085	M	198	0.032	0.298
GL81362E30211N		5o173b089	M	223	0.022	−0.058
GL81383E30213N		5o173b091	M	249	0.046	0.432
GL84783E28860N		5o184b0003	M	244	0.022	0.022
GL84875E28821N		5o184b0029	M	151	0.009	−0.382
GL84871E28820N		5o184b0029	C	280	0.011	0.233
GL84912E28617N		5o184b0066	M	29	0.083	−0.779
GL85127E28777N		5o186a0072	M	0	0.016	
GL85123E28777N		5o186a0073	M	112	0.057	0.509
GL85039E28794N		5o186a0085	M	30	0.010	−0.233
GL85039E28797N		5o186a0085	M	386	0.025	0.793
GL85004E28959N		5o186a0088	C	515	0.014	0.385
GL85040E28961N		5o186a0091	M	789	0.073	0.008
GL85055E28970N		5o186a0093	M	360	0.006	0.467
GL85033E28935N		5o186a0094	V	2718	0.042	0.112
GL85045E28945N		5o186a0094	V	1351	0.072	0.302
GL85074E28896N	那错	5o186a0096_1	V	3315	0.057	0.084
GL85083E28954N		5o186a0102	M	336	0.018	0.422
GL85084E28961N		5o186a0104_1	M	878	0.150	−0.111
GL85090E28959N		5o186a0104_1	V	1482	0.035	0.248
GL85333E28993N	纳依错龙	5o186a0109	V	526	0.064	0.080
GL85001E28932N		5o186a087	M	363	0.020	−0.225
GL85394E28707N		5o186b0007	M	257	0.019	0.131
GL85409E28676N		5o186b0013	M	40	0.226	0.046
GL85321E28603N		5o186b0028	M	1139	0.013	−0.945
GL85333E28559N		5o186b0035	M	0	0.108	
GL85519E28468N	其及俄错	5o186c0057	M	0	0.462	0.081
GL85532E28402N		5o186c0075	M	1089	0.008	0.570
GL85517E28402N		5o186c0076	M	27	0.006	−0.056
GL85532E28432N		5o186c0081	M	0	0.060	0.107
GL85534E28433N		5o186c0082	M	53	0.024	0.236

续表

编码	名称	母冰川编码	类型	湖冰距离/m	面积/km²	面积变化率
GL85560E28446N		5o186c0085	M	39	0.019	0.115
GL85562E28446N		5o186c0085	M	212	0.029	0.089
GL85601E28287N		5o186c0120	M	18	0.031	0.123
GL85633E28310N		5o186c0123	M	0	0.058	0.287
GL85631E28320N		5o186c0124	M	0	0.054	0.182
GL85945E28065N		5o191a0006	M	10	0.107	0.459
GL85936E28061N		5o191a0007	M	39	0.021	0.214
GL85909E28154N		5o191b0003	S	0	0.036	
GL85922E28182N	达花错	5o191b0004	C	2306	0.517	0.044
GL85865E28168N		5o191b0006	M	0	0.035	
GL85804E28224N		5o191b0013	M	0	0.049	0.315
GL85761E28309N		5o191b0018	S	0	0.029	
GL85784E28257N		5o191b0018	S	0	0.017	
GL85770E28314N		5o191b0019	S	0	0.017	0.331
GL85771E28310N		5o191b0019	M	148	0.014	0.473
GL85770E28309N		5o191b0019	M	265	0.009	−0.251
GL85768E28309N		5o191b0019	M	353	0.004	−0.119
GL85768E28307N		5o191b0019	M	541	0.004	−0.039
GL85766E28305N		5o191b0019	M	696	0.015	0.188
GL85783E28271N		5o191b0020	M	815	0.067	−0.131
GL85798E28275N		5o191b0022	M	349	0.016	−0.596
GL85802E28275N		5o191b0022	M	286	0.009	−0.246
GL85806E28270N		5o191b0023	M	424	0.015	0.029
GL85821E28297N		5o191b0024	S	0	0.236	0.709
GL85830E28293N		5o191b0024	M	0	0.291	0.067
GL85827E28286N		5o191b0024	M	839	0.068	−0.020
GL85840E28315N		5o191b0026	M	0	3.104	0.732
GL85870E28328N	共错	5o191b0027	M	1288	2.373	0.021
GL85915E28259N	觉弄错	5o191b0028	V	3729	0.243	−0.125
GL85927E28287N		5o191b0029	V	919	0.040	−0.079
GL85930E28286N		5o191b0029	V	1204	0.010	−0.625
GL85934E28281N		5o191b0029	V	1730	0.013	−0.537
GL85949E28315N		5o191c0001	M	0	0.328	0.096
GL85930E28321N		5o191c0004	M	25	0.109	−0.078
GL85924E28323N		5o191c0005	M	198	0.076	−0.237
GL85903E28320N		5o191c0006	M	0	0.055	0.356
GL85907E28323N	马比牙	5o191c0006	M	0	0.142	−0.054

续表

编码	名称	母冰川编码	类型	湖冰距离/m	面积/km²	面积变化率
GL85877E28360N	江西错	5o191c0008	M	0	3.455	0.529
GL85897E28362N		5o191c0008	M	1726	0.003	−0.905
GL85890E28371N	阴热错	5o191c0012	M	2685	0.247	−0.044
GL85865E28381N		5o191c0012	V	244	0.005	0.331
GL85870E28380N		5o191c0012	V	686	0.004	−0.965
GL85896E28375N		5o191c0012	V	3450	0.007	−0.496
GL85890E28369N		5o191c0012	V	3052	0.016	−0.055
GL85892E28368N		5o191c0012	V	3302	0.017	−0.005
GL85856E28413N		5o191c0017	M	0	0.044	
GL86276E28392N		5o191d0001	V	143	0.005	−0.643
GL86258E28374N		5o191d0002	M	42	0.095	0.518
GL86224E28349N	龙莫尖错	5o191d0010	M	0	0.397	0.438
GL86192E28335N	查鸟曲登错	5o191d0014	M	0	0.602	0.256
GL86185E28345N		5o191d0014	C	1506	0.004	0.234
GL86179E28351N		5o191d0014	C	2135	0.018	−0.095
GL86181E28349N		5o191d0014	C	1938	0.008	−0.532
GL86159E28321N	扛普错	5o191d0018	M	0	0.213	−0.094
GL86155E28304N	帕曲错	5o191d0021	M	44	0.619	0.276
GL86164E28295N		5o191d0021	M	0	0.006	
GL86151E28295N		5o191d0022	M	70	0.162	0.019
GL86131E28294N	塔阿错	5o191d0024	M	29	0.239	0.101
GL86153E28301N		5o191d0024	M	779	0.004	−0.962
GL86103E28273N		5o191d0025	C	556	0.011	0.131
GL86127E28270N		5o191d0027	V	768	0.016	−0.183
GL86127E28269N		5o191d0027	V	886	0.017	−0.154
GL86130E28266N		5o191d0027	V	1205	0.009	−0.654
GL86102E28259N		5o191d0028	V	1180	0.007	0.330
GL86060E28170N		5o191d0033	C	167	0.041	0.310
GL86067E28163N		5o191d0034	M	188	0.014	−0.245
GL86051E28125N		5o191d0040	M	15	0.034	−0.137
GL86065E28068N		5o191d0046	S	0	0.916	0.021
GL86027E28069N		5o191d0061	E	473	0.031	−0.062
GL86033E27994N	俄玛错	5o191d0070	C	3714	0.030	0.209
GL86047E27997N	达惹错	5o191d0070	C	2214	0.022	0.293
GL86086E28208N		5o192b0013	C	1489	0.005	−1.117
GL86095E28176N		5o192b0014	E	1198	0.020	−0.024
GL86129E28185N		5o192b0017	V	843	0.007	−0.397

续表

编码	名称	母冰川编码	类型	湖冰距离/m	面积/km²	面积变化率
GL86134E28190N		5o192b0017	M	150	0.008	
GL86128E28241N		5o192b0020	M	476	0.009	−0.187
GL86146E28230N		5o192b0021	M	401	0.010	−0.290
GL86148E28232N		5o192b0021	M	75	0.021	0.125
GL86149E28225N		5o192b0022	M	471	0.005	−0.174
GL86163E28201N		5o192b0024	M	171	0.015	
GL86160E28193N		5o192b0025	M	660	0.007	−1.301
GL86195E28178N		5o192c0002	M	192	0.006	0.387
GL86158E28239N		5o192c0007	M	84	0.008	0.369
GL86156E28233N		5o192c0007	V	783	0.015	0.142
GL86151E28249N		5o192c0008	M	190	0.116	0.130
GL86147E28255N		5o192c0009	M	235	0.027	−0.469
GL86151E28257N		5o192c0010	M	665	0.022	−0.387
GL86170E28270N		5o192c0012	C	708	0.005	−0.541
GL86156E28273N		5o192c0012	M	292	0.026	−0.342
GL86180E28272N		5o192c0014	M	0	0.065	−0.008
GL86178E28276N		5o192c0014	M	0	0.014	
GL86187E28270N		5o192c0015	M	0	0.123	0.043
GL86196E28242N		5o192c0019	M	0	0.170	0.259
GL86204E28228N		5o192c0021	M	0	0.052	0.143
GL86206E28224N		5o192c0022	M	105	0.043	−0.095
GL86213E28211N		5o192c0025	M	76	0.033	0.352
GL86219E28200N		5o192c0027	E	234	0.005	−0.606
GL86221E28202N		5o192c0027	M	27	0.004	−0.183
GL86220E28194N		5o192c0028	E	789	0.037	−0.084
GL86223E28183N		5o192c0030	M	277	0.040	
GL86249E28181N		5o192c0031	M	249	0.041	−0.185
GL86247E28185N		5o192c0031	M	47	0.006	−0.023
GL86249E28188N		5o192c0031	S	0	0.012	−0.449
GL86241E28202N		5o192c0032	M	0	0.006	−1.436
GL86227E28237N		5o192c0037	S	0	0.014	−0.123
GL86227E28244N		5o192c0038	S	0	0.025	−0.507
GL86218E28252N		5o192c0039	S	0	0.092	0.049
GL86222E28254N		5o192c0039	S	0	0.006	−0.856
GL86217E28263N		5o192c0040	S	0	0.016	0.072
GL86213E28260N		5o192c0040	M	0	0.015	
GL86259E28254N		5o192c0044	M	101	0.007	

续表

编码	名称	母冰川编码	类型	湖冰距离/m	面积/km²	面积变化率
GL86295E28280N		5o192c0046	M	229	0.005	−0.980
GL86313E28283N		5o192c0046	C	365	0.017	−0.216
GL86316E28247N		5o192c0048	M	472	0.031	
GL86321E28246N		5o192c0050	M	499	0.267	
GL86320E28229N		5o192c0052	M	0	0.083	0.145
GL86311E28230N		5o192c0052	E	824	0.004	−0.593
GL86264E28253N		5o192c0052	E	569	0.006	−0.205
GL86262E28262N		5o192c0052	M	0	0.081	−0.062
GL86305E28217N		5o192c0053	M	180	0.019	0.172
GL86303E28219N		5o192c0053	E	568	0.007	0.000
GL86302E28217N		5o192c0054	M	55	0.012	0.149
GL86308E28203N		5o192c0055	M	27	0.068	0.009
GL86314E28194N		5o192c0056	M	1	0.280	−0.070
GL86322E28178N		5o192c0058	M	433	0.041	
GL86330E28152N		5o192d0020	M	428	0.072	
GL86338E28156N		5o192d0021	M	607	0.060	
GL86351E28154N		5o192d0022	M	717	0.034	
GL86343E28181N		5o192d0023	M	0	0.035	−0.149
GL86347E28182N		5o192d0023	M	131	0.017	−0.748
GL86343E28186N		5o192d0024	M	194	0.025	−0.602
GL86344E28194N		5o192d0025	M	75	0.009	−0.126
GL86351E28192N		5o192d0026	M	0	0.201	−0.125
GL86103E28253N		5o192d0028	M	315	0.141	0.034
GL86360E28193N		5o192d0028	M	106	0.031	
GL86369E28189N		5o192d0029	M	200	0.014	−0.115
GL86087E28221N		5o192d0029	V	896	0.046	0.522
GL86356E28236N		5o192d0034	M	140	0.082	
GL86367E28239N		5o192d0034	M	0	0.297	
GL86412E28232N		5o192d0037	M	845	0.081	
GL86420E28227N		5o192d0038	M	55	0.026	0.151
GL86436E28230N		5o192d0039	M	432	0.035	
GL86549E28202N		5o192e0001	M	381	0.054	
GL86531E28185N		5o192e0002	M	30	0.552	0.590
GL86518E28172N		5o192e0004	M	380	0.031	
GL86534E28151N		5o192e0006	M	0	0.195	0.068
GL86529E28136N	雅弄错	5o192e0007	M	0	0.745	0.480
GL86548E28133N		5o192e0007	S	0	0.042	

续表

编码	名称	母冰川编码	类型	湖冰距离/m	面积/km²	面积变化率
GL86529E28125N		5o192e0009	M	36	0.003	−0.354
GL86531E28106N		5o192e0012	M	0	0.040	−0.149
GL86503E28083N		5o192e0013	S	0	0.011	−0.063
GL86520E28073N		5o192e0014	M	0	0.218	0.052
GL86520E28063N		5o192e0014	M	0	0.025	
GL86466E28074N		5o192e0021	S	0	0.012	
GL86493E28050N		5o192e0024	M	402	0.025	
GL86504E28048N		5o192e0025	M	137	0.078	−0.234
GL86507E28039N		5o192e0026	M	1224	0.015	0.146
GL86514E28044N		5o192e0026	M	35	0.560	−0.040
GL86519E28044N		5o192e0026	M	0	0.009	−0.260
GL86518E28042N		5o192e0026	M	97	0.023	−0.273
GL86480E28036N		5o192e0027	M	0	0.032	−0.408
GL86496E28034N		5o192e0027	S	0	0.343	
GL86408E28037N		5o192e0032	M	66	0.026	−0.513
GL86412E28012N		5o192e0032	M	0	0.010	0.048
GL86425E27996N		5o192e0037	M	845	0.047	−0.208
GL86397E27993N		5o192e0037	M	0.033	0.079	
GL86446E27945N		5o192e0043	S	0	0.631	
GL86434E27929N		5o192e0044	M	0	0.341	
GL86446E27929N		5o192e0044	M	0	0.061	
GL86410E27928N		5o192e0046	M	0	0.053	
GL86282E27985N		5o192e0059	E	0.096	−0.035	
GL86455E28064N		5o192e0222	E	404	0.012	−0.594
GL87188E27907N		5o193a0028	M	75	0.337	0.085
GL87132E27993N		5o193a0049	E	732	0.005	−0.108
GL87123E27993N		5o193a0059	C	637	0.025	−0.077
GL87033E28009N		5o193a0060	M	199	0.052	−0.230
GL87028E28007N		5o193a0062	M	0	0.135	−0.006
GL87142E28005N	侧久错	5o193a0072	M	1851	0.412	0.019
GL87122E27999N	郎木错	5o193o0072	E	993	0.018	0.174
GL87167E28039N	扎里错	5o193a0079	M	801	0.218	−0.209
GL87177E28039N		5o193a0081	M	457	0.006	−1.800
GL87182E28032N		5o193a0082	M	1210	0.015	0.273
GL87185E28035N		5o193a0082	M	775	0.008	−0.272
GL87191E28033N	宿宗	5o193a0084	M	233	0.222	−0.092
GL87193E28022N		5o193a0084	E	915	0.013	−0.189

续表

编码	名称	母冰川编码	类型	湖冰距离/m	面积/km²	面积变化率
GL87188E28028N		5o193a0084	M	792	0.028	−0.307
GL87204E27989N		5o193a0087	V	857	0.070	−0.323
GL87234E28015N		5o193a0090	M	0	0.087	−0.007
GL87246E28002N		5o193a0090	M	2084	0.025	0.382
GL87256E28000N		5o193a0090	M	2777	0.005	−0.675
GL87305E27945N		5o193a0092	M	553	0.013	−0.152
GL87293E27932N	扎西隆错	5o193a0092	V	2250	0.117	0.019
GL87305E27929N		5o193a0092	C	2270	0.015	−0.068
GL87345E27983N	却姆错	5o193a0096	V	3130	0.282	0.150
GL87260E28016N		5o193a0100	V	1785	0.311	−0.124
GL87270E28023N		5o193a0100	V	2715	0.100	0.168
GL87243E28022N		5o193a0100	M	516	0.028	0.225
GL87193E28065N	翁目错	5o193a0105	V	729	0.080	−0.170
GL87173E28083N	米川错	5o193a0106	V	295	0.027	−0.337
GL87135E28068N		5o193a0108	M	0	0.281	0.308
GL87063E28075N		5o193a0117	V	540	0.007	−1.860
GL87048E28069N		5o193a0120	M	0	0.608	0.116
GL87031E28073N		5o193a0123	M	157	0.042	−0.254
GL87076E28100N		5o193a0129	M	386	0.122	0.015
GL87073E28110N		5o193a0132	V	1218	0.022	0.172
GL87067E28111N		5o193a0132	V	371	0.144	0.167
GL87058E28123N		5o193a0136	M	62	0.028	−0.203
GL87076E28141N		5o193a0138	V	210	0.004	−1.046
GL87079E28138N		5o193a0138	V	567	0.007	−0.063
GL87078E28133N		5o193a0138_1	V	618	0.080	0.118
GL87082E28129N		5o193a0138_4	V	2062	0.207	0.015
GL87104E28145N		5o193a0149	M	298	0.003	−1.399
GL87104E28142N		5o193a0149	M	115	0.204	−0.016
GL87111E28142N		5o193a0149	M	800	0.260	−0.024
GL87111E28155N		5o193a0149	V	1262	0.060	−0.124
GL87122E28156N		5o193a0149	V	2338	0.014	−0.908
GL87157E28153N	将错	5o193a0149_3	V	5266	1.098	−0.058
GL87145E28156N		5o193a0149_3	V	4456	0.058	0.123
GL87144E28160N		5o193a0149_3	V	4362	0.163	−0.018
GL87103E28169N		5o193a0153_2	V	1512	0.030	−0.268
GL87122E28166N		5o193a0153_2	V	3000	0.121	−0.023
GL87150E28274N		5o193b0002	M	640	0.110	−0.014

续表

编码	名称	母冰川编码	类型	湖冰距离/m	面积/km²	面积变化率
GL87122E28250N		5o193b0008	V	1187	0.051	0.048
GL87078E28234N	荣目穷错	5o193b0011	M	303	0.040	0.133
GL87053E28226N	姐务错	5o193b0012	M	45	0.176	0.058
GL87102E28208N	穷布错	5o193b0012	M	869	1.055	0.075
GL87069E28172N		5o193b0012	M	36	0.015	0.474
GL87071E28172N		5o193b0012	M	134	0.020	0.088
GL87080E28183N		5o193b0013	M	565	0.013	−0.386
GL87081E28180N		5o193b0019	M	218	0.020	−0.192
GL87051E28206N		5o193b0019_7	V	827	0.584	0.018
GL87024E28164N		5o193b0037	M	124	0.004	0.088
GL87024E28165N		5o193b0037	M	25	0.002	−0.350
GL86976E28135N		5o193b0051	C	95	0.019	0.532
GL86969E28145N		5o193b0054	V	618	0.026	−0.218
GL86899E28162N		5o193b0098	M	90	0.010	0.461
GL86864E28112N		5o193b0142	S	0	0.092	
GL86807E28166N		5o193b0163	M	395	0.042	0.129
GL86805E28185N		5o193b0167	M	0	0.021	−0.007
GL86802E28195N		5o193b0168	E	566	0.005	0.212
GL86773E28190N		5o193b0171	M	192	0.005	−0.330
GL86770E28181N		5o193b0172	M	0	0.006	0.244
GL87417E28140N		5o193c0025	M	550	0.045	−0.054
GL87409E28142N		5o193c0025	M	1451	0.007	0.219
GL87420E28143N		5o193c0025	M	2247	0.007	0.233
GL87430E28142N		5o193c0025	M	445	0.004	−0.603
GL87480E28128N		5o193c0034	M	70	0.024	−0.131
GL87479E28133N		5o193c0034	M	0	0.036	0.487
GL87501E27898N		5o193e0135	M	252	0.041	0.050
GL87495E27899N	郡龙错	5o193e0135	C	684	0.016	0.200
GL86688E28274N		5o194a0009	M	487	0.041	
GL86676E28277N		5o194a0010	M	293	0.012	
GL86652E28257N		5o194b0002	M	769	0.017	
GL86662E28247N		5o194b0003	M	0	0.008	
GL86658E28242N		5o194b0003	M	452	0.008	
GL86667E28234N		5o194b0008	M	418	0.094	
GL86629E28207N		5o194b0018	M	939	0.290	
GL86622E28202N		5o194b0019	M	811	0.046	
GL86624E28170N		5o194b0023	M	320	0.038	

续表

编码	名称	母冰川编码	类型	湖冰距离/m	面积/km²	面积变化率
GL86585E28208N		5o194b0043	S	0	0.056	0.108
GL86582E28200N		5o194b0043	S	0	1.322	0.378
GL86585E28213N		5o194b0043	S	0	0.019	0.705
GL86483E28298N		5o194b0049	M	810	0.006	−1.646
GL86493E28348N	阿依错	5o194c0007	M	380	0.336	0.099
GL86487E28363N		5o194c0009	M	0	0.047	−0.045
GL86481E28366N		5o194c0010	C	446	0.007	−1.136
GL86451E28393N	将军打错	5o194d0008	M	294	0.047	−0.061
GL86440E28398N		5o194d0009	M	890	0.008	−1.484
GL86440E28392N		5o194d0010	M	666	0.049	0.007
GL86415E28392N		5o194d0014	M	0	0.175	0.075
GL86385E28381N		5o194d0017	M	0	0.153	−0.027
GL86380E28395N	多益错	5o194d0021	M	1066	0.550	0.756
GL86307E28378N	玛朗错	5o194d0027	M	161	3.872	0.023
GL85819E28464N		5o194e0001	M	45	0.010	−0.231
GL85827E28474N		5o194e0001	M	42	0.008	−0.897
GL85794E28446N		5o194e0003	M	10	0.016	−0.517
GL85781E28444N		5o194e0009	S	0	0.205	0.714
GL85769E28435N		5o194e0010	E	859	0.012	0.400
GL85736E28487N		5o195a0004	S	0	0.103	
GL85699E28457N		5o195a0005	M	1159	0.017	0.653
GL85684E28460N		5o195a0006	M	45	0.095	0.970
GL85693E28460N		5o195a0006	M	677	0.047	−0.088
GL85638E28497N	郭骆错	5o195a0011	M	0	5.008	0.158
GL85639E28512N		5o195a0013	E	1836	0.008	−1.128
GL85622E28515N		5o195a0013	E	1178	0.028	−0.032
GL85607E28532N	郭骆强错	5o195a0014	M	0	5.324	0.070
GL85640E28528N		5o195a0014	M	2636	0.109	0.881
GL85635E28526N		5o195a0014	M	1927	0.148	−0.068
GL85616E28549N		5o195a0018	M	2145	0.277	−0.036
GL85605E28564N		5o195a0018	S	0	0.654	0.943
GL85659E28573N	嘎登错	5o195a0018	M	4066	0.101	−0.611
GL85595E28580N	拉弄错	5o195a0019	M	0	0.270	0.067
GL85577E28591N		5o195a0020	M	1706	0.027	0.222
GL85573E28590N		5o195a0020	M	1317	0.015	−0.418
GL85567E28595N		5o195a0020	M	642	0.015	−0.305
GL85526E28617N		5o195a0022	M	0	0.835	0.583

续表

编码	名称	母冰川编码	类型	湖冰距离/m	面积/km²	面积变化率
GL85509E28623N		5o195a0023	M	10	1.146	0.607
GL85511E28668N		5o195a0024	M	2496	0.020	−1.276
GL85495E28647N		5o195a0024	M	0	0.135	0.808
GL85501E28647N		5o195a0024	M	381	0.022	0.143
GL85498E28647N		5o195a0024	M	48	0.012	0.017
GL85475E28642N		5o195a0025	M	0	0.266	0.317
GL85477E28662N		5o195a0026	M	1038	0.081	0.658
GL85461E28682N		5o195a0029	M	671	0.128	0.545
GL85450E28715N		5o195a0033	M	0	0.021	
GL85441E28721N		5o195a0034	M	466	0.066	0.046
GL86064E28936N		5o196a0016	M	116	0.010	−0.013
GL87509E28840N	羊母丁错	5o196b0010	M	2254	0.222	−0.040
GL87491E28847N		5o196b0011	V	1362	0.025	0.170
GL87491E28838N		5o196b0011	V	772	0.048	−0.010
GL87492E28834N		5o196b0011	V	763	0.008	−0.032
GL87405E28734N		5o196b0015	M	754	0.195	−0.079
GL87393E28729N		5o196b0015	M	1933	0.055	0.222
GL87399E28734N		5o196b0015	M	1568	0.022	−0.033
GL87413E28736N		5o196b0015	M	717	0.035	0.013
GL87391E28738N		5o196b0015	M	2363	0.088	0.015
GL87382E28743N	卡布定错	5o196b0015	M	3221	0.433	0.115
GL87376E28748N		5o196b0015	M	4345	0.030	0.172
GL87553E28773N	麻格木错木	5o196b0017_2	V	3535	0.254	−0.016
GL87589E28776N		5o196b0018	M	1166	0.044	−0.062
GL88132E28746N		5o196b0027	V	1980	0.066	
GL88690E28569N	朗错	5o197a0006	M	1590	0.016	0.181
GL88543E28065N		5o197b0001	M	0	0.077	−0.046
GL88517E28057N	苹曲	5o197b0002	M	429	0.070	0.092
GL88520E28056N		5o197b0002	M	45	0.015	−1.213
GL88461E28033N		5o197b0005	M	541	0.136	0.045
GL88428E28054N	邦当错	5o197b0005	V	3796	0.833	0.024
GL88440E28029N		5o197b0006	M	1596	0.039	0.659
GL88402E27994N	玖错	5o197b0009	M	0	0.197	−0.045
GL88387E28000N		5o197b0010	M	418	0.013	−0.150
GL88382E28034N		5o197b0013	M	351	0.010	0.116
GL88381E28036N		5o197b0013	M	612	0.013	0.296
GL88377E28032N		5o197b0013	M	444	0.004	0.472

续表

编码	名称	母冰川编码	类型	湖冰距离/m	面积/km²	面积变化率
GL88378E28032N		5o197b0013	M	305	0.004	0.267
GL88369E28010N		5o197b0015	C	515	0.002	0.136
GL88372E28010N		5o197b0015	M	68	0.042	0.316
GL88355E28022N	则拉错	5o197b0016	M	130	0.567	0.078
GL88327E28001N		5o197b0018	M	75	0.064	−0.036
GL88320E28005N		5o197b0020	M	412	0.395	0.058
GL88316E27996N		5o197b0020	M	0	0.023	
GL88288E28016N	莫姑弄错	5o197b0023	M	10	0.490	0.022
GL88258E28010N		5o197b0029	M	17	0.504	0.402
GL88241E28004N		5o197b0030	M	0	0.331	
GL88221E27988N		5o197b0032	M	373	0.106	0.885
GL88211E27994N		5o197b0034	M	805	0.057	0.717
GL87639E28195N	金错	5o197b0099	M	0	0.517	0.018
GL88073E27949N		5o197b0103	M	572	0.879	0.571
GL88067E27935N		5o197b0107	M	0	0.806	0.380
GL88019E27929N		5o197b0120	M	0	0.081	
GL88005E27929N	直习错	5o197b0123_3	M	0	1.128	0.239
GL87986E27951N		5o197b0128	M	371	0.062	−0.167
GL87982E27946N		5o197b0128_1	M	0	0.058	
GL87930E27952N		5o197b0141	M	0	0.754	0.240
GL87929E27961N		5o197b0141	M	1617	0.023	−0.104
GL87909E27951N	印达普错	5o197b0144	M	0	0.649	−0.444
GL87896E27943N		5o197b0146	M	235	0.116	0.008
GL87884E27969N		5o197b0151	V	412	0.178	−0.125
GL87891E27968N		5o197b0152	V	1779	0.014	0.140
GL87871E27965N		5o197b0152	M	243	0.028	
GL87867E27969N		5o197b0153	M	39	0.052	−0.262
GL87876E27970N		5o197b0153	V	729	0.063	0.285
GL87869E27988N		5o197b0159	M	0	0.089	−0.311
GL87894E28021N		5o197b0162	M	250	0.115	
GL87854E28078N	伦布强扎错	5o197b0193	M	2025	0.037	−0.798
GL87623E28167N		5o197b0194	M	0	0.183	−0.097
GL87640E28205N		5o197b0200	M	229	0.017	−0.877
GL87655E28218N		5o197b0205	C	800	0.004	−1.659
GL87659E28236N		5o197b0209	M	549	0.029	−0.130
GL87647E28255N		5o197b0212	M	0	0.009	
GL87666E28277N		5o197b0217	M	143	0.006	−0.780

续表

编码	名称	母冰川编码	类型	湖冰距离/m	面积/km²	面积变化率
GL87670E28279N		5o197b0217	M	260	0.027	0.147
GL87662E28281N		5o197b0218	M	50	0.003	−0.645
GL87663E28280N		5o197b0218	M	33	0.004	−0.299
GL87656E28291N		5o198a0002	M	337	0.002	−0.867
GL87661E28292N		5o198a0002	M	388	0.023	−0.233
GL87640E28271N		5o198a0007	M	127	0.019	−0.238
GL87633E28268N		5o198a0008	M	100	0.094	−0.014
GL87588E28277N		5o198a0012	M	696	0.068	0.126
GL87593E28276N		5o198a0012	M	722	0.010	0.522
GL87594E28273N		5o198a0012	M	407	0.025	0.165
GL87592E28272N		5o198a0012	M	199	0.020	−0.139
GL87505E28188N		5o198a0014	M	427	0.026	−0.467
GL87565E28285N		5o198A0014	M	671	0.007	−0.550
GL87551E28295N		5o198a0015	E	580	0.004	−0.415
GL87550E28298N		5o198a0015	E	925	0.007	0.117
GL85879E28193N		5o198b0007	M	830	0.025	−0.516
GL87599E28248N		5o198b0007	V	515	0.078	−0.083
GL85871E28195N		5o198b0008	M	0	0.073	0.001
GL87558E28229N		5o198b0008	M	0	0.074	0.152
GL87620E28251N		5o198b0009	M	100	0.077	−0.141
GL87620E28238N		5o198B0012	M	103	0.015	0.038
GL87607E28234N		5o198b0013	M	228	0.022	−0.510
GL87590E28229N	吓错	5o198b0015	M	0	0.805	0.235
GL87574E28223N		5o198b0016	M	0	0.056	0.496
GL87578E28228N		5o198b0016	M	30	0.237	0.079
GL87547E28243N		5o198b0019	V	1179	0.008	−0.091
GL87527E28247N	作旦阿错	5o198b0021	V	1825	0.028	−0.017
GL87522E28233N		5o198b0021	M	190	0.009	−14.845
GL87658E28240N		5o198b0209	E	461	0.007	−0.133
GL87657E28249N		5o198b0211	M	856	0.008	−1.747
GL87654E28253N		5o198b0212	M	541	0.012	−0.369
GL87578E28163N		5o198bc0049	M	87	0.208	0.087
GL87501E28236N		5o198c0002	M	0	0.257	0.379
GL87560E28206N		5o198c0007	M	380	0.154	−0.121
GL87562E28173N		5o198c0012	M	170	0.008	−0.389
GL87561E28178N	穷错	5o198c0012	M	27	0.845	0.709
GL87549E28178N		5o198C0012	M	1163	0.005	0.452

续表

编码	名称	母冰川编码	类型	湖冰距离/m	面积/km²	面积变化率
GL87507E28177N		5o198c0013	M	152	0.010	−0.603
GL87508E28180N		5o198c0013	M	334	0.007	−0.055
GL87468E28214N	塔居错	5o198c0013_5	V	2557	1.232	0.069
GL87418E28165N		5o198c0020	V	1353	0.110	0.098
GL87444E28180N		5o198c0021	M	345	0.024	0.144
GL87446E28189N		5o198c0022	E	334	0.005	−0.436
GL87472E28161N		5o198c0023	M	1863	0.100	0.066
GL87469E28166N		5o198c0023	M	1634	0.045	0.326
GL87479E28172N		5o198c0023	M	124	0.254	0.074
GL87479E28179N		5o198c0023	M	0	0.021	−0.171
GL87468E28148N		5o198c0024	M	0	0.366	0.235
GL87443E28160N		5o198c0024	V	1183	0.350	0.146
GL87428E28138N		5o198c0025	M	0	0.246	−0.070
GL87416E28135N		5o198c0025	M	0	0.019	−0.281
GL87403E28128N		5o198c0026	M	0	0.073	0.352
GL87421E28110N		5o198c0028	S	0	0.042	
GL87486E28119N		5o198c0035	M	0	0.083	
GL87487E28160N		5o198c0039	M	0	0.065	0.937
GL87530E28174N		5o198c0041	M	2513	0.028	−0.606
GL87554E28167N		5o198c0042	M	197	0.008	−0.013
GL87541E28140N		5o198c0043	V	1635	0.013	0.046
GL87553E28143N		5o198c0043	E	543	0.005	−0.200
GL87556E28125N	岗米曲康错	5o198c0044	M	1200	0.073	0.039
GL87564E28154N		5o198c0046	M	296	0.024	−0.067
GL87563E28150N		5o198c0046	M	14	0.024	0.853
GL87566E28156N		5o198c0047	M	290	0.029	−0.240
GL87588E28141N		5o198c0052	M	22	0.118	0.370
GL87587E28116N	岗龙错	5o198c0053	M	5	0.241	0.237
GL87584E28107N		5o198c0054	M	0	0.221	0.210
GL87569E28103N		5o198c0056	M	1189	0.028	
GL87578E28072N		5o198c0058	M	105	0.031	−0.072
GL87583E27986N		5o198e0001	M	1550	0.139	0.178
GL87585E27990N		5o198e0001	M	1211	0.023	0.327
GL87586E27992N		5o198e0001	M	1005	0.011	0.431
GL87587E27933N		5o198e0008	M	0	0.005	−0.386
GL87721E27850N		5o198e0009	M	96	0.004	−0.080
GL87723E27850N		5o198e0009	M	85	0.004	0.253

续表

编码	名称	母冰川编码	类型	湖冰距离/m	面积/km²	面积变化率
GL87724E27850N		5o198e0009	M	41	0.007	0.207
GL87597E27996N		5o198e0012	M	613	0.031	0.402
GL87621E28049N		5o198e0018	M	307	0.003	−0.611
GL87626E28044N		5o198e0018	M	75	0.035	0.099
GL87627E28052N		5o198e0019	M	0	0.179	0.099
GL87628E28064N		5o198e0020	M	376	0.043	0.135
GL87629E28072N	日屋普错	5o198e0021	M	160	0.047	0.401
GL87631E28070N		5o198e0021	M	433	0.021	−0.019
GL87637E28093N	阿玛正麦错	5o198e0022	M	0	0.685	0.150
GL87615E28118N	吓曲错	5o198e0024	M	0	0.331	−0.020
GL87652E28114N	宗格错	5o198e0024	M	2049	1.455	0.010
GL87599E28130N	多罗错	5o198e0026	M	316	0.142	0.050
GL87607E28131N		5o198e0028	M	144	0.019	−0.226
GL87621E28133N		5o198e0029	M	232	0.069	0.132
GL87629E28135N		5o198e0030	M	101	0.011	0.135
GL87611E28155N		5o198e0032	M	0	0.128	−0.705
GL87650E28137N		5o198e0032	V	4407	0.056	0.242
GL87617E28154N		5o198e0032	M	596	0.051	
GL87870E28033N		5o198e0036	M	460	0.009	−0.897
GL87869E28030N		5o198e0036	M	201	0.009	−0.160
GL87869E28025N		5o198e0036	M	0	0.061	
GL87858E28035N		5o198e0038	M	121	0.015	−1.061
GL87856E28036N		5o198e0038	M	208	0.004	−0.583
GL87542E27860N		5o198e0039	M	704	0.015	−0.174
GL87829E28018N		5o198e0040	V	966	0.026	0.552
GL87834E27980N		5o198e0052	M	506	0.027	0.364
GL87832E27976N		5o198e0053	M	124	0.017	0.301
GL87845E27971N		5o198e0054	M	353	0.061	
GL87810E27964N	吉莱普错	5o198e0055	M	106	0.298	0.489
GL87767E27928N	强宗克错	5o198e0064	M	0	0.862	0.542
GL87703E27916N		5o198e0083	M	300	0.058	0.139
GL87697E27901N		5o198e0086	M	0	0.096	0.360
GL87722E27888N		5o198e0088	M	300	0.027	−0.056
GL87691E27889N		5o198e0090	M	0	0.017	−1.153
GL87737E27863N		5o198e0095	M	404	0.117	0.622
GL87729E27850N		5o198e0099	M	0	0.013	
GL87717E27849N		5o198e0100	M	182	0.025	0.023

续表

编码	名称	母冰川编码	类型	湖冰距离/m	面积/km^2	面积变化率
GL87717E27841N		5o198e0102	M	82	0.009	0.316
GL87624E27828N		5o198e0121	M	88	0.015	−0.186
GL87621E27832N		5o198e0122	M	385	0.023	0.340
GL87605E27836N		5o198e0123	M	41	0.089	−0.016
GL87611E27831N		5o198e0123	M	55	0.019	0.128
GL87602E27852N		5o198e0125	M	143	0.058	
GL87575E27879N		5o198e0129	M	989	0.036	0.604
GL88888E27935N		5o201a0001	C	353	0.008	0.122
GL88907E27940N		5o201a0002	M	458	0.057	−0.024
GL88894E27965N		5o201a0003	M	0	0.260	−0.364
GL88876E27817N		5o201a0004	V	336	0.040	0.153
GL88892E27810N		5o201a0006	M	329	0.008	0.023
GL88900E27816N		5o201a0006	C	711	0.034	0.263
GL88884E27805N		5o201a0006	M	1053	0.043	0.444
GL88894E27794N		5o201a0006	M	1991	0.074	
GL88903E27812N		5o201a0007	C	1030	0.092	0.176
GL88919E27829N		5o201a0008	M	1694	0.030	0.281
GL88892E27833N		5o201a0009	M	14	0.057	0.478
GL88889E27842N		5o201a0010	M	813	0.020	
GL88911E27839N		5o201a0011	C	827	0.015	0.827
GL88921E27847N	穷比吓玛错	5o201a0012	M	100	0.063	−0.044
GL88938E27871N		5o201a0016	E	720	0.008	−0.622
GL88945E27856N		5o201a0016	V	978	0.699	0.110
GL88929E27899N		5o201a0017	M	54	0.157	−0.059
GL88936E27891N		5o201a0017	M	1541	0.043	0.400
GL88935E27886N		5o201a0017	C	1763	0.006	−0.151
GL88959E27919N		5o201a0019	M	2462	0.045	0.063
GL88954E27914N		5o201a0019	V	1956	0.017	−0.286
GL88920E27889N		5o201a0019	E	1064	0.051	0.890
GL89100E27544N		5o201a0025	M	488	0.015	0.113
GL89094E27564N		5o201a0025	V	788	0.020	0.492
GL89109E27561N		5o201a0025	C	815	0.015	0.586
GL89111E27560N		5o201a0025	C	855	0.013	0.206
GL90848E28014N		5o212a0013	M	467	0.008	−1.177
GL90854E28004N		5o212a0013	M	1392	0.028	−0.020
GL90841E28005N		5o212a0013	M	673	0.004	−1.115
GL90841E28017N		5o212a0013	M	0	0.118	

续表

编码	名称	母冰川编码	类型	湖冰距离/m	面积/km²	面积变化率
GL90883E28026N		5o212a0017	M	640	0.011	−0.107
GL90886E28033N		5o212a0018	M	62	0.004	0.063
GL90894E28032N		5o212a0019	M	489	0.012	−0.018
GL90900E28020N		5o212a0020	M	1197	0.014	−0.137
GL90905E28003N	朗错	5o212a0020	M	1426	0.869	−0.273
GL90914E28004N		5o212a0020	M	2076	0.017	−0.217
GL90932E28001N	冷母公错	5o212a0021	M	3008	0.127	−0.668
GL90933E27993N		5o212a0021	M	4017	0.042	−1.704
GL90929E28016N		5o212a0021	M	1230	0.182	0.018
GL90928E28011N		5o212a0021	M	2007	0.013	−0.051
GL90949E28012N		5o212a0022	M	2945	0.030	0.080
GL90954E28018N		5o212a0022	M	2862	0.027	0.084
GL90947E28022N		5o212a0022	M	2171	0.033	−0.091
GL90943E28023N		5o212a0022	M	1747	0.102	0.020
GL90950E28021N		5o212a0022	M	2428	0.010	−0.584
GL90961E28014N		5o212a0023	M	2849	0.004	−0.417
GL90979E28007N		5o212a0023	C	852	0.097	0.086
GL90984E28014N		5o212a0023	M	509	0.225	0.141
GL90979E28016N	申错	5o212a0023	M	1056	0.123	0.068
GL90988E28021N		5o212a0024	M	456	0.018	0.025
GL90993E28029N		5o212a0025	E	789	0.048	−0.192
GL91002E28034N		5o212a0025	M	421	0.618	−0.099
GL91004E28045N		5o212a0026	M	2384	0.078	0.467
GL91032E28031N		5o212a0027	M	1059	0.057	0.195
GL91045E28004N		5o212a0028	M	449	0.004	−0.004
GL91043E28013N		5o212a0028	M	447	0.078	−0.058
GL91037E28015N		5o212a0028	V	818	0.004	0.228
GL91035E28018N		5o212a0028	V	1123	0.023	0.125
GL91036E28023N		5o212a0028	V	1482	0.127	0.198
GL91035E28005N		5o212a0029	E	32	0.008	0.494
GL91033E28007N		5o212a0029	M	0	0.037	0.115
GL91027E28009N		5o212a0029	M	153	0.120	0.047
GL91026E28004N		5o212a0030	M	0	0.015	0.480
GL91095E28002N		5o212a0036	M	1328	0.081	0.125
GL91091E28008N		5o212a0036	V	1504	0.011	0.701
GL91080E28007N		5o212a0036	M	849	0.088	0.112
GL91082E28014N		5o212a0036	E	1630	0.015	0.065

续表

编码	名称	母冰川编码	类型	湖冰距离/m	面积/km²	面积变化率
GL91077E28014N		5o212a0036	V	1673	0.006	0.114
GL91076E28019N	意米申格	5o212a0036	V	2201	0.031	0.280
GL90958E28031N		5o212a0037	M	2478	0.018	0.053
GL90960E28026N		5o212a0037	C	2759	0.099	−0.016
GL90954E28049N	嘎错	5o212a0038	M	1023	0.401	0.035
GL90944E28054N		5o212a0039_1	M	120	0.023	−0.166
GL90895E28101N		5o212a0039_1	M	840	0.011	−0.293
GL90894E28093N		5o212a0039_1	M	538	0.008	0.166
GL90921E28067N		5o212a0045	M	1976	0.005	−2.207
GL90918E28047N		5o212a0045	M	66	0.166	0.020
GL90913E28033N		5o212a0048	M	0	0.016	
GL90907E28041N		5o212a0048_1	M	528	0.116	0.013
GL90900E28030N		5o212a0049	M	644	0.020	−0.063
GL90898E28032N		5o212a0049	M	921	0.014	−0.002
GL90903E28057N	董布错	5o212a0051	M	0	0.548	0.025
GL90898E28052N		5o212a0051	S	0	0.072	−0.110
GL90819E28112N		5o212a0086	M	35	0.005	0.407
GL90818E28113N	假浦错	5o212a0086	M	201	0.003	−0.327
GL90815E28106N		5o212a0087	M	379	0.005	0.155
GL90816E28102N		5o212a0087	M	0	0.027	0.647
GL90795E28105N		5o212a0090	S	0	0.034	−0.054
GL90789E28092N	白朗错	5o212a0090	S	0	1.509	0.414
GL90740E28101N	昂格错	5o212a0100	S	0	0.392	0.453
GL90693E28095N		5o212a0103	M	336	0.034	0.479
GL90684E28089N		5o212a0104	M	0	0.013	
GL90666E28115N		5o212a0107	M	341	0.007	
GL90661E28078N		5o212a0112	M	0	0.112	0.300
GL90662E28073N		5o212a0113	M	61	0.040	0.313
GL90656E28073N	加郎错	5o212a0114	M	0	0.427	0.165
GL90652E28082N	各母错	5o212a0114_3	M	1433	0.199	0.066
GL90648E28065N		5o212a0115	M	0	0.204	0.808
GL90596E28049N	公章错	5o212a0121	S	0	0.337	0.117
GL90604E28059N		5o212a0122	M	0	0.284	
GL90573E28078N		5o212a0124	M	650	0.038	0.262
GL90575E28088N		5o212a0125	M	89	0.016	0.221
GL90585E28086N		5o212a0126	M	71	0.042	0.098
GL90592E28078N		5o212a0126	M	995	0.016	0.269

续表

编码	名称	母冰川编码	类型	湖冰距离/m	面积/km²	面积变化率
GL90581E28078N		5o212a0126_1	M	1002	0.044	0.176
GL90584E28077N	龙嘎错	5o212a0126_1	M	921	0.102	0.081
GL90611E28080N		5o212a0127	M	1469	0.011	0.681
GL90604E28086N	折玛错	5o212a0127	M	0	0.364	0.140
GL90604E28130N		5o212a0133	M	0	0.088	0.873
GL90587E28137N		5o212a0136	M	148	0.043	0.813
GL90566E28126N		5o212a0139	M	0	0.598	0.462
GL90543E28116N		5o212a0141	M	62	0.008	0.070
GL90536E28114N		5o212a0142	V	528	0.004	0.124
GL90537E28112N		5o212a0143	M	365	0.046	0.365
GL90518E28113N		5o212a0145	V	230	0.056	0.950
GL90521E28174N		5o212a0162	M	241	0.017	
GL90522E28176N		5o212a0163	M	166	0.031	0.349
GL90533E28170N		5o212a0163_1	M	1263	0.060	0.194
GL90576E28166N		5o212a0175	M	247	0.048	0.606
GL90712E28247N		5o212a0196	S	0	0.182	0.049
GL90725E28242N	介久错	5o212a0196	M	0	0.902	0.086
GL90743E28244N		5o212a0196	V	2267	0.121	0.191
GL90712E28272N		5o212a0199	M	170	0.014	0.253
GL90722E28270N		5o212a0199_2	V	1159	0.077	0.101
GL90739E28270N	白马错	5o212a0201	M	951	1.728	0.023
GL90741E28303N		5o212a0203_1	M	0	0.109	0.319
GL90750E28280N	折公错	5o212a0203_1	V	1944	0.329	0.111
GL90745E28296N		5o212a0203_1	V	697	0.089	−0.024
GL90707E28325N		5o212a0212	M	326	0.002	−0.772
GL90690E28307N		5o212a0213	M	141	0.019	0.339
GL90673E28334N	档格错	5o212a0214	M	0	0.120	0.035
GL90657E28298N		5o212a0217	M	104	0.013	
GL90647E28300N		5o212a0219	M	0	0.328	0.318
GL90627E28298N		5o212a0220	M	180	0.026	0.531
GL90608E28301N		5o212a0222	M	38	0.217	0.202
GL90589E28274N		5o212a0233	M	0	0.368	0.452
GL90509E28245N		5o212a0249	M	0	0.015	0.617
GL90497E28238N		5o212a0254	M	0	0.141	0.247
GL90454E28253N		5o212a0261	M	1097	0.023	0.502
GL90444E28140N		5o212a0287	V	666	0.022	0.365
GL90402E28213N	巴里加错	5o212a0309_3	V	491	0.205	0.137

续表

编码	名称	母冰川编码	类型	湖冰距离/m	面积/km²	面积变化率
GL90384E28204N		5o212a0311	M	0	0.372	0.276
GL90389E28232N		5o212a0312	V	2955	0.026	0.731
GL90380E28225N		5o212a0312	V	1854	0.008	0.249
GL90378E28223N		5o212a0312_1	V	1392	0.058	0.410
GL90367E28225N		5o212a0313	M	328	0.081	0.482
GL90372E28224N		5o212a0313	V	849	0.013	0.595
GL90346E28274N		5o212a0322	V	621	0.039	0.196
GL90342E28270N		5o212a0322	M	30	0.038	0.342
GL90326E28288N	学的嘎波错	5o212a0326	M	584	0.012	0.363
GL90325E28286N		5o212a0326	M	267	0.014	0.042
GL90334E28280N		5o212a0326	M	582	0.008	0.490
GL90324E28283N		5o212a0326	M	0	0.007	
GL90619E28427N		5o212a0330	M	380	0.013	0.198
GL91112E28374N		5o212a0344	M	0	0.035	0.444
GL91045E28370N		5o212a0348	M	0	0.006	0.357
GL91046E28368N		5o212a0348	M	0	0.003	0.188
GL91071E28351N	亚优错	5o212a0352	V	90	0.207	0.430
GL91069E28305N	久错	5o212a0358	M	431	0.171	0.676
GL91112E28284N	茶母错	5o212a0371	V	802	0.015	−0.117
GL90506E28241N		5o212a050	M	45	0.242	0.145
GL91164E28410N		5o212b0017	M	201	0.017	
GL91203E28553N		5o212b0053	M	220	0.019	0.332
GL91191E28557N		5o212b0054	M	235	0.093	0.923
GL91187E28560N		5o212b0055	V	906	0.028	0.755
GL91180E28555N		5o212b0055	M	228	0.035	0.152
GL91334E28252N		5o212b0062	M	738	0.006	0.583
GL91334E28248N		5o212b0062	M	520	0.033	0.291
GL91321E28238N		5o212b0063	M	775	0.041	0.364
GL91347E28231N		5o212b0066	M	76	0.013	0.382
GL91446E28203N		5o212b0075	M	329	0.027	0.705
GL91459E28163N		5o212b0077	M	89	0.011	−0.039
GL91453E28156N		5o212b0078	M	449	0.013	0.014
GL91414E28114N		5o212b0089	M	567	0.038	−0.006
GL91415E28081N	白马错	5o212b0096	M	73	0.068	0.652
GL91365E28062N	桑布错	5o212b0105	M	562	0.029	−0.047
GL91354E28071N	江勒错	5o212b0110	M	37	0.026	0.169
GL91358E28083N	恰牙错	5o212b0111	M	673	0.033	0.029

续表

编码	名称	母冰川编码	类型	湖冰距离/m	面积/km²	面积变化率
GL91334E28088N		5o212b0112	M	141	0.049	0.731
GL91313E28084N		5o212b0127	M	395	0.025	0.173
GL91301E28089N		5o212b0128	M	57	0.018	−0.066
GL91257E28088N	贡嘎错	5o212b0134	V	437	0.563	0.054
GL91243E28089N		5o212b0136	M	1445	0.008	0.088
GL91223E28087N		5o212b0137	M	1696	0.024	0.130
GL91208E28082N		5o212b0137	M	1931	0.053	0.113
GL91234E28075N		5o212b0137	M	0	0.092	−0.113
GL91233E28055N		5o212b0141	M	611	0.036	0.184
GL91254E28039N		5o212b0144	M	322	0.094	0.126
GL91261E28044N		5o212b0145_3	V	873	0.116	0.295
GL91290E28055N		5o212b0149	E	808	0.037	0.115
GL91300E28054N		5o212b0149	M	181	0.021	0.542
GL91301E28057N		5o212b0149	M	0	0.017	
GL91282E28061N		5o212b0150	E	1748	0.012	0.124
GL91294E28042N		5o212b0150	M	0	0.125	
GL91275E28051N		5o212b0151	E	1502	0.092	−0.065
GL91262E28001N		5o212b0159	M	101	0.183	0.245
GL91256E28011N		5o212b0161_1	V	336	0.024	0.527
GL91243E27996N		5o212b0163	C	793	0.050	−0.362
GL91219E27997N		5o212b0164	E	2945	0.006	0.315
GL91221E27995N		5o212b0164	E	2584	0.012	−0.230
GL91228E27989N		5o212b0164	E	1547	0.018	0.053
GL91179E28561N		5o212b055	M	261	0.006	0.045
GL91182E28560N		5o212b055	M	305	0.033	0.226
GL91185E28561N		5o212b055	M	719	0.009	0.469
GL91604E27837N	色章错	5o213a0001	V	2459	0.641	0.020
GL91672E27869N	吉布错	5o213a0002	V	1853	0.359	0.064
GL91649E27893N		5o213a0003	C	391	0.065	−2.407
GL91662E27919N		5o213a0006	M	729	0.052	0.055
GL91621E27920N		5o213a0008	M	2194	0.011	−0.246
GL91619E27901N		5o213a0008	M	147	0.144	−0.024
GL91611E27918N		5o213a0009	V	1099	0.085	−0.004
GL91576E27912N	雅鲁拉错	5o213a0009	C	1338	0.135	−0.069
GL91529E27938N		5o213a0010	C	1615	0.024	−0.280
GL91564E27954N		5o213a0012	C	311	0.040	−0.018
GL91574E27951N		5o213a0012	C	1417	0.005	−0.737

续表

编码	名称	母冰川编码	类型	湖冰距离/m	面积/km²	面积变化率
GL91676E28014N	冲古错	5o213a0025	V	1651	0.139	0.108
GL91766E28029N		5o213a0027	M	2013	0.043	0.154
GL91771E28019N		5o213a0027	M	2245	0.052	0.071
GL91598E28026N		5o213a0040	M	0	0.188	
GL91525E28050N	拉粪错	5o213a0045	M	283	0.122	0.146
GL91452E28037N	麦错	5o213a0058	M	0	0.505	0.009
GL91448E28061N	可奴错	5o213a0063_3	V	192	0.115	0.495
GL91520E28124N		5o213a0088	M	248	0.072	0.199
GL91569E28141N		5o213a0094	M	495	0.013	0.107
GL91563E28146N		5o213a0095	M	0	0.025	
GL91587E28135N		5o213a0097	M	238	0.046	−0.045
GL91596E28126N		5o213a0098	M	413	0.025	0.179
GL91609E28148N		5o213a0106	M	84	0.015	−0.294
GL91609E28151N		5o213a0106	M	430	0.018	0.101
GL91586E28155N		5o213a0108	M	301	0.004	−0.364
GL91575E28157N		5o213a0109	M	498	0.010	0.002
GL91517E28166N		5o213a0114	M	254	0.020	−0.156
GL91510E28164N		5o213a0115	M	73	0.136	0.034
GL91464E28206N		5o213a0120	M	466	0.003	0.247
GL91460E28208N		5o213a0120	M	598	0.005	0.551
GL91647E28204N		5o213a0127	M	821	0.021	0.107
GL91664E28143N	闲热错	5o213a0130	M	0	0.197	0.108
GL91681E28166N		5o213a0140	M	226	0.042	0.212
GL91662E28210N		5o213a0144	M	429	0.027	0.164
GL91858E28350N		5o213a0150	M	742	0.017	−0.186
GL91846E28217N		5o213a0157	M	429	0.004	0.389
GL91845E28206N		5o213a0159	M	240	0.007	0.382
GL91841E28188N		5o213a0160	M	618	0.014	0.510
GL91844E28187N		5o213a0160	M	509	0.008	0.047
GL91865E28132N		5o213a0168	M	426	0.063	−0.118
GL91865E28130N		5o213a0168	M	882	0.004	−0.416
GL91848E28094N		5o213a0171	M	45	0.067	0.069
GL91822E27821N		5o213a0175	M	1245	0.030	−0.485
GL91840E27818N		5o213a0175	M	1946	0.011	−0.457
GL91836E27815N		5o213a0175	M	1491	0.012	−0.578
GL91845E27817N		5o213a0175	M	2350	0.019	−0.120
GL91819E27823N		5o213a0175	M	1501	0.007	−0.127

续表

编码	名称	母冰川编码	类型	湖冰距离/m	面积/km²	面积变化率
GL91838E27769N		5o213a0176	M	886	0.016	0.060
GL91844E27761N		5o213a0176	M	1945	0.016	0.218
GL91849E27765N		5o213a0176	C	1574	0.072	0.034
GL91845E27741N		5o213a0176	M	3945	0.040	0.096
GL91840E27740N		5o213a0176	M	4105	0.011	0.226
GL91837E27741N		5o213a0176	M	4022	0.016	0.054
GL91832E27741N		5o213a0176	E	4083	0.005	0.319
GL91848E27751N		5o213a0176	V	3010	0.007	−0.011
GL91842E27750N		5o213a0176	M	3001	0.011	0.296
GL91832E27745N		5o213a0176	E	3626	0.025	0.332
GL91846E27754N		5o213a0176	V	2700	0.015	0.105
GL91843E27755N		5o213a0176	M	2437	0.027	−0.119
GL91850E27784N		5o213a0177	M	753	0.047	−0.019
GL91839E27796N		5o213a0178	C	557	0.181	−0.062
GL91833E27805N		5o213a0178	E	1756	0.019	−0.119
GL91841E27804N		5o213a0178	V	1800	0.013	0.129
GL91948E28046N		5o213a0181	V	8490	0.065	0.027
GL91939E28059N	压巴错	5o213a0181	V	6217	2.408	0.075
GL91921E28097N		5o213a0182	V	5275	0.045	−0.034
GL91943E28101N		5o213a0182	V	6520	1.830	0.158
GL91934E28116N		5o213a0185	V	5587	0.119	0.720
GL91887E28141N		5o213a0186	M	556	0.099	0.119
GL91884E28139N		5o213a0186	M	290	0.028	−0.067
GL91880E28135N		5o213a0186	M	393	0.023	−0.115
GL91941E28145N		5o213a0186	V	5870	0.014	−0.003
GL91893E28165N		5o213a0187	M	119	0.022	−0.096
GL91895E28159N		5o213a0187	M	277	0.021	−0.146
GL91904E28160N		5o213a0187	M	1260	0.003	−0.345
GL91888E28213N		5o213a0192	M	101	0.047	0.640
GL91892E28218N		5o213a0192	M	565	0.031	0.576
GL91888E28224N		5o213a0193	M	351	0.008	0.253
GL91884E28248N		5o213a0196	M	464	0.013	0.078
GL92158E27955N		5o213a0206	M	1215	0.032	−0.132
GL92161E27851N		5o213a0210	V	935	0.155	−0.032
GL92032E27758N		5o213a0229	M	1936	0.037	−0.073
GL92041E27753N	曼达罗湖	5o213a0229	M	1760	0.103	0.055
GL92158E27814N		5o213a0233	M	1783	0.026	0.125

续表

编码	名称	母冰川编码	类型	湖冰距离/m	面积/km²	面积变化率
GL92153E27798N		5o213a0233	M	543	0.015	0.100
GL92214E27846N		5o213a0254	M	1249	0.030	0.192
GL92213E27843N		5o213a0254	M	1442	0.005	0.083
GL92222E27852N		5o213a0254	M	690	0.025	0.117
GL92228E27869N		5o213a0255	M	1206	0.022	0.001
GL92247E27879N		5o213a0257	M	246	0.008	−0.535
GL92241E27871N		5o213a0258	M	173	0.007	−0.174
GL92319E27769N		5o213a0289	M	726	0.009	0.469
GL92314E27774N		5o213a0289	M	0	0.139	0.063
GL92353E27777N		5o213a0292	M	0	0.031	−0.179
GL92424E27763N		5o213a0302	M	33	0.208	0.129
GL92431E27764N		5o213a0302	M	0	0.007	−0.692
GL92419E27759N		5o213a0302	M	1014	0.021	0.049
GL92400E27756N		5o213a0305	M	0	0.127	0.121
GL92402E27761N		5o213a0305	M	627	0.024	−0.068
GL92388E27744N		5o213a0306	M	116	0.060	
GL92375E27738N		5o213a0307	M	227	0.057	
GL92437E27727N		5o220a0006	M	52	0.175	
GL92424E27739N		5o220a0008	M	422	0.028	
GL92433E27742N		5o220a0008	M	1188	0.083	
GL92437E27741N		5o220a0008	M	1609	0.050	
GL92446E27752N		5o220a0011	M	166	0.045	
GL92446E27741N		5o220a0011	M	1387	0.026	
GL92442E27744N		5o220a0011	M	1108	0.041	
GL92761E27931N		5o220c0027	M	155	0.056	0.311
GL92802E28106N		5o221a0051	M	1139	0.017	−0.092
GL92810E28108N		5o221a0051	M	888	0.018	0.150
GL92663E28158N		5o221a0060	M	0	0.049	−0.162
GL92997E28105N		5o221a0089	M	569	0.003	0.019
GL92986E28111N		5o221a0089	M	819	0.007	−0.196
GL92970E28106N		5o221a0090	M	108	0.132	−0.028
GL92969E28117N		5o221a0090	V	1150	0.172	−0.001
GL92962E28107N		5o221a0092	M	444	0.018	0.163
GL92951E28105N		5o221a0093	M	0	0.089	0.051
GL92953E28116N		5o221a0094	M	0	0.556	−0.009
GL92995E28154N		5o221a0095	M	1883	0.009	−0.047
GL92995E28143N		5o221a0095	M	1496	0.003	−0.066

续表

编码	名称	母冰川编码	类型	湖冰距离/m	面积/km²	面积变化率
GL92998E28144N		5o221a0095	M	1756	0.006	−0.091
GL92986E28136N		5o221a0095	M	559	0.008	−0.051
GL92982E28143N		5o221a0095	M	182	0.010	0.017
GL92956E28132N		5o221a0097	S	0	0.004	−0.070
GL92957E28137N		5o221a0097	S	0	0.006	−0.130
GL92959E28133N		5o221a0097	S	0	0.003	−0.238
GL92972E28129N		5o221a0097	M	1161	0.007	−0.141
GL92968E28130N		5o221a0097	M	850	0.007	−0.105
GL92967E28128N		5o221a0097	M	750	0.019	−0.076
GL92969E28125N		5o221a0097	M	813	0.028	−0.090
GL92941E28133N		5o221a0098	M	0	0.006	−0.122
GL92923E28129N		5o221a0100	M	0	0.104	0.411
GL92952E28194N		5o221a0108	M	0	0.012	0.139
GL92961E28200N		5o221a0108	M	492	0.025	−0.044
GL92967E28197N		5o221a0108	M	1003	0.023	−0.410
GL92930E28217N		5o221b0004	M	964	0.062	0.002
GL92829E28214N		5o221b0021	M	0	0.007	0.062
GL92821E28222N		5o221b0025	M	590	0.076	0.493
GL92768E28216N		5o221b0034	M	0	0.153	−0.168
GL92749E28211N		5o221b0035	M	283	0.075	0.029
GL92741E28207N		5o221b0037	M	165	0.039	0.009
GL92669E28203N		5o221b0058	M	110	0.086	0.166
GL92652E28156N		5o221b0062	M	0	0.065	
GL92643E28136N		5o221b0065	M	0	0.010	
GL92607E28138N		5o221b0070	M	117	0.018	0.411
GL92535E28116N		5o221b0087	M	452	0.011	0.167
GL92528E28090N		5o221b0090	M	615	0.007	−0.263
GL92509E28071N		5o221b0094	V	452	0.029	−0.026
GL92509E28066N		5o221b0095	M	120	0.047	0.031
GL92522E28048N		5o221b0101	M	0	0.014	−1.612
GL92529E28038N		5o221b0102	M	0	0.002	−0.403
GL92574E28037N		5o221b0115	V	321	0.008	0.150
GL92571E28056N		5o221b0118	V	0	0.023	0.252
GL92558E28052N		5o221b0120	M	0	0.092	0.734
GL92554E28070N		5o221b0123	M	689	0.011	0.278
GL92547E28074N		5o221b0124	M	354	0.011	0.142
GL92562E28120N		5o221b0133_1	V	385	0.009	−0.422

续表

编码	名称	母冰川编码	类型	湖冰距离/m	面积/km²	面积变化率
GL92599E28103N		5o221b0146	M	0	0.055	−0.119
GL92604E28080N		5o221b0155	V	465	0.030	−0.012
GL92609E28084N		5o221b0155	M	0	0.049	
GL92609E28065N		5o221b0158	M	134	0.014	0.295
GL91844E28175N		5o221b0162	M	480	0.010	0.239
GL92665E27996N		5o221b0175	M	0	0.011	−0.112
GL92651E27981N		5o221b0179	S	0	0.364	0.937
GL92524E27933N		5o221b0205	M	155	0.016	0.476
GL92504E27911N		5o221b0211	V	520	0.027	0.395
GL92471E27876N		5o221b0221	V	278	0.052	0.678
GL92345E27831N		5o221b0263_3	M	0	0.229	0.057
GL92256E27944N		5o221b0286	M	665	0.012	0.133
GL92260E27939N		5o221b0286	M	513	0.003	0.037
GL92249E27937N		5o221b0286	M	1528	0.006	−0.278
GL92261E27939N		5o221b0286	M	350	0.005	0.534
GL92255E27929N		5o221b0286	M	1524	0.007	0.002
GL92287E27935N		5o221b0287	M	131	0.038	−0.032
GL92284E27945N		5o221b0288	M	91	0.003	0.260
GL92269E27953N		5o221b0289	M	222	0.015	−0.359
GL92267E27956N		5o221b0289	M	435	0.006	0.048
GL92365E28008N		5o221b0296	M	304	0.004	−0.245
GL92343E28015N		5o221b0298	M	0	0.027	−0.782
GL92312E27989N		5o221b0305	M	117	0.006	0.610
GL92308E27996N		5o221b0305	V	810	0.023	0.249
GL92288E27998N		5o221b0306	M	199	0.026	0.363
GL92282E27989N		5o221b0307	M	554	0.006	0.284
GL92170E27975N		5o221b0313	M	231	0.007	−0.056
GL92172E27975N		5o221b0313	M	467	0.044	0.070
GL92063E28270N		5o221b0316	M	898	0.065	−0.089
GL92071E28275N		5o221b0316	V	1909	0.038	0.049
GL92069E28296N		5o221b0316	V	3477	0.010	−0.153
GL92030E28269N		5o221b0317	M	1089	0.007	0.402
GL92035E28271N		5o221b0317	V	693	0.021	0.657
GL91874E28270N		5o221b0319	M	200	0.006	0.387
GL91876E28266N		5o221b0319	M	252	0.009	0.222
GL91881E28277N		5o221b0320	M	926	0.010	0.252
GL91873E28277N		5o221b0320	M	256	0.008	

续表

编码	名称	母冰川编码	类型	湖冰距离/m	面积/km²	面积变化率
GL91952E28759N		5o221b0328	M	242	0.012	0.131
GL91950E28757N		5o221b0328	M	399	0.006	0.628
GL91958E28764N		5o221b0329	M	245	0.012	0.514
GL91982E28743N		5o221b0330	E	3509	0.007	−0.044
GL91981E28756N		5o221b0330	V	2329	0.005	0.409
GL91995E28785N		5o221b0332	C	1246	0.005	−0.106
GL91981E28775N		5o221b0332	M	691	0.159	0.037
GL91985E28785N		5o221b0332	C	298	0.015	−0.499
GL92021E28776N		5o221b0332	M	4021	0.007	0.013
GL92010E28776N		5o221b0332	M	2924	0.012	−0.211
GL92010E28765N		5o221b0332	V	3689	0.037	0.222
GL92006E28777N		5o221b0332	M	2636	0.004	−0.474
GL91995E28770N		5o221b0332	M	2434	0.009	−0.811
GL91996E28766N		5o221b0332	M	2740	0.011	−0.409
GL92004E28777N		5o221b0332	M	2333	0.010	−0.459
GL92003E28770N		5o221b0332	V	2687	0.053	−0.051
GL92715E28487N		5o221b0336	M	377	0.010	0.348
GL92717E28483N		5o221b0336_1	M	629	0.006	0.549
GL92774E28468N		5o221b0343	M	516	0.057	0.907
GL92778E28470N		5o221b0343	M	628	0.007	0.297
GL92780E28472N		5o221b0344	M	248	0.009	0.612
GL92801E28449N		5o221b0348	M	31	0.015	0.550
GL92044E28281N		5o221b0371	V	1142	0.060	0.699
GL93016E28636N		5o221b0378	M	1447	0.004	−0.016
GL93006E28637N		5o221b0378	M	1793	0.004	0.054
GL93005E28642N		5o221b0378	M	2315	0.006	0.118
GL93207E28634N		5o221b0381	M	539	0.083	−0.003
GL93190E28598N		5o221b0383	M	649	0.003	−0.158
GL93194E28598N	嘎拉东岗	5o221b0383	M	263	0.014	0.022
GL93267E28572N		5o221b0394	M	384	0.008	−0.094
GL93265E28570N		5o221b0394	M	290	0.012	−0.143
GL93255E28585N		5o221b0395	M	1110	0.004	−0.349
GL93257E28587N		5o221b0395	C	1369	0.007	−0.251
GL93253E28589N		5o221b0397	V	194	0.028	0.428
GL93230E28621N		5o221b0405_1	M	612	0.008	−0.422
GL93233E28622N		5o221b0405_1	M	791	0.003	−0.239
GL93221E28616N		5o221b0406	M	239	0.016	0.048

续表

编码	名称	母冰川编码	类型	湖冰距离/m	面积/km²	面积变化率
GL93282E28626N	坡张如错	5o221b0410	M	1047	0.054	−0.103
GL93282E28623N		5o221b0410	M	1559	0.008	−0.148
GL93265E28650N		5o221b0414	M	794	0.016	−0.074
GL93266E28659N		5o221b0414	M	1863	0.008	0.331
GL93257E28658N		5o221b0415	M	1686	0.015	−0.002
GL93236E28663N		5o221b0416	M	1467	0.010	0.491
GL93198E28661N		5o221b0419	E	1466	0.012	0.249
GL92879E28716N		5o221b0421	M	282	0.021	0.131
GL93143E28718N	枯耙朗错	5o221b0423	M	667	0.021	−0.046
GL93172E28719N		5o221b0424	M	1016	0.041	0.232
GL93188E28721N		5o221b0425	C	1709	0.034	0.415
GL93251E28741N		5o221b0426	M	1014	0.047	0.200
GL93257E28730N		5o221b0427_3	V	1077	0.070	0.157
GL93329E28752N		5o221b0430	E	4899	0.035	0.016
GL93309E28755N		5o221b0430	E	3284	0.005	−0.563
GL93450E28698N	有塘错	5o221b0434	M	562	0.020	−0.177
GL93428E28707N		5o221b0434	V	1959	0.020	0.648
GL93423E28703N		5o221b0435	V	1539	0.005	−0.100
GL93419E28709N	碎玛朗错	5o221b0435_1	V	2181	0.112	0.125
GL93470E28652N		5o221b0442	M	168	0.093	0.105
GL93462E28649N		5o221b0442	V	830	0.171	0.005
GL94576E29187N		5o230a0002	C	918	0.007	−1.013
GL94568E29195N		5o230a0002	E	610	0.008	−0.468
GL94569E29198N		5o230a0002	E	425	0.004	−0.843
GL94592E29187N		5o230a0004	E	418	0.038	−0.065
GL94602E29207N		5o230a0005	E	1035	0.009	0.107
GL94816E29330N		5o230a0011	M	0	0.285	0.036
GL94807E29326N		5o230a0011	E	776	0.005	0.179
GL94819E29316N		5o230a0011	E	1704	0.013	0.083
GL94969E29504N		5o231a0023	M	0	0.158	0.041
GL94980E29496N		5o231a0024	C	737	0.052	0.083
GL95032E29486N		5o231a0028	V	3225	0.023	0.168
GL95074E29479N		5o231a0028	V	6530	0.389	−0.011
GL95038E29483N		5o231a0028	V	3214	0.519	0.063
GL95063E29489N		5o231a0029	E	1332	0.019	0.031
GL94956E29358N		5o231a005	C	251	0.027	0.124
GL95022E29568N		5o232a0029	M	0	0.049	

续表

编码	名称	母冰川编码	类型	湖冰距离/m	面积/km²	面积变化率
GL94953E29547N		5o232a0034_4	E	3088	0.051	0.203
GL94965E29546N		5o232a0034_4	E	1399	0.944	0.019
GL94945E29482N		5o232a0041	V	423	0.038	0.666
GL94900E29384N		5o232a0054	C	208	0.013	−0.018
GL94891E29375N		5o232a0055	M	0	0.247	−0.059
GL94575E29337N		5o232a0077	M	662	0.012	−0.877
GL94548E29349N		5o232a0078	C	1225	0.063	−0.060
GL94555E29346N		5o232a0078	M	661	0.026	−0.079
GL94526E29234N	姜各错	5o232a0082	4116	2031	0.058	0.017
GL94532E29226N		5o232a0082	M	1269	0.043	−0.037
GL94279E29179N		5o232a0087	M	504	0.029	0.722
GL94309E29078N		5o232a0088	M	329	0.018	−0.130
GL94300E29070N		5o232a0090_1	M	310	0.122	0.606
GL94295E29074N	蚌错	5o232a0090_1	M	835	0.119	0.064
GL94271E29077N		5o232a0091_3	V	2298	0.177	0.120
GL94052E28997N		5o232a0092_2	V	1830	0.080	0.028
GL94039E29017N		5o232a0094	C	170	0.185	−0.104
GL94097E29052N		5o232a0096	M	450	0.208	−0.071
GL94101E29049N		5o232a0096	M	705	0.015	0.635
GL94066E29026N		5o232a0099	C	440	0.122	0.035
GL94056E29031N		5o232a0100	M	909	0.164	−0.156
GL94007E28996N		5o232a0109	M	421	0.030	−0.035
GL94007E29003N		5o232a0109	V	853	0.091	0.001
GL93964E28997N		5o232a0112	M	386	0.031	0.087
GL93646E28791N		5o232a0125	M	742	0.033	0.554
GL93563E28790N		5o232a0132	M	0	0.017	−0.342
GL93575E28848N		5o232a0141	M	325	0.009	−0.313
GL93561E28871N		5o232a0142	M	136	0.019	−0.125
GL93536E28873N		5o233a0004	M	564	0.010	0.625
GL93467E28917N		5o233a0020	M	37	0.006	0.391
GL93465E28922N		5o233a0020	M	604	0.006	0.167
GL93491E28884N		5o233a0024	M	252	0.025	0.892
GL93501E28882N		5o233a0026	M	905	0.034	0.468
GL93519E28874N		5o233a0027	E	423	0.004	−0.044
GL93544E28834N		5o233a0033	M	554	0.025	0.460
GL93549E28828N		5o233a0033	M	0	0.074	
GL93535E28826N		5o233a0034	M	64	0.003	0.204

续表

编码	名称	母冰川编码	类型	湖冰距离/m	面积/km²	面积变化率
GL93511E28710N		5o233a0047	M	2020	0.005	−0.337
GL93524E28706N		5o233a0047	M	884	0.003	−0.490
GL93510E28699N		5o233a0047	M	2320	0.017	−0.278
GL93487E28693N	仁浦错	5o233a0048	M	366	0.021	0.119
GL93241E28835N		5o233a0072	M	27	0.010	−0.047
GL93330E28890N		5o233a0083	M	242	0.013	0.033
GL93329E28910N		5o233a0084	E	923	0.008	0.682
GL93334E28920N		5o233a0084	M	2102	0.004	0.438
GL93340E28920N		5o233a0084	M	2289	0.014	−0.136
GL93339E28918N		5o233a0084	M	2102	0.015	0.550
GL93336E28917N		5o233a0084	M	1928	0.017	0.345
GL93315E28901N		5o233a0086	M	393	0.004	0.064
GL93277E28866N		5o233a0092	M	124	0.004	0.306
GL93226E28882N		5o233a0101	V	695	0.079	0.040
GL93175E28915N	俗郎	5o233a0105	M	157	0.032	0.048
GL93125E28907N		5o233a0109	M	383	0.005	0.294
GL93136E28913N	洋准错	5o233a0109	M	0	0.010	0.625
GL93116E28888N		5o233a0111	M	478	0.003	−0.852
GL90295E29240N	顿错	5o234a0002	M	495	0.041	0.375
GL92016E28787N		5o234a0002	M	1181	0.006	−0.868
GL92015E28791N		5o234a0002	M	786	0.012	0.518
GL92006E28793N		5o234a0002	M	1164	0.002	−0.325
GL92037E28816N		5o234a0005	M	1810	0.006	−0.145
GL92025E28808N		5o234a0005	M	417	0.008	0.277
GL92026E28807N		5o234a0005	M	269	0.004	−1.255
GL92024E28805N		5o234a0005	M	72	0.005	−0.536
GL92052E28832N		5o234a0005	V	4051	0.045	
GL92032E28865N		5o234a0007	M	0	0.006	0.255
GL92029E28887N		5o234a0009	M	571	0.008	0.164
GL92027E28885N		5o234a0009	M	324	0.006	−0.149
GL92029E28883N		5o234a0009	M	37	0.012	−0.233
GL92030E28892N		5o234a0010_1	V	854	0.035	0.211
GL92027E28891N		5o234a0010_1	V	583	0.012	0.426
GL92011E28900N		5o234a0019	M	730	0.004	−0.168
GL92012E28896N		5o234a0019	M	280	0.013	0.386
GL92021E28899N	得穷拉	5o234a0019	M	645	0.007	−0.221
GL92016E28894N		5o234a0019	M	0	0.015	

编码	名称	母冰川编码	类型	湖冰距离/m	面积/km²	面积变化率
GL92011E28807N		5o234a0022	M	257	0.039	−0.353
GL92013E28804N		5o234a0022	M	0	0.013	−0.178
GL92011E28818N		5o234a0022	M	1696	0.006	−0.525
GL91999E28804N		5o234a0024_1	M	476	0.004	−0.219
GL91993E28807N	切嘎错	5o234a0025	M	250	0.083	−0.146
GL91976E28822N		5o234a0029	M	565	0.008	−0.755
GL91948E28832N		5o234a0036	M	0	0.003	−0.476
GL91935E28802N		5o234a0042	M	0	0.141	0.348
GL91913E28808N	穷错	5o234a0042_6	V	2231	0.087	0.173
GL91940E28779N		5o234a0049	M	865	0.020	0.813
GL91943E28781N		5o234a0049	M	432	0.005	0.021
GL91939E28772N		5o234a0050	M	452	0.021	−0.409
GL91934E28764N		5o234a0051	M	268	0.005	−0.010
GL90337E29237N	苯母错	5o234a0054	M	760	0.042	0.115
GL90326E29259N	基岗错	5o234a0057	M	320	0.031	0.344
GL90275E28265N		5o240a0005	M	0	0.125	0.443
GL90264E28223N		5o240a0010	M	0	0.078	0.733
GL90257E28226N		5o240a0010_2	V	493	0.118	−0.767
GL90225E28278N	增错	5o240a0011	M	0	1.075	0.119
GL90186E28247N	巴错	5o240a0012	M	0	0.570	0.436
GL90191E28257N		5o240a0012	V	1155	0.108	−0.297
GL90129E28345N		5o240a0014	V	1036	0.045	0.031
GL90129E28342N		5o240a0014	V	1530	0.012	0.326
GL90130E28340N		5o240a0014	V	1757	0.016	0.412
GL90130E28338N		5o240a0014	V	1986	0.013	0.482
GL90140E28375N		5o240a0015	M	636	0.048	0.172
GL90130E28391N		5o240a0015_1	M	1547	0.012	0.673
GL90130E28388N		5o240a0015_1	M	1154	0.008	0.626
GL90132E28379N		5o240a0015_1	M	103	0.040	0.288
GL90122E28392N		5o240a0017	V	760	0.035	0.266
GL90101E28408N		5o240a0018	V	549	0.057	−0.098
GL91119E28499N		5o241a0010	M	203	0.016	−0.003
GL91116E28500N	曲布多错	5o241a0010	M	386	0.028	0.227
GL91171E28567N		5o241a0011	V	140	0.076	0.237
GL91176E28570N		5o241a0011	V	733	0.112	0.264
GL91099E28579N		5o241b00	M	66	0.004	0.295
GL91159E28587N		5o241b0001	M	283	0.015	−0.194

续表

编码	名称	母冰川编码	类型	湖冰距离/m	面积/km²	面积变化率
GL91155E28587N	扎嘎错	5o241b0001	M	69	0.103	−0.028
GL91115E28592N	雪穷错	5o241b0006	V	1350	0.123	0.069
GL91114E28577N		5o241b0006	M	65	0.006	0.319
GL91095E28583N	朗阿错	5o241b0007	M	442	0.031	0.127
GL91103E28567N		5o241b0008	M	461	0.030	0.224
GL91105E28567N		5o241b0008	M	372	0.002	−0.246
GL91126E28548N	曲若错	5o241b0009	V	388	0.016	0.717
GL91130E28553N		5o241b0009	M	167	0.033	0.362
GL91134E28554N	曲若普错	5o241b0009	M	0	0.035	0.227
GL90677E28481N		5o241b0017	V	174	0.012	−0.334
GL90665E28489N		5o241b0018	V	1225	0.005	−1.001
GL90622E28454N		5o241b0025	M	0	0.211	0.155
GL90623E28528N		5o241b0033	E	1042	0.008	0.467
GL90646E28537N		5o241b0034	M	0	0.009	−0.015
GL90311E28817N		5o241c0012_2	M	852	0.005	0.491
GL90306E28816N		5o241c0012_2	M	404	0.016	0.814
GL90308E28819N		5o241c0013	M	656	0.011	
GL90259E28829N		5o241d0008	M	178	0.046	
GL90225E28890N	枪勇错	5o241d0012	M	314	0.076	0.071
GL90225E28887N		5o241d0012	M	33	0.018	0.376
GL90209E28817N		5o241d0018	M	749	0.012	0.034
GL90224E28928N	康布错	5o241d0027	M	0	0.500	0.547
GL90222E28968N	嘎马错	5o241d0029	V	0	0.160	0.626
GL90225E28995N		5o241d0035	C	516	0.016	0.342
GL90259E28973N		5o241e0038	M	329	0.006	0.139
GL90260E28971N		5o241e0038	M	518	0.005	0.115
GL90272E29027N		5o250b0004	M	385	0.058	0.252
GL90258E29009N		5o250b0006	M	107	0.081	0.282
GL90233E29028N		5o250b0010	M	1025	0.056	−0.186
GL90115E29048N		5o250b0025	M	570	0.015	−0.218
GL90135E28949N		5o251a0006	M	0	0.018	−0.085
GL89968E28564N		5o251b0003_2	M	470	0.020	−0.242
GL90081E28397N		5o251b0007	M	71	0.031	0.794
GL90066E28395N		5o251b0012	M	21	0.034	0.793
GL90029E28378N		5o251b0019	V	75	0.026	0.525
GL90026E28380N		5o251b0019	M	544	0.007	
GL90042E28354N		5o251b0021	V	189	0.010	0.257

编码	名称	母冰川编码	类型	湖冰距离/m	面积/km²	面积变化率
GL90064E28372N		5o251b0035	V	661	0.028	0.391
GL90092E28353N		5o251b0038	V	928	0.030	0.124
GL90098E28354N		5o251b0038	V	1319	0.097	−0.047
GL90077E28342N		5o251b0038	M	63	0.010	0.764
GL90077E28338N		5o251b0038	V	395	0.016	−0.084
GL90095E28380N		5o251b0040	V	347	0.034	−0.240
GL90095E28378N		5o251b0040	V	455	0.104	0.405
GL90103E28233N	什娥错	5o251b0044	M	0	5.765	−0.029
GL90069E28266N	什磨错	5o251b0048	M	0	1.391	0.573
GL89962E28238N		5o251b0053	M	0	0.136	0.115
GL89888E28230N	布嘎错	5o251b0058	M	0	1.487	0.044
GL89851E28248N		5o251b0059	M	816	0.143	0.041
GL89846E28244N		5o251b0059	M	150	0.091	0.116
GL89858E28242N		5o251b0059	M	369	0.027	0.593
GL89745E28209N		5o251c0004	M	0	0.455	−0.034
GL89695E28239N	冲巴芒错	5o251c0008	V	3486	0.771	−0.030
GL89711E28207N		5o251c0008	V	647	0.007	−0.645
GL89713E28203N		5o251c0008	M	0	0.119	0.927
GL89674E28189N		5o251c0010	S	0	0.085	0.190
GL89661E28185N		5o251c0011	S	0	0.215	0.127
GL89598E28185N		5o251c0013	M	0	0.300	0.231
GL89609E28184N		5o251c0013	S	0	0.020	0.200
GL89637E28228N	冲巴雍错	5o251c0013_4	V	1142	11.034	−0.035
GL89564E28150N		5o252a0002_1	M	0	0.199	0.151
GL89534E28181N	踏果色错	5o252a0002_1	V	3291	0.634	−0.016
GL89535E28137N	藏玛桑错	5o252a0004	M	0	0.520	0.138
GL89513E28123N		5o252a0006	M	0	0.090	0.043
GL89491E28110N		5o252a0007	M	623	0.008	
GL89492E28088N		5o252a0008	M	430	0.011	
GL89481E28087N	拉木拉错	5o252a0009_1	M	83	0.198	−0.007
GL89467E28055N		5o252a0011	M	197	0.022	
GL89463E28052N		5o252a0012	M	36	0.044	0.597
GL89457E28050N	亚弄错	5o252a0013	M	0	0.054	0.131
GL89450E28018N		5o252a0017	M	0	0.105	0.003
GL89428E28025N	错拉错	5o252a0017	V	2031	0.593	0.200
GL89366E27892N		5o252a0025	M	185	0.032	
GL89350E27884N		5o252a0026	M	0	0.167	

续表

编码	名称	母冰川编码	类型	湖冰距离/m	面积/km²	面积变化率
GL89328E27876N		5o252a0027	S	0	0.031	
GL89325E27879N		5o252a0027	M	0	0.190	
GL89312E27877N		5o252a0028	M	0	0.622	
GL89296E27878N		5o252a0029	M	0	0.396	
GL89296E27873N		5o252a0029	S	0	0.056	
GL89266E27856N		5o252a0031	M	0	0.315	
GL88477E28688N	日阿打错	5o253a0027	M	1938	0.031	0.410
GL88454E28766N	俄木杰错	5o253a0033	M	909	0.005	−0.005
GL88450E28784N		5o253a0034	M	1199	0.006	−0.235
GL88414E28720N	俄木杰错	5o253a0037	V	333	0.023	0.495
GL88296E28741N		5o253a0039	M	320	0.003	−0.560
GL88350E28790N	普穷错	5o253a0040	M	913	0.035	0.271
GL88281E28792N		5o253a0046	M	54	0.008	0.397
GL88295E28717N	除地错	5o254a0011	M	517	0.003	−0.678
GL88120E28789N		5o254a0020	M	931	0.008	−0.371
GL87658E28810N		5o254b0010_1	M	610	0.050	0.017
GL87658E28794N		5o254b0011	M	132	0.012	−0.657
GL87641E28796N		5o254b0015	V	2078	0.260	0.093
GL87625E28804N		5o254b0019	M	620	0.159	−0.105
GL87603E28799N		5o254b0019	M	0	0.113	
GL87560E28833N	羊姆丁错姆	5o254b0032	V	1868	1.310	0.059
GL87573E28819N		5o254b0032	M	914	0.028	0.399
GL87575E28855N		5o254b0032	V	3230	0.028	0.056
GL87568E28847N		5o254b0032	V	2590	0.099	−0.006
GL87352E29044N	腊干错	5o255b0001	M	317	0.048	0.109
GL87355E29042N		5o255b0001	M	562	0.010	−0.561
GL87349E29037N		5o255b0001	M	281	0.013	0.093
GL86053E28950N		5o255f0004	M	595	0.010	0.650
GL86015E28908N		5o255f0005	M	1500	0.171	0.803
GL86018E28913N		5o255f0005	M	1653	0.013	0.432
GL85077E29027N		5o256a0004	M	1210	0.022	0.456
GL85054E29025N		5o256a0006	V	1621	0.009	−0.219
GL85055E29003N	栽金错	5o256a0008	M	740	0.053	−0.019
GL85049E28986N		5o256a0009	M	394	0.007	0.142
GL85052E28983N		5o256a0009	M	262	0.011	−0.157
GL85042E28985N		5o256a0010	M	340	0.025	0.161
GL85019E29004N		5o256a0015	M	1242	0.067	0.263

续表

编码	名称	母冰川编码	类型	湖冰距离/m	面积/km²	面积变化率
GL85022E28984N		5o256a0017	M	18	0.045	0.008
GL84977E29003N		5o256a0023	V	679	0.009	0.371
GL84973E29006N	则卡弄错	5o256a0023	M	1074	0.043	0.105
GL84974E28980N		5o256a0025_1	V	873	0.021	0.055
GL84971E28983N		5o256a0025_1	V	1399	0.015	0.256
GL84970E28985N		5o256a0025_1	V	1621	0.008	−0.009
GL84969E28987N		5o256a0025_1	V	1884	0.010	0.180
GL84993E28960N		5o256b0004	M	142	0.009	0.010
GL84991E28962N		5o256b0004	M	218	0.007	0.170
GL84978E28944N		5o256b0007	V	832	0.025	0.111
GL84949E28935N		5o256b0010	V	1500	0.007	0.140
GL84946E28933N		5o256b0010	V	1502	0.022	−0.040
GL84820E28841N		5o256b0016	M	0	0.078	−0.077
GL84720E28867N		5o256b0022	M	158	0.007	−0.057
GL84711E28859N		5o256b0023	M	102	0.018	0.321
GL84716E28861N		5o256b0023	M	263	0.008	−0.575
GL84712E28861N		5o256b0023	M	400	0.021	−0.396
GL84344E28914N		5o256c0098	V	1398	0.004	−0.243
GL84347E28909N		5o256c0098	M	490	0.138	−0.151
GL83827E29410N		5o257b018_5	V	1235	0.038	
GL83795E29294N		5o257c024	C	377	0.022	0.315
GL83778E29284N		5o257c026	M	17	0.006	−0.029
GL83772E29283N		5o257c027	M	18	0.004	0.320
GL83685E29221N		5o257c041	S	0	0.099	0.444
GL83687E29224N		5o257c041	M	201	0.010	0.183
GL83679E29228N		5o257c043	M	293	0.011	0.019
GL83626E29256N		5o257c049	V	1963	0.058	0.274
GL83642E29238N		5o257c050	M	0	0.006	0.243
GL83628E29232N		5o257c051_1	V	3086	0.045	0.170
GL83676E29222N		5o257c052	C	120	0.059	0.079
GL83679E29225N		5o257c052	V	680	0.015	0.285
GL83646E29171N		5o257c056	M	413	0.023	0.132
GL83650E29173N		5o257c056	M	51	0.004	0.217
GL83640E29172N		5o257c056	M	920	0.015	0.055
GL83650E29184N		5o257c056_1	M	413	0.013	−0.108
GL83643E29187N		5o257c056_1	M	1024	0.033	−0.070
GL83610E29261N		5o257c065	V	1551	0.013	0.316

续表

编码	名称	母冰川编码	类型	湖冰距离/m	面积/km²	面积变化率
GL83618E29268N		5o257c065	V	2141	0.289	0.011
GL83620E29274N		5o257c065	V	3180	0.029	0.164
GL83578E29199N		5o257c071	V	488	0.050	0.009
GL83585E29194N		5o257c071	V	1046	0.058	−0.117
GL83580E29192N		5o257c071	V	667	0.035	0.100
GL83537E29217N		5o257c078	V	1206	0.003	−0.282
GL83534E29230N		5o257c079	M	1164	0.053	0.084
GL83532E29233N		5o257c079	M	747	0.029	0.185
GL83544E29249N		5o257c084	M	0	0.033	0.119
GL83541E29247N		5o257c084	C	248	0.084	0.064
GL83546E29266N		5o257c091	M	200	0.045	0.089
GL83545E29270N		5o257c092	C	80	0.013	0.210
GL83589E29308N		5o257c097	M	1855	0.025	−0.315
GL83646E29322N		5o257c100	V	5076	0.157	
GL83577E29341N		5o257c101	C	367	0.028	0.397
GL83580E29339N		5o257c101	M	38	0.074	0.463
GL83579E29352N		5o257c102	M	1628	0.116	0.174
GL83550E29332N		5o257c104	M	535	0.039	0.441
GL83545E29309N		5o257c105	V	594	0.047	−0.019
GL83546E29305N		5o257c105	V	197	0.008	0.290
GL83543E29312N		5o257c105	V	966	0.017	0.326
GL83541E29313N		5o257c105	V	1151	0.006	−0.164
GL83546E29301N		5o257c105	M	0	0.024	
GL83490E29303N		5o257c125	M	63	0.038	0.446
GL83478E29290N		5o257c127	M	232	0.012	0.632
GL83464E29288N		5o257c129	M	0	0.024	0.569
GL83454E29312N		5o257c132	V	618	0.041	0.088
GL83447E29314N		5o257c132	M	144	0.035	0.174
GL83462E29377N		5o257c136	V	1721	0.025	0.393
GL83458E29389N		5o257c137	V	1747	0.039	0.334
GL83443E29388N		5o257c139	V	2283	0.089	0.089
GL83438E29436N		5o257c145	C	407	0.050	0.274
GL83440E29439N		5o257c145	C	906	0.025	0.157
GL83441E29449N		5o257c145	C	1819	0.085	0.136
GL83430E29446N		5o257c146	C	2217	0.093	0.205
GL83428E29499N		5o257c147	V	5198	0.690	0.189
GL83389E29451N		5o257c148	V	2607	0.044	0.070

续表

编码	名称	母冰川编码	类型	湖冰距离/m	面积/km²	面积变化率
GL83371E29484N		5o257c149	M	773	0.057	
GL83443E29509N	葱愁利错	5o257c150	V	5228	2.287	0.074
GL83379E29520N		5o257c151	C	448	0.041	0.194
GL83351E29527N		5o257c154	V	2574	0.053	0.539
GL83339E29548N		5o257c156	C	150	0.060	0.178
GL83364E29591N	雅南错	5o257c156	V	3113	2.958	0.135
GL83298E29620N		5o257c160	C	2686	0.074	0.241
GL83282E29608N		5o257c160	C	718	0.024	0.210
GL83277E29600N		5o257c160	M	0	0.030	
GL83269E29610N		5o257c161	C	251	0.069	0.855
GL83233E29628N		5o257c162	M	681	0.011	0.754
GL83234E29647N		5o257c163	M	113	0.079	0.143
GL83215E29632N		5o257c164	V	1078	0.103	−0.003
GL83222E29662N		5o257c164	V	3791	0.086	
GL83196E29620N		5o257c165	M	84	0.087	0.255
GL83190E29624N		5o257c165	M	982	0.032	0.167
GL83185E29623N		5o257c165	C	1170	0.023	0.316
GL83172E29597N		5o257c166	C	499	0.020	0.769
GL83169E29608N		5o257c166	V	1054	0.043	0.218
GL83173E29624N		5o257c166	V	2958	0.013	0.087
GL83165E29626N		5o257c166	E	3083	0.028	0.384
GL83190E29690N	孔错	5o257c166	V	9828	0.556	−0.087
GL83182E29674N	帮抽错	5o257c166	V	7991	0.262	0.076
GL83152E29632N		5o257c167	M	0	0.396	0.127
GL83156E29658N		5o257c167	V	2110	0.044	−0.080
GL83156E29663N		5o257c167	V	2724	0.039	−0.128
GL83131E29627N	龙穷嘎莫拉	5o257c168	V	333	0.116	0.157
GL83127E29644N		5o257c168	V	1193	0.024	0.009
GL83142E29689N		5o257c168	V	6258	0.043	−0.101
GL83138E29680N		5o257c168	V	5205	0.079	−0.048
GL83111E29636N		5o257c169	M	0	0.057	0.472
GL83106E29655N		5o257c169	V	1582	0.348	0.137
GL83109E29644N		5o257c169	V	770	0.085	0.198
GL83108E29668N		5o257c169	V	3453	0.093	0.026
GL83097E29620N		5o257c170	M	178	0.009	
GL83065E29633N		5o257c173	C	117	0.026	0.337
GL83098E29687N		5o257c173_7	V	8739	0.243	0.156

续表

编码	名称	母冰川编码	类型	湖冰距离/m	面积/km²	面积变化率
GL83059E29641N		5o257c174	M	771	0.082	0.163
GL83058E29647N		5o257c175	M	1102	0.025	0.345
GL83045E29649N		5o257c176	C	299	0.027	0.253
GL83055E29656N		5o257c177	M	645	0.029	0.410
GL83050E29662N		5o257c177	M	54	0.024	0.657
GL83102E29726N		5o257c177_7	V	7898	1.138	0.101
GL83031E29668N		5o257c179_1	C	605	0.093	0.097
GL83020E29668N		5o257c180	M	316	0.025	0.278
GL83074E29731N		5o257c181	V	2927	0.247	0.089
GL83069E29711N		5o257c181	V	889	0.011	0.221
GL83082E29736N		5o257c181	M	3898	0.021	
GL83078E29735N		5o257c181	M	3890	0.016	
GL83027E29696N		5o257c183	M	0	0.200	0.373
GL82984E29689N		5o257c189	M	0	0.555	−0.122
GL82974E29736N		5o257d001	S	0	0.667	0.396
GL82885E29763N		5o257d006	M	0	0.341	0.491
GL82884E29770N		5o257d006	M	833	0.008	0.436
GL82880E29763N		5o257d006	M	0	0.023	
GL82854E29796N		5o257d011	M	0	0.266	
GL82852E29876N		5o257d018	V	7560	0.041	0.026
GL82783E29842N		5o257d018	M	0	2.347	
GL82665E29916N		5o257e007	M	0	0.101	
GL82663E29919N		5o257e007	M	510	0.012	
GL82633E29921N		5o257e008	M	176	0.007	0.202
GL82618E29923N		5o257e009	M	0	0.511	0.288
GL82610E29928N		5o257e010	M	38	0.074	0.072
GL82605E29950N		5o257e011	V	676	0.012	0.319
GL82603E29940N		5o257e011	M	0	0.308	0.023
GL82589E29980N		5o257e012_1	V	2628	0.500	0.053
GL82559E29971N		5o257e014_1	M	417	0.038	0.001
GL82553E29973N		5o257e014_1	M	959	0.009	0.234
GL82567E29980N		5o257e015	M	1321	0.211	0.058
GL82523E29967N		5o257e016	M	536	0.004	−0.064
GL82521E29965N		5o257e016	M	205	0.019	0.605
GL82508E29963N		5o257e017	M	0	0.252	0.179
GL82501E29976N		5o257e017	M	847	0.011	0.338
GL82503E29973N		5o257e017	M	448	0.018	0.477

续表

编码	名称	母冰川编码	类型	湖冰距离/m	面积/km²	面积变化率
GL82507E29973N		5o257e017	M	630	0.012	0.389
GL82503E29970N		5o257e017	M	162	0.015	0.561
GL82509E29970N		5o257e017	M	350	0.049	0.158
GL82492E29979N		5o257e017	M	1270	0.011	0.083
GL82490E29965N		5o257e017	M	139	0.069	0.366
GL82496E29969N		5o257e017	M	0	0.301	0.276
GL82533E29984N	朗日拉错	5o257e017_3	V	1426	3.973	0.113
GL82479E29984N		5o257e018	M	0	0.212	0.034
GL82422E30038N		5o258a002	M	424	0.027	0.059
GL82418E30037N		5o258a002	M	177	0.079	−0.080
GL82415E30030N		5o258a002	M	0	0.027	
GL82430E30029N		5o258a002	M	470	0.016	
GL82425E30027N		5o258a002	M	0	0.011	
GL82404E30106N	乌木丁丁错	5o258a002_1	V	7527	0.488	0.018
GL82416E30040N		5o258a003	M	724	0.010	0.273
GL82413E30040N		5o258a003	M	589	0.004	−0.076
GL82411E30036N		5o258a003	M	19	0.074	0.433
GL82410E30031N		5o258a003	S	0	0.013	
GL82380E30087N		5o258a005	V	3419	0.020	0.026
GL82360E30046N		5o258a006	M	0	0.069	
GL82342E30079N		5o258a007	S	0	0.967	0.147
GL82275E30103N		5o258a014	M	0	1.109	0.552
GL82253E30118N		5o258a018	M	15	0.013	0.072
GL82253E30121N		5o258a018	M	128	0.052	0.329
GL82251E30162N		5o258a022	M	295	0.055	−0.313
GL82240E30213N		5o258b001	M	0	0.005	−0.126
GL82237E30212N		5o258b001	M	0	0.009	−0.095
GL82232E30222N		5o258b002	M	0	0.385	0.479
GL82261E30160N		5o258b005	M	16	0.020	−0.291
GL82270E30330N		5o258b005	V	9716	0.627	0.077
GL82272E30318N		5o258b005	V	9245	0.161	0.120
GL82259E30310N		5o258b005	V	7446	0.260	0.057
GL82256E30320N		5o258b005	V	8518	0.046	0.231
GL82258E30326N		5o258b005	V	9090	0.183	0.318
GL82265E30315N		5o258b005	V	8599	0.019	0.301
GL82255E30302N		5o258b005	V	6863	0.020	0.120
GL82252E30299N		5o258b005	V	6163	0.082	−0.036

续表

编码	名称	母冰川编码	类型	湖冰距离/m	面积/km²	面积变化率
GL82211E30258N		5o258b005	M	0	0.926	0.260
GL82182E30270N		5o258b008	M	1044	0.210	0.189
GL82170E30266N		5o258b008	M	0	0.152	0.244
GL82167E30281N		5o258b010	M	0	0.413	−0.027
GL82197E30316N		5o258b013	M	326	0.010	0.716
GL82200E30310N		5o258b013	M	0	0.282	0.151
GL82239E30352N		5o258b014_1	V	5392	0.298	0.074
GL82215E30375N		5o258b015	M	4908	0.027	0.064
GL82201E30378N		5o258b016	V	4116	0.004	−7.679
GL82192E30397N		5o258b016_1	V	5063	0.903	0.051
GL82156E30366N		5o258b017	M	0	0.137	−0.014
GL82141E30340N		5o258b019	M	0	0.169	0.125
GL82055E30362N		5o258b020	M	0	0.542	0.342
GL82061E30371N		5o258b020	M	393	0.062	−0.324
GL82061E30382N		5o258b020	V	1389	0.010	0.093
GL82073E30408N		5o258b020	V	4416	0.023	−0.465
GL82040E30374N		5o258b021	S	0	0.027	−0.242
GL82044E30400N		5o258b021	M	2442	0.019	0.115
GL88910E27940N		5o25ob0002	C	957	0.016	0.134
GL88939E27845N		5o25ob0016	M	739	0.283	0.049
GL88083E28734N	勒布弄错	5o54a0023	M	1349	0.005	−0.532
GL94601E29205N		5oa230a0005	E	918	0.006	0.030
GL79801E32126N		5q155b029	M	358	0.016	0.431
GL79804E32117N		5q155b030	M	436	0.020	0.210
GL80132E31577N		5q155b062	C	123	0.047	0.181
GL79984E31878N	嘎鼎波已错	5q155b081	V	1838	0.318	−0.065
GL80000E31881N		5q155b081	V	1959	0.133	−0.110
GL79986E31900N		5q155b081	C	233	0.109	0.094
GL80002E31900N	董波错	5q155b081_1	V	1420	0.205	0.197
GL79981E31909N		5q155b082	V	590	0.012	0.177
GL79988E31909N	董波错	5q155b082	V	1051	0.146	0.095
GL79934E31916N		5q155b082	M	1168	0.083	
GL79993E31937N	那多错	5q155b089	M	184	0.181	0.240
GL79985E31949N	八弄错	5q155b090	M	0	0.128	0.261
GL79972E31972N		5q155b092	M	0	0.066	0.092
GL79959E31984N	帮不溪错	5q155b096	M	0	0.108	0.337
GL79896E32007N		5q155b105	M	521	0.011	0.349

编码	名称	母冰川编码	类型	湖冰距离/m	面积/km²	面积变化率
GL79896E32004N		5q155b105	M	116	0.092	0.143
GL79890E32008N		5q155b106	M	289	0.006	−0.095
GL79841E32047N		5q155b122	M	611	0.006	−0.351
GL79845E32048N		5q155b122	M	895	0.023	−0.068
GL79833E32047N		5q155b122	M	0	0.033	0.015
GL79829E32054N		5q155b123	M	283	0.056	0.145
GL79839E32053N		5q155b123	M	1088	0.037	−0.108
GL79844E32058N		5q155b123	M	1737	0.017	0.171
GL79909E32101N		5q155b132	M	760	0.013	0.187
GL79721E32267N		5q155b180	M	49	0.017	0.608
GL79694E32284N		5q155b185	M	0	0.032	
GL79676E32278N		5q155b186	M	302	0.076	0.276
GL79680E32283N		5q155b186	M	0	0.031	0.323
GL79662E32299N		5q155b188	M	0	0.141	0.501
GL79657E32313N		5q155b189	M	0	0.041	−0.236
GL79658E32314N		5q155b189	M	305	0.006	−0.040
GL79674E32339N		5q155b192	M	40	0.015	0.422
GL79679E32386N		5q155b198	M	0	0.114	
GL79669E32385N		5q155b199	M	0	0.048	0.309
GL79622E32399N	隆孔错	5q155b206_5	V	938	0.239	0.066
GL79593E32384N		5q155b215	V	237	0.016	−0.292
GL79604E32410N		5q155b217	M	0	0.034	
GL79589E32411N		5q155b218	M	52	0.012	0.436
GL79567E32367N		5q155b231	C	0	0.015	−0.023
GL79424E32537N		5q155b253	M	30	0.040	0.137
GL79463E32591N		5q155b265	V	372	0.016	0.202
GL79426E32579N		5q155b270	M	92	0.009	0.257
GL79358E32582N		5q155b288	M	751	0.075	−0.103
GL79330E32625N		5q155b305	M	40	0.022	0.294
GL78973E32325N		5q212a075	M	348	0.068	0.295
GL78892E32388N		5q212b013	E	67	0.024	0.310
GL78898E32352N		5q212b014	M	535	0.024	0.168
GL78909E32334N		5q212b023	E	815	0.022	−0.082
GL78973E32191N		5q212b037	M	1331	0.041	0.074
GL78960E32185N		5q212b038	V	640	0.021	0.005
GL78919E32142N		5q212b043	C	171	0.033	0.522
GL78906E32144N		5q212b043	C	995	0.012	−0.208

续表

编码	名称	母冰川编码	类型	湖冰距离/m	面积/km²	面积变化率
GL78881E32103N		5q212b048	M	0	0.031	0.502
GL78876E32020N		5q212b052	M	109	0.020	
GL78844E32029N		5q212b055	M	0	0.168	
GL78806E32059N		5q212b060	M	0	0.054	
GL78785E31918N		5q221a009	S	0	0.062	
GL78838E31981N		5q221a025	S	0	0.035	
GL78845E31992N		5q221a027	M	0	0.141	
GL78867E31957N		5q221a030	M	0	0.039	
GL78869E31970N		5q221a031	M	366	0.044	
GL78911E32018N		5q221a037	V	1035	0.047	0.013
GL78926E32015N		5q221a037	V	2545	0.010	−0.087
GL78943E32060N		5q221a040	M	3590	0.057	−0.054
GL78933E32107N		5q221a042	M	51	0.100	0.036
GL78942E32107N		5q221a042	V	825	0.098	0.022
GL78951E32120N		5q221a043	M	877	0.012	0.229
GL78948E32122N		5q221a043	M	595	0.014	0.178
GL78943E32122N		5q221a043	M	83	0.025	−0.062
GL78970E32129N		5q221a044	M	687	0.028	−0.098
GL78978E32161N		5q221a045	M	2069	0.076	0.135
GL78963E32149N		5q221a046	M	354	0.013	0.302
GL78973E32171N		5q221a047	M	604	0.011	0.083
GL79019E32208N		5q221a051	V	461	0.025	−0.098
GL79045E32209N	加久卡	5q221a051_4	V	2156	0.233	0.044
GL79010E32215N		5q221a053	E	850	0.022	−0.255
GL79006E32224N		5q221a054	E	1572	0.023	−0.061
GL79026E32224N		5q221a055	V	2433	0.063	0.067
GL79104E32354N		5q221a077	M	0	0.029	
GL79131E32446N	芒冬穷错	5q221a089	E	723	0.037	0.269
GL79172E32492N		5q221a102	M	702	0.015	0.147
GL79254E32507N		5q221a109	M	678	0.025	−0.390
GL79298E32512N		5q221a114	M	40	0.007	−0.315
GL79292E32513N		5q221a115	M	0	0.013	
GL79288E32520N		5q221a116	M	853	0.005	−0.844
GL79271E32528N		5q221a118	M	173	0.013	0.204
GL79331E32560N		5q221a123	C	198	0.026	−0.023
GL79331E32554N		5q221a124	M	46	0.012	−0.005
GL79477E32421N		5q221a129	M	450	0.009	−0.002

续表

编码	名称	母冰川编码	类型	湖冰距离/m	面积/km²	面积变化率
GL79477E32418N		5q221a129	M	145	0.007	−0.386
GL79417E32390N		5q221a141	M	631	0.090	−0.176
GL79392E32377N		5q221a145	V	751	0.245	0.116
GL79406E32350N		5q221a153	M	1986	0.031	−0.101
GL79533E32370N		5q221a161	M	714	0.016	0.133
GL79594E32353N		5q221a167	M	175	0.044	0.003
GL79659E32342N		5q221a169	S	0	0.007	0.066
GL79643E32320N		5q221a170	M	269	0.009	−0.118
GL79638E32317N		5q221a170	M	0	0.051	0.322
GL79705E32215N		5q221b010	V	2092	0.017	−0.575
GL79683E32254N		5q221b010	M	0	0.045	0.004
GL79751E32145N		5q221b024	C	278	0.012	−0.007
GL79794E32121N		5q221b027	M	0	0.020	−0.124
GL79813E32029N		5q221b041	M	253	0.029	0.310
GL79810E32028N		5q221b041	M	329	0.005	0.505
GL79818E32021N		5q221b042	M	1573	0.034	0.177
GL79826E32018N		5q221b042	M	949	0.029	0.236
GL79836E31988N		5q221b046	M	0	0.019	0.649
GL79845E31992N		5q221b048	M	877	0.040	−0.016
GL79872E31977N		5q221b048	M	2791	0.081	0.139
GL79866E31997N		5q221b049	V	308	0.055	−0.061
GL79871E31996N		5q221b049	M	360	0.030	0.066
GL79876E31968N		5q221b050	M	1199	0.036	0.277
GL79882E31969N		5q221b050	M	658	0.062	−0.056
GL79879E31963N		5q221b050	M	889	0.044	0.249
GL79872E31960N		5q221b050	M	1652	0.016	−0.317
GL79865E31924N	弄穷错	5q221b050	V	4730	0.328	0.083
GL79877E31956N		5q221b051	M	1946	0.029	−0.068
GL79899E31964N		5q221b051	M	0	0.042	
GL79894E31959N		5q221b051	M	465	0.031	
GL79901E31927N		5q221b054_1	V	1121	0.011	−0.133
GL80663E30581N		5q222a001	M	5316	0.011	−0.270
GL80631E30554N		5q222a002	M	1694	0.007	0.227
GL80657E30589N		5q222a003	M	4956	0.017	−0.449
GL80617E30556N		5q222a003	M	0	0.009	0.301
GL80658E30613N		5q222a004	V	6694	0.297	0.220
GL80639E30600N		5q222a004	V	5240	0.014	−0.269

续表

编码	名称	母冰川编码	类型	湖冰距离/m	面积/km²	面积变化率
GL80633E30609N		5q222a004	M	5568	0.110	−0.024
GL80630E30618N	郎木错登	5q222a004	M	6292	0.646	−0.126
GL80628E30612N		5q222a005	M	5253	0.018	−0.298
GL80508E30541N		5q222a029	M	421	0.006	0.006
GL80402E30552N		5q222a038	M	0	0.148	
GL80407E30553N		5q222a038	M	653	0.017	
GL79649E31077N		5q222b070	M	374	0.015	
GL79652E31072N		5q222b070	M	48	0.007	
GL79514E31132N		5q222b108	M	321	0.053	0.226
GL79366E31143N		5q222c017	M	132	0.039	−0.423
GL82016E30374N		5z342a002	M	0	0.046	0.785
GL82019E30376N		5z342a002	M	0	0.123	0.067
GL82020E30380N		5z342a002	M	746	0.010	
GL81964E30393N		5z342a007	M	0	0.109	
GL81930E30388N		5z342a009	M	342	0.393	0.382
GL81894E30391N		5z342a012	M	70	0.099	−0.068
GL81886E30382N		5z342a012	M	0	0.014	0.043
GL81866E30399N		5z342a013	M	0	0.083	0.063
GL81871E30427N		5z342a013	V	3265	0.220	0.186
GL81868E30419N		5z342a013	V	2383	0.154	0.369
GL81853E30400N		5z342a014	M	0	0.109	0.549
GL81840E30385N		5z342a015	M	0	0.121	0.044
GL81838E30392N		5z342a015	M	975	0.014	−0.101
GL81848E30387N		5z342a015	M	0	0.034	
GL81820E30409N		5z342a016	M	3034	0.065	0.437
GL81991E30547N		5z342a016	M	159	0.043	0.468
GL81830E30381N		5z342a016	M	0	0.028	
GL81818E30390N		5z342a018	M	0	0.158	0.264
GL81476E30409N		5z342a019	M	732	0.111	
GL81476E30427N		5z342a020	M	170	0.010	
GL81480E30428N		5z342a020	M	270	0.023	
GL81465E30428N		5z342a021	M	0	0.020	
GL81499E30459N		5z342a023	M	512	0.032	0.168
GL81492E30455N		5z342a023	M	0	0.015	
GL81435E30431N	那莫惹底错	5z342b006	V	3023	2.005	0.009
GL81457E30438N		5z342b006	V	6627	0.032	0.151
GL81433E30449N		5z342b006	M	4342	0.080	0.163

续表

编码	名称	母冰川编码	类型	湖冰距离/m	面积/km²	面积变化率
GL81354E30451N		5z342b007	M	290	0.027	
GL81358E30450N		5z342b008	M	66	0.028	
GL81377E30451N		5z342b009	M	813	0.027	0.056
GL81377E30447N		5z342b009	M	270	0.022	0.139
GL81430E30472N		5z342b010	M	888	0.048	−0.043
GL81446E30469N		5z342b010	M	0	0.024	
GL81463E30431N		5z342b021	M	0	0.113	0.124

注:①冰湖类型中:M 为冰碛湖,V 为槽谷/河谷湖,C 为冰斗湖,E 为冰蚀湖,S 为冰面湖;②湖冰距离:指母冰川与冰湖的直线距离;③面积变化率=(ASTER 中冰碛湖面积－地形图中冰碛湖面积)/地形图中冰碛湖面积,其中"－"为新增加冰湖;④编码、母冰川编号、海拔说明参见 5.3.3 节"冰湖编目属性表"。

附录二　我国喜马拉雅山潜在危险性冰碛湖编目

编码	海拔高度/m	冰湖面积/km²	面积变化率①	危险冰体指数②	母冰川面积/km²	母冰川—湖距离③/m	母冰川冰舌坡度/(°)	堤坝高宽比	堤坝背水坡坡度/(°)	母冰川特征描述	堤坝特征描述	湖盆特征描述	溃决概率/等级④
GL83150 E29631N	5370	0.396	0.146	0.474	0.549	0	25~30	2.9	13~16	危险冰体从湖后壁陡崖坠入湖中	有外溢水流	后壁为陡崖,两侧有岩屑崩落痕迹,坡度30°~35°	0.270/A
GL83026 E29695N	5332	0.200	0.594	0	2.682	0	5~7	2.5	13~15	退缩370m,冰湖伸长370m,危险冰体不明显	有外溢水流	坡度28°~33°	0.090/D
GL82975 E29738N	5363	0.667	0.654	0	5.760	0	4~7	1.0	11~15	退缩1.7km,危险冰体不明显	中部有沟槽,有外溢水流	由冰面湖演变成冰碛湖,左侧20°~25°,右侧>30°	0.108/D
GL82885 E29764N	5110	0.341	0.964	0	23.899	0	5~10	4.0	5~10	危险冰体不明显,末端退缩395m,湖伸长395m	有外溢水流	两侧有一宽缓带	0.046/E
GL82618 E29925N	4994	0.511	0.405	0	7.983	0	7~9	7.5	4~6	母冰川退缩370m,冰湖伸长370m,危险冰体不明显	中部有排水沟槽	有外溢水流,坡度<20°	0.056/E
GL82508 E29963N	5100	0.252	0.218	0.927	4.792	0	27~30	1.0	27~30	湖两侧冰川消失,湖后方冰川退缩150m,湖伸长150m	堤坝底部紧接冰湖	左侧宽缓一16°,右侧坡度>30°陡,坡度>30°	0.246/A

续表

编码	海拔高度/m	冰湖面积/km²	面积变化率①	危险冰体指数②	母冰川面积/km²	母冰川—湖距离③/m	母冰川冰舌坡度/(°)	堤坝高宽比	堤坝背水坡坡度/(°)	母冰川特征描述	堤坝特征描述	湖盆特征描述	溃决概率/等级①
GL82496 E29969N	4993	0.301	0.381	0	4.792	390	约9	4.0	23~25	退缩390m,危险冰体不明显,湖冰距离由0扩大到390m	有外溢水流	湖盆宽缓,下游320m有一小湖	0.091/D
GL82343 E30080N	4850	0.967	0.172	0.056	18.321	0	23~26	15.5	9~12	退缩1.1km,末端裂隙发育	表面起伏,中部凹陷,有出水沟槽,可能有死冰	由冰面演变成冰碛湖,湖盆宽缓	0.201/B
GL82275 E30101N	4876	1.109	1.231	0	39.203	0	6~10	6.0	10~15	末端退缩了900m,伸长了900m,危险冰体不明显	表面起伏,有若干小湖,可能有死冰	湖盆宽缓,有外溢水流	0.090/D
GL82233 E30223N	5593	0.385	0.920	0.595	4.094	0	11~15	2.8	5~8	母冰川退缩500m,湖伸长500m,危险冰体有裂隙	表面起伏,有若干小湖,可能有死冰	湖盆宽缓	0.229/B
GL82212 E30258N	5073	0.926	0.351	0.332	24.881	0	7~11	3.4	6~10	退缩515m,湖伸长515m,危险冰体裂隙发育,伸入湖中	表面起伏有小湖,可能有死冰,有渗流	两侧为侧碛堤,坡度23°~25°	0.264/A
GL82199 E30310N	5538	0.282	0.178	0	7.198	103	7~12	4.3	12~14	退缩305m,危险冰体不明显,湖冰距离由0扩大到103m	底部为河谷	湖盆宽缓开阔,湖伸长202m	0.086/D
GL82140 E30340N	5593	0.169	0.143	0.404	10.055	0	20~24	2.7	11~14	退缩340m,危险冰体不明显,湖伸长340m	左侧相对低	湖盆总体宽缓,仅右后侧较陡	0.229/B

续表

编码	海拔高度/m	冰湖面积/km²	面积变化率①	危险冰体指数②	母冰川面积/km²	母冰川—湖距离③/m	母冰川冰舌坡度/(°)	堤坝高宽比	堤坝背水坡坡度/(°)	母冰川特征描述	堤坝特征描述	湖盆特征描述	溃决概率/等级④
GL82054 E30363N	5298	0.542	0.519	0.375	6.182	0	8~10	2.1	约10	退缩570m,湖伸长了570m,危险冰体裂隙发育	有两道堤坝,相距470m,中间夹有一小湖,可能有死冰	湖盆两侧有冰川消失,坡度25°~30°	0.282/A
GL82019 E30376N	5591	0.123	0.072	0	3.704	130	9~11	1.4	12~16	退缩360m,中部与一基岩阻湖之间被一基岩阻断,危险冰体不明显,湖冰距离由0扩大到130m	有固结迹象,有外溢出水流	左侧宽缓,右侧坡度31°~36°,左上角和右上角各有一小湖	0.074/D
GL81930 E30389N	5226	0.393	0.618	0	9.889	0	6~8	4.3	5~10	退缩100m,湖伸长100m,危险冰距离不明显,湖冰距离由342m减至0	有外流水流	右侧湖盆宽缓,左侧坡度22°~27°	0.074/D
GL81853 E30400N	5680	0.109	1.217	1.309	0.305	0	8~13	0.6	40~45	退缩265m,冰湖伸长265m,末端裂隙发育	背水坡崩塌成陡崖,并被漫溢水流侵蚀	有外流水流,两侧湖盆宽缓	0.286/A
GL81818 E30391N	5554	0.158	0.358	0.174	0.202	0	40~45	1.9	11~15	末端为冰瀑布,退缩不明显		两侧湖盆宽缓	0.229/B
GL81463 E30431N	5556	0.113	0.142	0.363	1.275	200	24~28	2.5	14~19	退缩200m,湖冰距离由0扩大到200m		末端有一小湖,两湖相距不到50m,湖盆宽缓	0.120/C
GL81375 E30322N	5551	0.114	0.998	0.603	0.821	0	21	1.5	12~15	末端裂隙发育,退缩280m湖伸长280m	右侧低左侧高,中部有一沟槽	右侧缓,左侧高陡,左侧坡度25°~28°	0.274/A

续表

编码	海拔高度/m	冰湖面积/km²	面积变化率①	危险冰体指数②	母冰川面积/km²	母冰川—湖距离③/m	母冰川冰舌坡度/(°)	堤坝高宽比	堤坝背水坡度/(°)	母冰川特征描述	堤坝特征描述	湖盆特征描述	溃决概率/等级④
GL81399 E30314N	5634	0.161	1.137	2.629	0.914	0	15~16	1.0	12~15	末端裂隙发育,退缩305m湖伸长305m	堤坝下游960m处有一河谷湖	前半部分宽阔,后半部分坡度20°~25°	0.255/A
GL81398 E30303N	5575	0.112	0.244	3.648	1.206	0	37~40	1.7	约5	退缩160m	堤坝下游960m处有一河谷湖	后壁为陡峭的坡面冰川,湖盆宽缓	0.211/B
GL81388 E30297N	5507	0.274	0.565	0.565	1.679	0	13~17	2.7	9~13	末端裂隙发育,退缩290m,冰湖伸长290m	下为河谷,左侧有出水口	湖盆三面高于四周	0.207/B
GL81346 E30265N	5236	0.236	1.350	0	9.113	0	7~11	5.0	13~15	退缩了145m,末端纵向裂隙发育,危险冰体离由相距0扩大到346m	有出水流	有雪/岩崩痕迹,两侧坡度25°~30°,湖伸长345m	0.162/C
GL87626 E28052N	5070	0.179	0.110	0.515	5.758	224	20~23	0.4	26~30	退缩570m,湖冰距离由0扩大到224m	堤坝陡尖,坝顶狭窄,呈刀刃形,左侧为过渡谷地	两侧碛垄明显,右侧坡度>30°,左侧溢水流	0.214/B
GL81348 E30233N	5342	0.337	2.959	0.361	3.972	0	16~19	23.0	3~5	退缩690m,湖伸长690m	长而平缓	两侧山脊坡陡,狭窄	0.193/B
GL81332 E30241N	5413	0.107	1.978	2.980	3.841	0	15~19	10.0	3~5	退缩390m,湖伸长390m	长而平缓	右侧坡度22°~26°,左侧坡度>40°	0.175/C
GL79662 E32299N	5691	0.141	1.003	1.760	4.583	0	13~16	6.5	8~10	退缩150m,湖伸长150m	长而平缓,有外溢水流	左侧坡度>40°,右侧宽缓	0.188/B

续表

编码	海拔高度/m	冰湖面积/km²	面积变化率①/km²	危险冰体指数②	母冰川面积/km²	母冰川—湖距离③/m	母冰川冰舌坡度/(°)	堤坝高宽比	堤坝背水坡坡度/(°)	母冰川特征描述	堤坝特征描述	湖盆特征描述	溃决概率/等级④
GL79994 E31938N	5604	0.181	0.315	1.978	3.292	345	13~15	7.5	17~21	退缩180m,湖冰距离由相距184m扩大到345m	右侧有排水沟槽,有外溢水流	左侧坡度>30°,右侧坡度>20°	0.143/C
GL79985 E31950N	5423	0.128	0.354	0.211	31.622	0	24~28	7.8	23~24	退缩了70m,湖伸长70m	中部有排水沟槽,有外溢水流	两侧坡度30~35°	0.252/A
GL79958 E31984N	5523	0.108	0.509	0.199	32.358	0	40~45	1.4	20~23	退缩了195m,湖伸长160m,危险冰体为冰瀑布	堤坝下为河谷,有外溢水流	湖盆宽缓	0.270/A
GL82854 E29796N	5185	0.266	—	1.232	5.224	0	16~21	10.8	13~16	退缩850m	中部有排水沟槽,有外溢水流	由水面湖演变而来,湖盆宽缓	0.164/C
GL82784 E29842N	5075	2.347	—	0.166	1.600	0	约7	7.5	7~9	退缩940m,湖伸长940,末端裂隙发育	有渗流和外溢水流	左侧宽缓,右侧陡峭,右侧坡度29°~31°	0.109/D
GL82665 E29916N	5394	0.101	—	1.140	1.134	0	25~30	6.8	12~14	退缩640m,湖伸长640m	有一长270m,宽50m的排水沟槽	有外溢水流,右侧坡度>30°,左侧坡度<30°	0.227/B
GL81964 E30394N	5430	0.109	—	0	5.906	0	5~9	0.6	13~16	退缩490m,湖伸长490,危险冰体不明显	有外流水流	湖盆宽缓	0.072/D
GL79680 E32386N	5460	0.114	—	1.753	1.278	0	30~35	0.7	29~31	退缩740m,末端裂隙发育,整个母冰川均为危险冰体	中部有排水沟槽	有外流水流,右侧坡度>40°,左侧宽缓	0.305/A

续表

编码	海拔高度/m	冰湖面积/km²	面积变化率①/km²	危险冰体指数②	母冰川面积/km²	母冰川—湖距离③/m	母冰川冰舌坡度/(°)	堤坝高宽比	堤坝背水坡坡度/(°)	母冰川特征描述	堤坝特征描述	湖盆特征描述	溃决概率/等级④
GL80402 E30552N	4970	0.148	—	0	2.287	0	5~9	—	—	退缩750m,危险冰体不明显	形态不明显,有外溢水流	湖盆宽缓	0.037/E
GL78845 E32030N	5637	0.168	—	0.303	1.199	0	21~26	2.1	30~33	退缩770m,湖伸长770m	—	由冰面湖演变成冰碛湖,湖盆宽缓	0.229/B
GL78845 E31992N	5608	0.141	—	0.870	10.088	0	21~24	1.5	8~10	退缩630m,湖伸长630m	—	由冰面湖演变成冰碛湖,湖盆宽缓	0.220/B
GL88004 E27931N	5432	1.128	0.315	0.455	3.972	0	10~15	0.9	约20	有3条母冰川融水直接汇入,危险冰体裂隙发育,退缩805m,湖伸长丁805m	堤坝有一深切出水口	有外溢水流,坡度30~35°	0.260/A
GL87579 E28164N	5430	0.208	0.096	0.388	1.199	250	25~30	2.5	15~20	悬冰川为危险冰体,湖冰距离由87m扩大到250m,退缩290m	—	两侧坡度30~40°	0.192/B
GL87640 E28094N	5050	0.685	0.177	0.372	2.573	0	18~22	0.5	18~22	山谷冰川,危险冰体后较为平坦,退缩270m,湖伸长270m	堤坝起伏,可能有死冰	有漫顶溢流左侧碛垄明显,坡度>30°	0.250/A
GL87585 E28107N	4870	0.221	0.266	1.458	1.247	0	28~32	1.7	20~30	整个为冰斗悬冰川,悬挂在湖后壁,退缩小	堤坝有半弧形侧碛围成	为冰斗形,坡度>30°	0.264/A
GL87587 E28116N	5050	0.241	0.310	1.428	1.294	0	30~40	0.6	约20	退缩小	堤坝有深凹槽	湖盆左侧陡,坡度25~30°,右侧宽缓	0.246/A
GL87588 E28141N	5130	0.118	0.588	0.739	1.160	0	45~50	0.4	28~31	危险冰体为冰瀑布,退缩小	堤坝右侧宽,左侧狭窄,可能有死冰	湖盆较为宽	0.264/A

续表

编码	海拔高度/m	冰湖面积/km²	面积变化率①	危险冰体指数②	母冰川面积/km²	母冰川—湖距离③/m	母冰川冰舌坡度/(°)	堤坝高宽比	堤坝背水坡坡度/(°)	母冰川特征描述	堤坝特征描述	湖盆特征描述	溃决概率/等级④
GL87738 E27864N	5350	0.117	1.649	0.564	0.798	190	40~45	4.1	20~25	退缩285m,成坡面悬冰川,湖冰距离由404m减至190m	堤坝宽	湖盆后壁为陡崖,坡度30°~35°,上覆悬冰川	0.201/B
GL87770 E27927N	4930	0.862	1.184	0.145	10.424	0	10~15	0.9	22~27	冰舌分为两股与湖相连,退缩1.1km,湖伸长1.1km	堤坝中间略凹,可能有死冰	两侧有不高的陡崖,坡度30°	0.236/B
GL87811 E27965N	5270	0.298	0.957	2.194	6.712	0	10~15	—	—	冰舌有拱弧结构,退缩326m	堤坝不明显,中间有一深冲沟	湖盆坡度25°~30°	0.175/C
GL87931 E27952N	5102	0.754	0.315	0.549	7.274	0	10~15	1.8	约30	退缩415m,湖伸长415m	可能有死冰,有外溢水流	湖盆坡度<30°	0.241/A
GL88067 E27936N	5567	0.806	0.613	0	0.445	0	15~20	2.3	15~20	退缩768m,湖伸长768m	可能有死冰,以渗流注入龙巴萨巴湖	左侧坡度30°,右侧坡度>45°	0.209/B
GL88222 E27988N	5390	0.106	7.685	2.125	3.817	290	约35	0.8	12~15	退缩230m,湖距离由373m减至290m	有外溢水流	湖盆坡度23°~26°	0.160/C
GL87592 E28230N	5430	0.805	0.307	0.104	4.221	0	50~60	12.8	10	末端为冰瀑布,退缩489m,湖伸长489m	有外溢水流	坡度22°~25°	0.225/B
GL88258 E28011N	5247	0.504	0.673	1.860	6.049	0	9~11	4.4	10~20	危险冰体与湖相连,退缩610m,湖伸长610m,末端裂隙发育	堤坝起伏,上有小湖,可能有死冰	有外溢水流,松散物质丰富,坡度>30°	0.278/A

续表

编码	海拔高度/m	冰湖面积/km²	面积变化率①	危险冰体指数②	母冰川面积/km²	母冰川—湖距离③/m	母冰川冰舌坡度/(°)	堤坝高宽比	堤坝背水坡坡度/(°)	母冰川特征描述	堤坝特征描述	湖盆特征描述	溃决概率/等级④
GL88354 E28023N	5198	0.567	0.085	0.137	6.989	340	20~25	4.3	15~20	为悬冰川,强烈退缩,母冰川退缩180m,湖冰距离130m扩大到340m	堤坝中部有一深切出水口	左侧坡度>25°,右侧坡度<20°	0.146/C
GL87479 E28172N	5360	0.254	0.080	0.084	1.228	0	25~30	3.1	25~30	母冰川为坡面冰川前进130m,有一冰流从湖后壁入湖,湖冰距离由124m减至0	—	湖后壁为陡坡,坡度>20°,两侧坡缓	0.219/B
GL87501 E28236N	5230	0.257	0.609	1.660	2.088	0	约30	6.1	30	母冰川为坡面冰川均危险,退缩206m,冰湖伸长206m	堤坝起伏	坡度约30°	0.246/A
GL87577 E28229N	5261	0.237	0.086	0.398	2.774	26	40~50	1.2	10~15	退缩80m	有外溢水流	湖盆左上角有一冰川末端湖,坡度20°	0.206/B
GL87468 E28148N	5121	0.366	0.307	0	1.229	0	20~30	1.8	20~30	为坡面冰川,危险冰体不明显,退缩210m,冰湖伸长210m	有外溢水流	湖盆下1.8km和4.6km有两个冰湖,湖盆宽缓	0.154/C
GL87561 E28178N	5010	0.845	2.436	0	6.882	0	10~15	2.2	15~20	危险冰体874m,退缩874m,湖冰距离由27m减至0	堤坝起伏,中部凹陷,可能有死冰,有外溢水流	湖盆下游6.8km处有一河谷湖,右侧坡度>30°,左侧坡度10°	0.134/C

续表

编码	海拔高度/m	冰湖面积/km²	面积变化率①	危险冰体指数②	母冰川面积/km²	母冰川—湖距离③/m	母冰川冰舌坡度/(°)	堤坝高宽比	堤坝背水坡坡度/(°)	母冰川特征描述	堤坝特征描述	湖盆特征描述	溃决概率/等级④
GI87053 E28227N	5040	0.176	0.061	2.385	2.604	185	15~20	3.8	20~25	退缩340m,湖距离由45m扩大至185m	堤坝中部凹陷为出水口,有外溢水流	有岩/雪崩痕迹,右侧冰碛垄,坡度>30°	0.197/B
GI87048 E28069N	5660	0.608	0.131	4.373	20.845	0	10~15	6.9	10~15	末端退缩374m,湖伸长374m	堤坝起伏有小湖,有外溢流,可能有死冰	右侧有雪崩迹,左侧宽缓,右侧坡度>30°	0.236/B
GI87134 E28070N	4720	0.281	0.446	0	6.920	0	5~10	0.5	18~21	危险冰体不明显,退缩200m,湖伸长200m	堤坝呈刀刃刃形,有外溢水流	右侧陡临湖,左侧宽缓,右侧坡度25~30°	0.080/D
GI86527 E28137N	5010	0.745	0.923	0	11.593	0	5~10	4.4	22~26	危险冰体不明显,退缩1.04km,湖伸长1.04km	堤坝起伏,可能有死冰	右侧有冰碛垄,坡度>30°	0.111/D
GI86535 E28150N	5230	0.195	0.073	0.871	1.461	380	20~25	2.5	25~30	退缩380m,湖距离由0扩大到380m	堤坝起伏,可能有死冰	左侧宽缓,右侧坡度约25°,湖盆下1.1km处为危险冰湖	0.209/B
GI86415 E28393N	5510	0.175	0.082	0.340	9.035	0	20~25	2.3	5~10	末端变化较小	堤坝底部为另一冰湖	下方有一冰湖,易产生溃决链,坡度20~30°	0.228/B
GI86530 E28186N	5050	0.552	1.440	0	5.498	0	5~10	0.6	15~25	危险冰体不明显,退缩843m,湖伸长843m,湖冰距离由30m减至0	中部有一凹槽出水口,右侧呈刀刃状,有被冲刷后退痕迹	右侧上部有岩崩滑塌痕迹,坡度>30°	0.103/D

续表

编码	海拔高度/m	冰湖面积/km²	面积变化率①	危险冰体指数②	母冰川面积/km²	母冰川—湖距离③/m	母冰川冰舌坡度/(°)	堤坝高宽比	堤坝背水坡坡度/(°)	母冰川特征描述	堤坝特征描述	湖盆特征描述	溃决概率/等级④
GL86224 E28350N	5350	0.397	0.778	0	10.413	0	10~15	1.6	5~10	危险冰体不明显,末端退缩260m,湖伸长260m	堤坝呈刀刃形	有外溢水流,坡度20~30°	0.117/D
GL86191 E28336N	5430	0.602	0.344	0.376	6.158	0	17~23	11.8	5~10	母冰川分两股汇入湖中,退缩540m,湖伸长540m	堤坝表面起伏,形上有小湖,可能有死冰	右侧坡度>30°,左侧坡度<30°	0.210/B
GL86158 E28304N	5300	0.619	0.381	1.149	5.308	0	10~15	2.5	20~25	退缩495m,湖伸距495m,湖冰距离由44m减至0	湖水伸入堤坝中部,形成长50m,长210m的横向狭长水道	右侧有岩崩滑坡痕迹,坡度25~30°	0.237/B
GL86131 E28294N	5260	0.239	0.113	0	3.063	440	8~10	0.8	5~10	为冰斗悬冰川,退缩440m,湖冰距离由29m扩大至440m	堤坝中部有一冲刷凹槽	两侧有侧碛垄梯,湖盆相对宽缓	0.129/C
GL86150 E28249N	5330	0.116	0.150	0.586	0.562	0	25~30	—	—	为冰斗悬冰川,前进110m,湖冰距离由190m减至0	堤坝不明显	湖盆为开阔台地	0.194/B
GL86196 E28243N	5370	0.170	0.349	0.274	0.993	128	25~30	0.8	17~22	退缩260m,危险冰体悬挂在湖后陡崖上,湖冰距离由0扩大到128m	堤坝呈刀刃形,中部有凹槽形出水口,溃决口宽45m	湖盆左侧上方有一小冰碛湖,坡度30~33°	0.201/B
GL85495 E28647N	4970	0.135	4.211	0	4.697	0	约5	0.5	20~30	退缩670m,湖伸长670m	堤坝呈二级阶梯,中间一宽90m左右的平台	有外溢水流,左侧平缓坡度较缓,右侧坡度>30°	0.089/D

续表

编码	海拔高度/m	冰湖面积/km²	面积变化率①	危险冰体指数②	母冰川面积/km²	母冰川-湖距离③/m	母冰川冰舌坡度/(°)	堤坝高宽比	堤坝背水坡坡度/(°)	母冰川特征描述	堤坝特征描述	湖盆特征描述	溃决概率/等级④
GL85475 E28642N	5020	0.266	0.465	0.903	3.855	0	15~20	1.7	30	末端退缩486m湖伸长486m,危险冰体裂隙发育	堤坝斜切冰湖末端,坝底部为冰川	左侧平缓,右侧坡度>30°,下游1.3km处有一危险冰湖	0.255/A
GL85527 E28618N	5110	0.835	1.399	0.093	15.939	0	24~26	1.2	8~10	危险冰体为冰瀑布,退缩945m,湖伸长945m	堤坝起伏,可能有死冰,有外溢水流	左侧有雪/岩屑崩落痕迹,坡度>30°	0.318/A
GL85508 E28621N	5130	1.146	1.544	0.082	4.944	0	18~20	0.5	20	危险冰体后10~15,母冰川退缩536m,湖伸长536m	堤坝呈刀刃形	有雪崩入湖痕迹,左侧宽缓,右侧坡度>30°	0.201/B
GL85604 E28564N	5450	0.654	16.468	0	9.573	0	2~5	1.925	17~21	危险冰体不明显,母冰川退缩1830m	堤坝宽,起伏,松散堆积物,中部凹陷可能为出水口,可能有死冰	有季节性溢流水,湖盆两侧较宽,由冰面湖演变成冰碛湖	0.099/D
GL85606 E28533N	5368	5.324	0.075	0.022	9.553	0	20~25	0.9	22~26	有2条母冰川融水直接汇入,左右两股危险冰裂隙发育,退缩160m,湖伸长160m	堤坝松散堆积物,堤坝背水坡有渗流,在脚部可能有死冰	堤坝坡脚的小湖连接外溢水流,右侧发生冰/雪崩,坡度>35°	0.228/B
GL85630 E28488N	5180	5.008	0.187	0.078	14.291	0	22~35	2.5	22~26	左右有两股危险冰体,左支为冰瀑布,退缩785m,湖伸长785m	堤坝中部排水沟槽,底宽40m,上宽170m	有外溢水流从中部凹陷处流出,坡度20~25°	0.269/A

续表

编码	海拔高度/m	冰湖面积/km²	面积变化率①	危险冰体指数②	母冰川面积/km²	母冰川—湖距离③/m	母冰川冰舌坡度/(°)	堤坝高宽比	堤坝背水坡度/(°)	母冰川特征描述	堤坝特征描述	湖盆特征描述	溃决概率/等级④
GI85519 E28468N	4438	0.462	0.088	0.688	3.587	190	约40	2.3	17~20	退缩190m，湖冰距离由0扩大到190m	有外溢水流。	右侧宽缓，左侧坡度>50°，有雪/岩崩痕迹	0.179/C
GI85780 E28444N	5590	0.205	2.491	0	28.950	0	10~12	12.8	15~19	危险冰体不明显，湖缩1436m	堤坝松散堆积物，可能有死冰	湖盆两侧宽缓，由冰湖湖演变成仍冰碛湖	0.112/D
GI85876 E28360N	5245	3.455	1.123	0	7.446	0	2~5	3.7	9~11	危险冰体不明显，湖伸长1960m	表面起伏，表面有小湖，可能有死冰	湖盆前半部开阔，后半部坡度约30°	0.084/D
GI85841 E28317N	5130	3.104	2.738	0.278	22.966	415	30~40	2.6	15~19	危险冰体悬挂于湖后壁上，退缩2355m，湖伸长1900m，湖冰距离由0扩大到415m	堤坝松散堆积物，表面起伏，可能有死冰	冰川末端与湖之间一300~800m长的过渡带，坡度2~15°不等	0.164/C
GI85946 E28315N	5250	0.328	0.107	0.149	0.894	0	25~30	3.1	22~25	危险冰体悬挂于湖后壁上，未缩变化不大	—	湖形状呈梅花状，可阻断浪涌传播，湖盆有雪崩痕迹，坡度25°~35°	0.264/A
GI86521 E28073N	5250	0.218	0.055	0.547	3.830	0	7~12	1.7	17~24	右侧母冰川退缩905m，湖后壁冰川末端退缩不明显	堤坝表面起伏，有圆形山丘，可能有死冰	湖盆平缓，湖下方为一山谷冰川	0.219/B

续表

编码	海拔高度/m	冰湖面积/km²	面积变化率①	危险冰体指数②	母冰川面积/km²	母冰川—湖距③/m	母冰川冰舌坡度/(°)	堤坝高宽比	堤坝背水坡度/(°)	母冰川特征描述	堤坝特征描述	湖盆特征描述	溃决概率/等级④
GL87188 E27907N	4640	0.337	0.093	0.0767	1.475	70	27~33	0.6	30~35	末端变化不明显	堤坝中部凹陷为出水口	有外溢水流,坡度>30°	0.233/B
GL87894 E28021N	5701	0.115	—	2.916	1.150	340	10~15	1.0	10~15	退缩150m,湖冰距离由250m扩大到340m	松散堆积起伏,堤坝坡缓,不明显	湖两侧有一宽缓过渡带	0.138/C
GL88241 E28006N	5440	0.331	—	0.301	9.058	0	22~26	2.5	12~16	危险冰体裂隙发育,退缩256m,湖伸长256m	堤坝分两道,中间夹一小湖,可能有死冰	湖盆有岩崩痕迹,坡度30~35°	0.336/A
GL86322 E28246N	5498	0.267	—	1.360	2.579	310	16~20	13.3	10~13	退缩1809m,湖冰距离由499m减至310m	堤坝宽	湖盆右侧有一小湖,坡度20~30°	0.138/C
GL86365 E28240N	5467	0.297	—	0	38.512	0	10~15	0.9	33~35	危险冰体退缩540m	堤坝位于一山谷冰川的支冰川末端	左侧有雪崩痕迹,右侧宽缓	0.130/C
GL86434 E27929N	5064	0.341	—	1.091	6.195	0	26~30	4.0	约9	末端退缩不明显	堤坝中部凹陷为出水口,可能有死冰	湖盆两则宽缓	0.238/B
GL85333 E28560N	5001	0.108	—	1.533	2.107	0	25~30	1.5	20~22	湖后壁陡母崖冰川为冰斗悬母冰川,有冰瀑布,缩260m	堤坝中部凹陷	湖盆两则有宽缓带,距湖270m后壁为冰瀑布	0.274/A
GL88287 E28018N	5259	0.490	0.023	0.752	4.248	0	约10	0.6	30~35	末端退缩30m,裂隙发育,湖身长30m	堤坝中部有凹陷,可能有死冰	湖盆两则有宽缓,左侧有雪崩痕迹,坡度>30°	0.308/A

续表

编码	海拔高度/m	冰湖面积/km²	面积变化率①	危险冰体指数②	母冰川面积/km²	母冰川—湖距离③/m	母冰川冰舌古坡度/(°)	堤坝高宽比	堤坝背水坡度/(°)	母冰川特征描述	堤坝特征描述	湖盆特征描述	溃决概率/等级①
GL87603 E28799N	5621	0.113	—	0.688	2.125	0	22~25	5.8	22~25	退缩450m，在退缩的位置形成湖	堤坝中部回陷	湖下游1.5km处有一河谷湖，右侧坡度25~30°；左侧宽缓	0.237/B
GL88073 E27949N	5500	0.879	1.328	0	30.238	0	16~20	3.9	16~20	退缩372m，湖身长372m，危险冰体裂隙发育	—	有岩屑滑落痕迹，左侧15~20°，右侧40°	0.296/A
GL90224 E28927N	5124	0.500	1.205	1.018	9.636	0	13~14	0.5	26~31	危险冰体以上为20~26，退缩了650m，湖向上延伸650m	堤坝下为陡坡状	湖盆为冰斗，右侧为坡面冰川，左侧25~30°，右侧>45°	0.219/B
GL90071 E28268N	5145	1.391	1.344	0	42.703	0	5~7	0.6	15~20	危险冰体不明显，退缩了970m，湖向上延伸970m	堤坝起伏，堤坝下为河谷，可能有死冰	湖盆左右高于四周，堤坝左侧有出水口	0.093/D
GL90185 E28245N	5460	0.570	0.773	0	21.721	0	6~10	2.5	4~5	危险冰体不明显，退缩了770m，湖向上延伸770m	堤坝底部为冰湖，有外溢水流	有岩屑崩落痕迹，150和3km有冰湖链，右侧30~35°，左侧15~20°	0.081/D
GL90226 E28278N	5320	1.075	0.136	0	108.190	280	1~3	2.5	7~10	危险冰体不明显，退缩了670m，湖冰距离0扩大到280m	堤坝表面起伏，堤坝有多道回口	湖盆宽缓，有外溢水流	0.055/E
GL90275 E28265N	5883	0.125	0.796	0.489	4.418	0	25~31	1.4	18~21	末端退缩66m	堤坝表面起伏，可能有死冰	两侧宽缓过渡带，右侧16~20°，左侧25~30°	0.263/A

续表

编码	海拔高度/m	冰湖面积/km²	面积变化率①	危险冰体指数②	母冰川面积/km²	母冰川—湖距③/m	母冰川冰舌坡度/(°)	堤坝高宽比	堤坝背水坡坡度/(°)	母冰川特征描述	堤坝特征描述	湖盆特征描述	溃决概率/等级④
GL90385 E28205N	5423	0.372	0.381	1.245	11.139	0	11~17	3.3	15~18	退缩350m，湖向上伸长350m	冰碛坝起伏、中间回陷，并有两条出水沟槽，可能有死水	有岩屑脊坡痕迹，湖干季节性河流相连，右侧30°～35°、左侧35°～40°	0.237/B
GL90497 E28238N	5612	0.141	0.327	0.563	3.171	0	20~32	0.6	25~30	退缩300m，湖向上延伸300m，末端裂隙发育	冰碛坝起伏、中能有死冰，堤坝下紧接一冰湖	右侧有坡面冰川，左侧有雪崩痕迹，右侧20°～23°、右侧>45°	0.345/A
GL90506 E28241N	5454	0.242	0.170	0	9.281	93	15~20	1.0	10~15	退缩60，危险冰体不明显，湖冰距离由45m扩大93m	有两道堤坝相距200m，中间夹有2个小湖，可能有死冰	有岩屑崩落痕迹，两侧坡度>30°	0.148/C
GL90589 E28274N	5397	0.368	0.826	0.788	9.913	0	7~9	5.3	16~20	末端裂隙发育，退缩390m，湖向上延伸390m	堤坝中有一溃决口下宽15m，上宽90m外流沟槽	有外溢水流，有岩屑崩落痕迹，22°～28°	0.215/B
GL90711 E28247N	4682	0.182	0.051	0	14.760	0	9~11	0.8	11~20	末端变化不明显	堤坝中部回陷，底部为一危险冰湖	湖盆较为宽缓，湖下游紧接2个较大冰湖	0.104/D
GL90607 E28299N	5354	0.217	0.254	0	14.760	148	9~13	1.8	12~13	退缩60m，危险冰体不明显，湖冰距离由38m扩大148m	堤坝中有一溃决口下宽10m，上宽90m外流沟槽	有外溢水流，有岩屑崩落痕迹，右侧>35°、左侧<30°	0.135/C

续表

编码	海拔高度/m	冰湖面积/km²	面积变化率①	危险冰体指数②	母冰川面积/km²	母冰川—湖距离③/m	母冰川冰舌坡度/(°)	堤坝高宽比	堤坝背水坡坡度/(°)	母冰川特征描述	堤坝特征描述	湖盆特征描述	溃决概率/等级④
GL90645 E28300N	5464	0.328	0.466	0.591	2.814	0	25~30	0.5	10~15	末端位置变化小	堤坝呈刀刃形,坡度右侧陡,左侧缓	湖后壁左侧有岩屑崩落痕迹,坡度约30°	0.273/A
GL90740 E28304N	4765	0.109	0.468	8.433	2.563	0	32~36	1.2	16~19	退缩120m,危险冰体裂隙发育,上覆于湖后壁的陡崖上,为冰瀑布	堤坝有一溃决口,下宽8m,上宽45m,堤坝底部堆积有长300m的洪积岗哺	有岩屑崩落痕迹,湖盆下游550m和1.6km处有两个河谷湖32°~36°,右侧41°~45°	0.319/A
GL90724 E28241N	4651	0.902	0.094	0	10.404	0	9~11	7.0	3~5	末端变化不明显	堤坝平缓,底部凹陷,有出水口	有岩屑崩落痕迹,湖上紧接危险冰湖,下紧接一河谷湖,坡度30	0.113/D
GL90567 E28126N	5167	0.598	0.857	0.344	9.243	0	7~9	3.3	10~12	危险冰体裂隙发育,退缩700,湖向上延伸700m	堤坝表面平坦,中部有外溢出水口	有岩屑崩落痕迹,坡度30°~35°	0.215/B
GL90606 E28084N	5202	0.364	0.163	0.836	1.943	150	30~35	1.5	6~10	末端退缩300,危险冰体裂隙发育,湖冰距离近为0扩大到150m	堤坝底部有一小冰湖,湖后壁为陡崖,湖下为近300m高的陡崖	湖盆有岩屑崩落痕迹,湖后壁陡崖,上覆危险冰体,坡度29°~32°	0.246/A
GL90597 E28049N	4992	0.337	0.133	0.350	8.228	0	35~40	2.3	15~20	危险冰体裂隙发育,母冰川退缩1.1km	堤坝底部有一危险冰湖	左侧有岩屑崩落痕迹,下300m处有一危险冰湖,两侧坡度29°~32°	0.301/A

续表

编码	海拔高度/m	冰湖面积/km²	面积变化率①	危险冰体指数②	母冰川面积/km²	母冰川一湖③距离④/m	母冰川冰舌坡度/(°)	堤坝高宽比	堤坝背水坡坡度/(°)	母冰川特征描述	堤坝特征描述	湖盆特征描述	溃决概率④/等级④
GI.90648 E28064N	5086	0.204	4.214	0.172	2.171	0	24~28	8.5	8~12	危险冰体裂隙发育，420m，湖伸长420m	堤坝底部有一危险冰湖	湖盆宽缓，下游560m处有一危险冰湖	0.232/B
GI.90656 E28072N	5028	0.427	0.197	0.238	1.169	0	25~30	3.3	19~21	退缩120m，湖伸长120m	堤坝平缓	湖盆宽缓，下游260m处有一冰湖	0.229/B
GI.90661 E28078N	5082	0.112	0.429	0.849	1.685	245	15~20	1.2	14~16	退缩220m，湖冰距离由0扩大到2450m	堤坝下有一冰湖，中部回陷	湖盆宽缓，下游390m处有一冰湖	0.174/C
GI.90622 E28454N	5295	0.211	0.183	1.687	3.115	0	25~35	1.0	10~11	为悬冰川，退缩了105m，湖后壁95m远处为陡崖，上覆冰瀑布	有两道堤坝呈刀刃状，相距160m	湖盆两侧为松散物，有岩崩/滑坡痕迹，35°~40°	0.310/A
GI.91262 E28002N	4493	0.183	0.324	0.512	3.234	101	30~35	9.5	17~21	末端变化不明显	堤坝中部有外溢水流	湖盆下游810m处有一河谷小湖，>45°	0.183/B
GI.91525 E28050N	5010	0.122	0.171	0.426	0.854	260	23~27	6.0	9~12	冰斗冰川，末端变化不明显，冰舌变为300m长的陡坡	堤坝宽缓	湖后壁陡峭，两侧坡度>30°	0.183/B
GI.91664 E28143N	5152	0.197	0.122	0.071	1.398	0	40~42	3.0	3~5	末端为冰瀑布	堤坝表面平缓，下紧接近280m长的陡坡	后壁陡坡上覆悬冰川，右侧为侧碛垄，>45°	0.256/A
GI.91937 E28802N	5201	0.141	0.534	1.012	3.997	0	30~35	0.4	50~55	危险冰体裂隙发育，退缩170m	堤坝下为陡崖	下游1.8km处有一河谷湖，>30°	0.300/A

续表

编码	海拔高度/m	冰湖面积/km²	面积变化率①	危险冰体指数②	母冰川面积/km²	母冰川—湖距离③/m	母冰川冰舌坡度/(°)	堤坝高宽比	堤坝背水坡度/(°)	母冰川特征描述	堤坝特征描述	湖盆特征描述	溃决概率/等级④
GI.91069 E28305N	4714	0.171	2.085	1.878	4.539	0	30~35	1.8	12~15	末端冰瀑布直接伸如湖中，湖冰距离由431m减至0	左侧凹陷布出水口，宽60m左右，下紧接高300m的陡崖	后壁上覆悬冰川，两侧为侧碛垄，有岩屑/雪滑坡痕迹，35°~40°	0.264/A
GI.92344 E27832N	5028	0.229	0.061	0.437	13.396	300	27~32	6.1	19~26	有3条母冰川，退缩300m，湖冰距离由0扩大到300m	堤坝中部有外溢水流	两侧有岩岩滑痕迹，坡度27°~32°	0.201/B
GI.92314 E27774N	5289	0.139	0.067	4.850	5.141	270	11~13	4.5	11~14	退缩380m，湖冰距离由0扩大到270m	中部有外溢水流	左侧15°~19°，右侧25°~28°	0.134/C
GI.92402 E27754N	5085	0.127	0.138	0	3.958	390	约20	1.3	27~32	为平顶冰川，危险冰体不明显，湖冰距离由0扩大到390m	堤坝形成时间可能较长	湖盆呈近似方形凹槽，四周山坡脚矮	0.094/D
GI.92425 E27764N	5135	0.208	0.148	5.390	6.874	430	约18	5.5	11~13	危险冰体起伏较大，末端有中碛为山丘阻断危险冰体入湖，湖冰距离由33m扩大到430m	堤坝顶部较平坦	湖盆较宽缓	0.077/D
GI.94299 E29070N	4368	0.122	1.536	4.541	0.308	310	35~40	0.3	约20	两条母冰川为面悬冰川，整个为危险冰体，未端退缩不明显	左侧陡25°~30°，右侧缓10°~15°	堤坝下紧接一冰湖(串错)，40°~50°	0.201/B

续表

编码	海拔高度/m	冰湖面积/km²	面积变化率①	危险冰体指数②	母冰川面积/km²	母冰川—湖距离③/m	母冰川冰舌坡度/(°)	堤坝高宽比	堤坝背水坡坡度/(°)	母冰川特征描述	堤坝特征描述	湖盆特征描述	溃决概率/等级④
GL92923 E28129N	4723	0.104	0.698	0	1.778	0	约5	1.6	9~12	危险冰体不明显,末端变化不明显	堤坝平坦,中部有一水流冲沟	有外溢水流,左侧宽缓,右25°~30°	0.080/D
GL92650 E27981N	5021	0.364	14.802	0	55.101	0	8~13	3.0	15~16	危险冰体不明显,湖缩了1230m,湖伸长1230m	堤坝中部回陷,有出水沟槽	由一个小冰面湖演变成冰碛湖,20°~30°	0.117/D
GL89534 E28139N	5287	0.520	0.160	0.687	3.187	0	14~19	1.7	12~16	末端变化不明显	堤坝中部有回陷	有外溢水流,30°~35°	0.224/B
GL89564 E28150N	4897	0.199	0.178	0.298	8.807	0	27~31	22.5	5~8	右侧母冰川末端退缩340m	堤坝中部有出水沟槽,有外溢水流	后壁陡坡有冰瀑布伸入湖中,左侧母冰川融水补给湖中,>40°	0.226/B
GL89661 E28185N	4883	0.215	0.145	0.510	2.400	0	25~30	1.3	14~18	退缩890m,危险冰体为坡面冰川,湖伸长890m	有外溢水流	下游2km处有一大湖,V形湖,左>30°,右侧坡度<30°	0.260/A
GL89963 E28239N	5492	0.136	0.130	0.631	3.478	0	24~29	14.5	5~7	退缩90m,湖伸长了90m	表面起伏,有小冰湖,可能有死冰	有外溢水流,两侧坡度25°~30°	0.242/A
GL89597 E28186N	4891	0.300	0.300	0.572	9.936	0	30~35	0.8	23~25	退缩205m,湖伸长了205m	堤坝右侧回陷,有外溢水流	后壁为陡坡,下游2.9km处有一大湖,两侧坡陡但连续	0.220/B
GL90604 E28059N	4863	0.284	—	0.374	17.648	0	10~14	1.5	约6	末端裂隙发育,退缩640m	堤坝右侧有出水口,有外溢水流	有岩屑崩落痕迹,左侧30°~35°,右侧15°~20°	0.260/A

续表

编码	海拔高度/m	冰湖面积/km²	面积变化率①	危险冰体指数②	母冰川面积/km²	母冰川—湖距离③/m	母冰川冰舌坡度/(°)	堤坝高宽比	堤坝背水坡坡度/(°)	母冰川特征描述	堤坝特征描述	湖盆特征描述	溃决概率/等级④
GL91294 E28043N	4787	0.125	—	2.694	3.092	0	40~45	1.3	约25	退缩650m,湖伸长了650m,危险冰体裂隙发育	堤坝背水坡的右侧坡度15°~17°,左侧30°~40°	由冰面面湖演变成冰碛湖,右侧坡缓,左侧>30°	0.282/A
GL91598 E28026N	4851	0.188	—	0	4.301	0	7~9	0.7	23~25	退缩了865m,危险冰体不明显	有外溢水流	两侧坡度>30°	0.107/D
GL89266 E27856N	5193	0.315	—	6.727	4.633	0	30~35	0.6	15~17	侧支末端退缩了420m,整个为危险冰体	中部有排水沟槽,堤坝前有一小冰湖	后缘崖上覆悬冰川,有岩屑崩落痕迹,>30°	0.282/A
GL89296 E27879N	5237	0.396	—	0.528	3.137	450	25~30	1.6	15~20	退缩545m,湖冰距离0扩大到450m	有外溢水流	两侧宽缓	0.143/C
GL89312 E27878N	5001	0.622	—	0.316	4.387	0	20~24	4.5	16~20	危险冰体裂隙发育,退缩60m	左侧有一宽100m沟槽,有外溢水流	两侧宽缓	0.261/A
GL89324 E27880N	5107	0.190	—	0.285	2.403	160	33~37	2.1	21~25	退缩350m,湖冰距离0扩大到160m	中部有排水沟槽,有外溢水流	两侧宽缓	0.179/C
GL89351 E27884N	4981	0.167	—	0.673	3.904	150	32~35	2.3	25~27	几乎整个母冰川为危险冰体,退缩200m,湖冰距离150m	中部有排水沟槽,有外溢水流	后壁陡峭,两则宽缓	0.188/B
GL89888 E28231N	4928	1.487	0.046	0.805	15.869	0	20~25	1.1	15~20	退缩105m,冰湖伸长105m	堤坝中部有凹槽	两侧坡度35°~40°	0.255/A

①面积变化率=(ASTER中冰碛湖面积-地形图中冰碛湖面积)/地形图中冰碛湖面积,其中"—"为新增加冰碛湖;②危险冰体指数=母冰川危险冰体体积/冰碛湖体积;③湖冰距离指母冰川与母冰川在地形图(1970~1980年)和ASTER(2004~2008年)间距离的变化;④冰溃决概率等级:A为"非常高"(>0.24),B为"高"(0.18~0.24),C为"中"(0.12~0.18),D为"低"(0.06~0.12),E为"非常低"(<0.06)。